DER | fortbildner

t und Wärme Wärmehaushalt *Wirbeltiere* Haut *Grüne Pflanzen*

Naturwissenschaften

re Haut Stoffe im Alltag *Gefahrstoffe* Sonne, Licht und Wärme

verstehen und anwenden

ahrstoffe Grüne Pflanzen *Wärmehaushalt* Stoffe im Alltag *Gefah*

bearbeitet von Dietmar Kalusche

BAND 1

ERNST KLETT VERLAG

Stuttgart | Düsseldorf | Leipzig

bearbeitet von
Prof. Dr. Dietmar Kalusche, Pädagogische
 Hochschule Weingarten

unter Mitarbeit von
Prof. Dr. Dietrich Büttner, Universität
 Dortmund
Prof. Dr. Dietmar Kalusche, Pädagogische
 Hochschule Weingarten
Dipl.-Ing. Bernd Kalusche, Karlsruhe
Dr. Bruno P. Kremer, Universität zu Köln
Prof. Dr. Horst Müller, Universität Münster

Mitleser
Paul Gietz, Geschwister-Scholl-Gymnasium,
 Gelsenkirchen
Prof. Dr. Siegfried Kluge, Neumark

Projektleitung
Michael M. Ludwig

Redaktion
Monika Etspüler
Michael M. Ludwig

Layout und Produktion
Elke Kurz, Kernen i. R.

Illustration
Prof. Jürgen Wirth
Conrad Höllerer
Matthias Wosczyna

Einbandgestaltung
KOMA AMOK®,
Kunstbüro für Gestaltung, Stuttgart

1. Auflage   1 ⁵ ⁴ ³ ² ¹ | 2007 06 05 04 03

Alle Drucke dieser Auflage können im Unterricht nebeneinander benutzt werden, sie
sind untereinander unverändert. Die letzte
Zahl bezeichnet das Jahr des Druckes.

Dieses Werk folgt der reformierten Recht-
schreibung und Zeichensetzung.

Reproduktion: Meyle + Müller,
Medien-Management, Pforzheim
Druck: SCHNITZER DRUCK GmbH,
71404 Korb
ISBN: 3-12-113018-8

Vorwort

Die allgemeinbildenden Schulen reagieren auf die durch verschiedene Studien aufgezeigten Mängel in der Kompetenz der Schülerinnen und Schüler mit neuen Bildungsplänen. Fächerverbindendender oder zumindest fachübergreifender Unterricht wird gefordert und in den Bildungsplänen festgeschrieben. Viele Bundesländer richten an Stelle von Einzeldisziplinen Fächerverbünde ein – auch im Bereich der Naturwissenschaften. Damit wird fachfremdes Unterrichten mindestens in Teilbereichen dieser Verbünde zur Regel – eine Herausforderung an die davon betroffenen Lehrerinnen und Lehrer.

„DER fortbildner" möchte den Lehrerinnen und Lehrern helfen, sich in dieser neuen Konstellation besser zurechtzufinden, er bietet konkrete Hilfen für den Unterricht in einer bis dahin nicht so vertrauten Disziplin an.

Der vorliegende Band ist der erste aus der auf fünf Bände angelegten Reihe „DER fortbildner". Die Inhalte der Bände orientieren sich daran, was sinnvoller Weise in den einzelnen Klassenstufen aufbauend aufeinander folgen kann. Im biologischen Bereich werden meist die Wirbeltiere und hier besonders die Säugetiere, sowie die grünen Pflanzen im Eingangsunterricht der Sekundarstufe I behandelt. Der Wärmehaushalt der Organismen steht in enger Beziehung zur Sonne. Diese hat wiederum Einfluss auf die Haut als schützende Hülle der Organismen. Eine Einführung in die Natur der Stoffe und notwendigerweise auch in den Umgang mit Gefahrstoffen runden das Bild des ersten Bandes ab.

„DER fortbildner" will fachfremd unterrichtenden Lehrerinnen und Lehrern Sicherheit beim Auffrischen des eigenen Schulwissens geben und sie damit befähigen, diese Inhalte im Fächerverbund kompetent ihren Schülerinnen und Schülern zu vermitteln. Er bezieht sich auf kein konkretes Schulbuch und ersetzt damit kein Lehrerhandbuch, das sich meist an die Fachlehrkräfte wendet. Durch seine an Schülerbüchern orientierte, moderne Gestaltung möchte „DER fortbildner" Anregungen geben, Mut zum Selbststudium machen und Freude an der Erarbeitung neuer oder auch nur in Vergessenheit geratener Lerninhalte bereiten. Die methodisch-didaktischen Hinweise im Anschluss an die Darstellung der Sachinhalte geben Anregungen und Hilfen bei der Umsetzung im Unterricht. Die angebotenen Versuche sind erprobt und können direkt im Unterricht umgesetzt werden. So gelingt ein moderner, an den neuen Bildungsplänen ausgerichteter naturwissenschaftlicher Unterricht.

Die Autoren

Inhaltsverzeichnis

Sonne, Licht und Wärme

Schlüsselkonzepte	7
Die Sonne im Mittelpunkt	8
Die Entstehung des Universums	8
Die Sonne der Fusionsreaktor	8
Unser Sonnensystem	11
Unser Planet – die Erde	11
Die Bahnbewegung der Erde	13
Der Mond als ständiger Begleiter	15
Strahlung – mehr als nur Licht	18
Elektromagnetische Strahlung	18
Elektromagnetisches Spektrum	18
Absorption, Reflexion, Transmission und Luminenz	19

Das Solarspektrum	20
Solarenergie – Energie der Zukunft?	22
Thermodynamik – Die Lehre von der Energie	23
Was ist eigentlich Energie?	23
Der thermodynamische Zustand	23
Energieumwandlung	29
Formen der Energieumwandlung	30
Energiespeicherung und Transport	32
Didaktische und methodische Hinweise	33
Stellenwert dieses Kapitels	33
Methodische Anmerkungen	34
Astronomische Beobachtungen	34
AV-Medien/Literatur	34

Wärmehaushalt von Pflanzen, Tieren, Menschen

Schlüsselkonzepte	35
Die Sonne – Licht- und Wärmespender	36
Nutzung des Sonnenlichts	36
Tödliche Schädigungen	37
Wärmehaushalt von Pflanzen und Tieren	38
Kälte	38
Hitze	39
Wechselwarme und gleichwarme Lebewesen	40
Wärmehaushalt der Pflanzen	40
Wechselwarme Tiere	41
Gleichwarme – Vögel und Säuger	42
Haare und Federn wärmen	44
Regulation des Wärmehaushalts bei Vögeln und Säugern	45
Kühlung	46
Regulation des Wärmehaushalts	47

Wärmehaushalt des Menschen	48
Konstante Körpertemperatur	48
Wärmeabstrahlung	50
Positive Wärmebilanz	50
Thermoregulation	51
Fieber	52
Raumklima und Körpertemperatur	52
Besondere Formen des Wärmehaushalts bei Säugetieren und Vögeln	53
Tagesschlaf und Winterschlaf	53
Ökologische Regeln	53
Didaktische und methodische Hinweise	55
Universalthema Wärmehaushalt	55
Mit der Natur lernen	55
AV-Medien	58
Literatur	58

Haut

Schlüsselkonzepte	59
Epidermis – das Abschlussgewebe	60
Die Haut der Tiere	61
Spiegelbild der Lebensweise	62
Abwehr von Feinden	62
Die Haut – das größte Sinnesorgan	63
Immer wieder neu	63
Die Haut – Träger der Farbe	63
Bau und Funktion der Haut des Menschen	64
Die Färbung der Haut	66
Haare – Nägel – Drüsen	67
Alterungsprozesse der Haut	68

Hautkrankheiten	68
Die Wirkung von Licht und Wärme	69
Hautpflege	70
Die alternde Haut	70
Regeneration der Haut	70
Didaktische und methodische Hinweise	71
Biologische Aspekte der Haut	71
Die Haut unter der Lupe	72
Versuche	74
AV-Medien	76
Literatur	76

Grüne Pflanzen

Schlüsselkonzepte	77
Pflanzen und ihr Reich	78
Besonderheiten grüner Pflanzen	80
Organisation der höheren Pflanzen	81
Grundlegendes über die Wurzel	82
Bau und Gestalt der Sprossachse	85
Blätter	88
Blüten sind besondere Blätter	90
Keimung und Keimling	95

Pflanzlicher Primärstoffwechsel	96
Verschiedene Stoffwechseltypen	96
Fotosynthese in grünen Pflanzen	96
Energiegewinn durch Dissimilation	98
Pflanzen und ihre Umwelt	99
Pflanzen unter sich	99
Autotrophe mit Heterotrophen	99
Pflanzen und Tiere	100
Verbreitung der Früchte	102

Pflanzen mit System 105
Beispiele für Bedecktsamer 106
Didaktische und methodische
Hinweise 109
Lehrplan 109
Methodische Aspekte 109

Beobachtungen im Schuljahresverlauf 111
Anregungen zu Einzelthemen 111
Experimente 118
Versuche 119
Herbarium 123
Literatur 124

Säugetiere – besondere Wirbeltiere

Schlüsselkonzepte 125
Evolution und System der Wirbeltiere 126
Die Herkunft der Wirbeltiere 126
Die frühen Wirbeltiere 127
Stammbaum der Wirbeltiere 128
Evolution landlebender Wirbeltiere 130
Kennzeichen der Wirbeltiere 132
Wirbelsäule und Skelett 132
Anpassungen der Organe an die Lebensweise 135
Säugetiere – Bauplanvielfalt und
Lebensweise 137
Gebiss und Zähne 137
Extremitäten 139
Sinnesleistungen 140

Säugetiere einheimischer
Lebensräume 143
Igel 144
Feldhase 147
Fuchs 148
Haustiere 150
Domestikation 150
Voraussetzung für Domestikation 151
Die Haustierentstehung 153
Didaktische und methodische
Hinweise 158
Heimtiere stehen im Mittelpunkt 158
Medien 160
Literatur 160

Stoffe und Körper

Schlüsselkonzepte 161
Die Begriffe Stoff und Körper 162
Aggregatzustände 162
Eigenschaften von Wasser 164
Stoffe und Stoffeigenschaften 165
Direkte Beobachtung 165
Einfache qualitative Experimente 165
Quantitative Experimente 167
Gemisch und chemische Verbindung 169
Reinstoffe und Stoffgemische 169
Binäre Gemenge 170
Mischen und Trennen 171
Trennverfahren 172
Didaktische und methodische Hinweise 174
Stoff und Körper 174
Beispiele für den Unterricht 174
Stoffe und Stoffeigenschaften 175
Beispiele für den Unterricht 176
Stoffe haben „Steckbriefe" 178
Reinstoffe und Stoffgemische 178
Beispiele für den Unterricht 178

Mischen und Trennen 178
Versuche 181
Müll – ein Gemisch von Wertstoffen
und Wertlosem 187
Müll im alltäglichen Sprachgebrauch und
in „neuem Gewand" 187
Abfall und Abfallentsorgung 188
Hausmüll 188
Sonderabfälle 191
Methodische Hinweise 192
Der tägliche Müll 192
Beispiele für den Unterricht 192
Industrieabfälle 193
Entsorgung von Hausmüll 193
Kompostierung 194
Versuche 195
Wertstoff aus Müll – Das Beispiel Papier
als Paradestück 197
Methodische Hinweise 198
Wir stellen neues Papier her 198
Literatur 200

Gefahrstoffe

Schlüsselkonzepte 201
Was sind Gefahrstoffe? 202
Gefährlichkeitsmerkmale 204
Gefährliche Experimente –
Ersatzreaktionen 206
Entsorgung 208

Didaktische und methodische Hinweise 209
Gefahrensymbole 209
Umgang mit Gefahrstoffen 210
Versuche 211
Literatur 216
Hinweise auf besondere Gefahren 217

Häufig verwendete Einheiten
und Symbole 220
Pflanzen- und Tierliste 222

Register 226
Übersicht über die Versuche 239
Bildnachweis 240

Naturwissenschaften verstehen und anwenden

Unsere Umwelt und die darin beobachtbaren Phänomene sind vielgestaltig und mehrperspektivisch. Die verschiedenen wissenschaftlichen Fachdisziplinen versuchen diese Vorgänge fachspezifisch zu interpretieren und schlüssig zu erklären. Eine Methode unter vielen ist die naturwissenschaftliche Betrachtungs- und Erklärungsweise.

Das Kennzeichnende eines mehrperspektivischen, fächerübergreifenden Unterrichts liegt insbesondere in den Methoden, den Phänomenen auf den Grund zu gehen. Dazu gehören:

- das *Betrachten* von Gegenständen und Naturobjekten
- das *Beobachten* von Abläufen und Entwicklungen
- das *Untersuchen* mit geeigneten Hilfsmitteln
- das *Experimentieren*
- das *Hegen und Pflegen* (bezogen auf die Lebewesen)
- das *Finden von Regel- und Gesetzmäßigkeiten*

Je nach Art des Phänomens und dem Ziel der Forschungen wendet man nur eine oder eine Kombination mehrerer Methoden an. Setzt man sich im Unterricht mit einem Phänomen auseinander, sucht man zunächst einen Ansatzpunkt, an dem man mit seiner Aufklärung beginnen kann: man bildet (sich) eine *Hypothese*. Anschließend wählt man eine (Erkundungs-)Methode, um die Hypothese zu überprüfen. Dazu bedarf es einer gewissen *Methoden-Kompetenz*. Im naturwissenschaftlichen Unterricht werden diese Kompetenzen schrittweise aufgebaut und zunehmend differenziert.

Untersuchungen können *qualitativ beschreibend* oder *quantitativ messend* erfolgen. Auch dazu benötigt man das Beherrschen eines Instrumentariums. Untersuchungsergebnisse werden beschrieben und gedeutet, um die anfangs aufgestellte Hypothese entweder zu verwerfen oder zu bestätigen. Sowohl das Erlernen fachspezifischer Methoden als auch die Erweiterung des Fachwissens, leisten ihren Beitrag zur Kompetenzschulung.

Naturwissenschaftlicher Unterricht vermittelt neben den Methoden zur Erkundung und Erklärung von Phänomenen auch eine spezifische Begrifflichkeit. Der Erwerb der *Fachsprache* ist eine notwendige Voraussetzung für die Kommunikation. In der Regel sind die Begriffe in den Naturwissenschaften eindeutig und nicht kontextbezogen. Das unterscheidet sie von den Geisteswissenschaften, in denen es immer auch auf den Zusammenhang des Gesagten/Beschriebenen ankommt. Sprachliches Ausdrucksvermögen, insbesondere auch die Präzisierung gehört somit ebenfalls zu einem zeitgemäßen naturwissenschaftlichen Unterricht. Dies gilt ausnahmslos für alle Schularten.

Versuchsergebnisse, Modellvorstellungen und die vielfältigen naturwissenschaftlichen Phänomene gewinnen an Anschaulichkeit, wenn man sie grafisch dargestellt. Geeignete *Darstellungsformen* gehören ebenso wie die Hypothesenbildung oder die Fachmethodik zu den naturwissenschaftlichen Arbeitsweisen. Auch diese Kompetenzen gehören zu den Lernzielen.

Oft wird die Biologie als „Naturkunde" den so genannten exakten Naturwissenschaften Chemie und Physik gegenübergestellt. Dieser Eindruck gilt vor allem für die Arbeitsweise, wie sie zu Beginn der Sekundarstufe I noch vorherrscht. Ein ganzheitlicher naturwissenschaftlicher Unterricht lässt solche Einstellungen überwinden und richtet sich immer mehr danach aus, den Vorgängen auf den Grund zu gehen und die Methoden auszuwählen, die für die Erklärung eines Sachverhalts am besten geeignet sind.

Vorbehalte bestehen gegenüber chemischen und physikalischen Arbeitsweisen, da beim Experimentieren wichtige Sicherheitsregeln zu beachten und einzuhalten sind. Beim Umgang mit Chemikalien ist das Wissen um eine mögliche Gefährdung zwingend. Auch wenn im naturwissenschaftlichen Anfangsunterricht der Sekundarstufe I das Gefahrenpotenzial noch als gering einzuschätzen ist, so sind die Kenntnis und die Berücksichtigung der Sicherheitshinweise eine wichtige Voraussetzung zum Experimentieren.

Im „Fortbildner" finden Sie die notwendigen Sicherheitshinweise bei den jeweiligen Versuchen. Bei ihrer Beachtung sind alle Versuche ohne Gefährdung der Schülerinnen und Schüler durchzuführen.

Hinweis

In der grauen Leiste unter der Versuchsbeschreibung geben folgende Symbole Hinweise, die bei der Durchführung zu beachten sind:

SV = Schülerversuch

LV = Lehrerversuch

 = ungefähre Versuchsdauer

 = Schutzbrille tragen

 = Handschuhe tragen

 = F, Xn, X = Gefahrensymbol, ▶ S. 203

Sonne, Licht und Wärme

von Bernd Kalusche

Schlüsselkonzepte

■ Die Sonne ist zwar nur ein Stern unter Milliarden anderen in der Milchstraße, aber das Zentrum unseres Sonnensystems.

■ In der Sonne verschmelzen Wasserstoffkerne zu Heliumkernen. Dabei wird Energie freigesetzt, von der ein Teil in Form von Licht- und Wärmestrahlung auf die Erde gelangt, wodurch das Leben auf der Erde möglich wird.

■ Der Planet Erde bewegt sich auf einer Ellipsenbahn um die Sonne. Die Drehung um die eigene Erdachse ist die Grundlage unserer Zeiteinteilung.

■ Der Mond übt als ständiger Begleiter einen Einfluss auf die Erde aus. Die Gezeiten sind ein sichtbares Zeichen dafür.

■ Die Strahlung, die von der Sonne auf die Erde trifft, umfasst ein weites Spektrum. Das sichtbare Licht, die UV- und Infrarot-Strahlung sind für das Leben auf der Erde wichtige Ausschnitte daraus.

■ Die Solarstrahlung kann beim Eintritt in die Erdatmosphäre und beim Auftreffen auf unserem Planeten in mannigfacher Weise abgewandelt werden. Die Nutzung der Solarenergie ist eine mögliche Ergänzung zur konventionellen Energieerzeugung.

■ Die Thermodynamik ist die Lehre von den Energie- und Arbeitsvorgängen. Die Energie eines abgeschlossenen Systems bleibt erhalten, kann aber von einer Form in eine andere umgewandelt werden.

■ Temperatur und Druck sind wichtige und messbare thermodynamische Zustandsgrößen.

Licht und Wärme sind zwei wesentliche Voraussetzungen für die Existenz von Leben auf dem Planeten Erde. Für beides ist die Sonne der Ausgangspunkt.
Zu Beginn dieses Kapitels sollen daher zunächst die Vorgänge auf der Sonne und in unserem Sonnensystem im Mittelpunkt stehen. Ausgehend von der Sonnenstrahlung als Licht- und Energiequelle wird im Anschluss auf andere Energieformen, wie z. B. die Wärme, eingegangen, und es werden die Prinzipien der Energieumwandlung, der Energiespeicherung und des Energietransports erarbeitet.

Die Sonne im Mittelpunkt

Nüchtern betrachtet ist die Sonne nur ein ganz gewöhnlicher Stern mittlerer Größe und Helligkeit am Rande des Zentrums unserer Galaxie, der Milchstraße – einer unter etwa 100 Milliarden.

Für unser Sonnensystem ▶ 8.1 bildet die Sonne als Zentralstern das Gravitationszentrum. Die von der Sonne abgestrahlte Energie ermöglicht direkt oder indirekt alle Lebensvorgänge auf der Erde. So liefert die Sonnenstrahlung die Voraussetzung für die Fotosynthese der grünen Pflanzen und bildet somit die Grundlage unserer Ernährung und aller Energieumwandlungen und -freisetzungen in der belebten Welt.

Neben der Milchstraße umfassen die bis heute angenommenen Ausmaße des Weltalls noch mindestens weitere 30 Millionen Galaxien.

Gravitation
Allgemeiner physikalischer Begriff für die gegenseitige Anziehung von Massen – auch zwischen Sternen und Planeten

1 Sonnensystem/Milchstraße

Die Entstehung des Universums

Das Alter der Sonne wurde 1998 mit einer Genauigkeit von 2 % auf etwa 4,7 Milliarden Jahre bestimmt.

Der Ursprung und die Entstehung des gesamten Universums sind bis heute nicht abschließend geklärt. Allerdings sprechen viele Erkenntnisse für die Theorie vom Urknall. Demzufolge kam es vor 13 bis 20 Milliarden Jahren zu einer gewaltigen Explosion, bei der subatomare Partikel durch die extrem hohe Temperatur und Dichte des Universums zu chemischen Elementen verschmolzen. Dabei geht man davon aus, dass es zunächst zur Bildung der Gase Wasserstoff (H) und Helium (He) kam. Diese Grundbausteine des Universums dürften sich aufgrund der extrem hohen Dichte im Bereich der Explosion sehr schnell ausgebreitet haben. Während dieser Ausbreitung kühlten sich der Wasserstoff und das Helium ab und verdichteten sich zu Sternen und Galaxien, wobei es dann durch weitere Kernfusionen zur Entstehung schwererer Elemente kam.

Die Sonne als Fusionsreaktor

Wie alle Sterne besteht auch die Sonne ausschließlich aus Gasen, die durch Gravitationskräfte zusammengehalten werden. In der Korona ▶ 9.1 liegen die Gase in einem besonderen Zustand vor, den man Plasma nennt. Die Sonne besteht zu 75 % aus Wasserstoff und zu 23 % aus Helium (sowie zu 2 % aus schwereren Elementen).

Diese Zusammensetzung verändert sich jedoch mit der Zeit, da im Inneren der Sonne (wie auch bei allen anderen Sternen) Kernprozesse stattfinden. Dabei reagieren jeweils vier Wasserstoffkerne – so genannte Protonen –

im Zuge einer mehrstufigen Kernfusion zu einem stabilen Heliumkern, bestehend aus zwei Protonen und zwei Neutronen. Das Endprodukt dieser Verschmelzung hat eine um etwa 0,7 % geringere Masse als die vier Wasserstoffkerne. Dieser als *Massendefekt* bezeichnete Massenverlust bedeutet eine Freisetzung von Energie, die über verschiedene Energieformen in elektromagnetische Strahlungsenergie umgewandelt wird.

Die Kernprozesse finden im Innern der Sonne in großem Ausmaß statt, so dass die Sonne derzeit etwa 4 Millionen Tonnen pro Sekunde an Masse verliert (bzw. reagieren pro Sekunde 650 Millionen Tonnen Wasserstoff zu Helium). Mit einer momentan noch zur Verfügung stehenden Masse der Sonne von knapp 2 000 Quadrillionen ($2 \cdot 10^{27}$) Tonnen ist im Sonnenkern allerdings noch so viel Wasserstoff vorhanden, dass dieser Prozess noch 4,5 Milliarden Jahre aufrecht erhalten werden kann. Damit befinden wir uns momentan ziemlich genau in der Mitte der Lebensdauer unseres Sonnensystems. Die Sonne besteht aus mehreren Zonen ▶ 9.1 mit unterschiedlicher Zusammensetzung, in denen unterschiedliche Prozesse ablaufen und in denen verschiedene Temperaturen herrschen. Im Allgemeinen unterscheidet man:

- den *Sonnenkern*, in ihm konzentrieren sich ca. 10 % der Masse der Sonne und bei Temperaturen von bis zu 40 Millionen Grad Celsius finden dort die Kernfusionen statt;
- die *Strahlungs-* und die *Konvektionszone*, in ihr strömen die Gase bei Temperaturen zwischen 10^6 und $4 * 10^6$ °C weniger dicht gepackt;
- die nur ca. 400 km dicke *Photosphäre*, welche die Konvektionszone begrenzt und die Quelle der sichtbaren Strahlung ist; dort herrschen Temperaturen von ca. 5 500 °C;
- die *Chromosphäre*, die als 10 000 km dicke Gasschicht die Photosphäre bedeckt (die Temperatur beträgt dort über 5 000 °C);
- die *Korona* als eine riesige Gashülle mit sehr geringer Dichte und sehr großer Ausdehnung (bis zu 3 Sonnenradien), in der Temperaturen von ca. einer Million Grad Celsius herrschen.

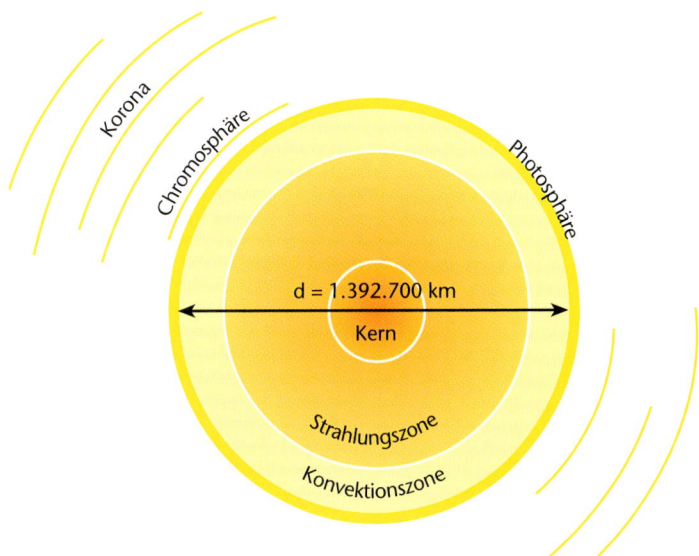

1 Querschnitt der Sonne

Von der Erde aus wird hauptsächlich die Photosphäre wahrgenommen. Sie ist für uns somit der sichtbare Umfang der Sonne.

Innerhalb der Photosphäre gibt es veränderliche Zonen unterschiedlicher Aktivität, die als so genannte *Sonnenflecken* wahrnehmbar sind.

Im Kern solcher Aktivitäten beträgt die Temperatur nur ca. 4 200 °C, während in der ungestörten Umgebung etwa 5 500 °C herrschen. Sonnenflecken sind mit starken Magnetfeldern verknüpft. Die Häufigkeit der Sonnenflecken unterliegt einem relativ regelmäßigen Zyklus von 11 Jahren. In Zeiten erhöhter Aktivität können bei Sonneneruptionen durch den plötzlichen Ausbruch geladener Teilchen Funksignale auf der Erde gestört werden. Neben diesen periodisch auftretenden Eruptionen geht von der Sonne auch ein ständiger Strom von Protonen,

Dimension der Sonne
Durchmesser: 1 392 700 km
(109facher Erddurchmesser)
Masse: $1{,}993 \cdot 10^{27}$ t
(333 000 Erdmassen)
Volumen: $1{,}412 \cdot 10^{18}$ km^3
(1,3 Millionen Erdvolumen)

Lexikon

Vorsilben dezimaler Teiler und Vielfacher:

a:	10^{-18}	– Atto	da:	10^{1}	– Deka (Zehn)
f:	10^{-15}	– Femto	h:	10^{2}	– Hekto (Hundert)
p:	10^{-12}	– Piko	k:	10^{3}	– Kilo (Tausend)
n:	10^{-9}	– Nano	M:	10^{6}	– Mega (Million)
m:	10^{-6}	– Mikro	G:	10^{9}	– Giga (Milliarde)
m:	10^{-3}	– Milli	T:	10^{12}	– Tera (Billion)
c:	10^{-2}	– Zenti	P:	10^{15}	– Peta (Billiarde)
d:	10^{-1}	– Dezi	E:	10^{18}	– Exa (Trillion)

Sonne, Licht und Wärme

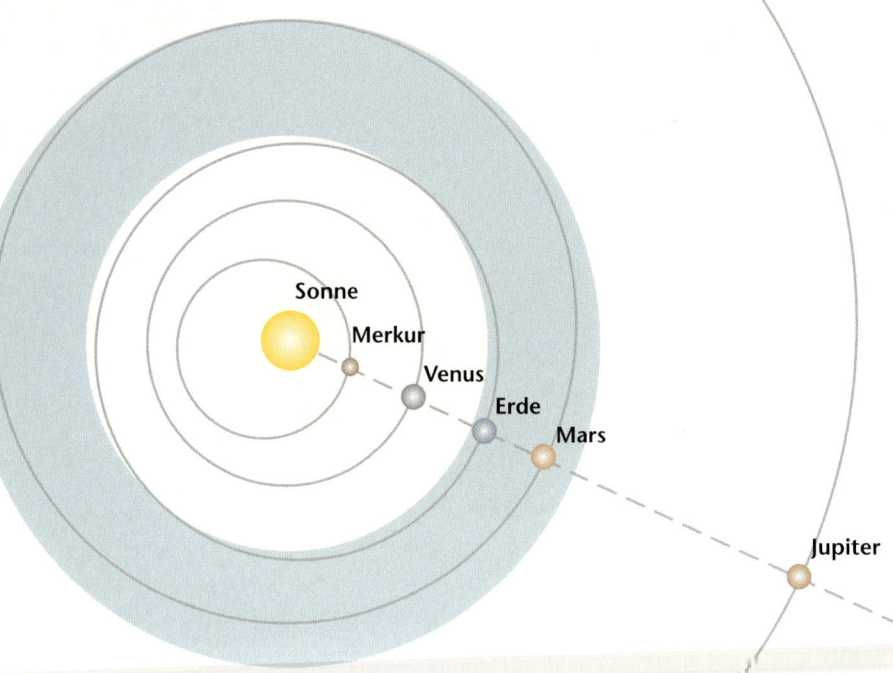

1 Sonne und Planeten

Ionen
Elektrisch geladene Teil-
chen, die gegenüber dem
neutralen Atom einen
Überschuss an Elektronen
(Anionen) oder Mangel an
Elektronen (Kationen) auf-
weisen.
Bei einigen Stoffen ist der
Ionenzustand im Vergleich
zum Molekularzustand
allerdings stabiler, z. B. bei
den Komponenten von Sal-
zen.

Elektronen und Ionen aus – der so genannte *Sonnenwind*. Aufgrund der Rotation der Sonne – die Sonne dreht sich innerhalb von 27,3 Tagen einmal um sich selbst – ist die Ausbreitung des Sonnenwindes spiralförmig. Das Phänomen der Sonnenwinde kann z. B. als Schweif von Kometen beobachtet werden. Aufgrund des Druckes des Sonnenwindes entweichen Teilchen aus der sich in Sonnennähe bildenden Gashülle eines Kometen (dem so genannten Koma). Deshalb zeigen Kometenschweife auch immer von der Sonne weg.

Auch die als Polarlichter bekannten Lichtphänomene in den Polregionen sind auf das Eindringen des Sonnenwindes in die Erdatmosphäre zurückzuführen. Dabei regen die geladenen Teilchen des Sonnenwindes Gasmoleküle in der Atmosphäre energetisch an, wodurch Licht abgestrahlt wird. Dieser Effekt wird auch *Lumineszenz* genannt. Die Intensität von Polarlichtern steigt und fällt mit dem Sonnenzyklus.

Exkurs

Lichtjahr:
Große astronomische Entfernungen wie zwischen zwei Sternen oder Galaxien werden in Lichtjahren angegeben. Ein Lichtjahr ist dabei die Entfernung, die ein Lichtstrahl in einem Jahr zurücklegt. Mit der Lichtgeschwindigkeit $c = 3 \cdot 10^8$ m/s entspricht ein Lichtjahr also $9,4605 \cdot 10^{12}$ Kilometern.

Das Bewegungsverhalten der Sterne und Planeten in einem Sonnensystem lässt sich durch die **Kepler'schen Gesetze** beschreiben:

1. Die Planeten bewegen sich auf Ellipsen, in deren einem Brennpunkt die Sonne steht.

2. Die von der Sonne zu einem Planeten gezogene Verbindungslinie überstreicht in gleichen Zeiten gleiche Flächen (d. h. die Planeten sind an den spitzen Wendepunkten der Ellipsenbahn langsamer).

3. Die Quadrate der Umlaufzeiten der Planeten verhalten sich wie die dritten Potenzen der großen Halbachsen ihrer Bahnellipsen.

Unser Sonnensystem

Wie bereits angesprochen bildet die Sonne das Gravitätszentrum eines Sonnensystems, das neben dem Planeten Erde acht weitere Planeten einschließlich ihrer Monde umfasst. Ferner zählt man zum Sonnensystem noch eine Vielzahl von Asteroiden, Kometen und Meteoriten sowie interplanetaren Staub und Gas.

Die Entstehung des Sonnensystems erfolgte etwa zeitgleich mit der Entstehung der Sonne. Man geht heute davon aus, dass Sonnen und Planeten aus einer interstellaren Wolke aus Gas und Staub, einem ursprünglichen „Urnebel", entstanden sind. Während sich im dichten Zentrum die Sonne gebildet hat, formten sich in größeren Entfernungen aus den Gasen Feststoffe und bildeten z. B. die Planeten. Dabei entstanden in der näheren Umgebung der Sonne kleinere Planeten, die vorwiegend aus Gestein bestehen, während in der äußeren Zone größere Planeten ▶ 10.1 zu finden sind, die sich überwiegend aus Gasen (Wasserstoff, Helium, Methan) zusammensetzen.

Die Planeten bewegen sich auf elliptischen Umlaufbahnen um die Sonne. Ihre Umlaufbahnen liegen bemerkenswerterweise mehr oder weniger in einer Ebene und lassen sich mathematisch durch die Keplerschen Gesetze beschreiben.

Einige dieser Planeten führen natürliche Satelliten, auch Monde genannt, mit sich. Alle neun Planeten sind mit ihren charakteristischen Daten im Lexikon aufgeführt.

Der Grund für den Zusammenhalt des Sonnensystems ist die Gravitation, die Anziehungskraft zwischen den Massen zweier Körpern. Die Gravitationskraft ist um so größer, je größer die Massen der Körper und je kleiner ihr Abstand ist. Diese Aussage des Gravitationsgesetzes gilt dabei sowohl für die Anziehung zwischen Himmelskörpern (große Massen, aber auch großer Abstand), als auch für die Anziehung von Körpern auf der Erde (große Erdmasse, aber kleiner Abstand). Die Anziehungskraft auf der Erde wird auch *Schwerkraft* genannt.

Unser Planet – die Erde

Als fünftgrößter der neun Planeten, in einem Abstand von 149,5 Millionen Kilometern von der Sonne, bietet die Erde nach unserer Erkenntnis als einziger Planet geeignete Bedingungen für die Existenz von Leben. Während auf der Venus mit um die 470 °C noch sehr hohe Temperaturen herrschen, ist es auf dem Mars mit Tagesdurchschnittstemperaturen von um die – 33 °C bereits eisig kalt. Auf der Erde finden sich hingegen vor allem in den mittleren Breiten optimale Lebensbedingungen. Allerdings gibt es auch auf der Erde in einigen Zonen extreme Bedingungen bei denen dauerhaft kein Leben möglich ist.

So befindet sich der Kältepol der Erde in der Antarktis, wo Temperaturen von bis zu – 89,6 °C gemessen wurden, während die höchsten Temperaturen mit + 58 °C bislang in Libyen auftraten. Die Erde bewegt sich

Zusammensetzung der Erdkruste nach chemischen Elementen in Massen %

Sauerstoff:	*46,6 %*
Silicium:	*27,7 %*
Aluminium:	*8,1 %*
Eisen:	*5,0 %*
Calcium:	*3,6 %*
Natrium:	*2,8 %*
Kalium:	*2,6 %*
Magnesium:	*2,1 %*

Lexikon

Basisdaten der neun Planeten unseres Sonnensystems

	mittlerer Abstand zur Sonne	mittlerer Durchmesser	Umlaufzeit um die Sonne	Masse in Erdmassen	Monde
Merkur	58 Mio km	4878 km	88 Tage	0,05	0
Venus	108 Mio km	12104 km	224 Tage	0,81	0
Erde	150 Mio km	12750 km	365 Tage	1,0	1
Mars	228 Mio km	6794 km	780 Tage	0,11	2
Jupiter	779 Mio km	142790 km	12,0 Jahre	318,0	16
Saturn	1,4 Mrd km	120000 km	29,6 Jahre	95,0	18
Uranus	2,8 Mrd km	50800 km	84,6 Jahre	14,0	17
Neptun	4,9 Mrd km	48600 km	165,5 Jahre	17,0	8
Pluto	5,9 Mrd km	3000 km	251,8 Jahre	0,002	1

Uranus

Einfacher Merkspruch für die Reihenfolge der Planeten:
„Mein Vater Erklärt Mir Jeden Sonntag Unsere Neun Planeten."

Sonne, Licht und Wärme

1 Aufbau der Atmosphäre

Thermo- bzw. Ionosphäre
80–500 km

Mesosphäre
50–80 km

Stratosphäre
11–50 km

Troposphäre
0–11 km

In Bodennähe setzt sich die trockene atmosphärische Luft wie folgt zusammen: (in Volumen %)
Stickstoff N_2: 78,09 %
Sauerstoff O_2: 20,95 %
Argon Ar: 0,93 %
Kohlenstoffdioxid
CO_2: 0,036 %
Darüber hinaus enthält die Luft bis in eine Höhe von ca. 20 km noch Wasserdampf (H_2O) in variablen Mengen.

Durchmesser der Erde:
12 756 km
Masse der Erde:
5,974 · 10^{21} t
Volumen der Erde:
1,083 · 10^{12} km³

Der Grund für die Abflachung der Erde an beiden Polen liegt in der Eigenrotation und den daraus resultierenden Fliehkräften. Sie sind am Äquator am größten und an den Polen am kleinsten und bilden die Ursache für diese Deformation im Entstehungsstadium der Erde.

Der innere Aufbau der Erde ▶ 12.2 ist schalenförmig. Dies wurde vorwiegend durch die Auswertung künstlich erzeugter Bebenwellen ermittelt. Dabei geht man heute davon aus, dass der innere Erdkern fest ist und nur der äußere flüssig. Beide Teile des Erdkerns sind metallisch und bestehen zum größten Teil aus Eisen und Nickel. Durch die Drehbewegung der Erde rotiert der flüssige äußere Erdkern um den festen inneren Erdkern, wobei sich die Konvektionsströme des äußeren Erdkerns verhalten wie die Drähte in einem Dynamo und somit ein riesiges Magnetfeld aufbauen.

Die den *Erdkern* umhüllenden Schichten, der *Erdmantel* und die *Erdkruste*, bestehen aus festem Gestein, Oxiden der Metalle Aluminium, Eisen und Magnesium sowie des Halbmetalls Silicium. Die Erdkruste wird häufig noch unterteilt in die granitische kontinentale Oberkruste und die basaltische ozeanische Unterkruste.

Durch die Konzentration dieser Massen im Kern übt die Erde an ihrer Oberfläche eine starke Gravitationskraft aus – die Schwerkraft oder Gewichtskraft F_G. Die Gewichtskraft eines Körpers berechnet sich aus der Masse m des Körpers und der so genannten Erdbeschleunigung g:

$$F_G = m \cdot g$$

auf einer elliptischen Bahn um die Sonne. Allerdings ist die Abweichung dieser Umlaufbahn von einer Kreisbahn so gering, dass man näherungsweise von einer kreisförmigen Umlaufbahn sprechen kann. Die Form der Erde erscheint auf den ersten Blick als eine Kugel mit abgeflachten Polen. Mathematisch beschreiben lässt sich die Form der Erde annähernd als Ellipsoid. Den Abweichungen von der idealen Ellipsoidenform trägt man Rechnung, indem man die Erde auch als *Geoid* bezeichnet.

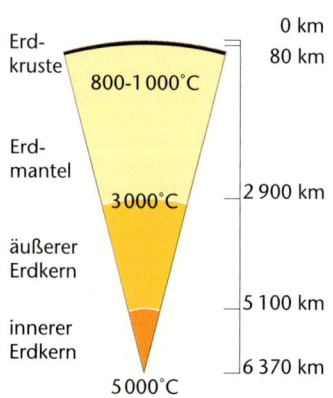

Erdkruste — 0 km / 80 km
800-1 000 °C
Erdmantel
3 000 °C — 2 900 km
äußerer Erdkern — 5 100 km
innerer Erdkern
5 000 °C — 6 370 km

2 Aufbau der Erde

Die Erdbeschleunigung beträgt im Mittel 9,81 m/s². Am Äquator ist sie aufgrund des größeren Abstandes zum Erdmittelpunkt mit 9,78 m/s² etwas geringer als z. B. am Nordpol mit 9,83 m/s².

Die Oberfläche der Erde ist zu etwa 71 % von Wasser bedeckt und zu 29 % von Land. Zwei Drittel der Landmassen befinden sich dabei auf der Nordhalbkugel.

Oberhalb der Erdoberfläche erstreckt sich die Erdatmosphäre ▶ 12.1. Sie ist vor allem durch das Vorhandensein von Sauerstoff und durch ihre Funktion als Schutzschild gegen die „ungebremste" Sonneneinstrahlung gekennzeichnet. Damit bietet sie eine Grundlage für das Leben auf dem Planeten.

In der *Troposphäre* nimmt die Temperatur mit zunehmender Höhe bis auf −90 °C ab. Auch das Wettergeschehen findet in erster Linie in der Troposphäre statt. Oberhalb der Troposphäre nimmt die Temperatur zunächst wieder zu, dann wieder ab und erreicht in 80 km Höhe mit −80 °C noch einmal ein Temperaturminimum. Darüber steigt die Temperatur stark an; in 200 km Höhe ist es bereits 1 000 °C heiss. Die Schutzfunktion der Atmosphäre wird durch die so genannte Ozonschicht, eine Anreicherung von Ozon auf bis zu 15 Milligramm pro Kilogramm Luft (also 15 ppm) in der oberen *Stratosphäre*, erlangt.

Die Bahnbewegung der Erde

Die Erde bewegt sich auf ihrer elliptischen Umlaufbahn um die Sonne mit einer Geschwindigkeit von 29,8 km/s. Für eine Umrundung auf der ca. 940 Millionen Kilometer langen Umlaufbahn benötigt sie 365 Tage, 5 Stunden, 8 Minuten und 45,5 Sekunden. Die Dauer dieser Umrundung wurde als Maß für die Festlegung eines Jahres zu Grunde gelegt.

Mit der Einlegung eines Schaltjahres alle vier Jahre kann die Jahresrechnung relativ genau an die Umlaufzeit der Erde angepasst werden.

Vom Nordpol aus betrachtet erfolgt der Umlauf gegen den Uhrzeigersinn. Bei ihrem Umlauf um die Sonne dreht sich die Erde ferner um die eigene Achse. Die Drehbewegung erfolgt dabei von West nach Ost, also im gleichen Drehsinn wie die Bewegung ihrer Umlaufbahn. Für eine Umdrehung um

1 Die Erde an der Tag-Nacht-Grenze

die eigene Achse benötigt die Erde dabei 23 Stunden, 56 Minuten sowie 4 Sekunden (Sterntag) ▶ 14.1. Allerdings steht bei der Erdrotation die Rotationsachse nicht senkrecht zur Umlaufbahn, sondern ist um 23,5 Grad geneigt. Diese Neigung der Erdachse, die sogenannte *Ekliptik*, ist für den Jahreszeitenzyklus ursächlich, da sich während des Umlaufs um die Sonne der Einstrahlwinkel der Sonne auf die Erde ändert.

Von der Erde aus betrachtet, ist dies an der Änderung des Sonnenstandes und damit der Intensität der Sonneneinstrahlung über das Jahr hinweg zu erkennen. Auch die Länge von Tag und Nacht wird durch den Sonnenstand bestimmt. Dadurch kann sich die Erdatmosphäre in den verschiedenen Breitengraden unterschiedlich aufheizen, was zur unterschiedlichen Ausprägung der einzelnen Jahreszeiten führt.

Lexikon

Sonnentag und Sterntag

Der Sterntag gibt die Zeit, die die Erde für eine Eigenumdrehung benötigt, in mittlerer Sonnenzeit (also gemessen relativ zu den Fixsternen) an. Der Sonnentag oder auch „bürgerlicher Tag", orientiert sich dagegen an der scheinbaren Bewegung der Sonne und wurde zu exakt 24 Stunden definiert.

Allerdings variiert nach dieser willkürlichen Einteilung die wahre Tageslänge innerhalb eines Jahres, da sich u. a. die scheinbare Bewegung der Sonne aufgrund der elliptischen Umlaufbahn der Erde ändert.

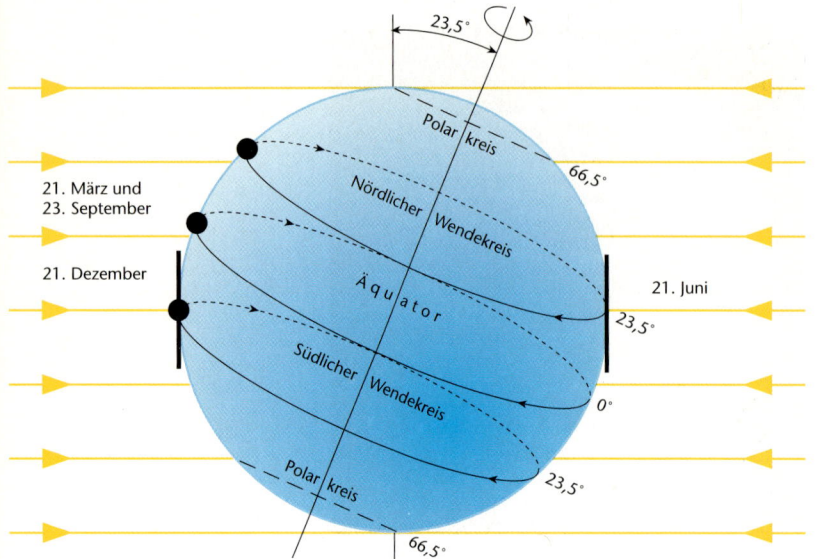

1 Einfallswinkel der Sonneneinstrahlung zum Zeitpunkt der Solstitien (21.12. und 21.06.)

Veranschaulichen lässt sich die Änderung des Sonnenstandes am besten unter Zuhilfenahme eines Globusses. Strahlt man den Globus in seinem Mittelpunkt mit einer Taschenlampe an und lässt ihn dabei rotieren, so kann man den Sonnengang eines Tages verfolgen. Dreht man daraufhin die Achse des Globusses um ein Viertel in eine Richtung, so ergibt sich ein völlig anderer Sonnengang. Eine volle Umdrehung der Achse entspricht dem Lauf eines Jahres.

In dieser Zeit wandert der Sonnenhöchststand zweimal über den Äquator, einmal von Norden kommend, einmal von Süden. Dazwischen erfolgt eine Umkehr der Richtung. Da die Einstrahlung von der Sonne immer in der Ebene der Umlaufbahn erfolgt, befinden sich die beiden Umkehrpunkte jeweils im selben Winkel zum Äquator, in dem sich die Erde über ihre Mittelachse neigt, nämlich 23,5 Grad. Deshalb werden die Breitengrade in 23,5 Grad nördlicher und südlicher Breite auch *Wendekreise* genannt. Der nördliche Wendekreis durchquert dabei z. B. die Sahara. Im Jahreszyklus erreicht die Sonne den nördlichen Wendekreis immer um den 21. Juni. Für die Gebiete nördlich davon ist dies der Tag der längsten Sonnenscheindauer. Dieser Tag wird auch als Sommeranfang bezeichnet, da der Sommer auf der nördlichen Halbkugel im astronomischen Sommer von dieser Sommersonnenwende (auch *Sommersolstitium* genannt) bis zur Herbst-Tagundnachtgleiche (*Herbstäquinokium*) definiert ist.

Die Herbst-Tagundnachtgleiche ist das Datum, an dem der maximale Sonnenstand von Norden kommend den Äquator erreicht. Dies geschieht im Jahreszyklus immer um den 23. September herum.

Vervollständigt wird der Zyklus, wenn der maximale Sonnenstand am 21. Dezember (Winteranfang) den südlichen Wendekreis erreicht und am 21. März (Frühlingsanfang bzw. Frühlings-Tagundnachtgleiche) von Süden kommend den Äquator passiert.

Diese Entwicklung lässt sich anhand der Abbildung ▶ 14.1 erkennen. Mit dem Sonnenstand ändert sich auch die Dauer der Sonneneinstrahlung an einem Tag. Dies verdeutlicht die Abbildung ▶ 14.2, in der die Uhrzeit für den Sonnenaufgang und den Sonnenuntergang bei 50 Grad nördlicher Breite (z. B. Frankfurt am Main) dargestellt ist.

Aufgrund der elliptischen Umlaufbahn der Erde um die Sonne, gibt es zwei charakteristische Punkte, an denen die Erde sich einmal in ihrer größten und kleinsten Entfernung zur Sonne befindet. Die Verbindungslinie beider Punkte nennt man *Apsidenlinie*. Der Tag an dem die Erde mit 152 Millionen Kilometern am weitesten von der Sonne entfernt ist, nennt man Sonnenferne oder *Aphel*. Dieser Punkt auf der Umlaufbahn wird um den 4. Juli herum erreicht. Die Sonnennähe, oder *Perihel*, wird immer um den 3. Januar herum erreicht. Die Entfernung zur Sonne beträgt dann 147 Millionen Kilometer. Die Erde ist

2 Tageslänge in Mitteleuropa (ca. 50° nördlicher Breite) als Funktion der Jahreszeit

damit bemerkenswerterweise im Winter der nördlichen Halbkugel der Sonne näher als im Sommer.

Die Nähe der Erde zur Sonne hat also nichts mit den Jahreszeiten zu tun.

Der Mond als ständiger Begleiter

Der Mond ist der nächste Himmelskörper der Erde. Der Begriff Mond geht ursprünglich auf den Erdmond zurück, wurde inzwischen aber auf die Begleiter anderer Planeten ausgeweitet. Allgemein spricht man bei Monden auch von natürlichen Satelliten.

Über die Entstehung des Mondes halten sich weiterhin mehrere Theorien. Letzte Untersuchungen deuten aber daraufhin, dass der Mond durch den Aufprall eines riesigen Körpers – vermutlich von der Größe des Mars – auf die Erde entstanden ist. Der ungeheure Aufprall soll Teile der Erde und des Planetoiden in eine Umlaufbahn befördert haben, auf der sie sich vereinigten und den Mond bildeten. Unumstritten ist, dass das Alter des Mondes bei über vier Milliarden Jahren liegt (das Alter der Erde wird mit 4,65 Milliarden angenommen).

Relativ zum Planeten gesehen, ist der Mond ein sehr großer Satellit. Deshalb spricht man zuweilen auch vom Doppelplaneten Erde-Mond.

Der Mond umrundet die Erde auf einer elliptischen Umlaufbahn, die jedoch ähnlich wie die Umlaufbahn der Erde um die Sonne annähernd kreisförmig ist. Für eine Umrundung benötigt der Mond 27,3 Tage. In dieser Zeit dreht sich der Mond auch einmal um sich selbst. Hierbei spricht man auch von gebundener Eigenrotation. Allerdings rotierte der Mond in Urzeiten einmal schneller. Seine Eigenrotation wurde jedoch durch die Reibung seiner Gezeiten bis zur gebundenen Eigenrotation abgebremst. Auch auf der Erde ist dieser Prozess noch im Gange. Die Verlängerung eines Sterntages durch das Abbremsen der Erdrotation liegt allerdings im Millisekundenbereich pro Jahr. Aufgrund der gebundenen Eigenrotation des Mondes, sieht man von der Erde aus immer dieselbe Seite von ihm. Da er aber ständig leicht um seine eigene Achse schwingt (Libration), sind insgesamt 59 % der Mondoberfläche einzusehen.

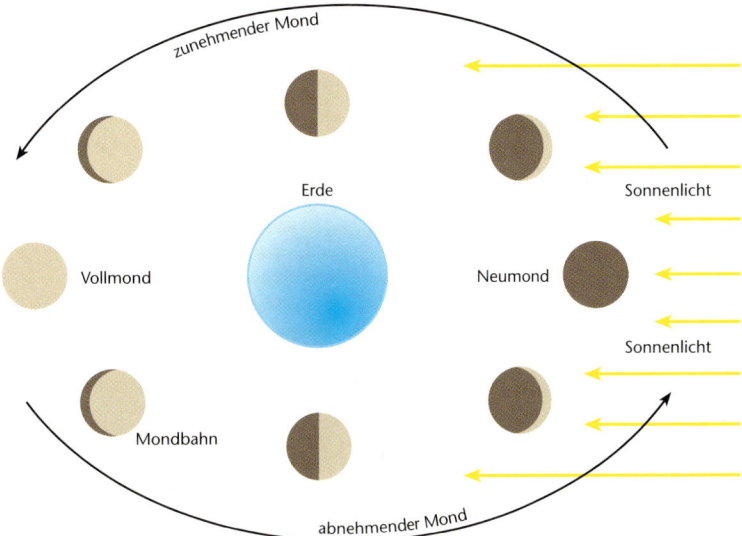

1 Schema der Entstehung der Mondphasen

Durch die Reflektion des Sonnenlichtes kann man den Mond von der Erde aus deutlich sehen, und das, obwohl der Mond nur ca. 7 % des Sonnenlichtes reflektiert, was in etwa dem Reflexionsvermögen von Kohlenstaub entspricht.

Während seines Umlaufs um die Erde erscheint der Mond in verschiedenen *Mondphasen*: Neumond, zunehmender Mond, Vollmond, abnehmender Mond. Die Phasen hängen vom Winkelverhältnis ab, in dem sich Erde, Sonne und Mond befinden. Ein Durchlauf dieser Phasen dauert von der Erde aus gesehen 29,5 Tage.

Abbildung ▶ 15.1 zeigt die einzelnen Mondphasen in ihrer Entstehung. Von Zeit zu Zeit kommt es zu besonderen Konstellationen von Sonne, Erde und Mond, den so genannten Mond- und Sonnenfinsternissen ▶ 16.1.

Eine *Mondfinsternis* tritt auf, wenn sich der Mond genau im Kernschatten der Erde befindet und so von der Sonne nicht angestrahlt wird. Dieses Ereignis findet nur bei Vollmond statt.

Eine *Sonnenfinsternis* tritt auf, wenn sich der Mond exakt zwischen Erde und Sonne schiebt und so einen Teil der Erdoberfläche kurzzeitig (für etwa 6 Minuten) vollständig verschattet. Eine Sonnenfinsternis ereignet sich nur bei Neumond.

Beide Konstellationen sind relativ selten und immer nur auf einem Ausschnitt der

Die Umlaufbahn des Mondes
Mittlerer Abstand: 384 403 km
Größte Entfernung, Apogäum: 406 700 km
Kleinste Entfernung, Perigäum: 356 400 km

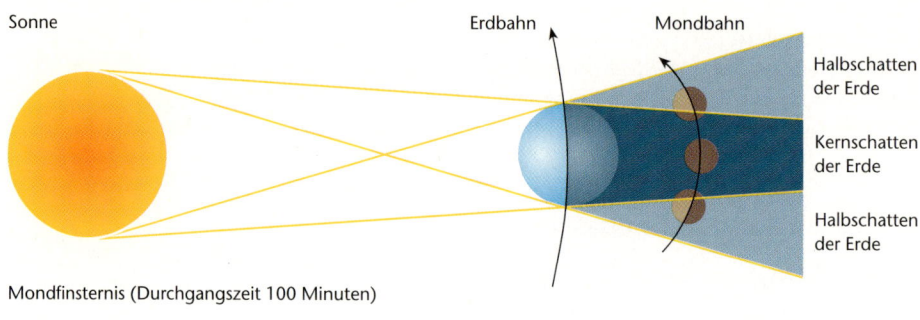

Sonne · Erdbahn · Mondbahn · Halbschatten der Erde · Kernschatten der Erde · Halbschatten der Erde

Mondfinsternis (Durchgangszeit 100 Minuten)

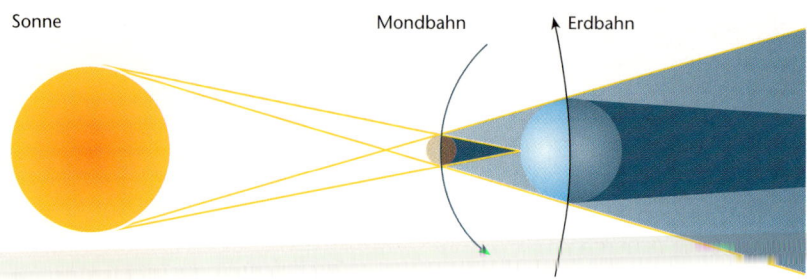

Sonne · Mondbahn · Erdbahn

Sonnenfinsternis (Durchgangszeit 6 Minuten)

1 Schema der Konstellationen bei Mond- und Sonnenfinsternis

Dimensionen des Mondes
Durchmesser: 3 476 km
(27 % des Durchmessers der Erde)
Masse: 7,350·10^{19} t
(1,23 % der Masse der Erde)
Volumen: 2,199·10^{10} km^3
(2 % des Volumens der Erde)

Erde zu beobachten. Im Schnitt kann mit zwei Mond- und zwei Sonnenfinsternissen im Jahr gerechnet werden. Dabei ist die Verschattung im seltensten Fall vollständig. Astronomische Kalender geben Aufschluss über das Auftreten der Konstellationen, den Grad der jeweiligen Verschattung sowie die Erdregionen, von denen aus das Ereignis beobachtet werden kann. Die Konstellationen beider Verschattungen sind in Abbildung ▶ 16.1 dargestellt.

Der Mond besteht überwiegend aus Gestein, seine Gesamtdichte beträgt allerdings nur 60 % der mittleren Erddichte. Obwohl man die dunklen Flecken auf dem Mond als Mare, also Meere, bezeichnet, konnte bislang kein Wasser auf dem Mond nachgewiesen werden. Ebenso wenig besitzt der Mond eine Atmosphäre und somit auch kein Wettergeschehen. Die fehlende Atmosphäre des Mondes ist auch der Grund, warum wir die Mondoberfläche von der Erde aus überhaupt wahrnehmen können.

Die Mondoberfläche ist übersät von riesigen Kratern, Gebirgszügen, Ebenen (besagte Mare, die im Mittelalter ursprünglich für Meere gehalten wurden), Rillen und Verwerfungen. Die höchsten Gebirge erreichen

in der Nähe des Südpoles Höhen von knapp über 6 000 Metern. Der größte Krater hat einen Durchmesser von 295 km und eine Tiefe von 3 960 Metern. Es deutet alles darauf hin, dass alle Mondkrater auf die Einschläge von Meteoriten oder kleinen Asteroiden zurückzuführen sind. Die Temperaturen auf dem Mond reichen von + 127 °C bei voller Sonneneinstrahlung bis – 173 °C auf der Nachtseite. Die Schwerkraft auf dem Mond beträgt etwa ein Sechstel der Erdanziehung. Dies bedeutet, dass man mit der Kraftanstrengung, die auf der Erde für einen Luftsprung von einem halben Meter Höhe reichen würde, auf dem Mond drei Meter hoch springen könnte.

2 Wattrinnen (Priele), über die sich das Meer bei Ebbe zurückzieht und bei Flut zurückströmt

Die Anziehungskraft des Mondes auf die Erde macht sich vor allem an den Küsten durch die Gezeiten bemerkbar. Allerdings betreffen die Gezeiten nicht nur die Meere, sondern sind eine periodische Bewegung des ganzen Erdkörpers sowie der Atmosphäre, was für den Menschen jedoch nicht direkt wahrnehmbar ist.

Ursache für diese periodischen Zyklen, die sich an den Küsten zumeist zweimal täglich (im Abstand von 12 Stunden und 25 Minuten) durch Ansteigen (Flut) und Absinken (Ebbe) ▶ 16.2 des Meeresspiegels äußern, ist das Zusammenwirken von Schwer- und Fliehkräften, die bei der Bewegung des Mondes um die Erde und beider um die Sonne entstehen. Rätselhaft erscheint zunächst, warum der Abstand zwischen zwei Wasserhöchst- oder Niedrigständen nicht exakt 12 Stunden beträgt. Für die „Verspätung" von 25 Minuten ist wiederum der Mond zuständig. Für die Umrundung der gemeinsamen (gedachten) „Schwereachse" mit der Erde benötigt er 28 Tage. Während sich die Erde einmal um diese Achse dreht, ist der Mond auf seinem Weg bereits um 1/28 des vollen Umlaufs fortgeschritten. Die Erde benötigt also täglich 24/28 Stunden oder 50 Minuten zusätzliche Drehdauer, bis der Mond wieder seinen Höchststand erreicht hat.

Der Einfluss der Anziehungskraft des Mondes ist unter all diesen Kräften am größten, wobei sich die Anziehungskräfte je nach Konstellation von Mond und Erde addieren bzw. subtrahieren ▶ 17.1. So verstärken beide

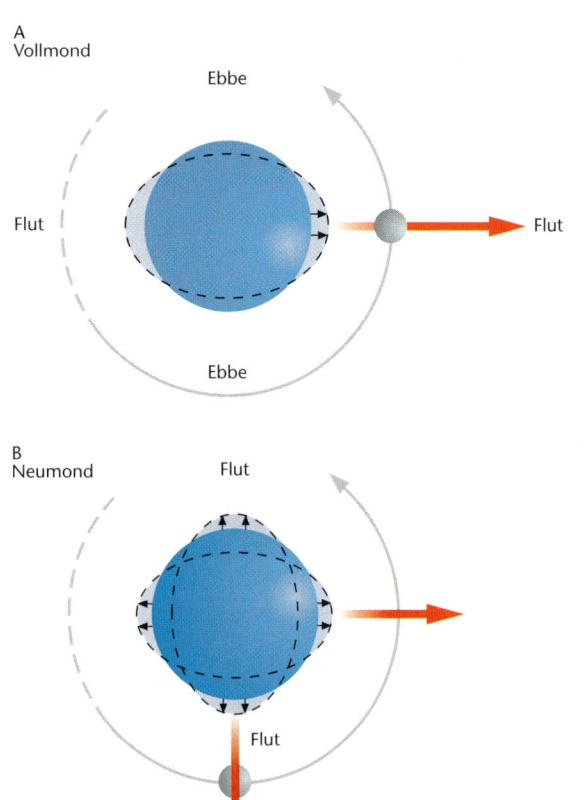

1 Bewegungsrichtung des Wassers bei Spring- und Nipptiden

Anziehungskräfte bei Neumond und Vollmond die Gezeiten zu kräftigen *Springtiden*. Bei Halbmond hingegen sind Ebbe und Flut am schwächsten ausgeprägt. Man spricht dann von *Nipptiden*.

Exkurs

Diese Uhr geht nach dem Mond

Der Apfel fällt vom Baum, weil die Erde ihn mit ihrer Schwerkraft anzieht. Umgekehrt zerrt auch der Apfel mit derselben Kraft an der Erde, aber die Kraft richtet an der großen Masse der Erde nicht viel aus, sie bewegt sie nicht. Beim Mond ist das anders. Er ist immerhin ein Viertel so groß wie die Erde und zieht die Wassermassen der Ozeane daher spürbar an.

Auf der mondzugewandten Seite entsteht daher ein Flutberg. Auf der mondabgewandten Seite der Erde baut sich durch Fliehkräfte ebenfalls ein Flutberg auf. Unter beiden Flutbergen dreht sich die Erde einmal am Tag (in 24 Stunden) durch. Daher ereignen sich an den Küsten jeden Tag zwei Hochwasser. Zwischen den Flutbergen entsteht je ein großes Wassertal. Sobald ein Küstenabschnitt durch die Erddrehung in das Tal zwischen den Flutbergen gerät, herrscht Niedrigwasser. Den Zeitraum zwischen einem Hochwasser und dem nachfolgenden nennt man Gezeit oder Tide.

Strahlung – mehr als nur Licht

Unter dem physikalischen Begriff Strahlung versteht man den Transport von Energie durch Wellen oder Teilchen durch den Raum.

Alle Strahlungsarten, also auch das Licht, weisen sowohl die Eigenschaften von Wellen- als auch Teilchenstrahlung auf (man spricht hierbei auch vom Welle-Teilchen-Dualismus), so dass eine strenge Unterteilung in Wellen- und Teilchenstrahlung (die auch Korpuskularstrahlung genannt wird) heute als überholt gilt.

Die von der Sonne empfangene Strahlung ist ein Ausschnitt aus dem Spektrum der elektromagnetischen Strahlung. Wie bereits angesprochen, ist die Zufuhr dieser Strahlungsenergie eine Grundvoraussetzung für die Existenz von Leben auf der Erde. Durch die mit der Strahlung auftreffende Energie kann sich die Erdatmosphäre aufheizen, so dass moderate Temperaturen herrschen (natürlicher Treibhauseffekt). Sonnenstrahlung ermöglicht die Fotosynthese von Pflanzen und schafft so die Grundlage für Nahrungsketten. Ebenso wird durch die Solarstrahlung der Wetterzyklus in Gang gebracht. Durch unterschiedliche Aufheizung von Land- und Wassermassen entsteht Wind. Durch die Verdampfung von Wasser ist Niederschlag möglich. Und nicht zuletzt ist die Sonne die wichtigste Energiequelle der Erde. Dabei sind nicht nur die regenerativen Formen der Energieerzeugung (Wind- und Wasserkraft, Solarenergie und Biomasseverbrennung) von der Sonne abhängig, sondern auch die *fossilen Ressourcen* unserer Erde (Torf, Braunkohle, Steinkohle, Erdöl und Erdgas) verdanken wir nicht zuletzt der Sonne.

Elektromagnetische Strahlung

Die Wellen elektromagnetischer Strahlung entstehen durch Schwingungen bzw. Beschleunigungen elektrischer Ladungen. Wenn eine Ladung beschleunigt wird, ändert sich ihre Geschwindigkeit, also auch der von ihr bewirkte elektrische Strom. Damit ändert sich gleichzeitig das von ihm erzeugte Magnetfeld. Schwingende Ladungen rufen also eine Störung des elektrischen und magnetischen Feldes hervor. Diese Störungen erzeugen so elektromagnetische Wellen, die durch magnetische Wechselfelder bestimmt sind.

Elektromagnetische Wellen sind im Gegensatz zu Wasser- oder Schallwellen bei ihrer Ausbreitung nicht auf Materie als Medium angewiesen. Dies ist auch der Grund, warum elektromagnetische Strahlung – und darunter fällt auch das sichtbare Licht der Sonne und anderer Sterne – den interplanetaren und interstellaren Raum durchqueren kann.

Elektromagnetisches Spektrum

Elektromagnetische Wellen lassen sich – wie andere Wellen auch – physikalisch durch ihre Wellenlänge λ, ihre Frequenz f und ihre Ausbreitungsgeschwindigkeit c beschreiben. Es gilt:

$$c = \lambda \cdot f$$

Im Fall von elektromagnetischer Strahlung ist diese Ausbreitungsgeschwindigkeit – zumindest im Vakuum, d. h. ohne die abbremsende Einwirkung von Materie – konstant. Diese Geschwindigkeit wird allgemein als *Lichtgeschwindigkeit c* bezeichnet und beträgt im Vakuum 299 792 km/s.

Beim Durchqueren von Luft verringert sich die Lichtgeschwindigkeit um 3 % gegenüber der Geschwindigkeit im Vakuum. In Wasser wird die Geschwindigkeit des Lichts um 25 % abgebremst und in Glas sogar um 33 %. Im Gegensatz zur Geschwindigkeit variiert die Wellenlänge elektromagnetischer Strahlung zwischen mehreren Kilometern und wenigen Attometer . Die gesamte Bandbreite dieser Frequenzen nennt man das *elektromagnetische Spektrum*. Die Tabelle ▶ 19.1 stellt die wichtigsten Bereiche des Spektrums dar. Die Übergänge zwischen den einzelnen Strahlungsarten sind dabei fließend und nicht immer exakt zu definieren.

Sonnenstrahlung wird auf der Erde nur in einem kleinen Ausschnitt des Spektrums und zwar zwischen 280 nm (Ultraviolettstrahlung UV-B) und 5 000 nm (im nahen Infrarotbereich) empfangen. Für den Men-

	Frequenzbereich
Langwellen	2 km – 1 km
Mittelwellen (MW)	1000 m – 100 m
Kurzwellen (KW)	100 m – 10 m
Ultrakurzwellen (UKW)	10 m – 1 m
Mikrowellen	1 m – 1 mm
Infrarotstrahlung (IR)	1 mm – 780 nm
sichtbares Spektrum	780 nm – 380 nm
Ultraviolettstrahlung A	400 nm – 315 nm
Ultraviolettstrahlung B	315 nm – 280 nm
Röntgenstrahlung	10 nm – 10 am
Gammastrahlung	100 pm – 100 am

1 Ausschnitt aus dem Spektrum elektromagnetischer Wellen

schen (und sämtliche Wirbeltiere) optisch sichtbar ist dabei nur der Bereich zwischen 380 nm (Wellenlänge des blauen Lichts) und 780 nm (Wellenlänge des roten Lichts). Dazwischen befinden sich mit abnehmender Wellenlänge die *Spektralfarben* von rot über orange, gelb, grün hin zu blau und weiter über indigo zu violett. Sichtbar machen kann man dieses Spektrum durch die Brechung von sogenanntem weißem Licht in einem Prisma ▶ 19.2. Das Sonnenlicht erscheint uns weiß, weil sich alle Wellenlängen der sichtbaren Strahlung überlagern. Auch die Erscheinung von Regenbögen beruht auf der Lichtbrechung von weißem Licht an kondensierenden Wassertröpfchen in der Luft.

Absorption, Reflexion, Transmission und Lumineszenz

Beim Auftreffen elektromagnetischer Strahlung auf Materie treten eine Reihe von Mechanismen auf: Strahlung wird absorbiert, d. h. aufgenommen, und reflektiert, d. h. in irgend einer Form gespiegelt. Durch die Erwärmung des Körpers wird ferner Wärmestrahlung abgegeben. Abhängig von den Eigenschaften der Materie, auf der die Strahlung auftrifft, ist auch eine Transmission, also ein Durchtritt der Strahlung wie bei einer Glasscheibe, möglich ▶ 20.1. Bei der Transmission, z. B. durch ein Prisma, kann es auch zu einer Brechung des Lichts kommen.

In welchem Umfang es zu Absorption, Reflexion und Transmission kommt, hängt sowohl von der Art der Strahlung, also ihrer

Wellenlänge, als auch von dem Stoff, auf dem die Strahlung auftrifft, ab. Tabellierte Werte für den Absorptiongrad α^*, den Reflexionsgrad ρ^* und den Transmissionsgrad τ^* sind daher keine reinen Stoffwerte, sondern ändern sich mit der Wellenlänge der Strahlung. Die drei Werte summieren sich immer zu 100 % bzw. 1.

$$\alpha^* + \rho^* + \tau^* = 1$$

Handelt es sich bei der Materie um ein lichtundurchlässiges oder *opakes* Medium, ist der Transmissionsgrad Null – die Strahlung wird ausschließlich absorbiert und reflektiert. Bei der Absorption von Strahlung erwärmt sich ein Körper. Dabei strahlt jeder Körper entsprechend seiner Temperatur und den Eigenschaften seiner Oberfläche Strahlung im langwelligen Bereich (2–25 µm) ab. Bezug für den thermischen Emissionsgrad ε^* ist dabei immer der sogenannte schwarze Körper, der jegliche Strahlung zu 100 % absorbiert ($\alpha^* = 1$) und dabei aber auch die maximale thermische Emission, also $\varepsilon^* = 1$, aufweist.

Eine andere Lichterscheinung ist die Lumineszenz. Dies ist ein Sammelbegriff für alle Leuchterscheinungen, die ihre Usache nicht bzw. nicht allein in der Temperatur der leuchtenden Substanz haben. Oft sind es zerfallende chemische Substanzen, von denen ein solch „kaltes Leuchten" ausgeht.

Eine Art von Lumineszenz ist die *Fluoreszenz*. Dabei handelt es sich um ein Aufleuchten von festen Körpern, Flüssigkeiten oder Gasen, wenn diese mit Licht- oder Röntgenstrahlung bestrahlt werden. Die emittierte Strahlung ist in der Regel langwelliger als die absorbierte. Die Lumineszenz erlischt, sobald die Bestrahlung aufhört. Von *Phosphoreszenz* spricht man dagegen, wenn der angestrahlte Körper nach Beendigung der Bestrahlung noch eine Zeit lang nachleuchtet. Phosphoreszenz wird technisch angewendet u. a. bei Leuchtfarben, Leuchtstofflampen, Fernsehbildröhren.

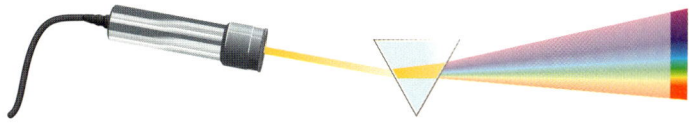

2 Zerlegung des Lichts durch ein Prisma

Filterleistung
Aufgrund einer anderen Zusammensetzung der Atmosphäre im frühen Entwicklungsstadium der Erde, war die Filterleistung der Atmosphäre nicht immer so ausgeprägt wie heute, d. h. die UV-Strahlung auf der Erdoberfläche war zu dieser Zeit intensiver. Es spricht vieles dafür, dass die dadurch ausgelösten Veränderungen der Erbsubstanz von Organismen eine wesentliche Triebkraft der Evolution darstellten.

Bestrahlungsstärken für Mitteleuropa in W/m²
extraterrestrisch:	1 367
klarer Himmel:	1 000
leichte Bewölkung:	600
diesiges Wetter:	300
trüber Wintertag:	100
Jahresmittel:	110

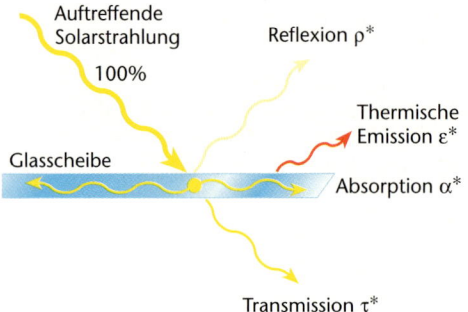

1 Solarstrahlung trifft auf eine Glasscheibe

*Warum ist der Himmel
blau?*

Beim Eintritt der Strahlung in die Erdatmosphäre trifft diese auf Luftmoleküle, wobei sie gestreut wird (sog. Rayleigh-Streuung). Die Intensität der Streuung ist dabei umgekehrt proportional zur vierten Potenz der Wellenlänge. Die somit stärkere Streuung des kurzwelligen Lichts bewirkt die Blaufärbung des Himmels und die Rotfärbung des direkten Sonnenlichts bei Sonnenaufund Sonnenuntergang.

Das Solarspektrum

Das Solarspektrum ist der Ausschnitt aus dem elektromagnetischen Spektrum, welches uns von der Sonne zugestrahlt wird. Das Spektrum erstreckt sich dabei vom UV-Bereich über den sichtbaren bis hin zum Infraroten Bereich. 90% der Solarstrahlung trifft im Wellenlängenbereich von 300nm bis 1500nm ein.

Auf den für das Pflanzenwachstum wichtigen fotosynthetisch aktiven Bereich zwischen 380 und 710nm, entfallen zwischen 21 und 46% der Sonneneinstrahlung.

Die Intensität der Sonnenstrahlung ist bis zum Auftreffen auf die Erdatmosphäre nahezu konstant und schwankt aufgrund der elliptischen Umlaufbahn der Erde um 3% um einen Mittelwert. Die Intensität der

Solarstrahlung wird daher durch eine „Konstante", der so genannten Solarkonstante E_0, charakterisiert:

Solarkonstante: $E_0 = 1367\ W/m^2\ (\pm 3\%)$

Die Solarkonstante ist dabei die Energie, die pro Zeit und Fläche senkrecht zur Sonnenstrahlung im erdnahen Weltraum (d.h. extraterrestrisch) über den gesamten Wellenlängenbereich, den die Sonne abgibt, empfangen wird. Die auf der Erdoberfläche auftreffende Strahlung entsteht aus der extraterrestrischen Strahlung ▶ 20.2, wobei folgende Effekte Intensität und Spektrum beeinflussen:

- *Absorption* in der Atmosphäre (durch Wasserdampf, Ozon, Staub),
- *Streuungen* an Bestandteilen der Atmosphäre und
- *Reflexionen* an Bestandteilen der Atmosphäre und sekundär an der Erdoberfläche.

Somit kann die auf der Erdoberfläche auftreffende Solarstrahlung in zwei Komponenten aufgeteilt werden:

- *direkte Strahlung,* als Anteil der extraterrestrischen Strahlung, der die Erdoberfläche ohne Richtungsänderung, sondern lediglich in der Atmosphäre geschwächt, erreicht und

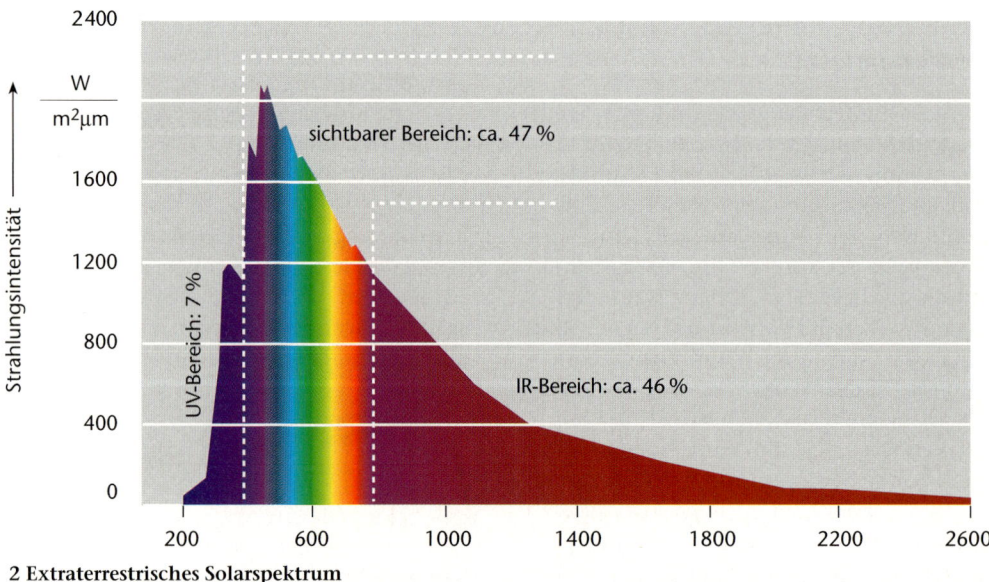

2 Extraterrestrisches Solarspektrum

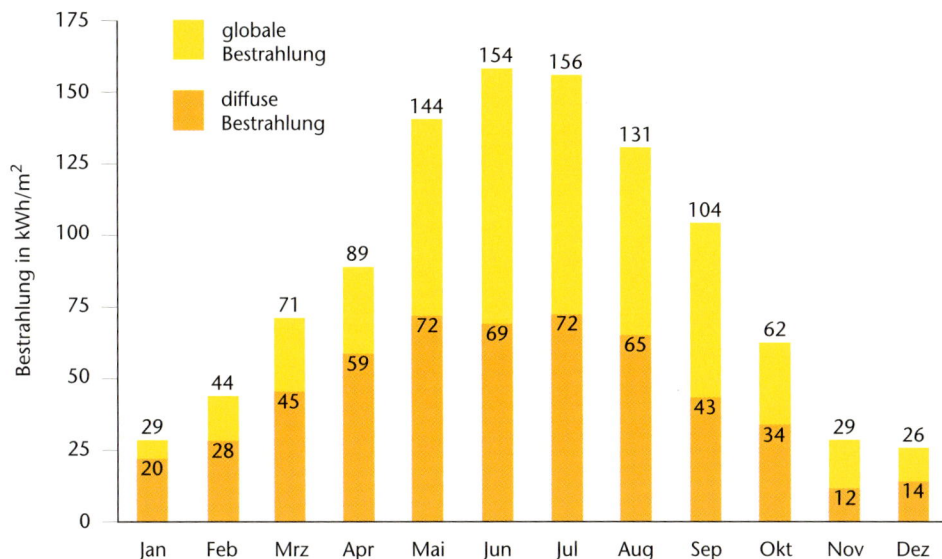

1 Monatliche Globalstrahlung am Beispiel Stuttgart in der Horizontalebene

▬ *diffuse Strahlung,* die durch Streuungen und Reflexionen der direkten Strahlung in der Atmosphäre entsteht.

Diffuse Strahlung kann nicht konzentriert (d. h. gebündelt) werden, da sie ohne bestimmte Richtung ist. Deshalb entstehen durch Diffusstrahlung auch keine Schatten. Dies kann man z. B. bei bedecktem Himmel beobachten, wenn der Anteil der Diffusstrahlung den Hauptteil ausmacht.

Beide Komponenten – also direkte und diffuse Strahlung zusammen, ergeben die *Globalstrahlung.* Ihre Intensitäten (d. h. Energiemengen) können addiert werden:

$$E_{global} = E_{direkt} + E_{diffus}$$

Bei klarem Himmel beträgt die Globalstrahlung in Mitteleuropa ca. 1000 W/m². Bezieht man dies auf die Solarkonstante E_0, findet also eine Schwächung der Strahlungsintensität um etwa ein Viertel statt. Ist der Himmel bewölkt, verringert sich diese Intensität noch mehr, denn die Wolken absorbieren die Energie und reflektieren die Strahlung.

In den Sommermonaten ist die Globalstrahlung in Mitteleuropa ca. 5–6 mal höher als in den Wintermonaten. Etwa 75 % der jährlichen Strahlungsmenge fällt in den Zeitraum April bis September. Dies kann auch in Abb. ▶ 21.1 verfolgt werden. Dort ist die globale und diffuse Bestrahlung in Horizontalebene für Stuttgart aus dem Jahre 1986 aufgetragen. Die Strahlungsmenge addiert sich über das Jahr zu 1 040 kWh/m². Der Anteil der diffusen Strahlung liegt für das Jahr bei 51 %.

Ohne Schwächung der extraterrestrischen Strahlung durch die Atmosphäre wäre sie zu intensiv für das Leben auf der Erde. Insbesondere die kurzwellige, „harte" UV-B Strahlung schädigt mit ihrer, im Vergleich zu langwelligerer Strahlung hohen Energie Zellen in Organismen. Zu hohe UV-B Strahlung kann sich beim Menschen u. a. in Form von Sonnenbrand oder Hautkrebs auswirken. Gefährdet ist zudem vor allem die Erbsubstanz, die durch UV-B-Strahlung verändert oder geschädigt werden kann. Davon sind auch Pflanzen betroffen.

Die UV-Intensität nimmt mit niedrigerer geographischer Breite (d. h. in Äquatornähe) und mit zunehmender Höhe (d. h. im Gebirge) stark zu.

Eine Schwächung der UV-Strahlung findet in der Atmosphäre vor allem in der in 20–30 km hoch gelegenen *Ozonschicht* statt. Dabei wird Ozon durch die UV-Strahlung zunächst gebildet, zugleich aber auch wieder abgebaut. Dieser Prozess ist in einem natürlichen Gleichgewicht. Seit Anfang der siebziger Jahre nimmt die stratosphärische Ozonschicht durch die Immission halogen-

Treibhauseffekt

Die teilweise Absorption der vom Sonnenlicht einge-strahlten Energie durch die Gasmoleküle in der Erdat-mosphäre führt dort zu einer Einspeicherung von Energie. Einige Moleküle, z. B. Wasserdampf, Kohlen-stoffdioxid (CO_2) oder Met-han (CH_4), speichern dabei mehr Energie als andere. Steigt der Anteil dieser Mo-leküle in der Erdatmosphä-re an, kommt es zum soge-nannten Treibhauseffekt.

Ungefähre Leistungs-zahlen verschiedener elektrischer Geräte

Kofferradio:	5 W
Glühbirne:	60 W
Fernseher:	100 W
Kaffeemaschine:	800 W
Fön:	1 000 W
E-Lokomotive:	3 000 kW

*Die **Abkürzung a** steht für „annus" und ist die latei-nische Bezeichnung für Jahr. Bezogen auf ein Jahr spricht man deshalb auch von „per annum".*

haltiger Kohlenwasserstoffe (FCKW – Fluor-chlorkohlenwasserstoffe) jedoch signifikant ab (zwischen 1969 und 1986 um 5,6 %). Verringert sich die Filterleistung der Ozon-schicht weiterhin, sind damit ohne Zweifel eklatante biologische Gefahren verbunden (siehe auch Kapitel: *Haut*).

Solarenergie – Energie der Zukunft?

Im Gegensatz zu den beschränkten Ressour-cen der fossilen Energieträger ist Sonnen-energie an jedem Ort der Erde dauerhaft verfügbar. Das Solarangebot schwankt dabei global, aber auch regional:

Solarenergieangebot	
Hamburg	950 kWh/m² · a
München	1 150 kWh/m² · a
Sahara	2 200 kWh/m² · a

Mit der Einheit kWh/m² · a wird dabei die Energiemenge, die innerhalb eines Jahres auf die Fläche von einem Quadratmeter trifft, angegeben, während die Energiemen-ge als Produkt aus Leistung und Zeit in der Einheit „Kilowattstunde" (kWh) gemessen wird.

Zum Vergleich: Momentan liegt der durchschnittliche Energieverbrauch (Haus-haltsstrom, Warmwasser und Heizung) in europäischen Haushalten bei etwa 280 kWh pro Quadratmeter Wohnfläche und Jahr. Für Neubauten ist er durch gehobene Wärme-dämmstandards auf ca. 150 kWh/m² · a zu-rückgegangen.

Dies zeigt, dass ein enormes Solarener-gieangebot, zumindest zur Energieversor-gung von Haushalten, durchaus vorhanden ist. Neben der passiven Nutzung von Solar-

energie (z. B. durch Wintergärten und groß-flächige Verglasung der Südseite eines Ge-bäudes), findet die technische Nutzung der Solarenergie bislang auf zwei Arten statt: photovoltaisch und solarthermisch.

Bei der Photovoltaik wird die Solarstrah-lung in Solarzellen direkt in Strom umge-wandelt. Moderne Solarzellen erreichen da-bei einen Wirkungsgrad von 30 %. d. h. drei Zehntel der auftreffenden Strahlungsenergie ist letztendlich als elektrische Energie ver-fügbar.

Bei der Solarthermie wird ein flüssiges Trägermedium (z. B. Wasser) in Absorber-schläuchen oder so genannten Kollektoren direkt erhitzt. Diese Technik wird vorwie-gend zur Beheizung von Schwimmbädern und einzelnen Häusern genutzt. Das Pro-blem bei dieser Technik ist, dass der Wärme-bedarf vor allem in der Heizperiode im Win-ter besonders hoch ist. Zu dieser Zeit ist die Sonneneinstrahlung jedoch am geringsten. Zur Beheizung ganzer Wohngebiete lohnt hierbei jedoch die Einspeicherung der Wär-me in riesigen Warmwasserspeichern. In diesem Verfahren kann der Wärmebedarf ei-nes Wohngebietes heute schon bis zu 50 % solar gedeckt werden.

Die großtechnische Nutzung der Solar-enerige, etwa in Solarturmkraftwerken, ist bislang noch im Entwicklungsstadium und nur in Gebieten mit sehr hohem Solarener-gieangebot (z. B. Kalifornien, Südspanien) rentabel.

Der Anteil der Solarenergie am Primär-energieverbrauch liegt in Deutschland mo-mentan noch bei weit unter 1 %, wird in den nächsten Jahren aber deutlich zulegen. Eine Komplettversorgung durch Solarener-gie ist in unseren Breitengraden allerdings nicht zu realisieren.

Thermodynamik – Die Lehre von der Energie

Mit Begriffen wie Druck, Wärme, Temperatur oder auch Energie werden wir im Alltag häufig konfrontiert. Doch was genau steckt hinter diesen Begriffen?

Als die „Lehre von der Energie und der Entropie" vereinigt die Thermodynamik all diese Begriffe systematisch, indem sie mit ihnen den Zustand von Stoffen und Systemen sowie deren Änderungen beschreibt. Deshalb soll die Thermodynamik, die auch als „Wissenschaft der Energieumwandlung" bezeichnet wird, an dieser Stelle helfen, sich dieser Thematik ein wenig zu nähern.

Was ist eigentlich Energie?

Alle Körper und Systeme enthalten Energie. Bei den meisten Vorgängen in der Natur ändert sich fast immer die Energie der beteiligten Körper. Daher kommt es, dass der Begriff der Energie heutzutage in aller Munde ist, aber vielfach ungenau oder missverständlich benutzt wird. Dies liegt daran, dass eine genaue Definition dieses Begriffs und des mit ihm verbundenen physikalischen Konzepts in einfachen Worten nicht möglich ist. Um aber in etwa eine Vorstellung davon zu erhalten, beschreibt man gewöhnlich Energie als allgemeines Maß für die Arbeitsfähigkeit und die Erwärmbarkeit eines Körpers bzw. Systems und stellt die Eigenschaften vor, die mit dem Begriff verbunden sind:

- Energie tritt in einer Vielzahl von Energieformen auf:
  chemisch gebundene Energie (Brennstoffe)
  elastische Energie (Gummiband)
  elektrische Energie (Licht)
  potenzielle Energie bzw. Lageenergie
  kinetische Energie bzw. Bewegungsenergie
  thermische Energie bzw. Wärme
  mechanische Energie bzw. Arbeit
- Die Energie ist in einem unbeeinflussten (abgeschlossenen) System etwas Bleibendes. Sie kann weder aus dem Nichts erzeugt, noch kann sie vernichtet werden. Energie ist eine *Erhaltungsgröße*.
- Energie kann ihre Erscheinungsform wechseln. Viele Energieformen sind in andere teilweise überführbar, einige (fast) vollständig. Außerdem sind einige Energieformen speicherbar. Dies zeigt der Prozess in einem Kohlekraftwerk ▶ 23.1.

- Die Umwandlung von einer Energieform in eine andere ist nicht immer einfach und bei der inneren Energie fast nicht möglich. Letztere ist daher für technische Nutzungen, bei denen eine Energieumwandlung notwendig ist, kaum verwendbar, da sie nur zu einer Erwärmung der Umwelt führt. Daher wird sie als weniger wertvoll angesehen. So beobachtet man z. B. beim Bohren eines Loches in einer Wand, eine Erwärmung der Mauer, des Bohrers und der Umgebung. Die zugeführte elektrische Energie ist zwar als Ganzes noch vorhanden, sie kann aber technisch nur teilweise als Bewegungsenergie genutzt werden. Der Teil, der zu einer Zunahme der Wärme führt, kann nicht mehr verwertet werden und ist für eine technische Nutzung verloren. Der Energieverbrauch bzw. –verlust meint also den Verlust an nutzbarer Energie. Da bei fast allen Vorgängen Energieentwertungen auftreten und die Vorräte an wertvoller Energie beschränkt sind, sollte man möglichst sparsam mit Energie umgehen. Die Eigenschaften der Energie ergeben sich aus den Hauptsätzen der Thermodynamik (Zusammenfassung ▶ S. 27).

Lexikon

Der Begriff **Primärenergieverbrauch** bezeichnet die Energieentwertung aus den natürlichen Energieträgern, wie die Verbrennungsenergie aus Kohle, Erdöl, Erdgas oder die Nutzung von Wasserkraft.

Der thermodynamische Zustand

In der Thermodynamik beschreibt man mathematisch die Zustände von Stoffen und energetischen Systemen sowie ihren Änderungen. Diese Betrachtungen finden immer für abgegrenzte Bereiche, so genannte Systeme statt. In ihnen bleibt die Energie erhalten, kann sich aber wandeln.

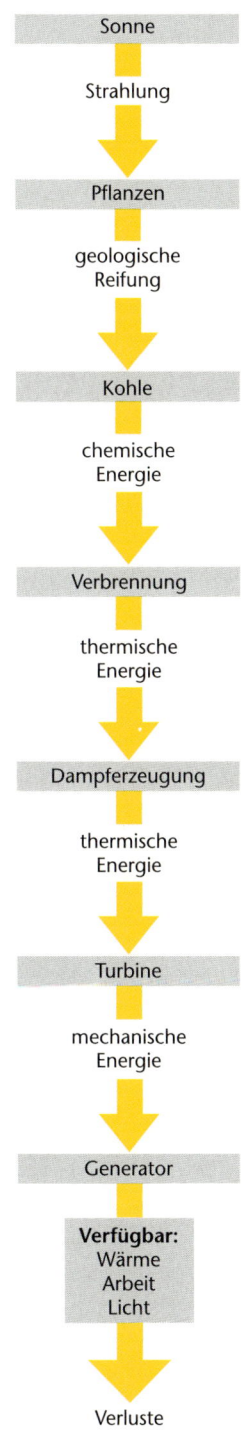

Sonne
↓ Strahlung
Pflanzen
↓ geologische Reifung
Kohle
↓ chemische Energie
Verbrennung
↓ thermische Energie
Dampferzeugung
↓ thermische Energie
Turbine
↓ mechanische Energie
Generator
↓
Verfügbar: Wärme Arbeit Licht
↓
Verluste

1 Energiefluss in einem Kohlekraftwerk

Um den Zustand eines Systems zu beschreiben, kennt die Thermodynamik eine Reihe von *Zustandsgrößen*, die in *extensive* und *intensive* unterteilt werden. Extensive Zustandsgrößen in einem System sind dabei solche Größen, die sich bei einer Teilung des Systems selbst teilen, z. B. die Masse eines Systems oder sein Energiegehalt. Intensive Zustandsgrößen bleiben nach einer Teilung des Systems erhalten – es sind dies vor allem der Druck in einem System und die Temperatur. Auf der anderen Seite sind die intensiven Zustandsgrößen auch die Auslöser für Zustandsänderungen, da sie versuchen sich auszugleichen, um somit ein so genanntes thermodynamisches Gleichgewicht anzustreben.

Der Druck als Triebkraft

Die Zustandsgröße Druck begegnet uns im Alltag am häufigsten beim Wetter. Hochdruckgebiete und Tiefdruckgebiete, d. h. Gebiete unterschiedlichen Luftdrucks, prägen unser Wetter in ganz erheblichem Maße. Die Erdatmosphäre stellt hierbei ein großes thermodynamisches System dar. Durch die Ausgleichsbestrebung des Druckes entstehen Winde, wobei die Strömungsrichtung der Luft immer vom Gebiet höheren Drucks zum Gebiet niedrigeren Drucks gerichtet ist. Je höher die Luftdruckdifferenz dabei ist, desto stärker ist die um Ausgleich bemühte Windströmung.

Allerdings gelingt es dem Druck in der Atmosphäre nie den Gleichgewichtszustand zu erreichen, da das System zum einen sehr groß ist und zum anderen enormen Störfaktoren wie unterschiedliche Sonneneinstrahlung, unterschiedliche Erwärmung von Land- und Wassermassen, etc. unterworfen ist.

Definiert ist die physikalische Größe Druck (Formelzeichen p) als Quotient aus Kraft F und Fläche A. Sie beschreibt also die Kraft, die auf eine Flächeneinheit ausgeübt wird. Mit der Einheit für Kräfte *Newton* N und einer Flächeneinheit sind folgende Druckeinheiten (siehe auch Lexikon S. 24) gebräuchlich.

Das Torr (nach dem italienischen Physiker und Mathematiker EVANGELISTA TORRICELLI, 1608–1647) ist allerdings eine eher historische und im technischen Bereich heute nicht mehr zulässige Druckeinheit. Ein Torr entspricht dem Druck, den eine 1mm hohe Quecksilbersäule auf den Boden ausübt und findet heute nur noch in der Medizin bei der Angabe des Blutdrucks (in mm Hg) Anwendung.

Luftdruck (hPa)	Höhe (m)
264	10 000
356	8 000
616	4 000
799	2 000
899	1 000
1 013	0

1 Höhe und Luftdruck

Lexikon

Verschiedene Druckeinheiten

Pascal	1 Pa	= 1 N/m^2
Bar	1 bar	= 100 000 Pa
Atmosphäre	1 atm	= 1,01325 bar
Torr	1 Torr	= 1,3332 mbar

Wird Druck von Gegenständen z. B. auf den Erdboden ausgeübt, spricht man von mechanischer Spannung. Im thermodynamischen Sinne meint Druck aber eher die Krafteinwirkung von *Fluiden,* also Gasen oder Flüssigkeiten, senkrecht auf eine Behälterwand. Dieser Druck korreliert u. a. mit der Zahl der Fluidmoleküle, die sich in einem definierten Volumen befinden.

In der Atmosphäre nimmt der Druck mit steigender Höhe über dem Meeresspiegel ab ▶ 24.1. Dies hängt damit zusammen, dass aufgrund der Schwerkraft die Konzentration von Molekülen der Luft auf Meeresspiegelniveau höher ist. Man kann sich die Atmosphäre auch als Luftsee vorstellen, an dessen Grund ein höherer Druck herrscht, da die höher gelegenen Luftschichten, die darunter liegenden zusammendrücken. Der Druckanstieg über die Höhe ist aufgrund der Kompressibilität von Luft allerdings nicht linear. Der Druck auf Meereshöhe beträgt im Durchschnitt etwa 1 bar oder 1 000 mbar, in 1 500 Meter Höhe rund 830 mbar und in 11 000 Meter Höhe (Flughöhe von Verkehrsmaschinen) nur noch ca. 240 mbar.

Der Normaldruck, etwa für Messungen von Stoffwerten, ist mit 1,01325 bar festgelegt. Auch in Flüssigkeiten (z. B. im Meer) nimmt der Druck mit zunehmender Tiefe durch die immer größer werdende Verdichtung der Wassermoleküle zu. Aufgrund der Tatsache, dass Flüssigkeiten nur schwer kompressibel sind, erfolgt diese Druckzunahme annähernd linear. Als Faustregel kann man dabei mit einer Druckzunahme von 0,1 bar pro Meter Tauchtiefe rechnen. Dies bedeutet, dass der Druck in einer Tiefe von 10 Metern bereits 2 bar beträgt (1 bar atmosphärischer Druck plus 1 bar tiefenbedingte Druckzunahme). Dies ist der doppelte Wert des atmosphärischen Drucks. In 20 Metern Tiefe ist bereits der dreifache Wert erreicht.

Mathematisch beschreiben lässt sich dieser Zusammenhang mit der Formel

$$p = \rho \cdot g \cdot h$$

mit der Dichte ρ (für Wasser ca. 1 kg/l), der Erdbeschleunigung g und der Eintauchtiefe h in der Flüssigkeit.

Gemessen werden Drücke von Fluiden mit Manometern. Die einfachste Ausführung zur Messung von Gasdrücken ist dabei das U-Rohr-Manometer ▶ 25.1. Hierzu wird ein U-förmiges Rohr mit einer Flüssigkeit gefüllt (z. B. Quecksilber, Wasser oder Alkohol). Ein Ende des Rohres wird mit dem Behälter, dessen Druck es zu bestimmen gilt, verbunden, das andere steht mit der Atmosphäre in Kontakt. Aus der sich einstellenden Differenz der Flüssigkeitspegel in beiden Rohrhälften kann dann der Druck bestimmt werden.

Technisch gebräuchliche Manometer arbeiten meist mit elastischen Metallplättchen, auf die das Fluid drückt. Die Durchbiegung des Plättchens korreliert mit dem zu messenden Druck und kann über einen Zeiger angezeigt werden.

1 U-Rohr-Manometer mit zwei verschiedenen Drücken P_1 und P_2, sowie der resultierenden Pegeldifferenz h.

Temperatur

Auch die Temperatur ist eine direkt messbare Zustandsgröße und ein Maß für den thermischen bzw. thermodynamischen Zustand. Wie auch der Druck, ist sie eine intensive Zustandsgröße und nimmt in einem System, das sich im Gleichgewicht befindet, überall denselben Wert an.

Temperatur ist an Materie gebunden und hängt mit der Geschwindigkeit, mit der sich die Molekularteilchen um ihre Position bewegen oder schwingen, zusammen. Die Energie, die in diesen Molekularbewegungen gespeichert ist, lässt sich in Translations-, Rotations- und Schwingungsenergie unterteilen.

Je höher die Geschwindigkeit der Molekularbewegung, desto höher ist die Temperatur.

Lexikon

Kelvin oder Celsius?

Bei der gegenüber der Kelvin-Skala (eingeführt 1848) historisch älteren Celsius-Skala (1742) wurde der so genannte Fundamentalabstand zwischen der Schmelztemperatur des Eises und dem Siedepunkt des Wassers in 100 Einheiten eingeteilt. Die beiden Fundamentalpunkte der Kelvin-Skala sind neben dem absoluten Nullpunkt der so genannte Tripelpunkt des Wasser. Der Tripelpunkt eines Stoffes ist der Punkt, an dem alle drei Phasen (also fest, flüssig und gasförmig – im Falle von Wasser also Eis, Wasser und Wasserdampf) bei einem definierten Druck vorliegen können. Der Tripelpunkt von Wasser liegt (bei einem Druck von 0,006104 bar) bei 0,01 °C bzw. 273,16 K. Um den von Celsius eingeführten Fundamentalabstand beibehalten zu können, wurde ein Kelvin als der 273,16te Teil der Temperatur des Tripelpunktes des Wassers festgelegt. Somit können beide Skalen einfach ineinander umgerechnet werden.

Unterschiedliche Temperatureinheiten			
	Kelvin	**Celsius**	**Fahrenheit**
absoluter Nullpunkt	0 K	−273,15°C	−459,67°F
Eis-Schmelztemperatur	273,15 K	0°C	+32°F
Siedetemperatur von Wasser	373,15 K	+100°C	+212°F

1 Temperaturskalen

Flüssiges Quecksilber
Es ist bereits bei Zimmertemperatur relativ leicht flüchtig, d. h. es bildet merkliche Mengen von Dampf. Quecksilberdämpfe sind äußerst gesundheitsschädlich. Gebrochene Quecksilberthermometer müssen daher schnellstmöglich entsorgt werden.

Grobe Bestimmung der Temperatur von Körpern nach ihrer Glühfarbe
beginnende Rotglut:
ca. 500°C
dunkle Rotglut:
ca. 700°C
helle Rotglut:
ca. 900°C
gelbliche Rotglut:
1 100°C
beginnende Weißglut:
1 300°C
Weißglut: ca. 1 500°C

Bei einer Temperatur von −273,15°C hören sämtliche Molekularbewegungen auf. Dieser Punkt wird als absoluter Nullpunkt bezeichnet. Gemäß dem dritten Hauptsatz der Thermodynamik kann dieser Punkt jedoch niemals erreicht werden und begrenzt die Temperaturskala somit nach unten hin. Die Temperatur kann in vielen Einheiten gemessen werden ▶ 26.1. Während im angelsächsischen Raum die Einheit Fahrenheit (eingeführt 1714 von dem deutschen Physiker DANIEL G. FAHRENHEIT) bis zum heutigen Tage durchaus gebräuchlich ist, hat sich in den meisten Ländern die Celsius-Skala (nach dem Schweden ANDERS CELSIUS) für den praktischen Gebrauch durchgesetzt. In Wissenschaft und Technik ist die Einheit Kelvin (eingeführt von dem britischen Physiker WILLIAM LORD KELVIN OF LARGS) die Standardeinheit. Die zugehörige Skala beginnt mit dem absoluten Nullpunkt.

Gemessen werden Temperaturen mit Thermometern. Der wohl bekannteste Thermometertyp ist das Flüssigkeitsthermometer. Dabei wird die Ausdehnung von Flüssigkeiten (z. B. Quecksilber) mit steigender Temperatur ausgenutzt. Quecksilberthermometer können bis zu einer Temperatur von −38,86°C (Erstarrungspunkt von Quecksilber) eingesetzt werden.

Zur Messung niedrigerer Temperaturen eignet sich Alkohol oder Pentan. Flüssigkeitsthermometer müssen vor ihrem Einsatz kalibriert werden. Dabei wird das Thermometer in Medien getaucht deren Temperatur eindeutig definiert ist – z. B. die Erstarrungs- bzw. Schmelztemperatur von Stoffen. Wird dieser Vorgang bei mindestens zwei definierten Temperaturen durchgeführt, kann die Temperaturskala aufgetragen werden.

Zur Messung örtlicher (bzw. punktueller) Temperaturen sind Flüssigkeitsthermometer meist nicht geeignet. Hierfür erweisen sich andere Thermometer wie z. B. die sogenann-

ten Thermoelemente als praktischer. Thermoelemente nutzen zur Temperaturmessung den so genannten *Seebeck-Effekt* aus. Dieser beruht auf der Tatsache, dass ein elektrischer Strom fließt, wenn die Enden zweier Drähte aus unterschiedlichen Metallen zu einem geschlossenen Kreis verlötet werden und die beiden Lötstellen unterschiedliche Temperaturen besitzen. Dieser Strom (Thermostrom) kann bei entsprechender Eichung als Maß für die Temperatur dienen.

Ein anderer Thermometertyp nutzt die Tatsache, dass der elektrische Widerstand eines reinen Metalls mit zunehmender Temperatur ansteigt. Diese Erhöhung des elektrischen Widerstands wird in so genannten Widerstandsthermometern als Maß für die Temperatur genutzt.

Zur Messung sehr hoher Temperaturen (> 700°C) werden Strahlungsthermometer eingesetzt. Aus der Messung des Strahlungsspektrums kann nach dem Planck'schen Gesetz auf die Temperatur eines Körpers geschlossen werden.

Wärmeausdehnung

Wie bereits angesprochen, verstärkt sich die Molekularbewegung von Stoffen mit steigender Temperatur. Als Folge dieser erhöhten Aktivität dehnt sich der Stoff dabei aus, was z. B. in Flüssigkeitsthermometern zur Temperaturmessung ausgenutzt wird. Dieser Effekt ist aber nicht nur nützlich, er bereitet auch Probleme, z. B. beim Brückenbau. Aufgrund der Längsausdehnung bei höheren Temperaturen und dem Zusammenziehen bei niedrigen, müssen Brücken deshalb flexibel gelagert und Pufferzonen für die Ausdehnung bereit gestellt werden ▶ 27.1.

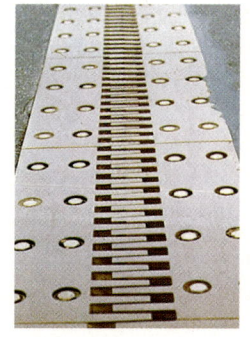 

2 Dehnungsfugen (Sommer)   **3 Dehnungsfugen (Winter)**

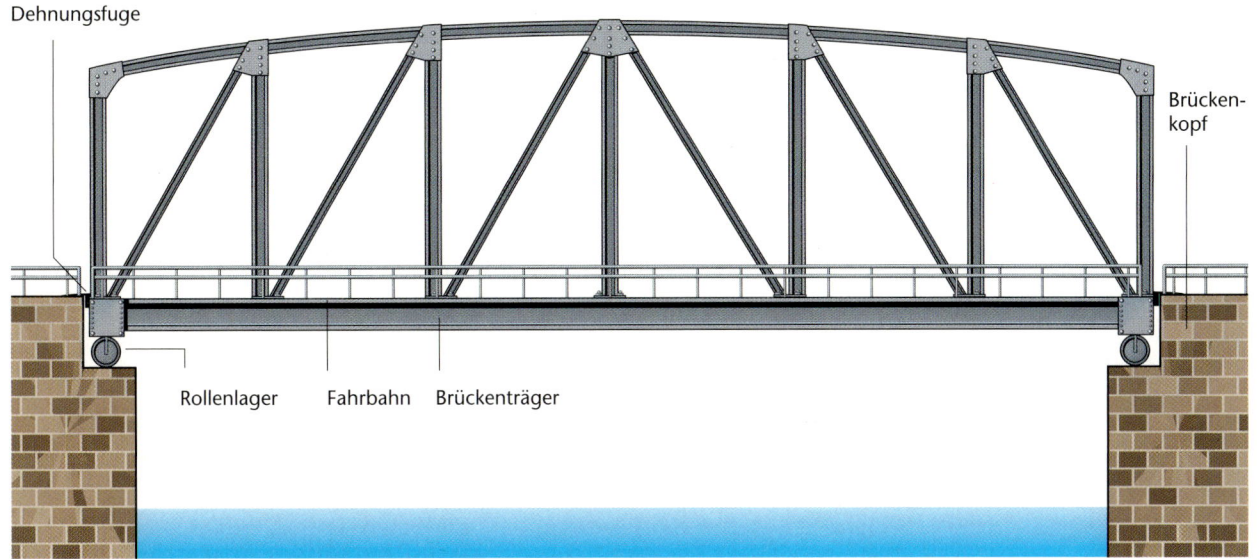

Dehnungsfuge

Brücken-
kopf

Rollenlager   Fahrbahn   Brückenträger

1 Lagerung von Brücken zum Ausgleich von Wärmeausdehnungen

Der Grad der Ausdehnung ist vor allem eine Eigenschaft des Stoffes. Manche Stoffe dehnen sich stärker aus als andere. Hätten Stahl und Beton nicht zufälligerweise den gleichen Ausdehnungskoeffizienten, wäre ihr Einsatz als Verbundwerkstoff Stahlbeton nicht möglich. Bei Feststoffen gibt man den Ausdehnungskoeffizienten α meist als lineare Längsausdehnung in der Einheit 1/K an.

Der Wert des Ausdehnungskoeffizienten ▶ 28.1 gibt dann den Bruchteil der Länge des Körpers an, um den dieser sich bei einer Temperaturerhöhung um ein Kelvin ausdehnt. Ein Stahlträger, der bei 0 °C im Winter eine Länge von einem Meter hat, dehnt sich demnach bei einer Temperatur von 30 °C im Sommer um 30 mal 0,000012 Meter, also um 0,36 mm aus. Bei einer Brückenlänge von 30 Metern macht dies schon 10,8 mm aus, die ohne entsprechenden Ausgleichsraum ▶ 26.2/3 die Brücke erheblich schädigen würde. Die wärmebedingte Ausdehnung ist nicht auf eine Richtung beschränkt, sondern sie gilt für alle Richtungen gleichermaßen. Man spricht hierbei von einer *isotropen* Eigenschaft. Häufig genügt es bei Festkörpern allerdings, mit dem Längenausdehnungskoeffizienten die wärmebedingte Ausdehnung

Lexikon

Die Hauptsätze der Thermodynamik
Erster Hauptsatz:
Bei keinem Vorgang kann Energie neu entstehen oder verschwinden. Sie kann jedoch durch mechanische Arbeit, Wärme oder Strahlung von einem Körper auf den anderen übertragen werden und sich von einer Energieform in eine andere umwandeln.

Zweiter Hauptsatz:
Einschränkung des ersten Hauptsatzes; Definition der Entropie
Es gibt keine periodisch arbeitende Maschine, die innere Energie ausschließlich in Arbeit umsetzt. Wärme geht von selbst nur von einem System höherer Temperatur zu einem System niedrigerer Temperatur.

Dritter Hauptsatz:
Nichterreichbarkeit des absoluten Nullpunkts
Es ist nicht möglich, einen Körper bis zum absoluten Nullpunkt (0 K) abzukühlen.

Salopp formuliert bedeutet dies nach einer Definition von E. Hahne: „Von nichts kommt nichts; man kann höchstens so viel entnehmen wie man gegeben hat (1. HS), dies aber nur am absoluten Nullpunkt (2. HS), und der ist unerreichbar (3. HS)."

Stoff	Linearer Ausdeh- nungskoeffizient α
Aluminium	0,000024 1/K
Beton	0,000012 1/K
Eisen/Stahl	0,000012 1/K
Gold	0,000014 1/K
Kupfer	0,000017 1/K
Marmor	0,000005 1/K
Messing	0,000019 1/K
Silber	0,000020 1/K
Tannenholz	0,000003 1/K

1 Lineare Ausdehnungskoeffizienten verschiedener Feststoffe

Stoff	Volumenausdeh- nungskoeffizient β
Aceton	0,00143 1/K
Alkohol (Ethanol)	0,00110 1/K
Benzin	0,00120 1/K
Essigsäure	0,00107 1/K
Heizöl	0,00086 1/K
Glyzerin	0,00050 1/K
Quecksilber	0,00018 1/K
Schwefelsäure	0,00057 1/K
Wasser	0,00021 1/K

2 Volumenausdehnungskoeffizienten für verschiedene Flüssigkeiten

Molare Masse wichtiger Chemischer Elemente

Wasserstoff	1 g
Kohlenstoff	12 g
Stickstoff	14 g
Sauerstoff	16 g
???????????	?? g
Chlor	35 g
Eisen	56 g
Silber	108 g
Gold	197 g

SI-Einheiten

Meter m (Länge)
Kilogramm kg (Masse)
Sekunde s (Zeit)
Ampère A
(Elektrische Stromstärke)
Kelvin K (Temperatur)
Candela cd (Lichtstärke)
Mol mol (Stoffmenge)

Stoffmenge

Die Teilchenzahl eines Körpers in Mol ausgedrückt, heißt seine Stoffmenge.

nur in eine Richtung, nämlich in die des größten Abmaßes, zu berücksichtigen. Bei Flüssigkeiten ist dies weder möglich noch praktisch. Deshalb bezieht sich der Ausdehnungskoeffizient von Flüssigkeiten auf die Volumenausdehnung ▶ 28.2. Ein Liter Benzin dehnt sich z. B. bei einer Temperaturerhöhung um 10°C (10 K) demnach um 12 ml aus, was den Tankdruck geparkter Autos im Sommer beträchtlich erhöht.

Allerdings folgen nicht alle Flüssigkeiten der Ausdehnungsregel monoton, insbesondere Wasser macht von der Regel eine Ausnahme. Man spricht dabei von der Anomalie des Wassers. Wasser erreicht bei +4°C seine größte Dichte und dehnt sich danach bis zum Gefrierpunkt wieder aus ▶ Kap. Stoffe und Körper. Dadurch schwimmt Eis auf flüssigem Wasser und freie Wasseroberflächen gefrieren von oben nach unten, was für Wasserlebewesen von überlebenswichtiger Bedeutung ist. Der Grund für die Anomalie des Wassers ist seine molekulare Struktur.

Auch Gase unterliegen einer Volumenausdehnung. Sie ist für alle Gase in etwa gleich und beträgt pro Kelvin Temperaturänderung den 273,15ten Teil des Gasvolumens. Dies geht auch aus der *Gasgleichung des idealen Gases* hervor. Demnach entspricht das Produkt aus Druck (p) und Volumen (V) dem Produkt aus Temperatur (T) und Stoffmenge (n), sowie einer allgemeinen Gaskonstante R:

$$p \cdot V = n \cdot R \cdot T$$

Die Temperatur T ist dabei als absolute Temperatur in Kelvin einzusetzen. Die allgemeine Gaskonstante beträgt 8,3143 J/mol·K.

Ein Mol (Mengeneinheit, siehe nächstes Unterkapitel) eines idealen Gases (und dies sind in grober Näherung alle „einfachen" Gase) nimmt demnach bei Normbedingungen (p_{Norm} = 1,01325 bar und T_{Norm} = 273,15 K = 0°C) 22,414 Liter ein.

Festlegung der Systemgröße

Mit den intensiven Zustandsgrößen Druck und Temperatur ist ein thermodynamisches System noch nicht eindeutig bestimmt. Es fehlen noch Angaben über die Größe des Systems und seinen Inhalt.

Die Größe eines Systems lässt sich z. B. mit seinem Volumen oder seiner Masse beschreiben. Alternativ zur Masse kann auch eine Angabe über die sich im System befindlichen Teilchenzahl, die Stoffmenge, gemacht werden. Stoffmengen werden in Mol angegeben. Das Mol ist eine von sieben Basiseinheiten des Système International d'Unités (SI-Einheiten), aus denen sich alle anderen physikalischen Einheiten ableiten lassen. Ein Mol bezeichnet dabei die Stoffmenge von $6,022 \cdot 10^{23}$ Atomen. Dies sind per Definition genau die Zahl an Atomen, die z. B. vom Kohlenstoff-Isotop ^{12}C in einer Menge von 12 g enthalten sind.

Das Mol ist eine in der Physik und Chemie praktische Zähleinheit, mit der sich Stoffmengen einfacher handhaben lassen.

Innere Energie und Enthalpie

Jedes System besitzt eine innere Energie U bzw. Energiemenge. Diese Energie ist im System als Translations-, Rotations- und Schwingungsenergie der Moleküle enthalten. Hinzu kommen aber auch noch andere Energieformen, wie die im System enthaltene chemische oder auch die elektrische Energie. Nicht zur inneren Energie zählen aber die potenzielle und die kinetische Energie.

Die innere Energie nimmt mit steigender Temperatur des Systems stetig zu. Damit ist die absolute Temperatur ein Maß für die innere Energie.

Am absoluten Nullpunkt ist die innere Energie eines Systems allerdings nicht Null, da eine theoretische Nullpunktsenergie erhalten bleibt. Die Bestimmung der inneren Energie eines Systems ist allgemein schwierig. Meistens genügt es aber ohnehin, nur die Energieänderung eines Systems zu betrachten, d. h. welche Energiemengen zu- oder abgeführt werden.

In Systemen, die eine gasförmige Phase enthalten, ist durch die Änderung von Druck und Volumen so genannte Volumenarbeit möglich (z. B. Kolbenhub in einem Verbrennungsmotor). Um diese bei der Änderung der Systemenergie zu berücksichtigen, hat man eine Hilfsgröße eingeführt, die Enthalpie H.

Wie die innere Energie wird auch sie meist als Energiedifferenz verwendet. Häufig gebraucht wird die Enthalpie bei der Bilanzierung chemischer Reaktionen in offenen Systemen, bei denen die schlecht messbare Volumenarbeit nicht berücksichtigt werden soll. Näheres wird in den Kapiteln zur Chemie erläutert. Sowohl die innere Energie als auch die Enthalpie haben die Einheit J (Joule). Früher wurden Energiemengen auch in Kalorien angeben, auch wenn diese Einheit nicht mehr nationalen und internationalen Normen entspricht:
1 J = 0,239 cal
Umgekehrt gilt demzufolge:
1 cal = 4,187 J
Ferner gilt:
1 kWh (Kilowattstunde) = 3600 kJ

Energieumwandlung

Mit Hilfe von Zustandsgrößen lassen sich thermodynamische Systeme beschreiben. Die intensiven Zustandsgrößen Druck und Temperatur sind dabei immer darauf bedacht, sich auszugleichen und ein thermodynamisches Gleichgewicht anzustreben.

Wodurch aber lässt sich Energie in ein System einbringen oder abführen?

Die Prozessgröße Wärme

Ebenso wie der Begriff Energie, wird auch der Begriff *Wärme* im alltäglichen Sprachgebrauch oftmals missverständlich verwendet. So wird oft von Wärme gesprochen, wenn Temperatur gemeint ist und umgekehrt.

Gemäß ihrer Definition ist Wärme eine Energieform. Im Gegensatz zur inneren Energie und zur Enthalpie ist Wärme allerdings keine Zustandsgröße, sondern eine Prozessgröße. Prozessgrößen sind Größen, die den Energietransport über Systemgrenzen hinweg beschreiben. Die Wärme ist dabei die aufgrund von Temperaturunterschieden über eine Systemgrenze hinweg tretende Energie, d. h. sie beschreibt die Energieänderung eines Systems. Wie die innere Energie und die Enthalpie trägt auch die Wärme (Formelzeichen Q) die Einheit Joule.

Die Prozessgröße Arbeit

Wärme ist nicht die einzige Prozessgröße mit der Energie über Systemgrenzen hinweg zugeführt oder abgeführt werden kann.

Es gibt eine weitere: die Arbeit. Hier wird Energie häufig durch eine Kraft über eine Systemgrenze hinwegverlagert. z. B. wird beim Heben eines Körpers oder beim Anschieben eines Wagens, ein bestimmter Weg

Lexikon

Reversible und irreversible Vorgänge
Fällt z. B. ein Ziegel vom Dach oder erleuchtet eine brennende Fackel die Dunkelheit, so wandeln sich Lageenergie bzw. chemische Energie teilweise oder ganz in Wärmeenergie um, die an die Umgebung abgegeben wird. Solche Vorgänge können nicht von selbst wieder rückwärts ablaufen oder ohne sonstige Veränderungen an dem System rückgängig gemacht werden; sie sind **irreversibel**.

Fast alle spontan, von sich aus ablaufenden Prozesse sind irreversibel. Sie sind immer mit der Umwandlung einer Energieform in innere Energie (Reibung) verbunden. Bei irreversiblen Vorgängen wird daher Energie entwertet.

Die periodische, reibungsfreie Schwingung eines Pendels im Vakuum oder die Drehung der Erde um die Sonne wiederholen sich dagegen immer wieder ohne merkliche Änderungen, obgleich auch hier eine geringfügige Reibung erfolgt. Solche reibungsfreien mechanischen Vorgänge oder elektrischen Vorgänge *ohne* Stromwärme sind umkehrbar oder **reversibel**. Bei ihnen wird keine Energie entwertet.

Wärmeüberträger
Sie werden im allgemeinen Sprachgebrauch oftmals auch als Wärmetauscher oder Wärmeaustauscher bezeichnet. Da die Wärme freiwillig aber immer nur von einem wämeren auf ein kälteres Medium übergeht, sind diese Begriffe nicht ganz korrekt.

Doppelrohr-Wärmeüberträger
Sie kommen im Chemie-Labor auch als sogenannte „Liebig-Kühler" (benannt nach dem deutschen Chemiker JUSTUS FREIHERR VON LIEBIG [1803–1873]) zum Einsatz.

zurückgelegt. Das Formelzeichen der Arbeit ist L, oder veraltet, aber immer noch häufig anzutreffen W. Auch die Arbeit trägt die Einheit Joule.

Die Prozessgröße Arbeit kann in verschiedener Form auftreten. Man unterscheidet:

- *Volumenarbeit* (z. B. Betätigung einer Fahrradpumpe)
- *Verschiebearbeit* (Transport einer Stoffmenge über eine Systemgrenze hinweg, z. B. durch eine Wasserpumpe)
- *Mechanische Arbeit* (Änderung der kinetischen oder der potenziellen Energie)
- *Technische Arbeit* (Rotationsarbeit von Strömungsmaschinen, also Pumpen und Turbinen sowie auch Motoren).

Grundsätze der Energieumwandlung

Für den praktischen und technischen Gebrauch ist es natürlich wichtig zu wissen, wie sich Änderungen der Systemzustände erreichen lassen und Energieformen sich ineinander umwandeln lassen. Dies geht aus den ersten beiden Hauptsätzen der Thermodynamik hervor. Der erste Hauptsatz postuliert dabei, dass Arbeit und Wärme gleichwertig sind und ineinander überführt werden können. Dies ist eine spezielle Form des allgemeinen Energieerhaltungssatzes. Er besagt, dass sich zugeführte und abgeführte Energien vollständig in der Energiebilanz eines Systems wiederfinden müssen, da Energie nicht vernichtet werden kann.

Die Aussage des ersten Hauptsatzes der Thermodynamik wird allerdings durch den zweiten Hauptsatz eingeschränkt. Demnach ist zwar Arbeit zu 100 % in Wärme umwandelbar, aber nicht umgekehrt. Wärme kann nie von selbst von einem Behälter niedriger Temperatur auf einen Behälter höherer Temperatur übergehen. Deshalb kann im Umkehrschluss Wärme nie zu 100 % in Arbeit umgewandelt werden, da sie zum Teil an einen Behälter niedriger Temperatur abgegeben werden muss. Dieser Behälter niedriger Temperatur ist meist die Umgebung, d. h. die Abwärme an die Umgebung kann nicht mehr genutzt werden. So muss z. B. das Speisewasser im Kreislauf eines Kraftwerkes nach dem Durchlauf durch die Turbine vor Wiedereintritt in die Brennkammer erst auf An-

fangsniveau gekühlt werden. Diese Abwärme wird dann entweder in riesigen Kühltürmen an die Umgebung abgegeben, oder in Form von Wärme zum Heizen benutzt. Aus dieser Wärmemenge lässt sich im Kraftwerksbetrieb jedoch keine Arbeit gewinnen. Auch die Abfuhr warmer Abgase bei einem Automobil ist eine solche Wärmeabgabe an die Umgebung. Man spricht von einem irreversiblen Vorgang.

Eine wichtige Größe bei der Betrachtung von Prozessen ist die Entropie, deren Eigenschaften ebenfalls aus dem zweiten Hauptsatz der Thermodynamik hervorgehen. Die Entropie ist ein Maß für die Unordnung eines Systems, ein Maß, wie nahe sich ein System am Gleichgewicht befindet und ein Maß für die Entwertung von Energie. Da im Gleichgewichtszustand die maximale Entropie erreicht wird, folgt, dass die Natur immer den Grad der höheren Unordnung anstrebt.

Des Weiteren folgt aus diesem Hauptsatz, dass in einem abgeschlossenen System die Entropie nur zunehmen oder gleichbleiben kann. Entropieabnahme kann nur durch die Abfuhr von Wärme, aber nicht durch die Abfuhr von Arbeit erreicht werden. Dies ist insbesondere wichtig für den Betrieb von Kreisprozessen (z. B. Kraftwerke oder Kühlschränke), da das Kreislaufmedium immer wieder in den Ausgangszustand überführt werden muss. Dies kann also nur durch Kühlung erfolgen.

Formen der Energieumwandlung

Wie gesehen, vermögen die Prozessgrößen Wärme und Arbeit Energie über Systemgrenzen hinweg zu transportieren. Das *Wie* wurde dabei bislang außer Acht gelassen. Im Falle der Arbeit wurden die Mechanismen Seite 29 bereits angedeutet.

Arbeit wird meist mittels Kräften über die Verschiebung von Kolbenstangen oder die Rotation von Kurbelwellen übertragen (meist im Zusammenhang mit einem Getriebe). Wie aber kann Wärme übertragen werden?

Bei der *Wärmeübertragung* spielen drei Mechanismen eine Rolle:
- Wärmeleitung
- freie und erzwungene Konvektion
- Wärmestrahlung

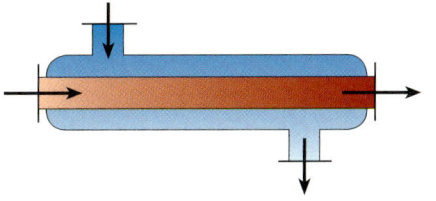

1 Doppelrohr-Wärmeüberträger

Wir haben gesehen, dass Wärme immer nur von einem Behälter höherer Temperatur an einen Behälter niedriger Temperatur abgegeben werden kann. In der molekularen Betrachtung bedeutet dies, dass nur Moleküle die stärker schwingen ihre Bewegungsenergie an Moleküle die weniger stark schwingen abgeben können. Bei der Wärmeleitung stehen die Moleküle in direktem Kontakt miteinander, z.B. in einem Feststoff oder einer Flüssigkeit. Die Energie wird von Molekül zu Molekül weitergegeben. So erhitzt sich ein Topf auf dem Herd erst im Bodenbereich durch den Kontakt mit der Herdplatte. Danach wird die Wärme durch den Topf bis zum Ende des Griffes weitergeleitet. Wärmeleitung erfolgt linear und hängt von der maximalen Temperaturdifferenz sowie dem Material ab. Das Verhalten des Materials wird durch einen Wärmeleitkoeffizienten mit der Einheit Watt pro Meter und Kelvin (W/m·K) charakterisiert. Die Einheit Watt (W) zeigt dabei, wegen der Beziehung:

$$1\ W = 1\ J/s$$

an, dass ein Wärmestrom vorliegt, der die pro Sekunde übertragene Wärmemenge angibt.

Im Falle der Wärme-Konvektion (Mitführung) treten die Moleküle nur kurzzeitig in Kontakt miteinander, z.B. die Moleküle der Luft in der Nähe einer Heizung. Konvektion tritt immer an den Übergangsstellen von Feststoffen und Fluiden (Phasengrenzen) auf. Bei Fluiden tritt diese Konvektion bei durch Temperaturunterschiede bzw. dadurch bedingte Dichteunterschiede erzeugte Strömungen ein (z.B. Luft an einer kalten Außenwand). Man spricht dabei von freier Konvektion, während man bei zwangsweise bewegten Fluiden (z.B. Wasser, das durch einen Heizkörper gepumpt wird) von erzwungener Konvektion spricht. Das Prinzip der erzwungenen Konvektion findet aber nicht nur in Heizkörpern Anwendung, son-

dern ist vor allem bei technischen Prozessen wichtig zur Wärmeübertragung, Wärmerückgewinnung, sowie zum Kühlen. Wichtigster Apparat hierzu ist der sogenannte Wärmeüberträger. In seiner einfachsten Ausführung als Doppelrohr-Wärmeüberträger ▶ 31.1 besteht er lediglich aus zwei ineinandergesteckten Rohren. Ein Fluid strömt durch das innere Rohr, das andere Fluid strömt durch einen konzentrischen Ringspalt. Durch die Wand des inneren Rohres gibt der Fluidstrom mit der höheren Temperatur Wärme an den kälteren Strom ab. Je nach dem ob die Richtung der Fluidströme gleichgerichtet oder gegenläufig ist, spricht man von Gleich- oder Gegenstromschaltung.

Wird das Innenrohr durch ein Bündel aus kleineren Durchmessern ersetzt, die in einem gewissen Abstand voneinander durch den Mantelraum des Wärmeüberträgers gezogen sind, erhält man die gebräuchlichste Form des Wärmeüberträgers, den Rohrbündel-Wärmeüberträger.

Zur Verbesserung des Wärmeübergangs an den entsprechenden Rohroberflächen werden oft Rippenprofile eingesetzt. Die Rippen dienen dabei natürlich auch der Vergrößerung der Wärme übertragenden Oberfläche, was eine allgemeine Strategie im Apparatebau darstellt.

Eine andere Wärmeüberträger-Bauart ist der Platten-Wärmeüberträger. Auch für Gase existieren entsprechende Apparate. Konvektion erfolgt nicht linear, sondern ihre Gesetzmäßigkeit wird durch eine Funktion zweiten Grades beschrieben.

Treten Konvektion und Leitung gemeinsam auf, spricht man von *Wärmedurchgang*. Diese Erscheinung findet man z.B. an einer Hauswand, wenn Wärme aus dem warmen Wohnraum an die kältere Umgebung abgegeben wird ▶ 32.1. Eine Isolierung der Hauswand mit Materialien, die einen niedrigen Wärmeleitkoeffizienten haben (z.B. auch Luft in porösen Stoffen wie Styropor), kann zu einer Absenkung der Wärmeleitung führen.

Die letzte Form der Wärmeübertragung, die Strahlung, wurde bereits mehrfach angesprochen. Hier erhöht das Auftreffen elektromagnetischer Strahlung auf die Moleküle deren Teilchenenergie. (Dieser Aspekt wird in späteren Bänden erweitert.)

Wärmeleitkoeffizienten ausgewählter Materialien

Silber:	408 W/m·K
Kupfer:	394 W/m·K
Gold:	295 W/m·K
Aluminium:	238 W/m·K
Stahlblech:	52 W/m·K
Chromstahl:	25 W/m·K
Asbest:	0,7 W/m·K
Asphalt:	0,7 W/m·K
Luft:	0,26 W/m·K
Kork:	ca. 0,2 W/m·K
Fichtenholz:	0,15 W/m·K
Mineralwolle:	0,05 W/m·K

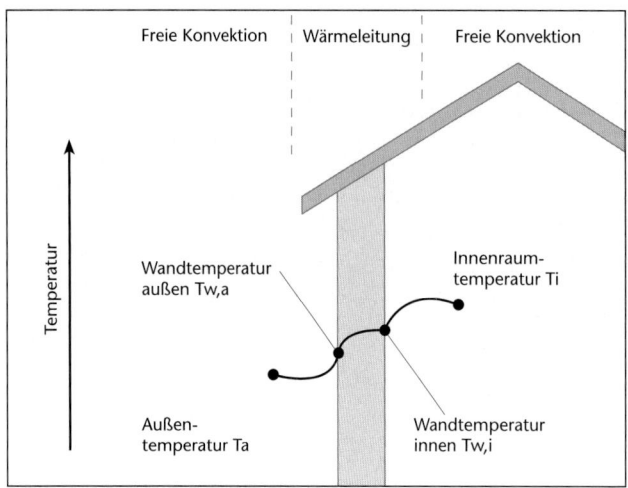

| Freie Konvektion | Wärmeleitung | Freie Konvektion |

Temperatur

Wandtemperatur
außen Tw,a

Innenraum-
temperatur Ti

Außen-
temperatur Ta

Wandtemperatur
innen Tw,i

1 Wärmedurchgang an einer Hauswand

Energiespeicherung und Transport

Energie, in welcher Form auch immer, ist
oftmals nicht in und nicht in einer zu verfügbar, wie sie benötigt wird. Energie muss
also in vielen Fällen gespeichert und/oder
transportiert werden. Die Möglichkeiten
und Verfahren zum Energietransport und
zur Energiespeicherung, die sich letztlich
daraus ergeben, hängen in erster Linie von
der *Energieform* ab, in der Energie transportiert oder gespeichert werden soll.

Am einfachsten zu handhaben ist sicherlich die chemisch gebundene Energie, z. B.
in Brennstoffen. Das Speichermedium ist dabei der chemische Stoff, der auf konventio-
nelle Art und Weise transportiert werden
kann. Gase (z. B. Erdgas) und Flüssigkeiten
(z. B. Erdöl) können in Pipelines über weite
Strecken gepumpt werden. Über den Güter-
verkehr werden feste Brennstoffe (z. B. Kohle oder Uran) transportiert.

Auch der Transport von elektrischer
Energie ist verhältnismäßig einfach in Über-
land- oder Erdleitungen zu bewerkstelligen.
Zur Übertragung großer elektrischer Leistungen wird die Spannung der elektrischen
Quelle zu einer Hochspannung umtrans-
formiert, da die Leistungsverluste dann erheblich geringer sind und man den Aufwand
an Leitermaterial senken kann. Die Speicherung elektrischer Energie (z. B. in einem
elektrischen Kondensator) hingegen ist sehr
schwierig, da für verhältnismäßig kleine
Energiemengen viel Platz benötigt wird. Die

Speicherung von elektrischer Energie, etwa
in Taschenlampen- oder Autobatterien,
findet streng genommen in Form von chemischer Energie statt und ist ebenfalls platz-
aufwändig.

Potenzielle Energie ist in jedem Fall
lokal begrenzt. Allerdings kann hier Energie
in größeren Mengen gespeichert werden.
Diese Möglichkeit wird in Stauseen zur Erzeugung von Wasserkraft genutzt. Oftmals
pumpt man dabei das Wasser zu Speicher-
zwecken von einem niedriger gelegenen
Stausee zu einem höher gelegenen, um es
dann im Bedarfsfall zu nutzen. Man spricht
hierbei von Pumpspeicherkraftwerken.

Thermische Energie ist aufgrund der hohen Wärmeverluste, die selbst bei guter Isolierung der Leitungen und Speicher auftreten,
nur bedingt speicherbar und transportabel.
Transport von thermischer Energie findet
z. B. in Nah- und Fernwärmenetzen zur Wär-
meversorgung von Wohnsiedlungen statt.

Mechanische Energie und damit auch
kinetische Energie ist in der Regel weder
speicherbar noch transportabel. Ein tech-
nischer Ansatz zum Speichern kinetischer
Energie stellt z. B. das Schwungrad dar.

Damit wird deutlich, dass Energiespeicherung und Energietransport ein großes
technisches Problem darstellen. Die großtechnische Nutzung z. B. der Sonneneinstrahlung in der Sahara scheitert bislang
nicht zuletzt daran, dass geeignete Speicher-
und Transportmedien fehlen. Mit dem
Schwinden der fossilen Brennstoffressourcen
wird dem Wasserstoff in Zukunft erhöhte
Aufmerksamkeit zu widmen sein.

Wasserstoff lässt sich mit dem überall zur
Verfügung stehenden Sauerstoff aus der Luft
in so genannten *Brennstoffzellen* zu elektrischer Energie umwandeln. Diese Technik wird
in naher Zukunft vor allem in der Antriebs-
technik (Automobile) Anwendung finden.

Bei der Reaktion von Wasserstoff und
Sauerstoff entsteht als Abgas lediglich Wasserdampf. Probleme bereiten aber immer
noch die Speicherung und der Transport
großer Mengen von Wasserstoff, da Wasserstoff an Luft leicht in der so genannten *Knallgasreaktion* explosiv reagiert. Ferner muss gas-
förmiger Wasserstoff (H_2) zuerst unter Auf-
wendung des gleichen Betrages an Energie,
der später wieder frei wird, hergestellt werden.

Didaktische und methodische Hinweise

von Dietmar Kalusche

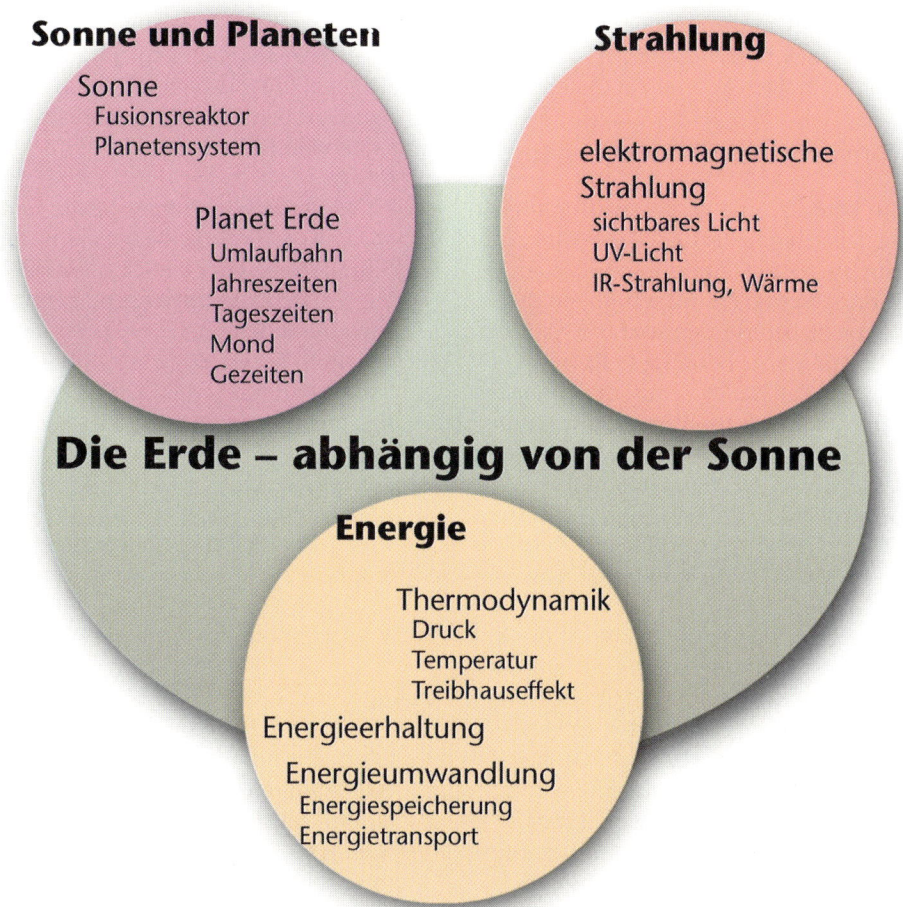

Stellenwert dieses Kapitels

Sonne, Licht und Wärme tauchen an unterschiedlichen Stellen in den Lehrplänen der allgemein bildenden Schulen auf. Die Beschäftigung mit der Sonne, dem Planetensystem und der Erdbewegung ist Gegenstand des Geografie- und des Physikunterrichts. Als typisches Fächer übergreifendes Thema wird es in unterschiedlichen Klassenstufen thematisiert.

Ähnliches gilt für die Erscheinung der Gezeiten. Hier ist es die Behandlung im Geografie-, aber auch im Biologieunterricht, wenn es um das Ökosystem Meer geht.

Die Energie als Erhaltungsgröße ist in ihren unterschiedlichen Formen und Um-wandlungen ebenfalls für die Naturwissenschaften von fundamentaler Bedeutung und spielt im Physik-, Chemie- und Biologieunterricht eine zentrale Rolle.

Dieses mehrere Teilaspekte umfassende Kapitel wurde deshalb an den Anfang des Bandes gestellt, da alle nachfolgenden Kapitel in irgendeiner Weise wiederum Bezug nehmen zu den hier angesprochenen Inhalten. Somit wurden grundlegende Größen eingeführt, unabhängig von einer systematischen Zuordnung im Sinne der klassischen Physik. Es zielt auf keine konkrete Anwendung im Unterricht ab; deshalb sind auch die methodischen Hinweise stark begrenzt.

Concept-Map
Viele Vorgänge werden von der Sonne beeinflusst. Eine Concept-Map kann helfen, die vielfältigen Auswirkungen zu orden. Die Grafik gibt eine mögliche Hierarchisierung der komplexen Zusammenhänge wieder.

Methodische Anmerkungen

Hier sollen nur einige Anmerkungen zu astronomischen Erscheinungen und Wetter-Phänomenen gemacht werden. Die im Kapitel angesprochenen energetischen und auch optischen (Licht-Erscheinungen) Aspekte werden in späteren Kapiteln aufbereitet.

Astronomische Beobachtungen

- Zur Beobachtung des Sternenhimmels eignet sich naturgemäß das Winterhalbjahr am besten, da bei unbewölktem Himmel schon am frühen Abend die Sterne zu beobachten sind. Hier können einzelne Sterne herausgestellt werden, wie z. B. der Planet Venus, der als erster und zudem sehr hell am Abendhimmel erscheint und zugleich als Morgenstern als letzter in der Morgendämmerung verschwindet. Da die Venus abends und morgens nicht an der gleichen Position zu finden ist, bietet dies einen Hinweis auf die Erdrotation.
- Die Beschäftigung mit Eckdaten des Kalenders (Frühlings-, Sommeranfang usw.) bietet Anlass, über die Entstehung von Jahreszeiten nachzudenken. In vielen Schulen gibt es mechanische Modelle, die die Vorstellungskraft unterstützen.
- Zur Veranschaulichung des Zustandekommens der Tageszeiten können sich Schüler eine einfache Versuchseinrichtung selbst basteln: Ein kleiner Ball, auf dem „Nord- und Südpol" mit einem Filzstift markiert werden, wird auf eine Stricknadel gesteckt. Zusätzlich wird mit einer anderen Farbe ein weiterer Punkt auf der „Nordhalbkugel" markiert. Der so präparierte Ball wird in einem abgedunkelten Raum in einem Kreis (von Hand) um eine leuchtende Taschenlampe von links nach rechts kreisförmig herumgeführt und zugleich in der selben Zeit einmal um seine Achse gedreht. Dabei soll die Farbmarkierung beobachtet werden.
- Zur Veranschaulichung der Gezeiten kann man sich – sofern keine direkte Beobachtung möglich ist – mit einem Tidenkalender behelfen. Diesen erhält man von den Fremdenverkehrsinformationen der Küstenorte oder aus dem Internet.
- Zu Wetterbeobachtungen lassen sich ebenfalls viele einfache Versuche durchführen. Neben der täglich mehrfach erfolgten Temperaturerfassung kann man auch Veränderungen des Luftdrucks beobachten lassen. Eindrucksvoll ist hierzu die Verwendung eines historischen Flüssigkeitsmanometers.

AV-Medien

- 4200160: Scheinbare Bewegungen der Sonne
- 4201665: Tages- und Jahreszeiten
- 4650407: Sonne, Mond und Erde

Quellen

- EKRUTT, J.: Sterne und Planeten. GU Naturführer, Gräfe und Unzer Verlag GmbH, München, 1990
- HAHNE, E.: Technische Thermodynamik. 2. überarbeitete Auflage, Addison-Wesley (Deutschland) GmbH, Bonn, 1993
- Impulse Physik. Band 1 und 2, Ernst Klett Verlag, Stuttgart
- JANKE, KREMER; REICHOLF: Meere und Küsten. Mosaik Verlag, München, 1990
- LARCHER, W.: Ökophysiologie der Pflanzen. 5. Auflage, Verlag Eugen Ulmer GmbH & Co, Stuttgart, 1994

Der abgebildete Versuch kann um ein Modell der Mondphasen ergänzt werden: Dazu nimmt man eine Styroporkugel, die halb schwarz und halb weiß gefärbt ist. Je nach Lage der drei Himmelskörper, sieht man den Mond in allen Phasen zwischen Neu- und Vollmond.

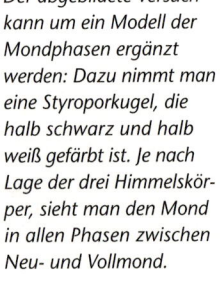

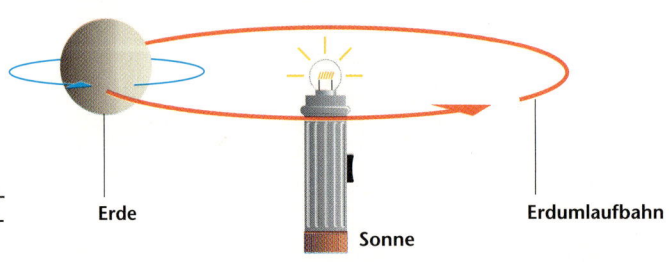

1 Versuch zum Zustandekommen der Jahreszeiten

Erde

Sonne

Erdumlaufbahn

Wärmehaushalt von Pflanzen, Tieren, Menschen

von Horst Müller

Schlüsselkonzepte

- Erst die Sonne ermöglicht als Licht- und Wärmespender das Leben auf der Erde.
- Die Lebewesen nehmen die Wärmestrahlung über die Körperoberfläche auf.
- Wärme kann auch durch Wärmeleitung übertragen werden.
- Der Wärmehaushalt von Pflanzen, Tieren und Menschen wird von vielen Faktoren beeinflusst.
- Nach der Regulation des Wärmehaushaltes kann man die Lebewesen in Wechselwarme und Gleichwarme einteilen.
- Alle Pflanzen und die wechselwarmen Tiere sind in ihrem Wärmehaushalt von der Umgebungstemperatur abhängig.
- Vögel und Säugetiere verfügen über mannigfache Mechanismen zur Temperaturregulation.
- Auch der Mensch ist ein gleichwarmes Lebewesen.

Ohne die Sonne hätte sich auf der Erde kein Leben entwickeln können. Durch ständige Zufuhr von Licht- und Wärmeenergie erhält sie die Stoffkreisläufe in den Ökosystemen. Sie ist der Antrieb für den globalen Wärme- und Wasserhaushalt. Die Sonne ist zudem in vielerlei Hinsicht für die meisten Organismen der bestimmende Ökofaktor.

Die Sonne – Licht- und Wärmespender

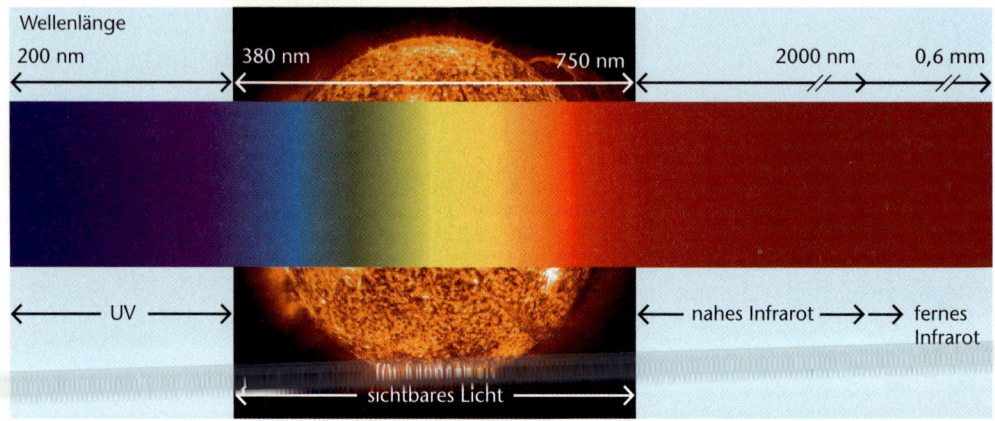

1 Gesamter Spektralbereich der Sonnenstrahlung

Ökofaktoren
*Unter diesem Begriff werden alle Einflüsse, die auf ein Lebewesen in seinem Lebensraum einwirken, zusammengefasst. Einflüsse der unbelebten Umwelt nennt man **abiotische Faktoren**, z. B. Licht, Temperatur, Feuchtigkeit oder pH-Wert. Einflüsse, die von anderen Lebewesen ausgehen (z. B. Nahrung, Konkurrenz, Krankheiten), heißen **biotische Faktoren**.*

Von den Organismen wird – in unterschiedlicher Intensität und Qualität – der gesamte Spektralbereich der Sonneneinstrahlung genutzt. Er reicht von etwa 200 nm bis 50 000 nm Wellenlänge und erstreckt sich von der kurzwelligen ultravioletten Strahlung (UV) über den für uns sichtbaren Spektralbereich zwischen etwa 380 nm (violett) und 750 nm (rot) bis hin zum langwelligen „nahen Infrarot", das wir als Wärmestrahlung empfinden ▶ 36.1.

Von der Erdoberfläche wird vor allem langwellige Infrarotstrahlung ausgestrahlt. Sie entsteht durch die Eigenstrahlung des Bodens und durch die reflektierende Sonneneinstrahlung ▶ 36.2.

Nutzung des Sonnenlichts

UV-Licht, sichtbares Licht sowie nahe und ferne Infrarot-Bodenstrahlung werden von den Organismen in unterschiedlicher Quantität und Qualität genutzt. Die grünen Pflanzen benötigen den roten und blauen Spektralanteil des Sonnenlichts für die Fotosynthese, den – aus der Sicht des Lebens auf der Erde – wichtigsten Stoffwechselprozess. Durch die Fotosynthese werden die

entscheidenden Stoffkreisläufe in Ökosystemen angekurbelt und aufrechterhalten.

Die meisten Pflanzen und Tiere nutzen zudem die Sonne und den Boden als Wärmequelle, d. h. Sonneneinstrahlung und Bodenstrahlung beeinflussen in unterschiedlichem Maße den Wärmehaushalt von Organismen. So sind alle Wechselwarmen in ihrer Entwicklung und Aktivität abhängig von der Temperatur des sie umge-

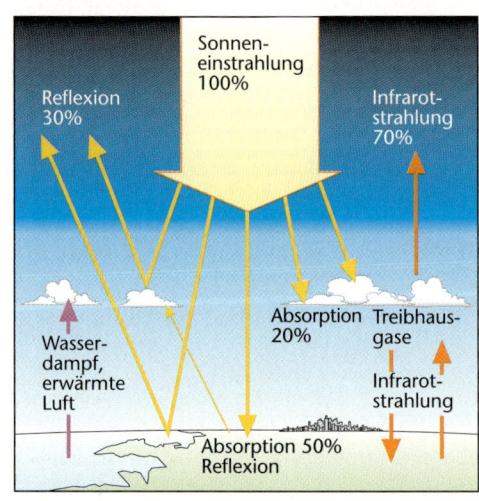

2 Globaler Wärme- und Wasserhaushalt

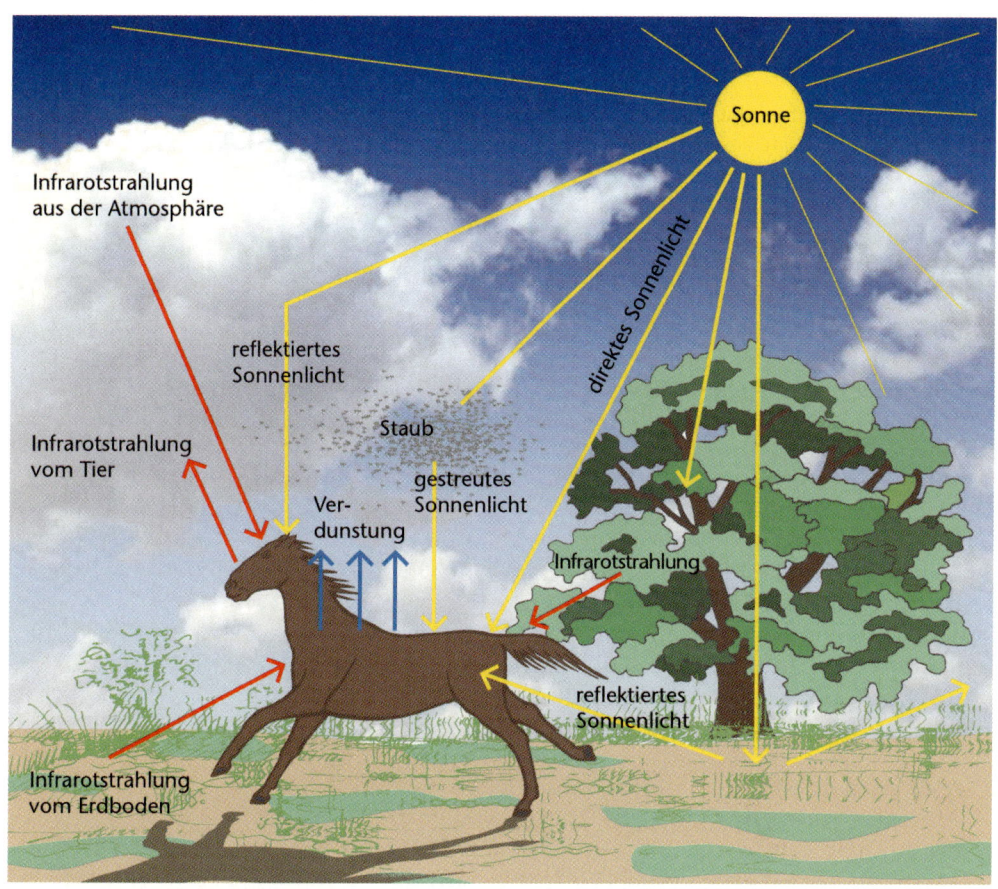

1 Beeinflussung des Wärmehaushalts von Tieren durch Strahlung, Verdunstung und Konvektion

benden Mediums und damit von der eingestrahlten Wärmeenergie ▶ 37.1.

Für die meisten Pflanzen ist das Licht der Ökofaktor, der das Längenwachstum steuert. Zieht man Pflanzen im Dauerdunkel auf, so *vergeilen* sie, d. h. die Sprosse wachsen in die Länge und die Blätter sind vergleichsweise klein. Blattfarbstoffe, wie z. B. Chlorophyll, werden nicht gebildet. Diesen Vorgang bezeichnet man in der Fachsprache auch als *Etiolement*.

Vielen Pflanzen und Tieren dient die Sonne auch als Zeitgeber zur Synchronisation ihres Tages- und Jahresrhythmus und ihrer Aktivitäten.

Fast alle Tiere benötigen zudem die Sonne als Lichtquelle für die Sehwahrnehmung und zur Orientierung. Einige Tiere, wie z. B. die Klapperschlangen, nutzen sogar die Infrarotstrahlung zur Erkennung ihrer Beutetiere ▶ 37.2.

Tödliche Schädigungen

Wenngleich ohne Sonne kein Leben in der heutigen Form möglich wäre, so kann ihre lebenswichtige Strahlung doch ab einer bestimmten Dosis auch zu tödlichen Schädigungen bei Pflanzen, Tieren und beim Menschen führen. Im Laufe der Evolution haben die Organismen zwar Schutzmechanismen gegen die schädigende Wirkung der Sonne entwickelt, aber diese reichen heute zum Teil nicht mehr aus. Das liegt daran, dass der Mensch durch schwerwiegende Eingriffe, z. B. in den UV-Schutzschild der Stratosphäre der Erde ▶ Kap. Sonne, Licht und Wärme, Abb. 10.1, Bedingungen geschaffen hat, an die in wenigen Generationen keine Anpassung möglich ist. Gegen die Konsequenzen kann sich allein der Mensch durch Verhaltensänderungen schützen, Pflanzen und Tiere sind ihnen ausgeliefert.

2 Das Infrarotauge, das Grubenorgan der Klapperschlange, nimmt noch Temperaturunterschiede von 1/3000 °C in der Umgebung wahr.

Wärmehaushalt von Pflanzen und Tieren

Disstress
sich negativ auswirkende Stress-Situationen, wirkt belastend

Eustress
sich positiv auswirkender Stress; wirkt anspornend und motivierend

Die Sonneneinstrahlung führt auf der Erde zu unterschiedlich ausgeprägten Veränderungen des Wärmegehalts der Medien Luft, Wasser und Boden, d. h. sie beeinflusst deren Temperaturen. Jeder Organismus hat sich im Laufe der Evolution an bestimmte Temperaturbereiche angepasst. Das gilt sowohl für die *Umgebungstemperaturen* als auch für die *Körpertemperaturen*. Die Extremwerte der Umwelttemperaturen liegen bei –80 °C und +57 °C. Es gibt allerdings einige spezialisierte Bakterien, die bei mehr als 100 °C noch existieren können.

In extrem kalten und heißen Lebensräumen können nur wenige Organismen überleben. Diese Lebensräume sind deshalb so lebensfeindlich, weil sie den Stoffwechsel von Pflanzen und Tieren negativ beeinflussen. Milieutemperaturen zwischen 0 °C und +40 °C verursachen bei den meisten Organismen den geringsten *Disstress*.

Kälte

In extrem kalten Lebensräumen besteht die Gefahr, dass das *Zellwasser* gefriert und durch Kristallbildung die *Zellmembranen* zerstört werden. Pflanzen und Tiere winterkalter Gebiete haben im Laufe der Evolution eine zum Teil erstaunliche *Kälteresistenz* entwickelt. Viele Käfer, Amphibien und Fische setzen z. B. durch die Produktion von *Frostschutzmitteln* die Gefriertemperatur herab und überleben so die kalte Jahreszeit. Bei Fischen sind es vor allem *Anti-Frost-Proteine*, die zum Winter hin produziert werden, bei Insekten und Amphibien ist es vorwiegend *Glycerin*, das auch als Frostschutzmittel dem

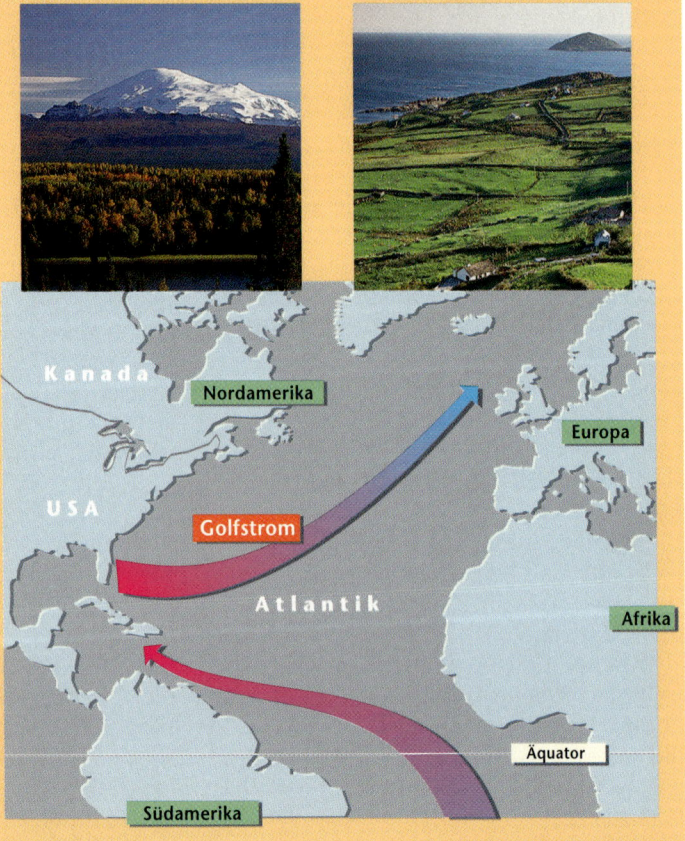

Exkurs

Heizwasser für Europa
Die Küste Kanadas liegt auf dem gleichen nördlichen Breitengrad wie der Süden Englands. Während in Kanada monatelang Buchten und Häfen zugefroren sind, lässt eine warme Meeresströmung in England sogar Palmen wachsen. Die Meeresströmung bringt die Energie der Sonne, die das Wasser im Golf von Mexiko auf immerhin 27 °C erwärmt hat, über den Atlantik nach Nordeuropa. Auf seiner „Wanderung" gibt das Wasser laufend Wärme an die Luft ab. Ohne den **Golfstrom** wären die Winter bei uns wesentlich strenger und die Sommer um einiges kühler. Pflanzen und Tiere haben sich diesen Bedingungen angepasst.

Kanada · Nordamerika · Europa · USA · Golfstrom · Atlantik · Afrika · Äquator · Südamerika

Art	Kälteresistenz (°C)
Eukalyptusbaum	–3
Zitronenstrauch	–5
Oleander	–7
Ölbaum	–10
Stein-Eiche	–13
Zypresse	–14
Eibe	–20
Weiß-Tanne	–30
Fichte	–38
Zirbel-Kiefer	–42

1 Kälteresistenz wintergrüner Pflanzen

Kühlwasser von Autos zugesetzt wird. Das Blut von Insekten kann im Zustand der Winterstarre im Extremfall zu mehr als 30 % aus Glycerin bestehen. Dies ermöglicht ein Überleben selbst bei Temperaturen von unter – 30 °C.

Pflanzen winterkalter Gebiete erwerben gleichfalls im Herbst und Winter eine Kälteresistenz in Form der *Frosthärte* ▶ 39.1. Hierunter versteht man die Fähigkeit, bei tiefen Temperaturen auch Eisbildung im Gewebe zu überleben. In einer ersten Phase wird dabei Wasser aus der Zelle ausgeschieden. In der zweiten Phase, der *Frostabhärtung*, werden die Feinstrukturen des Zellplasmas so umgebaut, dass die Zelle ein Gefrieren verträgt. Wie Experimente zeigten, konnten Birken, die voll abgehärtet waren, in diesem Zustand sogar Temperaturen von – 195 °C überstehen. Da das Wasser im Boden gefroren ist, vertrocknen Pflanzen eher statt zu erfrieren (Frosttrocknis). Im Spätwinter verlieren die Pflanzen nach und nach ihre Frostresistenz wieder. Durch die zunehmende Sensibilisierung können die Spätfröste dann unter Umständen zum Erfrieren der Pflanzen führen.

Hitze

In extrem heißen Lebensräumen besteht vor allem die Gefahr der *Denaturierung* von Eiweißen (*Proteine*), z.B. von Enzymen und Membranen. Dabei flocken die Proteine aus. Beim Menschen denaturiert Körpereiweiß bei etwa 42–43°C, bei vielen Fischen tritt schon bei 35 °C der Hitzetod ein, bei den angepassten hitzeresistenten Wüstentieren, z.B. vielen Eidechsen, hingegen erst bei 46–49 °C.

Eine charakteristische physiologische Angepasstheit an heiße Lebensräume ist die Erzeugung von „*Verdunstungskälte*". Die Körperoberfläche von Pflanzen und Tieren kühlt durch Verdunstung von Wasser und dem damit verbundenen Entzug von Energie ab.

Neben physiologischen Anpassungen sind bei Tieren vor allem *Vermeidestrategien* wichtig. Hierunter versteht man Verhaltensweisen, die verhindern, dass die Tiere Extremtemperaturen ausgesetzt werden. Eine solche *thermoregulatorische Verhaltensweise* ist z.B. das Verkriechen in solche Bereiche, in denen komfortable Temperaturen vorzufinden sind. Das kann der Boden oder eine Höhle sein. Thermoregulatorische Verhaltensweisen zeigen vor allem Tiere trockenheißer Lebensräume. Viele Tiere verkriechen sich tagsüber und werden erst in der kühleren Dämmerung oder in den kühlen Nächten aktiv.

2 Hagebutte mit Raureif

Lexikon

Temperatur und Stoffwechsel

Die Geschwindigkeit mit der Stoffwechselprozesse ablaufen ist abhängig von der Temperatur. Die **R-G-T-Regel** (**R**eaktions**g**eschwindigkeit-**T**emperatur-Regel) besagt, dass Stoffwechselreaktionen bei einer Temperaturerhöhung um 10 °C im allgemeinen um das 2–3fache schneller ablaufen, bei einer Temperaturerniedrigung verläuft dieser Prozess entsprechend langsamer.

Im Laufe der Evolution haben sich die Organismen an bestimmte Temperaturen angepasst. Die Extremwerte der **Umgebungstemperatur** liegen, von Ausnahmen abgesehen, bei –80 °C und +57 °C. Der **vitale Lebensbereich** erstreckt sich von 0 °C bis maximal 50 °C. Bei –80 °C, wie sie in Sibirien oder der Antarktis vorkommen, tritt der **Kältetod** ein. Vom **Wärmetod** spricht man bei Temperaturen von über +57 °C (z.B. in der Sahara oder im Tal des Todes). Viele Tiere und Pflanzen, die in sehr kalten Regionen leben, haben eine hohe **Kälteresistenz** entwickelt. Die Kälteresistenz bezeichnet den Temperaturbereich, in dem es gerade noch zu keinen Schädigungen des Zellplasmas kommt.

Thermoregulatorisches Verhalten
Tiere versuchen die Aufnahme und Abgabe von Wärme zu beeinflussen, indem sie z. B. Sonnen- oder Schattenbereiche aufsuchen, oder nur abends, bzw. nachts aktiv sind.

Proteine
sind Moleküle, die aus wenigen bis sehr vielen Aminosäuren bestehen. Umgangssprachlich werden sie meist als Eiweiße bezeichnet.

Wechselwarme und gleichwarme Lebewesen

Die meisten der fast 1,5 Millionen Organismen, die auf der Erde leben, sind wechselwarm. Nur die zahlenmäßig kleinen, aber bedeutenden Gruppen der Vögel und Säuger sind gleichwarm. Werden Wechselwarme nicht unmittelbar der direkten Sonneneinstrahlung ausgesetzt und haben sie keine Möglichkeiten, selbst Wärme in ihrem Stoffwechsel in größerem Umfang zu produzieren, so ist ihre Körpertemperatur gleich der Umgebungstemperatur. Das gilt für alle Pflanzen, fast alle Wassertiere und für die Tiere von Land-Lebensräumen, die sich nicht der direkten Sonneneinstrahlung aussetzen. Für die meisten wechselwarmen Tiere liegt hier das Problem, da ihre Körperbewegungen wesentlich von der Körpertemperatur abhängig sind.

Eine Vielzahl wechselwarmer Tiere hat daher im Laufe der Evolution Verhaltensweisen entwickelt, durch die sie in der Lage sind, Wärmequellen in ihrem Lebensraum

1 Eidechsen im Winterquartier

zu nutzen. In besonders ausgeprägtem Maße machen dies die *heliothermen Arten*. Sie suchen besonnte Plätze auf und versuchen, die direkte Sonneneinstrahlung durch spezifische thermoregulatorische Verhaltensweisen einzufangen. Typische Vertreter dieser Art sind die *Eidechsen* ▶ 40.1.

Nicht wenige *Gebirgsameisen* bauen ihre Nester so, dass die Oberfläche wie ein runder Sonnenkollektor wirkt. Meistens werden sie in einem 30°-Winkel zur Sonne angelegt. Da die Oberfläche der Nester aus dunklen Nadeln, die sehr gut die Wärmestrahlung absorbieren, besteht, können dort an sonnigen Winternachmittagen Temperaturen von bis zu 50 °C entstehen. Die Wärme wird in das Innere der Nester transportiert. Die Ameisen halten sich in den Temperaturbereichen auf, die ihrer bevorzugten Körpertemperatur (über 30 °C) entsprechen ▶ 41.1.

Die meisten Landwirbeltiere müssen sich zumindest zeitweise der Sonne aussetzen, um ausreichend Vitamin D aufzubauen. Das zum Knochenaufbau wichtige Vitamin wird in der Haut aus Provitamin D nur bei ausreichender UV-Strahlung gebildet. Das gilt auch für den Menschen, bei dem Mangel an Vitamin D zu rachitischen Veränderungen des Skeletts führt.

Wärmehaushalt der Pflanzen

Pflanzen sind ein typisches Beispiel für wechselwarme Organismen. Als ortsgebundene Lebewesen können sie sich dem Einfluss der Sonne und der Umgebungstemperatur nicht entziehen. Ihr geringer Energiestoffwechsel

heliotherm
in Bezug auf die Körpertemperatur von der Sonne abhängig

poikilotherm
wechselwarm

homöotherm
gleichwarm

Lexikon

Einteilung der Organismen nach ihrem Wärmehaushalt
Bei **Wechselwarmen (Poikilothermen)** wird die Körpertemperatur entscheidend von der Umgebungstemperatur bestimmt. Wegen der äußeren Wärmequellen werden sie auch als **ektotherme Organismen** bezeichnet. Alle Tiere, mit Ausnahme von Säugern und Vögeln, alle Pflanzen, Pilze und Einzeller gehören zu den Wechselwarmen.

Bei **Gleichwarmen (Homöothermen)** wird die Körpertemperatur auf hohem Niveau (35–44 °C) durch körpereigene Wärmeproduktion unabhängig von der Umgebungstemperatur geregelt. Weil sie die Wärme selbst produzieren, bezeichnet man diese Organismen auch als **endotherm**. Auch einige wechselwarme Tiere, z. B. wenige Reptilien und Fische, sowie einige Insekten, z. B. Hummeln und Schwärmer, sind in geringem Umfang zur körpereigenen Wärmeproduktion befähigt, d. h. sie sind zeitweilig endotherm.

Körpereigene Wärmeproduktion
Ein elementarer Stoffwechselprozess zur Energiegewinnung ist die **Zellatmung** (Biologische Oxidation, **Dissimilation**), bei der z. B. das in der Fotosynthese gebildete, für Pflanzen und Tiere wichtigste Kohlenhydrat – die Glucose – zu Kohlenstoffdioxid, Wasser und Energie (36 ATP + Wärmeenergie) abgebaut wird.

Die Wärmeproduktion durch Intensivierung des Stoffwechsels, vor allem der Leber, bezeichnet man als **zitterfreie Wärmeproduktion** im Gegensatz zur Wärmeproduktion durch **Muskelzittern**.

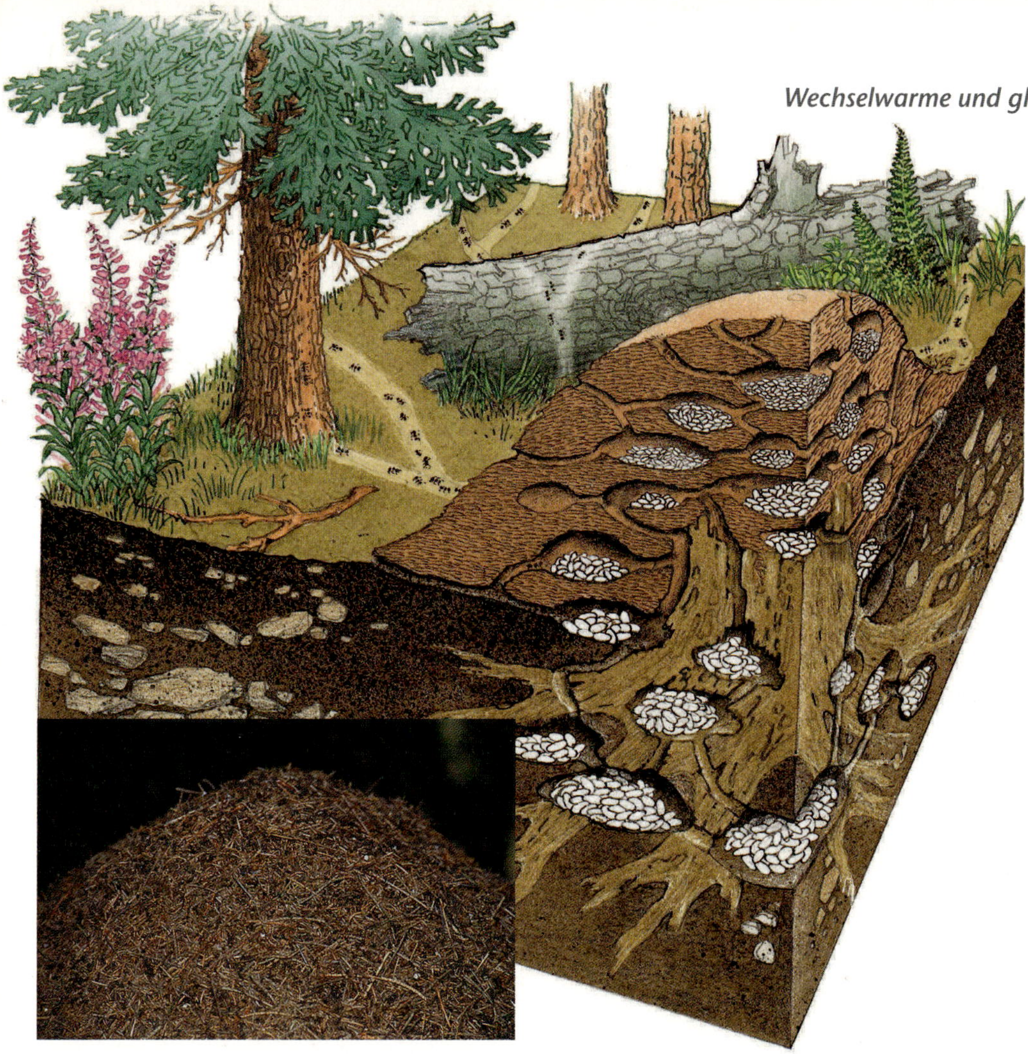

1 Ameisenhaufen

Sukkulente
Das sind Pflanzen, die in der Lage sind, in speziellen Geweben Wasser zu speichern. Sie haben deshalb ein dickfleischiges Aussehen. Das führt dazu, dass nicht miteinander verwandte Arten ein ähnliches Erscheinungsbild aufweisen, z. B. die kaktusförmigen Wolfsmilchgewächse in Afrika und die Säulenkakteen in Südamerika.

führt zu kaum messbaren Temperaturerhöhungen. Das größte Problem der Pflanzen ist der Schutz gegen zu hohe und zu niedrige Temperaturen. Hohe Außentemperaturen und eine intensive Sonneneinstrahlung können zur Hitzeschädigung der Proteine und durch starke Wasserverluste zum Austrocknen führen. Pflanzen trocken-heißer Gebiete sind durch den Bau der Blätter gegen hohe Wasserverluste geschützt.

- Blätter von *Wüsten-* und *Halbwüstenpflanzen* zeigen oft eine Verringerung ihrer Blattfläche.
- Die *Kutikula*, die der Verdunstung von Wasser einen Widerstand entgegensetzt, ist besonders dick.
- Die *Schließzellen*, die den Gasaustausch regeln ▶ Kap. Grüne Pflanzen, Abb. 85.1/ 89.1, sind tief in die Blattunterseite eingesenkt, so dass über die Spaltöffnungen wenig Wasser verdunstet.
- Im Extremfall – wie bei den Kakteen – sind die *Blätter* vollständig zu *Dornen*

umgebildet. Der grüne Spross übernimmt in diesem Fall die Fotosynthese und die Wasserspeicherung (Stammsukkulenz).

Das für die Kühlung und die Fotosynthese notwendige Wasser wird aus dem Boden gezogen und im Blatt oder Spross gespeichert. Pflanzen mit Wasserspeichergewebe bezeichnet man als *Sukkulente* ▶ 41.2/3.

Wechselwarme Tiere

Wechselwarme Tiere haben einen prinzipiell ähnlichen Wärmehaushalt wie die Pflanzen. Umgebungstemperatur und Wärmezufuhr über direkte Sonneneinstrahlung bestimmen die Körpertemperatur. Die wesentlichen Unterschiede liegen in der Möglichkeit der Tiere, Wärmestrahlungsquellen, z. B. warme Oberflächen oder die Sonne, aktiv zu nutzen oder zu meiden. Im Laufe der Evolution haben sich thermoregulatorische Verhaltensweisen entwickelt, die man in *Wärmenutzungs-* und *Wärmevermeidungsstrategien* unterteilt.

2 Kaktusförmige Wolfsmilch

3 Säulenkaktus

Bevorzugte Körpertemperatur

Viele wechselwarme Tiere haben einen Körpertemperaturbereich, in dem sie besonders aktiv sind. Diesen bezeichnet man als die bevorzugte Körpertemperatur. Bei den meisten Insekten und Reptilien liegt diese deutlich über der Umgebungstemperatur. Sie wird entweder erreicht durch Aufnahme von Wärmeenergie oder/und durch körpereigene Wärmeproduktion.

Ein weiterer wesentlicher Unterschied zu den Pflanzen besteht darin, dass nicht wenige wechselwarme Tiere die Prozesswärme des Stoffwechsels sich zu Nutze machen. Das wird oft vergessen. Vielfach herrscht die falsche Meinung vor, dass alle wechselwarmen Tiere nicht zur *körpereigenen Wärmeproduktion* fähig wären, sondern dass sie allein auf Zufuhr von Wärme aus dem Lebensraum angewiesen sind. Das ist nicht richtig.

Körpereigene Wärmeproduktion bedeutet, dass Arten zur Erhöhung der Körpertemperatur einen Teil ihres Energiestoffwechsels als Prozesswärme abgeben.

Nachtschmetterlinge und Hummeln erzeugen im Sitzen durch rhythmische Kontraktion ihrer Flugmuskulatur Wärme. Erst wenn sie sich auf ihre bevorzugte Körpertemperatur aufgeheizt haben, fliegen sie los.

Auch von einigen Reptilien ist die Bedeutung körpereigener Wärmeproduktion bekannt. Die Weibchen der Pythonschlangen, die Brutpflege betreiben, nutzen ihre um 3–4 °C über der Milieutemperatur liegende Körpertemperatur zum Bebrüten der Eier. Hierdurch wird die Entwicklungszeit verkürzt.

Zu hohe und zu niedrige Milieutemperaturen lösen bei wechselwarmen Tieren Vermeidestrategien aus. Bei hohen Umwelttemperaturen oder extremer Sonneneinstrahlung vermeiden sie eine Hitzeschädigung oder den Hitzetod dadurch, dass sie sich in Bereiche mit komfortablen Temperaturen verkriechen. Viele Arten ziehen sich

in den kühleren Boden zurück, andere in Baum- oder Felshöhlen oder suchen auch nur schattige Bereiche auf. Bienen kühlen den Stock, indem sie Wasser herantragen. Durch Fächeln mit den Flügeln erzeugen sie Verdunstungskälte. Dadurch wird die Stocktemperatur abgesenkt.

Fällt durch niedrige Milieutemperaturen die Körpertemperatur zu stark ab, so suchen wechselwarme Tiere Verstecke auf, da sie aufgrund abnehmender Stoffwechselintensität ihre Bewegungsaktivität einbüßen und damit Beutegreifern ausgeliefert sind. Werden sie plötzlich von einem Kälteeinbruch überrascht, fallen sie unter Umständen in eine Kältestarre. Sinkt die Umgebungstemperatur unter 0 °C ab, besteht die Gefahr des Kältetodes.

Hier liegt der wesentlichste Nachteil der Poikilothermie gegenüber der Homöothermie. Die Poikilothermie bietet jedoch auch einen großen Vorteil. Der Energieverbrauch der wechselwarmen Tiere ist vergleichsweise niedrig. Sie haben daher einen erheblich geringeren Nahrungsbedarf.

Gleichwarme – Vögel und Säuger

Welche Vorteile bringt nun die erst auf dem Evolutionsniveau der Vögel und Säuger voll entwickelte körpereigene Wärmeproduktion mit sich, welche Nachteile hat sie?

Wärmeenergie fällt allgemein beim Abbau von Biomolekülen im Organismus als

Exkurs

Eidechsen beim Sonnenbaden

Ein typisches Verhalten, das z. B. bei Eidechsen gut zu beobachten ist, ist die Veränderung des Einstellwinkels des Körpers zur Sonne. Sie richten den Vorderkörper auf, so dass die Sonnenstrahlen mehr oder weniger senkrecht auf den Rücken fallen. Die Körperoberflächentemperatur kann dadurch der tages- und jahreszeitlichen Veränderung des Einfallswinkels der Sonnenstrahlung angepasst werden. Bei heliothermen Reptilien steigt die Oberflächentemperatur während des Sonnenbades auf zum Teil über 50 °C an. Eidechsen machen sich außerdem breit, d. h. ihre Körperoberfläche vergrößert sich, so dass sie über den

Rücken zusätzliche Strahlungsenergie aufnehmen können. Wird die Sonne durch eine Wolke verdeckt, so drücken sie sich flach an den Boden und nehmen auf diese Weise vermehrt Wärmeenergie durch Strahlung und Leitung vom warmen Boden über die Bauchoberfläche auf. Durch solche thermoregulatorischen Verhaltensweisen wird die Wärmeaufnahme optimiert. Erst wenn die Eidechsen durch Aufnahme von Wärmeenergie aus der Umwelt ihre optimale Körpertemperatur erreicht haben – das sind meist Temperaturen zwischen 30 °C und 45 °C – werden sie aktiv.

Südhänge bieten aufgrund ihres Exposition für heliotherme Arten großräumig optimale Strahlungsbedingungen.

Abwärme an. Daneben haben sich im Laufe der Evolution spezifische Stoffwechselwege entwickelt, durch die Energie bereitgestellt wird. Man nennt diesen Bereich des Stoffwechsels *Energiestoffwechsel*. Wichtigster „Brennstoff" ist die *Glucose*, auch Traubenzucker genannt, das Hauptprodukt der Fotosynthese. Vögel, Säuger und andere *heterotrophe Organismen* beziehen die Glucose oder andere Kohlenhydrate zumeist direkt über ihre Nahrung.

Körpereigene Wärmeproduktion bedeutet also Abbau von energiereichen Verbindungen, die dem tierischen Organismus über die Nahrung zugeführt werden. Hohe Wärmeverluste an die Umgebung bedeuten somit hohen Energiebedarf und auch hohen Nahrungsbedarf.

Die Energieprobleme der Gleichwarmen sind durchaus vergleichbar mit den Schwierigkeiten, die ein schlecht isoliertes Gebäude mit sich bringt. Bei einem Haus wird dadurch viel Wärme über die Außenhaut abgeführt. Entsprechend viel Energie in Form von Strom, Gas oder Öl wird benötigt. Für Tiere ist „Brennstoff" immer gleichzusetzen mit Nährstoffzufuhr. In erster Linie handelt es sich dabei um Kohlenhydrate und Fette. Da die Nahrung für gleichwarme Tiere der wichtigste Ökofaktor darstellt, mussten Vögel und Säuger sich im Laufe ihrer Evolution so anpassen, dass ihre Energieverluste sich auf ein Minimum reduzieren ließen.

Die meiste Wärme entweicht über die relativ große Körperoberfläche, die als Wärmetauscher zwischen Organismus und Umwelt wirkt. Dies ist positiv, wenn die Körpertemperatur über die Normaltemperatur ansteigt, z. B. bei starker Muskelarbeit. Es wirkt sich jedoch negativ auf den Wärmehaushalt aus, wenn die Umgebungstemperatur stark absinkt. Die Körperhülle soll also einerseits möglichst gut isolieren, andererseits aber – um einen Wärmestau im Körper zu vermeiden – auch Wärme abgeben, wenn die Normaltemperatur überschritten wird. Die Körperumhüllung der Vögel und Säuger erfüllt diese Bedingungen sehr gut. Dennoch muss man feststellen, dass bei den heute lebenden Tieren dieser Art ein Großteil der produzierten Stoffwechselenergie zur Aufrechterhaltung der Körpertemperatur, d. h. zur Unterhaltung der Körperheizung, eingesetzt wird ▶ 44.3.

Die Wärmeproduktion erfolgt bei ihnen vor allem durch den Stoffwechsel der Leber und über die Muskeltätigkeit. Vögel und Säuger haben einen wesentlich höheren Energiebedarf als die wechselwarmen Tiere. Wie in technischen Systemen wird zum Heizen und Kühlen viel Energie benötigt.

Dieser energetische Nachteil wird dadurch ausgeglichen, dass Vögel und Säuger ständig aktiv sein und jederzeit bei Gefahr vor Beutegreifern fliehen können. Aufgrund ihres hohen Energie- und Nahrungsbedarfs verhungern allerdings gleichwarme Tiere in

Heterotroph
(gr = „sich von Verschiedenem ernähren"). Gemeint ist eine Ernährungsform, bei der Biomasse aufgenommen wird. Heterotroph ernähren sich alle Tiere, Pilze, einige voll-parasitische Pflanzen sowie viele Einzeller und Bakterien.

Autotroph
(gr = „sich selbst ernährend"). Gemeint ist die Fotosynthese der grünen Pflanzen und vieler chlorophyllhaltiger Einzeller. Sie nehmen energiearme anorganische Substanzen, wie z. B. CO_2, H_2O und Mineralsalze, auf und wandeln sie in energiereiche organische Stoffe um.

Exkurs

„Heizung" im Bienenstock
Honigbienen bilden im Stock im Winter bei sinkenden Stocktemperaturen eine Traube, in der sich die Bienen bewegen, z. T. sogar Schwirrflüge ausführen. Die in der Traube durch Muskelarbeit entstehende Prozesswärme dient zur Erwärmung des Stockes, so dass die Bienen nicht in Winterstarre fallen und erfrieren können. Der Imker stellt den Bienen für diese „Arbeit" Zucker als Energiequelle zur Verfügung.

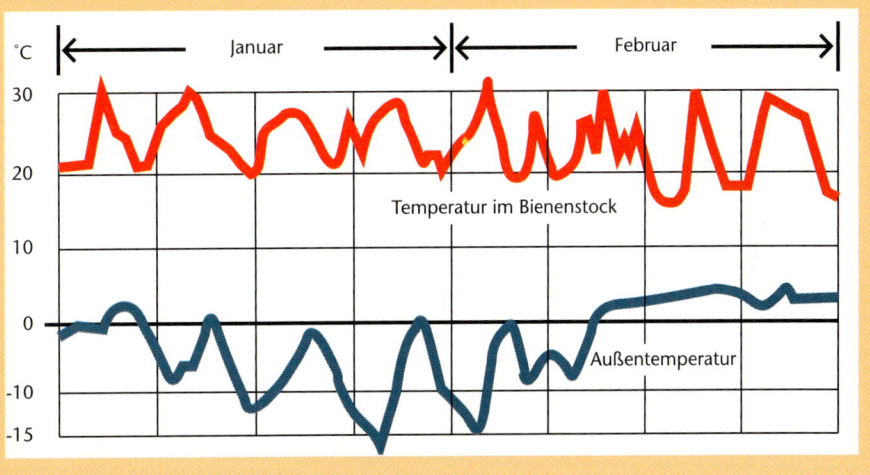

1 Das Luftpolster unter dem Federkleid verhindert den Luftaustausch und damit den Verlust von Körperwärme.

Soziale Wärme
Nicht wenige Kleinsäuger und einige Kleinvögel, wie die zu den kleinsten einheimischen Vögeln zählenden Zaunkönige, schlafen bei ungünstigen Witterungsbedingungen dicht zusammengedrängt in Gemeinschaftsnestern. Durch Körperkontakt zu anderen Individuen wird die Wärme abstrahlende Oberfläche verringert und Energie gespart.

Zeiten des Nahrungsmangels schnell. Viele wechselwarme Tiere, z. B. Reptilien, können hingegen tage- oder monatelang ohne Fressen auskommen. Die Energieverluste der gleichwarmen Tiere nehmen mit abnehmender Körpermasse überproportional zu, da die Wärme abstrahlende Oberfläche relativ zum Volumen größer wird.

Gleichwarme Tiere kalter Klimazonen, in denen im Winter zumeist Nahrungsmangel herrscht, haben besondere Strategien entwickelt, die es ihnen erlauben, energetisch ungünstige Zeiten zu überleben. Die verbreitetsten Überlebensstrategien sind *Winterschlaf* und *Vogelzug*.

Haare und Federn wärmen

Nicht bewegte Luft wirkt generell als Isolator. Bei modernen Hausfassaden ist es die Lufthülle zwischen Isoliermatten und dem Vormauerwerk. Bei Pflanzen, wie der Küchenschelle, entsteht durch die Behaarung ein Luftpolster ▶ 44.2. Vögel haben die ruhende Luftschicht zwischen Federkleid und Körper ▶ 44.1, Säuger zwischen den Haaren. Wird diese Schicht zerstört, z. B. bei einem durchnässten Säugetier, so fließt viel Wärme nach außen ab, der Körper kühlt aus.

Je ausgedehnter die ruhende Luftschicht ist, um so weniger Wärme geht verloren. Bei Säugern, aber auch bei Vögeln, kann sie durch das Aufrichten der Haare bzw. Federn vergrößert oder verkleinert werden. Die Art der Wärmeregulation wird als *pilomotorische* Reaktion bezeichnet.

Liegen die Außentemperaturen unter der Körpertemperatur, so plustern sich die

Vögel auf, d. h. sie spreizen die Federn etwas nach außen ab, ohne deren Verbund zu lösen. Dies geschieht durch die in der Lederhaut liegenden *Sträubemuskeln*, die an der Federbasis ansetzen und so ihre Hebelwirkung entfalten. Säugetiere vergrößern auf ähnliche Weise die ruhende Luftschicht. Ist es kalt, so sträuben sie ihr Fell, das heißt die Haare werden durch Kontraktion der Sträubemuskeln aufgestellt. Die Wirkung ist allerdings nicht so groß wie bei den Vögeln, da die Haare ja vom Körper abstehen.

Neben der ruhenden Luftschicht im Gefieder und zwischen den Haaren wirkt auch das Unterhautfettgewebe isolierend. Es ist besonders stark bei solchen Säugetieren und Vögeln ausgebildet, die – wie z. B. die Pinguine ▶ 46.1 – kein gut isolierendes Federkleid oder – wie die Wale – keine behaarte Haut besitzen. Auch Fell tragende Wassersäuger wie die Robben haben eine gut isolierende Fettschicht. Das hängt mit dem Leben im Wasser zusammen. Robben sind so gut isoliert, dass sie selbst nach Stunden des Liegens auf einer Eisscholle die Eisoberfläche nicht zum Schmelzen bringen.

Die Wärmeregulierung erfolgt bei allen homöothermen Tieren auch noch durch andere physiologische Mechanismen. So wird die Wärmeabgabe auch über die Blutgefäße der Haut (*vasomotorische Reaktion*), das Hecheln und die Schweißsekretion

2 Bei Pflanzen, wie dieser behaarten Küchenschelle, verhindert eine windstille Zone zwischen den Haaren die Auskühlung.

Art	Körpertemperatur (°C)
Kolobri	39,0
Haussperling	41,4
Mauersegler	44,0
Lachmöwe	42,0
Habicht	41,9
Königspinguin	37,4
Storch	40,0
Schnabeltier	30,0
Hausmaus	38,0
Maulwurf	39,4
Fuchs	38,5
Schwein	39,0
Wal	36,5
Schimpanse	37,0

3 Körpertemperatur bei Säugetieren und Vögeln (rektal gemessen; nach BUDDENBROCK 1939, PENZLIN 1989 und anderen

Regulation des Wärmehaushalts bei Vögeln und Säugern

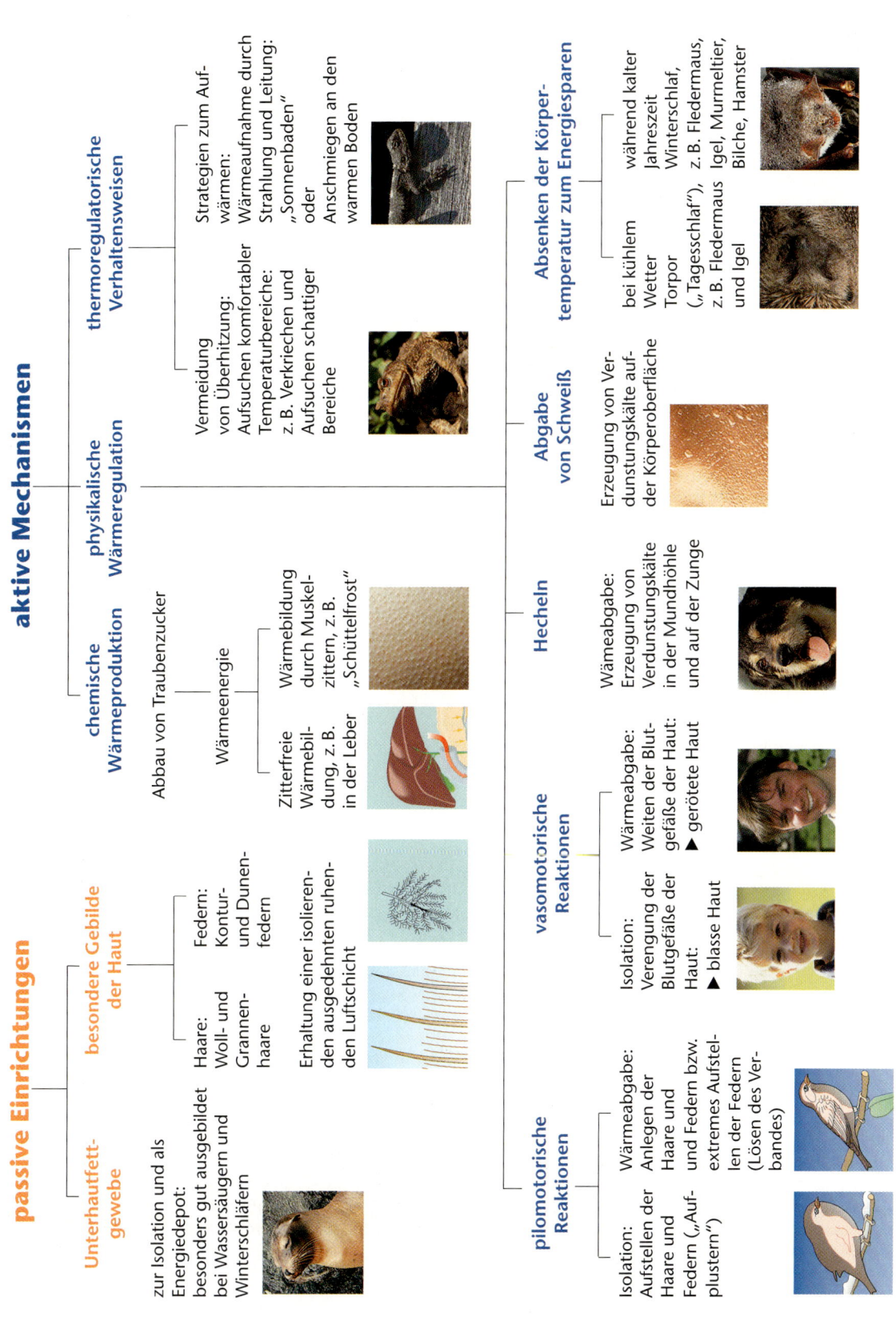

passive Einrichtungen

Unterhautfett-gewebe

zur Isolation und als Energiedepot: besonders gut ausgebildet bei Wassersäugern und Winterschläfern

besondere Gebilde der Haut

Haare: Woll- und Grannen-haare

Federn: Kontur- und Dunen-federn

Erhaltung einer isolieren-den ausgedehnten ruhen-den Luftschicht

pilomotorische Reaktionen

Isolation: Aufstellen der Haare und Federn ("Auf-plustern")

Wärmeabgabe: Anlegen der Haare und Federn bzw. extremes Aufstel-len der Federn (Lösen des Ver-bandes)

aktive Mechanismen

chemische Wärmeproduktion

Abbau von Traubenzucker

Wärmeenergie

Zitterfreie Wärmebil-dung, z. B. in der Leber

Wärmebildung durch Muskel-zittern, z. B. "Schüttelfrost"

physikalische Wärmeregulation

Vermeidung von Überhitzung: Aufsuchen komfortabler Temperaturbereiche: z. B. Verkriechen und Aufsuchen schattiger Bereiche

thermoregulatorische Verhaltensweisen

Strategien zum Auf-wärmen: Wärmeaufnahme durch Strahlung und Leitung: "Sonnenbaden" oder Anschmiegen an den warmen Boden

vasomotorische Reaktionen

Isolation: Verengung der Blutgefäße der Haut: ▲ blasse Haut

Wärmeabgabe: Weiten der Blut-gefäße der Haut: ▲ gerötete Haut

Hecheln

Wärmeabgabe: Erzeugung von Verdunstungskälte in der Mundhöhle und auf der Zunge

Abgabe von Schweiß

Erzeugung von Ver-dunstungskälte auf der Körperoberfläche

Absenken der Körper-temperatur zum Energiesparen

bei kühlem Wetter Torpor ("Tagesschlaf"), z. B. Fledermaus und Igel

während kalter Jahreszeit Winterschlaf, z. B. Fledermaus, Igel, Murmeltier, Bilche, Hamster

1 Übersicht über die körperlichen Einrichtungen und die Mechanismen zur Regulation des Wärmehaushalts bei Vögeln und Säugern

1 Pinguine: Kälteschutz durch Fett und Federn

Primaten (Herrentiere)
Ordnung der Säugetiere, die alle Tier- und Men- [unleserlich] *schen selbst umfasst.*

gesteuert. Wärme wird entzogen, indem das warme Blut des Körperkerns in die Hautgefäße der Körperschale transportiert und dort abgekühlt wird. Wie bei den wechselwarmen Tieren spielen auch thermoregulatorische Verhaltensweisen eine nicht unwichtige Rolle.

Kühlung

Die Gefahr einer Überhitzung des Körpers verhindern die meisten Pflanzen und Tiere von Landlebensräumen in ähnlicher Weise. Pflanzen kühlen ihre Blätter vor allem über die Epidermis, indem sie Wasser verdunsten. Dadurch wird den außen liegenden Geweben Wärmeenergie entzogen, d. h. es wird Verdunstungskälte erzeugt.

Bei Tieren mit *Schweißdrüsen*, wie z. B. bei den *Primaten*, zu denen auch der Mensch gehört, wird dieser Vorgang intensiviert. Bei Pferden wird über besondere Hautdrüsen, anstelle des wasser- und auch salzreichen Schweißes, ein eiweißreiches Sekret abgeschieden, das die gleiche Funktion hat. Deshalb sind erhitzte Pferde oft von Schaum bedeckt.

Igel bespucken sich mit Speichel, den sie auf der behaarten Bauchunterseite verteilen. Sie markieren sich dadurch mit Körper eigenen Duftstoffen. Vermutlich soll dieses Verhalten bei Überhitzung des Körpers auch Verdunstungskälte erzeugen.

Die meisten Säugetiere sowie alle Vögel haben hingegen keine Schweißdrüsen. Bei ihnen haben sich andere wirksame Kühlmechanismen entwickelt. Bei erhöhter Körperkern-Temperatur hecheln sie, d. h. sie intensivieren die Atmung.

Die kühlere Außenluft wird durch die Nase eingeatmet. Dabei kühlt sich das Blut in der stark durchbluteten Nasenschleimhaut ab, bevor es dem wärmeempfindlichen Gehirn zufließt. Das Ausatmen geschieht über den geöffneten Mund bzw. Schnabel. Hierdurch erzeugen die Tiere gleichfalls Verdunstungskälte. Beim Atmen verdunstet der Feuchtigkeitsfilm auf Zunge und Mundschleimhaut. Das in der Mundhöhle gekühlte Blut dient zur Kühlung des *Körperkerns*. Hunde fördern die Wirkung des Hechelns noch dadurch, dass sie die Zunge weit aus dem Maul herausstrecken und bewegen, so dass durch Konvektion die erwärmte Luft schnell abgeführt wird. Die Erzeugung von Verdunstungskälte bringt allerdings ein Problem mit sich: Die Tiere sind auf verstärkte Flüssigkeitszufuhr angewiesen.

Die meisten Tiere führen *Überschusswärme* durch Wärmeabstrahlung ab. Das funktioniert besonders gut bei Arten, die ein schlecht isolierendes Sommerfell- bzw. -gefieder besitzen oder – wie Elefant und Mensch – weitgehend haarlos sind ▶ 46.2.

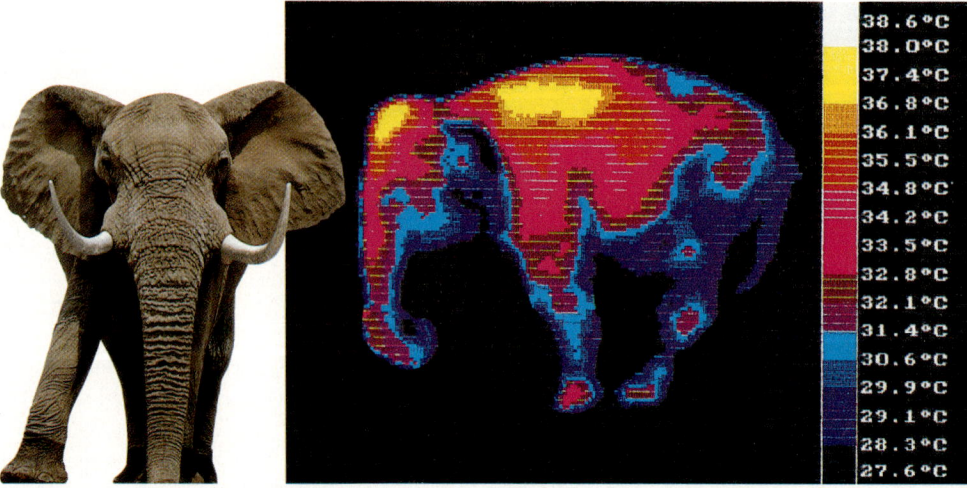

2 Dickhäuter sind ganz schön dünnhäutig. Elefanten haben keine Schweißdrüsen in ihrer Haut. Sie strahlen die überschüssige Körperwärme über ein dichtes Blutkapillarnetz in ihrer dünnen Haut ab. Die großen Ohren sorgen zusätzlich für eine Wärmeabgabe (rechts: Thermografie).

Regulation des Wärmehaushalts

Vögel und Säuger tauschen im Herbst das Sommerkleid gegen das besser isolierende Winterkleid. Mauser und Haarwechsel haben insbesondere bei den Vögeln und Säugern, die im Winter bei uns bleiben, eine wichtige Funktion im Wärmehaushalt ▶ 47.2.

Wichtig sind auch die angelegten Fettdepots in der Unterhaut, die zwar hauptsächlich als Energiereserve in den nahrungsarmen Wintermonaten dienen, aber gleichzeitig natürlich auch die Wärmeverluste mindern und dadurch zum Energiesparen beitragen.

Die Regulation des Wärmehaushalts der homöothermen Tiere ist also ein komplizierter Vorgang. Sowohl Kühlen als auch Heizen kostet Energie. Durch die Entwicklung isolierender Strukturen, wirksamer physiologischer Mechanismen bei der Thermoregulation und der Ausbildung spezifischer thermoregulatorischer Verhaltensweisen sind Vögel und Säuger in der Lage, innerhalb eines relativ breiten Bereichs der Umgebungstemperatur ihre Energieverluste konstant zu halten. Diesen Bereich bezeichnet man als *thermoneutrale Zone.* Der nackte Mensch hat nur eine thermoneutrale Zone von etwa 3 °C, der Eisbär mit seinem dichten Fell und seiner dicken Fettschicht von bis zu 70 °C, d. h. er verbraucht für den Wärmehaushalt bei Außentemperaturen von –30 °C bis +40 °C dieselbe Energiemenge ▶ 47.1.

Wir Menschen erweitern unsere thermoneutrale Zone durch Kleidung, Vögel durch die Entwicklung eines dichteren, dunenreichen Winterkleides und Säuger durch die Ausbildung eines dichten Winterfells aus Wollhaaren.

Wärmeverluste entstehen durch *Strahlung, Leitung* und *Konvektion.* Die chemische Wärmeproduktion ist durch die Stoffwechselaktivitäten bereits kurz nach der Geburt bzw. dem Schlüpfen gut ausgebildet, die physikalische Wärmeregulation funktioniert hingegen jedoch zumeist noch unzureichend. Das gilt insbesondere für die *Nesthocker,* die mehr oder weniger nackt geboren werden, d. h. noch über keine isolierenden Körperhüllen verfügen. *Nestflüchter,* wie z. B. die Kiebitzjungen und die jungen Feldhasen, haben hingegen bereits ein gut aus-

1 Eisbären liegen auf dem Eis, ohne zu frieren und das Eis zu erwärmen.

gebildetes Dunengefieder bzw. Haarkleid. Neugeborene Nesthocker verhalten sich wie Wechselwarme. Ihre Körpertemperatur entspricht in den ersten Tagen weitgehend der Umgebungstemperatur. Das ist biologisch sinnvoll, da hierdurch die chemische Wärmeproduktion niedrig sein kann und die Energieverluste minimal gehalten werden.

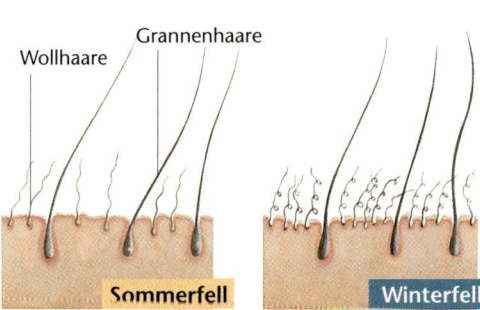

2 Aufbau von Sommer- und Winterfell

Physikalische Wärmeregulation
Hierunter versteht man die Möglichkeit, die Isolationswirkung der Körperhüllen durch unterschiedlich starkes Aufstellen (Sträuben) – pilomotorische Reaktion – von Haaren oder Federn zu verändern. Durch Sträuben wird die ruhende Luftschicht vergrößert ▶ 44.1.

Lexikon

Thermoneutrale Zone
Hierunter versteht man den Außentemperaturbereich, bei dem ein Vogel oder Säuger den geringsten Energiebedarf hat. Je besser isoliert ein Gleichwarmer ist, um so ausgedehnter ist seine **thermoneutrale Zone**. Durch Bildung eines gut isolierenden Winterkleides wird die thermoneutrale Zone in den niedrigen Temperaturbereich ausgedehnt, durch Bildung eines schlechter isolierenden Sommerkleides wird ein Wärmestau bei hohen Umgebungstemperaturen im Sommer verhindert.

Der Jahresrhythmus des Haar- bzw. Federwechsels ist somit außerordentlich sinnvoll. Kein Mensch käme im übrigen auf die Idee, im Sommer einen Pelzmantel anzuziehen oder im Winter mit einem leichten T-Shirt bekleidet herumzulaufen.

Wärmehaushalt des Menschen

Grundumsatz
Er entspricht dem unvermeidbaren Wärmeverlust infolge des Zellstoffwechsels und der auch in Ruhe ablaufenden physiologischen Funktionen wie Kreislauf, Atmung, Verdauung, unwillkürlicher Muskeltonus. Zum Grundumsatz (Basisenergiebedarf) trägt vor allem der Stoffwechsel der Leber bei.

Die Regulation des Wärmehaushaltes bedeutet Aufrechterhaltung der Körpertemperatur auf dem artspezifischen Sollwert. Dieser liegt beim Menschen im Mittel bei 37 °C.

Der Mensch gibt normalerweise ständig Wärme an die Umgebung ab. Die Wärmeverluste sind vor allem abhängig von der Umgebungstemperatur und von der Isolation durch Kleidung und Fettgewebe. Der Mensch hat so zu sagen einen thermostatischen Heizbedarf. Dieser steigt mit fallender Umgebungstemperatur und einer Verschlechterung der Isolierung. Umgekehrt ist bei etwa 37 °C der thermostatische Heizbedarf gleich Null. Steigt die Körpertemperatur deutlich über 37 °C an, so wird Energie zum Kühlen benötigt.

Im Stoffwechsel entsteht ständig Wärme als Abfallprodukt. Diese „Abwärme" wird zur Aufrechterhaltung der Körpertemperatur genutzt. Der Basisenergiebedarf wird auch als *Grundumsatz* bezeichnet.

Ein erhöhter Energiebedarf entsteht durch Muskel- und durch Verdauungsarbeit, durch geistige Arbeit und durch die Temperaturregulation. Die Verluste an Wärmeenergie müssen durch Aufnahme energiereicher Verbindungen über die Nahrung wieder ausgeglichen werden, d. h. mit zunehmenden *Wärmeverlusten* steigt der Nahrungsbedarf.

Normalerweise ist der Wärmestrom im Körper nach außen gerichtet, also vom *Körperkern* in Richtung *Körperschale*. Die Wärme wird vorwiegend mit dem Blutstrom nach außen transportiert, d. h. durch *Konvektion*. Dabei spielt der Wärmetransport durch das Gewebe eine eher untergeordnete Rolle. Wichtiger ist, dass jeder Körper, der wärmer ist als die Umgebung, Wärme abstrahlt. Die Intensität der Wärmestrahlung hängt allein von der Temperatur des strahlenden Körpers ab, sie ist unabhängig von der Temperatur der Umgebung. Das gilt auch beim Menschen, der normalerweise Milieutemperaturen, die deutlich unter dem Körpertemperaturniveau liegen, ausgesetzt ist. Je nach Körperhaltung strahlen 50–80% der Körperoberfläche Wärme ab ▶ 48.1.

Konstante Körpertemperatur

Nicht nur für großmassige Tiere wie Elefanten ist die Wärmeabgabe durch Strahlung über die Haut sehr wichtig, um einen Wärmestau zu verhindern, sondern auch für uns. Kein Mensch käme auf die Idee, mit einem Pelzmantel Basketball zu spielen. Statt-

Wärmedurchgangswiderstand
Ein Maß, das angibt, wie gut eine „Schicht" (z. B. Mauerwerk oder Haut) isoliert ist.

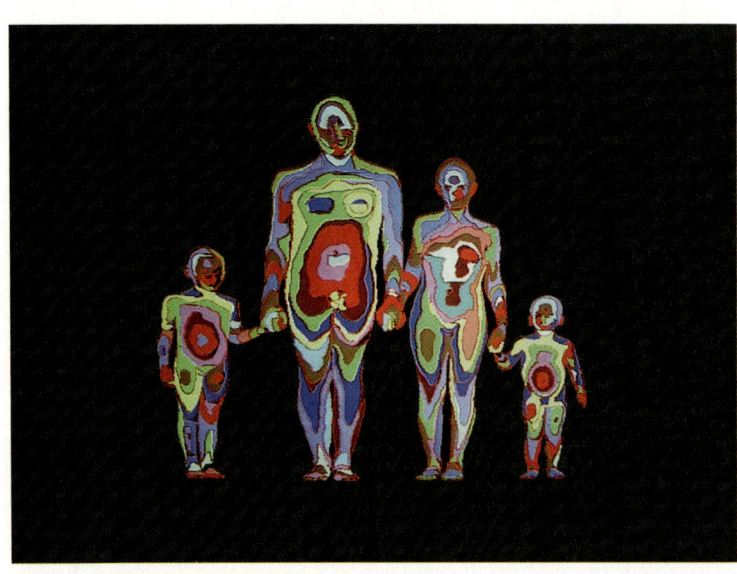

1 Das Blut transportiert die Wärme in alle Teile des Körpers. Die äußeren Körperschichten und die Extremitäten sind jedoch deutlich kühler als der Körperkern.

Material (Körpergewebe, Kleidung)	Wärmedurchgangswiderstand (= 1/W · m⁻² · K)
Körperschale des Menschen (abhängig von der Durchblutung)	0,1–0,7
Muskelschicht (1cm Dicke)	0,15
Fettgewebe (1cm Dicke)	0,4
Anzug	1
Winterkleidung	2
Polarkleidung	5

2 Wärmedämmung von Körpergewebe und Kleidung (nach KEIDEL 1979)

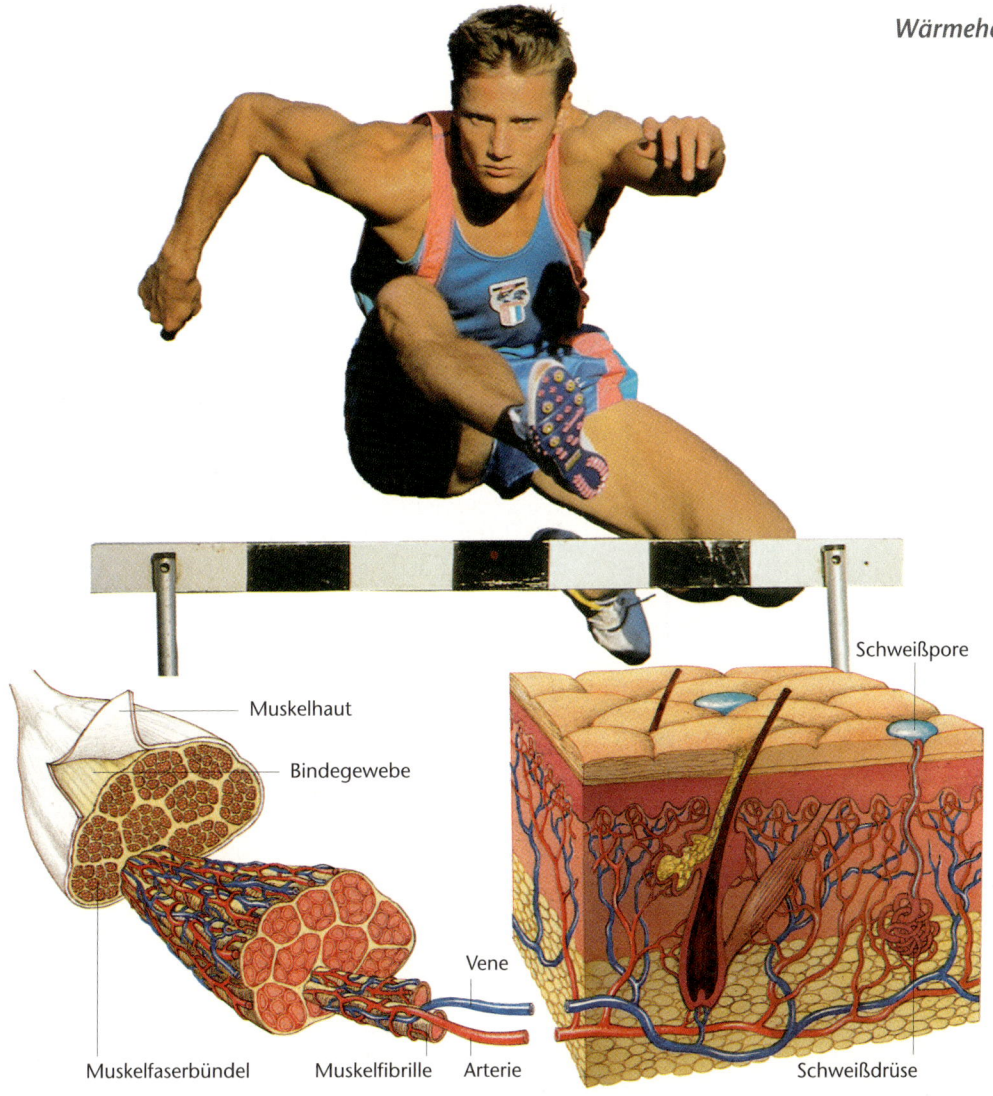

1 Ein arbeitender Muskel erzeugt Wärme. Sie wird durch das Blutkreislaufsystem in die äußeren Hautpartien transportiert, wo der Wärmeaustausch mit der Umgebung erfolgt.

Schweißpore

Muskelhaut

Bindegewebe

Vene

Muskelfaserbündel　Muskelfibrille　Arterie

Schweißdrüse

Herzkammerflimmern
Lebensbedrohliche Herzrhythmusstörung; sie äußert sich in raschen, wirkungslosen, unkoordinierten Kontraktionen des Herzens.

dessen trägt man Trikots, die nur einen kleinen Teil der Körperoberfläche bedecken. So kann der größte Teil der Haut durch Erweiterung der in ihr verlaufenden Gefäße zum Wärmeaustausch durch Strahlung genutzt werden.

Die stärkere Durchblutung erkennt man an der geröteten Körperoberfläche. Durch Abgabe von Wärmeenergie an die kühlere Umgebungsluft wird das Blut abgekühlt, wobei die Temperatur der Körperoberfläche eventuell zusätzlich durch Erzeugung von Verdunstungskälte vermindert wird. Das abgekühlte Blut wird im Gegenzug zur Kühlung des Körperkerns in das Innere transportiert ▶ 49.1.

Bei Kälte verläuft die Reaktion in umgekehrter Richtung. Hier kommt es darauf an, die Temperatur im Körperkern und im Gehirn aufrechtzuerhalten, der Körper darf

deshalb nicht unterkühlt werden. Eine Abkühlung auf ca. 26–28 °C führt z. B. beim Menschen zum Kältetod durch *Herzkammerflimmern*.

Um Wärmeverluste zu verhindern, werden die Gefäße in der Körperschale verengt, der Blutzufluss wird gedrosselt. Dadurch wird weniger warmes Blut nach außen geführt. Das kann im Extremfall zur Folge haben, dass sich Bereiche der Körperperipherie, z. B. Hände und Füße, so stark abkühlen, dass es zu Erfrierungen kommt. Bergsteiger sind in großen Höhen in dieser Hinsicht gefährdet, da sie zudem noch – aufgrund ihrer hohen Zahl an roten Blutzellen – *zähflüssigeres (visköseres)* Blut besitzen, wodurch die Blutzirkulation verlangsamt wird.

Wir tragen im Winter Kleidung aus Tierhaaren (Wollpullover oder Pelze), die besonders gut die Wärme hält, um eine

Viskosität
Ist ein Maß für die innere Reibung einer sich bewegenden Flüssigkeit. Sie ist eine Folge der Kraftwirkung zwischen den Teilchen (Molekülen). Sie ist bei schlechter Verschiebbarkeit der Teilchen besonders groß. Man spricht dann von Zähflüssigkeit.

MegaJoule
$1 MJ = 10^6 Joule$
$4,2 J = 1 cal$

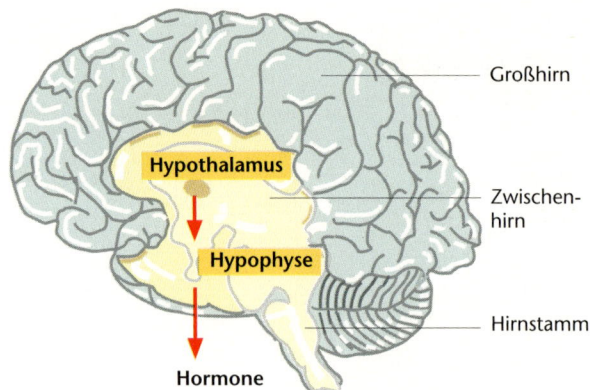

- Großhirn
- **Hypothalamus**
- Zwischen-hirn
- **Hypophyse**
- Hirnstamm
- **Hormone**

1 Längsschnitt durch das menschliche Gehirn

2 Wasser zur Abkühlung

Abkühlung der Körperschale und damit eine Unterkühlung des gesamten Körpers zu verhindern.

Wärmeabstrahlung

Die Wärmeabstrahlung an die Umgebung verhindern wir also bewusst durch die Wahl unserer Kleidung. Unsere Sommer- und Winterbekleidung mit ihren unterschiedlichen isolierenden Eigenschaften entspricht in etwa den „Sommer-" und „Winterkleidern" einheimischer Vögel und Säuger ▶ 48.2.

Durch Wärmefluss kann es zum Temperaturausgleich im Hautbereich kommen. Das geschieht z. B. im Wasser. Durch Leitung und Konvektion bei der Schwimmbewegung wird die Körperoberfläche schnell abgekühlt. Im Wasser ist der Wärmeübergang über 200-mal größer als in der Luft bei gleicher Temperatur. Das hängt mit der etwa 25-mal größeren *Wärmeleitfähigkeit* des Wassers zusammen. Magere Menschen kühlen verständlicherweise im Wasser schneller aus als Menschen mit einer dicken Unterhautfettschicht. Gut trainierte Schwimmer haben als Anpassung an den ständigen Aufenthalt im Wasser zur Isolation ein besser entwickeltes Unterhautfettgewebe.

Bei sehr kaltem Wasser kommt es schnell zu einem Auskühlen auch des Körperkerns. Bei Schiffsunglücken in kalten Gewässern müssen die Überbordgegangenen daher möglichst schnell geborgen werden, denn bei Wassertemperaturen von + 1 °C verringert sich nach etwa einer Stunde die Überlebenschance drastisch. Um ein schnelles Auskühlen zu verhindern, tragen Taucher und andere Wassersportler isolierende Anzüge, z. B. aus Neopren.

Setzt man sich auf einen kalten Untergrund, so spürt man sehr schnell die Wärmeverluste. Haut und Gesäßmuskeln kühlen stark ab. Isolierende Materialien, z. B. ein Kissen mit möglichst großem Luftpolster, minimieren dagegen die Wärmeverluste. Eine Alufolie kann die Wärmeabstrahlung vermindern, deshalb wird sie z. B. nach Unfällen verwendet, um Menschen warm zu halten.

Wärmeverluste entstehen auch durch *Verdunstung*. Sie erfolgt beim Menschen unsichtbar über die Haut und über die Lunge. Sichtbar wird sie dagegen bei körperlicher Arbeit durch die Verdunstung von Schweiß. Jeder Liter Wasser, der auf der Haut verdunstet, entzieht der Haut eine Wärmemenge von etwa 2,4 MJ. Man kann daher Wasser zur Abkühlung nutzen ▶ 50.2. Dieses Phänomen ist besonders gut zu beobachten, wenn man im Sommer aus dem Wasser steigt und sich nicht abtrocknet. Bei Wind wird die Erzeugung von Verdunstungskälte durch Konvektion noch verstärkt und eventuell als sehr unangenehm empfunden.

Positive Wärmebilanz

Es gibt jedoch auch Bedingungen, bei denen die Wärmebilanz positiv wird, d. h. mehr Wärme dem Körper zugeführt als abgegeben wird. Das kann der Fall sein, wenn wir uns auf eine warme Unterlage setzen oder uns in die Sonne legen und Strahlungsenergie aufnehmen. In der Sauna setzt man sich bewusst diesen Bedingungen aus und aktiviert dabei die Kühlungsmechanismen durch Schweißabgabe. Hierdurch geht Energie verloren.

Unter natürlichen Bedingungen kann in extrem heißen Lebensräumen der Wärmestrom zum Körper die Wärmeabgabe überwiegen. Es besteht

Exkurs

Das Prinzip der Regelung

Regelung ist ein häufig angewandter Vorgang, z. B. bei Heizungsanlagen. Soll im Winter in einem Zimmer die Temperatur konstant 20 °C betragen, stellen wir diesen Wert am Regler ein. Dieser **Sollwert** wird von einem **Führungsglied** an den **Regelkreis** übermittelt. Hier ist es eine Person, die eine Temperaturwahl vornimmt. Die Zimmertemperatur ist die zu regelnde Größe (**Regelgröße**).

Bei dauerndem Betrieb der Heizung wäre der Sollwert bald überschritten. Die Heizleistung muss den Gegebenheiten angepasst werden. Dazu wird die tatsächliche Raumtemperaur, der **Istwert**, mit einem Thermometer, dem **Messfühler**, gemessen und dem **Regler** übermittelt. Dieser vergleicht Ist- und Sollwert. Ist die Temperatur geringer als der Sollwert, schickt der Regler an die Heizung ein Signal. Dieser **Stellwert** erhöht die Heizleistung. Der Heizkörper, das **Stellglied**, passt durch vermehrte Wärmeabgabe (**Stellgröße**) die Regelgröße an den Sollwert an. Steigt die Raumtemperatur über den Sollwert, wird durch die Reglung die Heizleistung vermindert. Diese gegenseitige Beeinflussung heißt **negative Rückkopplung**. Durch sie entsteht ein geschlossener Informationskreislauf, der Regelkreis. Der Wärmeverlust durch Fenster und Wände

sowie die Abgabe von Körperwärme durch Personen sind **Störgrößen**, die im Regelkreis kompensiert werden.

Auch der Wärmehaushalt des Körpers wird über einen Regelkreislauf gesteuert. Messfühler sind in dem Fall die **Temperaturrezeptoren** im **Hypothalamus** und **Rückenmark**. Die Regelgröße ist die Körpertemperatur und als Regler dient das Kälte- und Wärmezentrum im Hypothalamus. Zu den Stellgliedern zählen z. B. **Blutgefäße** und **Schweißdrüsen**. Als Störgrößen werden Abkühlung oder Überwärmung des Körpers bezeichnet.

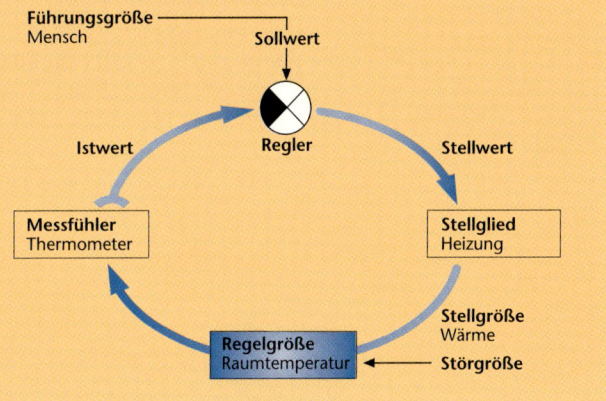

dann die Gefahr eines Wärmestaus und eines Wärmekollaps. Bis etwa 40,5 °C Körpertemperatur funktioniert die Thermoregulation, dann bricht sie zusammen, und es kommt zu Symptomen wie Muskelkrämpfen und Desorientiertheit und schließlich zur Bewusstlosigkeit. Bei etwa 42–43 °C tritt der Hitzetod ein.

Thermoregulation

Die Körperkerntemperatur ist die wesentliche Eingangsgröße für die autonome Temperaturregelung, die unwillkürlich, d. h. ohne bewusstes Verhalten, abläuft. Die *Temperaturrezeptoren* für die Kerntemperatur – auch Messfühler genannt – liegen im unteren Abschnitt des Zwischenhirns, dem *Hypothalamus*, und im *Rückenmark* ▶ 50.1.

Im Hypothalamus befinden sich auch die nervösen Zentren für die Temperaturregulation, das *Kälte-* und das *Wärmezentrum*. Diese Zentren verarbeiten die Informationen, die aus dem Körperkern und der Körperschale kommen. Die Haut hat normalerweise weder die Temperatur des Körperkerns

noch die des umgebenden Mediums, sondern es ist zumeist ein mehr oder weniger ausgeprägtes Temperaturgefälle vorhanden. Vom Körperkern bezieht sie Wärme über den Blutstrom und tauscht gleichzeitig mit dem umgebenden Milieu Wärme aus.

In der Haut (▶ Kap. Haut) liegen in großer Zahl *Kälte-* und *Wärmerezeptoren*. Für den bei jeder Regelung notwendigen Vergleich von Istwert und Sollwert sind nicht nur die Messdaten vom Körperkern, sondern auch die von der Haut erforderlich. Treten Störgrößen auf, z. B. eine Abkühlung oder eine Überwärmung des Körpers, so werden über die Zentren im Hypothalamus Korrekturen in Gang gesetzt. Auf nervösem und hormonellem Wege werden die Organe und Prozesse aktiviert, durch die der verstellte Sollwert wieder eingeregelt wird.

Diese Stellglieder sind:
- die *Blutgefäße* der Haut, die geweitet oder verengt werden können
- die *Schweißdrüsen* der Haut
- die *Organe der Wärmeproduktion*, vor allem die Leber, bei Säuglingen wie bei

Fieber

Bakterien-Gifte (Toxine) und andere körperfremde Substanzen können als Fieber auslösende Stoffe, so genannte Pyrogene, wirken. Fieber kann auch bei nicht infektiösen Krankheiten, z. B. Schilddrüsenüberfunktion oder Herzinfarkt auftreten. Es ist nicht bekannt, welche Funktion das Fieber in diesen Fällen hat.

Schwüle

Eine klimatische Situation, die durch ein besonderes Luftfeuchtigkeits-Temperatur-Verhältnis geprägt ist, z. B. >80 % Luftfeuchtigkeit bei 20 °C.

Winterschläfern und anderen Kleinsäugern auch das *braune Fettgewebe*
■ die *Skelettmuskulatur*, die Wärme durch Veränderung des Muskeltonus bildet
Diese Reaktionen laufen stufenweise ab.

Bei hohen Milieutemperaturen und starker Muskelarbeit, z. B. beim Sport, steigt die Körperkerntemperatur durch die Stoffwechselwärme so stark an, dass es zu einem Wärmestau im Körper kommen kann. Die Überschusswärme wird unter diesen Bedingungen zu einer Störgröße. Zum Abführen der Abwärme reicht die Weitung der Blutgefäße in der Haut allein nicht mehr aus. Es wird nun der wirksamere Weg der Kühlung durch Abgabe von Schweiß aktiviert.

Die Haut fungiert also als Wärmetauscher. Durch intensive Atmung bei der Muskelarbeit findet zusätzlich eine Kühlung des Blutes statt. Der Beitrag der Atmung zur Kühlung beträgt beim Menschen allerdings nur maximal 10 %.

Anders ist das bei den meisten Säugetieren und bei allen Vögeln, die keine Schweißdrüsen oder andere Hautdrüsen mit ähnlicher Funktion besitzen. Besteht die Gefahr der Überwärmung kühlen sie die Körperkerntemperatur weitgehend über die Atmung ab: sie hecheln, wie z. B. Hunde oder sperren den Schnabel. Der Entzug von Wärmeenergie durch Hecheln ist günstiger als durch Schwitzen, da bei Letzterem nicht nur Körperwasser durch Verdunstung verloren geht, sondern auch lebenswichtige Mineralsalze wie z. B. das Kochsalz.

Fieber

Rein regeltechnisch betrachtet ist Fieber eine Sollwertverstellung. Es soll dazu dienen, den Stoffwechsel anzuregen und dadurch Störungen im Gesamtsystem zu beseitigen. Fieber ist daher immer ein Symptom bei Infektionskrankheiten. Ausgelöst wird es durch Stoffe, die in den Körper gelangen, z. B. durch Giftstoffe von Bakterien. Diese führen in den weißen Blutzellen zur Bildung von körpereigenen Substanzen, die wiederum im Hypothalamus, der Leitzentrale der Temperaturregulation, eine Sollwertverstellung zur Folge haben. In diesem Zustand wird die normale Körpertemperatur als zu niedrig empfunden.

Deshalb beginnen jetzt Prozesse abzulaufen, wie sie normalerweise bei der Abkühlung des Körpers zu beobachten sind. Die Gefäße der Haut verengen sich, Kältezittern (*Schüttelfrost*) setzt ein. Der Mensch friert. Fällt das Fieber wieder, wird die Sollwertverstellung rückgängig gemacht. Es kommt nun umgekehrt zu den geschilderten Abkühlungsreaktionen. Die Blutgefäße der Haut weiten sich, gefolgt von Schweißausbrüchen. In dieser Phase hat man zunächst ein starkes Wärmeempfinden, das erst nachlässt, wenn die Normaltemperatur wieder erreicht ist.

Durch Fieber senkende Mittel kann man diese Reaktion blockieren. Dies sollte jedoch nur in Ausnahmefällen geschehen, wenn die Körpertemperatur in den kritischen Bereich über 42 °C ansteigt, da Fieber als Resultat der Stoffwechselerhöhung ja eine natürliche Abwehrreaktion des Körpers ist.

Raumklima und Körpertemperatur

Das Raumklima beeinflusst entscheidend den Wärmehaushalt und damit die Körpertemperatur. Das merken wir, wenn im Winter die Heizung einmal ausfällt oder zu hoch eingestellt ist. Neben der *Lufttemperatur* ist auch die Temperatur der Wände und anderer strahlender Körper, wie Heizkörper, von Bedeutung, ferner die *Luftfeuchtigkeit* und die *Windgeschwindigkeit*. Die Gesamtheit dieser Faktoren bestimmt die Wärmebelastung des Körpers – in Räumen wie auch im Freien.

Trocken-heiße Luft wird als nicht so unangenehm empfunden wie feucht-heiße Luft. In diesem Fall unterliegt der Körper einer starken thermischen Belastung, denn die Erzeugung von Verdunstungskälte – dem wichtigsten Kühlmechanismus überhaupt – fällt weitgehend aus. Deshalb beeinträchtigt der „Schwülefaktor" in tropischen Gebieten das Wohlbefinden der Menschen.

Besondere Formen des Wärmehaushalts bei Säugetieren und Vögeln

Tagesschlaf und Winterschlaf

Energie einzusparen ist vor allem für kleine Lebewesen wichtig, die aufgrund ihrer überproportional großen Oberfläche, relativ betrachtet, viel mehr Energie als großmassige Individuen verlieren. Ihr Energiebedarf pro Gramm Körpermasse übersteigt den der großen Arten um ein Mehrfaches ▶ 53.5. Da sie klein sind, haben sie auch keine Möglichkeit, in nennenswertem Umfang körpereigene Energiedepots in Form von Fett anzulegen. Auch die Ausbildung dicker isolierender Fettschichten oder Luftschichten im Haar- bzw. Federkleid ist nicht möglich.

Hier stößt die Fähigkeit, die Körpertemperatur ständig auf hohem Niveau zu halten, an ihre natürlichen Grenzen. Die kleinsten Vögel und Säuger sind nicht mehr in der Lage, ständig gleichwarm zu sein. Ihre Körpertemperatur kann – wie bei den wechselwarmen Tieren – bis auf das Niveau der Umgebungstemperatur absinken. Man bezeichnet dieses Phänomen als *Tagesschlaf* oder *Torpor*.

In einen Tagesschlaf verfallen die kleinsten Vögel der Neuen Welt, die nur 2–5 g schweren Kolibris ▶ 53.1, das mit nur 2,5 g kleinste Säugetier, die Etruskerspitzmaus,

sowie die Fledermäuse der Nordhalbkugel. Auch einige kleine Nagetiere, kleine Halbaffen und der Igel, ferner einheimische Insekten fressende Vögel wie der Mauersegler, zeigen in unterschiedlicher Intensität dieses Phänomen. Es handelt sich beim Tagesschlaf also um eine Angepasstheit des Wärmehaushalts an akuten Energiemangel. In den Zeiten, in denen diese Lebewesen nicht fressen können, besteht die Gefahr, dass sie verhungern. Bekannter als das Tagesphänomen des Torpors ist das Jahreszeitenphänomen des Winterschlafs ▶ Kap. Säugetiere – besondere Wirbeltiere.

1 Kolibri

2 Esel-Hase

3 Feld-Hase

4 Schnee-Hase

Ökologische Regeln

Die Beziehung zwischen Körperoberfläche, Wärmeabgabe und Grundumsatz ist für die gleichwarmen Tiere so charakteristisch, dass hieraus ökologische Regeln abgeleitet wurden.

Die *Allen'sche Regel* besagt, dass Rassen einer Art und nahe verwandte Arten in den kalten Zonen kürzere Körperanhänge wie Beine oder Ohren als in warmen bis heißen Regionen vorkommende Vertreter haben. Auch das kann man sich nach dem bisher Gesagten leicht klarmachen: Kurze Ohren und Extremitäten haben eine kleinere Oberfläche und kühlen nicht so schnell aus wie lange. In heißen Gebieten sind dagegen lange Körperanhänge vorteilhaft, weil hierdurch die Wärmeabgabe begünstigt wird. Gute Beispiele hierfür sind die nahe

Art	Körper-masse (in kg)	Energie-verbrauch (KJ/kg in 24 h)
Etrusker-Spitzmaus	0,002	3500
Kolibri	0,005	1500
Weiße Maus	0,02	660
Laborratte	0,4	343
Kaninchen	2,6	186
Hund	14	145
Mensch	65	105
Stier	600	84
Elefant	3700	56

5 Grundumsatz verschiedener Tierarten in Abhängigkeit vom Körpergewicht und von der Körperoberfläche

6 Angepasstheit der Längen der Extremitäten an die Klimazonen

1 Dompfaff

2 Schneeeule

verwandten Arten Feld-Hase, Schnee-Hase und Allens Esel-Hase. Letzterer hat die längsten und am wenigsten behaarten Ohren sowie die längsten Beine. Die stark durchbluteten Ohren sind in der trocken-heißen Wüste Nevada für die Wärmeabgabe sehr wichtig, um eine Überhitzung des Körperkerns zu vermeiden. Ist es nachts in der Wüste kühl, so legt der Esel-Hase die langen Ohren eng am Körper an, die Blutgefäße verengen sich. Hierdurch vermeidet er Energieverluste. Der Schnee-Hase hat hingegen kurze, stark behaarte Ohren, der Europäische Feld-Hase nimmt eine Mittelstellung zwischen beiden Arten ein ▶ 53.2–6.

Die *Bergmann'sche Regel* besagt, dass Rassen einer Art in den kalten Zonen größer sind als in warmen bis heißen Regionen. Man hat dies z. B. an Feld-Hasen und Feld-Mäusen nachweisen können, ferner bei Dompfaffen ▶ 54.1 und bei Haussperlingen. Das hängt damit zusammen, dass großmassigere Tiere eine relativ kleinere Oberfläche und damit einen relativ geringeren Energiebedarf für ihre körpereigene Heizung haben. Mit zunehmender Körpermasse kann mehr Wärmeenergie gespeichert werden.

Auf den Menschen kann man – wenn auch nicht so eindeutig – die Bergmann'sche Regel ebenfalls anwenden. „Südländer", z. B. Süditaliener, Spanier und Portugiesen, sind im statistischen Mittel deutlich kleiner als „Nordländer", z. B. Schweden, Finnen oder Isländer. Allerdings gibt es charakteristische Ausnahmen, z. B. die Eskimos, nördlich des Polarkreises, und die Massai in Afrika.

Eine weitere Klimaregel ist die *Gloger'sche Regel* oder *Färbungsregel*. Sie bezieht sich auf die Bildung der schwarzen bis rötlichbraunen Farbpigmente der Haut, der Melanine. In nördlichen Gebieten werden vor allem schwarze Melanine gebildet, in trockenheißen Wüstengebieten vor allem rötlichbraune Melanine. So sind z. B. die nördlichen Rassen von Wühlmäusen dunkler als die südlichen. Weiße, pigmentfreie Federkleider, z. B. von Schneeeule ▶ 54.2 und Gerfalk, oder Haarkleider, z. B. von Eisbär, Eisfuchs und Schnee-Hase, sind als Angepasstheit an den Untergrund zu verstehen. Eisbären haben nicht nur eine schwarze Nase und eine schwarzbraune Iris, sondern unter dem dichten weißen Fell auch eine schwärzliche Haut, die die Wärmeaufnahme von außen fördert.

Didaktische und methodische Hinweise

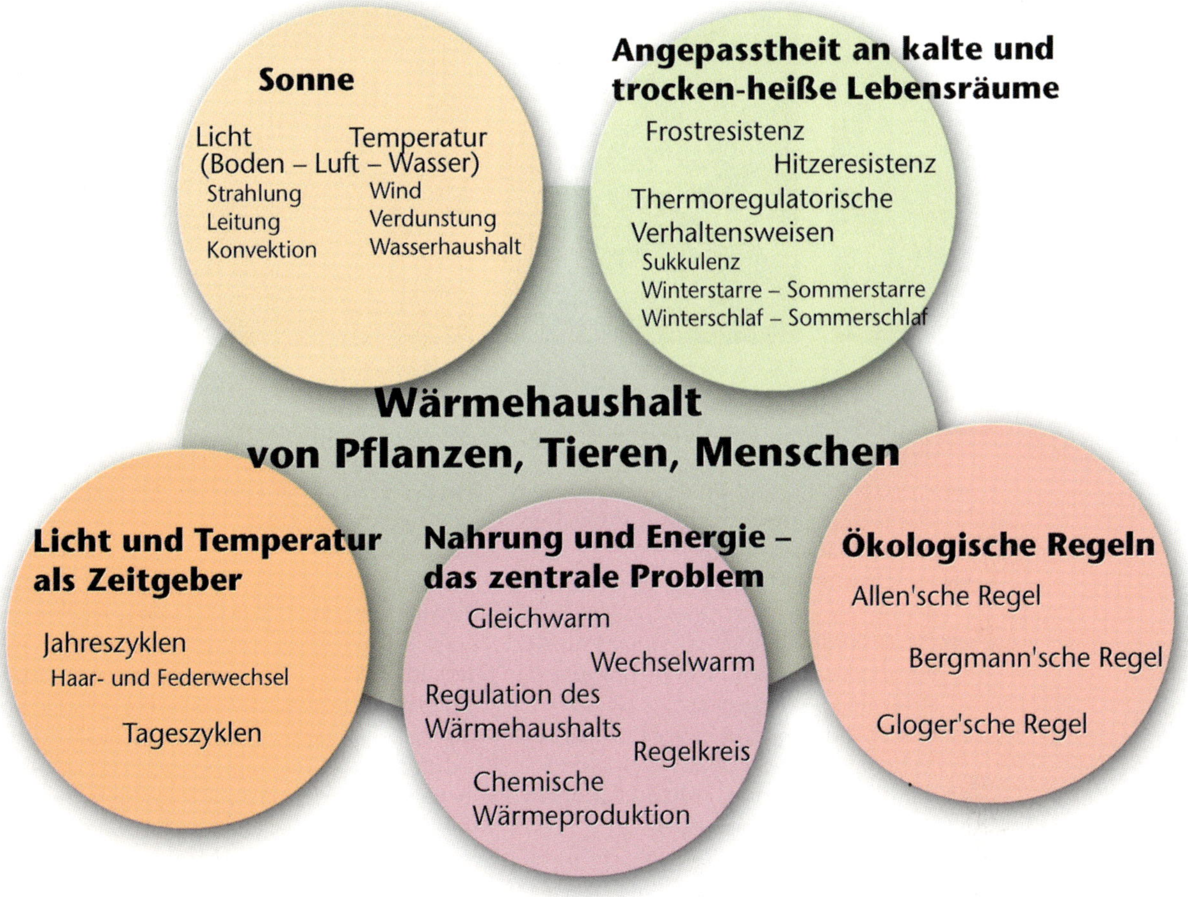

Sonne

Licht   Temperatur
(Boden – Luft – Wasser)
Strahlung   Wind
Leitung   Verdunstung
Konvektion   Wasserhaushalt

Angepasstheit an kalte und trocken-heiße Lebensräume

Frostresistenz
Hitzeresistenz
Thermoregulatorische
Verhaltensweisen
Sukkulenz
Winterstarre – Sommerstarre
Winterschlaf – Sommerschlaf

**Wärmehaushalt
von Pflanzen, Tieren, Menschen**

**Licht und Temperatur
als Zeitgeber**

Jahreszyklen
Haar- und Federwechsel

Tageszyklen

**Nahrung und Energie –
das zentrale Problem**

Gleichwarm
Wechselwarm
Regulation des
Wärmehaushalts
Regelkreis
Chemische
Wärmeproduktion

Ökologische Regeln

Allen'sche Regel

Bergmann'sche Regel

Gloger'sche Regel

Universalthema Wärmehaushalt

Der Wärmehaushalt von Pflanzen, Tieren und Menschen ist ein Themenkreis, der in verschiedenen Sachzusammenhängen thematisiert wird. In den Jahrgangsstufen 5/6 sind es im Wesentlichen die Überwinterungsstrategien wie Winterschlaf, Winterruhe und Winterstarre, die zur Behandlung anstehen, ferner der Bauplanvergleich bei Wirbeltieren. In höheren Jahrgangsstufen wird vor allem der Wärmehaushalt des Menschen behandelt. Bei Themen, die sich mit Ökologie befassen, sollte auch auf die Nutzung von Licht und Wärme in Ökosystemen eingegangen werden.

Im Rahmen des fächerübergreifenden Unterrichts ist es wichtig, biologische Themen zum Wärmehaushalt in das Thema „Energie" einzubeziehen.

Im Zusammenhang mit der Behandlung des Winterschlafs sollte auch der Artenschutz angesprochen werden. Das gilt in besonderem Maße, wenn es um die Überwinterung der Jung-Igel in menschlicher Obhut geht. Es ist sinnvoll, den Schülern konkrete Hilfen und Anleitungen zu geben.

Mit der Natur lernen

Zum Wärmehaushalt von Pflanzen, Tieren und Menschen kann man eine Reihe von Beobachtungen und Experimenten machen.

Angestrebte Lernziele
Die Schüler und Schülerinnen sollen
- zwischen wechsel- und gleichwarmen Organismen unterscheiden können
- die wichtigsten Faktoren der Wärmeregulation kennen

Wärmehaushalt von Pflanzen, Tieren, Menschen

1 Mosaikjungfer (Großlibelle)

2 Schwalbenschwanz

3 Ackerhummel

■ sie auf Wechsel- und Gleichwarme anwenden können
■ zwischen dem Wärmehaushalt von Pflanzen und dem wechselwarmer Tiere unterscheiden können
■ verschiedene Überwinterungsstrategien kennen
■ die Zusammenhänge zwischen Wärmehaushalt und diesen Überwinterungsstrategien benennen
■ den Wärmehaushalt des Menschen verstehen
■ den Wärmehaushalt anhand des Regelkreises erklären können

■ den Zusammenhang zwischen Wärmehaushalt und Energie erkennen
■ das Temperaturverhalten einzelner Lebewesen verstehen

Libellen

Ist auf dem Schulgelände ein Kleinweiher vorhanden, so bietet es sich an, mit den Schülern das Temperaturverhalten der Großlibellen zu beobachten, auch wenn man die Körpertemperaturen der Libellen aus Artenschutzgründen nicht messen darf. Großlibellen sieht man häufig auf dunklen Flächen (Boden, Holzlattung von Zäunen) mit abgespreizten Flügeln sitzen ▶ 56.1. Der Körper ist im typischen Fall zur Sonne als Strahlungsquelle hin gerichtet. In dieser Haltung nehmen die Libellen von ihrer Unterlage Infrarotstrahlen auf und über ihre Rückenfläche nutzen sie die Wärme der Gesamtstrahlung. Sie erreichen dabei Körpertemperaturen von 30–40 °C. Mit einem einfachen elektronischen Thermometer kann man die Temperatur der Bodenoberfläche, die Lufttemperatur in Bodennähe, sowie die Temperatur 1–2 m über dem Boden bestimmen. Die Schüler lernen, dass der Boden einen Teil der eingestrahlten Sonnenenergie in Form von Wärmeenergie abstrahlt und hierdurch die bodennahe Luftschicht erwärmt. Klar wird auch, dass im Grenzbereich zwischen Bodenoberfläche und bodennaher Luftschicht ein Kleinklima (Mikroklima) entsteht, das für Tiere und Pflanzen wichtig ist, und das sich von den Temperaturen, die in 1–2 m Höhe herrschen, deutlich unterscheidet.

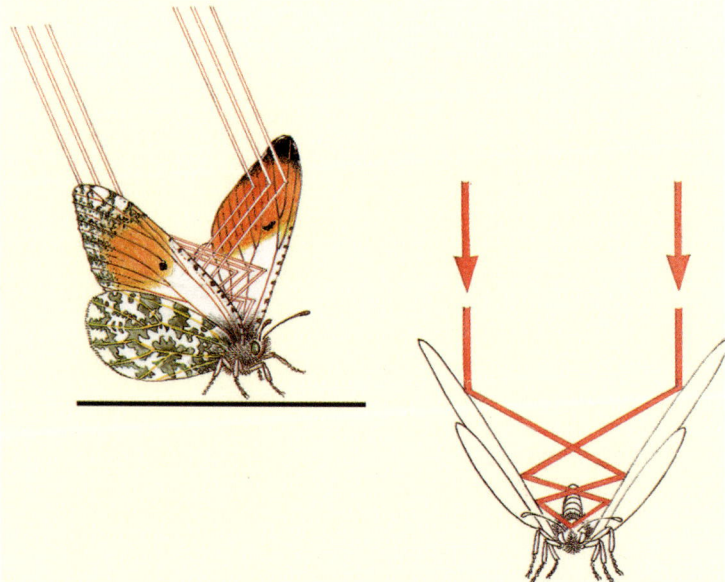

4 Die halbgeöffneten Schmetterlingsflügel fokussieren die Wärme auf den Körper

Schmetterlinge

Auch bei Tagschmetterlingen ▶ 56.2 können die Schüler gut beobachten, wie diese die großflächigen Flügel zur Wärmeaufnahme auf- und anschließend wieder zusammenklappen ▶ 56.4. Indem sie nach der Aufwärmphase ihre Flügel zusammenklappen, werden sie auch nicht so leicht Opfer von Beutegreifern, denn ihre Unterseite ist weniger auffällig gefärbt als ihre Oberseite.

Hummeln

Berichten Schüler von Hummelflügen im Winter oder im Vorfrühling, so kann man dies zum Anlass nehmen, den Wärmehaushalt der Tiere und ihre Anpassungsfähigkeit an die Umgebungstemperatur zu besprechen. Dabei muss der dichte, Wärme isolierende „Pelz" aus Chitinhaaren ▶ 56.3 berücksichtigt werden und die Wärmeproduktion durch die Arbeit der Flugmuskulatur.

Die Körperbehaarung hat eine ähnlich isolierende Funktion wie das Federkleid der Vögel und das Fell der Säugetiere. Bei Hummeln ist vor allem der Brustabschnitt nahezu „gleichwarm". Die Temperatur des Hinterleibs liegt dagegen meist nur wenig über der Umgebungstemperatur. Dieser Temperaturunterschied zwischen den Körperteilen wird bei Hummeln durch einen Wärmeaustausch zwischen Brust und Hinterleib verringert. Das kalte Blut des Hinterleibs fließt durch die enge Taille am warmen Blut des Brustabschnitts in Gegenrichtung vorbei und wärmt sich dadurch auf, während sich das in den Hinterleib strömende Blut abkühlt.

Pflanzen

Auf dem Schulgelände lassen sich mit Oberflächenthermometern auf einfache Weise auch die Blatttemperaturen von Pflanzen messen. Man misst und vergleicht dabei die Oberflächentemperaturen von Blättern, die der direkten Sonneneinstrahlung ausgesetzt sind, mit denen von Blättern im Schatten. Ferner unterscheidet man zwischen stark behaarten Blättern oder stark glänzenden Blättern.

Doch auch ohne Messungen vorzunehmen, können die Schüler interessante Beobachtungen machen. Viele Pflanzen schützen sich vor übermäßiger Sonneneinstrahlung genau wie Tiere, indem sie sich entsprechend ausrichten. Sehr gut ist das bei den so genannten Kompasspflanzen zu sehen. Dazu gehört der Kompass-Lattich ▶ 57.1. Er stellt bei starker Sonneneinstrahlung seine Blätter senkrecht und außerdem vorwiegend in Nord-Süd-Richtung, so dass er bei hohem Sonnenstand vergleichsweise wenige Sonnenstrahlen auffängt.

Mensch

Gut lässt sich auch der Wärmehaushalt des Menschen durch einfache Beobachtungen und Versuche veranschaulichen.

Die Wärmeabstrahlung über die Haut ist nachzuweisen, wenn man die Handflächen bis auf wenige Millimeter einander nähert.

Die Wärmeabgabe durch Leitung kann man veranschaulichen, indem Schüler z. B. einen Eiswürfel in die Hand nehmen, der schnell zu schmelzen beginnt. Alternativ können sie auch einen Gegenstand mit Raumtemperatur nehmen. Vor Versuchsbeginn wird dessen Temperatur mit einem Oberflächenthermometer gemessen. Nachdem der Schüler den Gegenstand einige Minuten in der geschlossenen Hand gehalten hat, wird die Oberflächentemperaturen erneut gemessen. Auf diese Weise lässt sich der Wärmeübergang durch Leitung von der Hand auf den Gegenstand verdeutlichen.

Mit einem Oberflächenthermometer oder dem Fieberthermometer kann man auch auf einfache Weise den Unterschied zwischen Körperkerntemperatur und der Temperatur der Körperschale bestimmen.

Punktuell lassen sich somit Beobachtungen und einfache Experimente zu diesem Themenkreis durchführen. Mit Hilfe ergänzender Grafiken können die beobachteten Phänomene mit den Schülern erarbeitet werden.

1 Kompass-Lattich

Hummeln
Sie werden zwar oft als „pelzig" oder stark „behaart" bezeichnet. Diese Begriffe sind jedoch nicht ganz korrekt, da es Haare nur bei Säugetieren gibt. Insekten hingegen haben Chitinborsten, die allerdings haarfein sein können.

AV-Medien

Für viele Aspekte dieses wichtigen Themenkreises existieren Medien, auf die im Folgenden hingewiesen wird.

Jahresperiodische Phänomene des Wärmehaushalts wie z. B. Winterschlaf (Igel, Fledermäuse), Winterruhe (Eichhörnchen) und Winterstarre (Amphibien und Reptilien) werden am besten mit Hilfe von Filmen erarbeitet. Diese Phänomene sind z. T. in Filmen zur Biologie einheimischer Tiere integriert, z. B. im Film über den Igel.

Über die vorgestellten Tierarten gibt es auch viele Diareihen und Video-Bänder. Eine kleine Auswahl sei hier genannt:

Video
- 42 01745 Das Eichhörnchen
- 42 01538 Die Fledermaus
- 42 00241 Der Igel
- 42 10414 Wie Tiere im Winter leben
- 42 10357 Vögel am Futterhaus
- Klett 75052 Energieumsatz bei Mensch und Tiere/VHS/20 min, Begleitheft und Arbeitsblätter
- Klett 75053 Energieumsatz – ökologische Aspekte (VHS/14 min)

Folien
- Klett 02762: Folienbuch Säugetiere hierin: Folien 19 (Igel) und 20
- Klett 02765: Folienbuch Verhalten: Folie 9 (Eichhörnchen), Folie 14 (Fledermäuse) und Folie 16 (Dachs)

Literatur zur Unterrichtsvorbereitung – begrenzte Auswahl

- HARWARDT, M.: „Low Tech" kontra „Upper Class"? UB 20/Heft 218: 22–26, 31 (1996)
- HOFER, K.: Der Winter – die lebensfeindliche Jahreszeit. NiU-Biol. 29: Jg. 289–297 (1981)
- KÄCKENMEISTER, W. und SCHOLZ, N.: Wärmeschutz bei Tieren. UB 10/Heft 120: 16–19 (1986)
- KNOLL, J.: Winter – Überwinterung – tiefe Temperaturen. UB 40: 2–11 (1979)
- MÜLLER, H.: Thermoregulation und Wärmehaushalt bei Vögeln. UB 5/Heft 56: 37–43 (1981)
- MÜLLER, H.: Jahresperiodische Erscheinungen bei Winterschläfern, Winterruhern und Wechselwarmen. UB 8/Heft 91: 45–54 (1984)
- NICHELMANN, M.: Temperatur und Leben. Aulis, Köln 1986
- PODUSCHKA, W.: Zur Biologie des Igels – Bedrohungen, Schutzmaßnahmen und Überlebenschancen. PdN-B 8/31: 247–252 (1982)
- SCHLICHTING, H. J. und RODEWALD, B.: Energiehaushalt und Körperbau. UB 10/Heft 120: 20–24 (1986)
- TENDEL, J.: Überwintern von Pflanze, Tier und Mensch. NiU-B 29: 285–289 (1981)
- ULRICH, H.: Modellversuch: Schutz vor Wärmeverlust (Vögel, Säugetiere) … Biologie in der Schule, 41: 149–145 (1992)

In folgenden Heften von „Unterricht Biologie" wird die Thematik im Zusammenhang behandelt:
- UB 5. Jg./Heft 56 (1981): Vögel
- UB 8. Jg./Heft 91 (1984): Jahreszeiten
- UB 10. Jg./Heft 120 (1986): Energie
- UB 15. Jg./Heft 168 (1991): Stoffwechsel
- UB 19. Jg./Heft 202 (1995): Frühling
- UB 20. Jg./Heft 218 (1996): Wirbeltiere
- UB 20. Jg./Heft 220 (1996): Winter

Haut

von Horst Müller

Schlüsselkonzepte

■ Die Haut ist das Mittlerorgan zwischen Organismus und Umwelt.

■ Die Haut als Grenzflächen- oder Abschluss-Gewebe ist prinzipiell bei allen Vielzellern ähnlich aufgebaut. Sie besteht in der Regel aus einer ein- bis mehrschichtigen Epidermis aus dichten Zellverbänden.

■ Aufgrund ihrer Lage schließt die Haut nicht nur den Organismus als Schutzhülle nach außen hin ab, sondern ist bei Tieren auch ein wichtiges Sinnesorgan.

■ Bei vielen Tieren ist die Haut zudem ein wichtiges Kommunikationsorgan. So dienen z. B. Färbung und Hautdrüsen vielfach der innerartlichen und zwischenartlichen Kommunikation.

■ Bei den gleichwarmen Vögeln und Säugern haben sich mit den Federn bzw. Haaren Hautanhanggebilde entwickelt, die vor allem der Regulation des Wärmehaushalts dienen.

■ Die Haut ist ständig Umwelteinflüssen ausgesetzt. Sie wird auch mechanisch belastet und muss daher in regelmäßigen Abständen erneuert werden.

■ Es gibt zahlreiche Hauterkrankungen, die sehr unterschiedliche Ursachen haben.

■ Die unbehaarte Haut des Menschen ist besonders gefährdet. Sie bedarf einer regelmäßigen Pflege.

„Haut" ist dehnbar – sowohl als Begriff als auch als Organ. Haut in ihrer unterschied-
lichen Ausprägung umschließt Lebewesen. Über die Haut erfolgt einerseits der Kontakt
zur Umwelt, andererseits wird die Umwelt vom Organismus ausgeschlossen.

Epidermis – das Abschlussgewebe

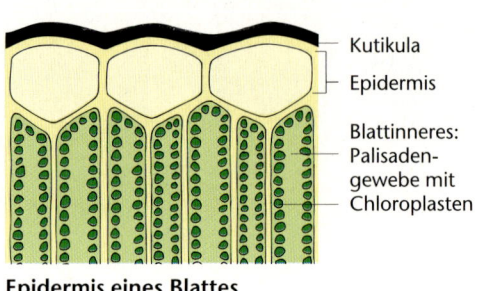

Kutikula

Epidermis

Blattinneres:
Palisaden-
gewebe mit
Chloroplasten

Epidermis eines Blattes

Epikutikula mit Zement-, Wachs- und Kutikularschicht

feste Exokutikula
aus Chitin

elastische
Endokutikula
Eiweiß + Chitin

Epidermis

Grundmembran

Leibeshöhle

Epidermis von Insekten

Kutikula
Epidermis

Rindengewebe

Sprossinneres

1 Aufbau der Epidermis **Epidermis eines Sprosses**

Kutikula (aus Eiweiß und Kohlenhydraten)

Epidermis

Ringmuskel-
schicht
Längsmuskel-
schicht

Leibeshöhle

Hautmuskelschlauch des Regenwurms

Lexikon

Die Haut im Detail
Die **Haut** der Wirbeltiere ist ein mehrschichtiges Grenzflächengewe-
be. Die Oberhaut, die der Epidermis entspricht, besteht aus 5 Zellschichten und auch in der Lederhaut (**Corium** oder **Dermis** genannt) kann man verschiedene Lagen unterscheiden. Epidermis und
Lederhaut fasst man mit dem Begriff Haut (**Cutis**) zusammen.

Als **Epidermis** bezeichnet man bei den meisten Pflanzen und Tieren
die oberste, mit der Umwelt in unmittelbarem Kontakt stehende
Hautschicht. Epidermis bedeutet wörtlich übersetzt nichts anderes
als „Außenhaut".

Die **Kutikula** ist ein Überzug über die **Epidermis**, also über die
äußerste Hautschicht, bei Pflanzen und vielen Wirbellosen. Die Kutikula ist oft wachsartig und verhindert eine übermäßige Wasserabgabe
(**Transpiration**).

Der Körper von Pflanzen, Tieren und Menschen wird durch ein Abschlussgewebe begrenzt, das als Haut oder Epidermis bezeichnet wird. Obwohl die Haut der Tiere im
Vergleich zur Epidermis der Pflanzen unterschiedlich gestaltet ist, gibt es im Detail
prinzipielle Gemeinsamkeiten, die nicht
nur ihre Funktion, sondern auch ihren Aufbau betreffen ▶ 60.1.

Die äußerste Hautschicht, die Epidermis,
besteht bei Pflanzen und Tieren normalerweise aus Zellen, die ohne Lücken fest miteinander verbunden sind. Der Organismus
wird hierdurch geschützt, so dass selbst
Krankheitserreger, wie Bakterien und Viren,
nicht über die Haut in den Körper gelangen
können. Das gilt auch für schädigende chemische und physikalische Einflüsse.

Im einfachsten Fall ist die Haut eine *einschichtige Epidermis*, wie sie bei den Blättern und dem unverholzten Spross von Pflanzen zu finden ist. Aber auch alle wirbellosen Tiere haben eine solche einschichtige Epidermis. Die Epidermiszellen scheiden nach außen hin einen mehr oder weniger dicken Überzug ab, der als *Kutikula* bezeichnet wird. Damit enden aber auch schon die Gemeinsamkeiten zwischen Pflanzen und Tieren, einschließlich Menschen.

Die Haut der Tiere

Wirbellose Tiere

Der *Regenwurm* wird in der Schule oft als Modellorganismus für einen Vertreter der wirbellosen Tiere herangezogen. Er scheidet über der einschichtigen Epidermis eine zarte Kutikula ab. Diese besteht allerdings nicht aus Wachs wie bei Pflanzen, sondern aus faserartigen, eiweißhaltigen Stoffen.

Die *Gliederfüßer* sind mit über 1 Million Arten der größte Tierstamm überhaupt. Zu ihnen zählen solche artenreichen Klassen wie die Insekten, Krebse und Spinnentiere einschließlich Milben.

Bei Gliederfüßern scheidet die einschichtige Epidermis nach außen mehrere Schichten von Gerüstmaterial ab. Es besteht aus Eiweiß, Chitin und Wachs und bildet eine außerordentlich dicke, mehrschichtige *Kutikula*. Diese bildet das feste, wasserdichte Außenskelett, das *Exoskelett*. Es ist so starr, dass die Tiere darin nicht beliebig wachsen können. Deshalb muss es während der Entwicklung mehrfach gewechselt werden. Bei dieser so genannten Häutung werden die inneren Schichten der Kutikula durch Sekrete von Drüsenzellen der Epidermis wieder verflüssigt, so dass das Außenskelett abgestreift werden kann. Das neue Außenskelett wurde darunter bereits wieder von den Epidermiszellen abgeschieden.

Schlüpfen Libellen, so platzt zunächst die Larvenhülle auf der Oberseite des Brustteils auf. Jetzt ist bereits die ausgewachsene Libelle zu erkennen. Es dauert aber noch einige Stunden, bis das Tier zunächst den Vorderleib und dann den langen Hinterleib aus der Larvenhaut gezogen hat. Eine weitere Stunde ist oft nötig, um die Flügel, die eng gefaltet sind, „aufzupumpen" ▶ 61.1.

1 Wenn ein Insekt wie die Libelle „aus der Haut fährt", hat sich darunter bereits eine neue Kutikula gebildet. Zurück bleibt die abgestreifte Larvenhaut, die Exuvie.

Wirbeltiere

Bei Wirbeltieren ist die Haut ▶ 64.1 immer mehrschichtig. Sie besteht aus zwei Hauptschichten, der *Oberhaut* und der darunter liegenden kompakten *Lederhaut*. Letztere wird bei vielen Tieren, vor allem bei Reptilien, Vögeln und Säugern, zu Leder verarbeitet.

Die Oberhaut bildet bei Wirbeltieren besondere Strukturen ▶ 61.2, die als Anpassung an den Lebensraum und an den Wärmehaushalt zu verstehen sind:

■ Reptilien bilden Hornschuppen und Hornschilder
■ bei Vögeln sind es die Federn
■ bei den Säugetieren die Haare

Die Zellen der Hornschicht sind bei Wirbeltieren abgestorben. Sie wachsen nicht mehr,

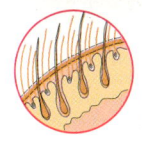 Haare: Säuger

 Federn: Vogel

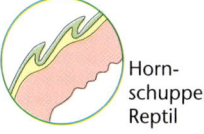 Hornschuppen: Reptil

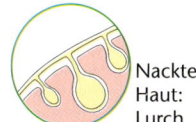 Nackte Haut: Lurch

2 Hautstrukturen von Wirbeltieren

1 Sich sonnender Laub-frosch

2 Schon bevor die Eidechse sich häutet, bilden sich die neuen Hornschuppen.

Sekret
Ein Stoff, der z. B. von Drüsenzellen abgesondert wird. Sekrete können u. a. Duft- oder Schleimstoffe sein.

Feuchtlufttiere
Sie bilden keine systematische Einheit. Gemeinsam ist ihnen, dass sie in Lebensräumen mit hoher Luftfeuchtigkeit vorkommen, wie z. B. Regenwürmer, Schnecken und Amphibien.

können sich aber auch nicht mehr erneuern. Deshalb müssen Reptilien ihre Hülle von Zeit zu Zeit abstreifen, d. h. sie häuten sich ▶ 62.2.

Die Fischschuppen sind keine Bildung der Epidermis, sondern dünne Knochenplättchen in der Lederhaut. Amphibien haben einen Schleimüberzug, der von Drüsen der Epidermis abgeschieden wird.

Spiegelbild der Lebensweise

Wie bei kaum einem anderen Organ spiegelt sich im Bau der Haut die Angepasstheit des Organismus an die Lebensweise wider. So haben im und am Wasser lebende Tiere und Feuchtlufttiere in der Regel eine unverhornte Haut bzw. eine dünne Kutikula. Diese ist für Gase, Wasser und andere niedermolekulare Stoffe weitgehend durchlässig. Die Hautoberfläche ist mit einer Schleimschicht überzogen, die für diese Tiere lebenswichtig ist. Für viele wirbellose Tiere, mit Ausnahme vor allem der Gliederfüßer, stellt die Haut das wichtigste Atmungsorgan dar. Ausschließlich Hautatmung betreibt der Regenwurm. Auch für Frösche und für andere Amphibien ist die Haut das wichtigste Atmungsorgan, die Lungenatmung ist von sekundärer Bedeutung.

Feuchte, unverhornte Haut bringt bei starker Sonneneinstrahlung einen Nachteil für den Wasserhaushalt mit sich, denn es besteht die Gefahr, dass die Tiere durch Transpiration zu hohe Wasserverluste erleiden. Gehäuseschnecken ziehen sich deshalb bei starker Sonneneinstrahlung in ihr Gehäuse zurück und verschließen es mit zähem

Schleim aus der Speicheldrüse. Nacktschnecken bleiben bei Sonne in ihren Verstecken und verlassen sie tagsüber nur bei Regen oder hoher Luftfeuchtigkeit.

Zu den Feuchtlufttieren gehören auch die Amphibien. Die meisten Amphibien leben dauernd im oder am Wasser oder sind nachtaktiv und vermeiden die direkte Sonneneinstrahlung. Einige, z. B. Laubfrösche und Wasserfrösche, sonnen sich jedoch sehr gern ▶ 62.1. Dabei verlieren sie durch Verdunstung bis zu 60 Prozent Wasser über die Haut. Sie können diese hohen Verluste jedoch ertragen. Um ihr Defizit auszugleichen, springen sie einfach ins Wasser und und nehmen die fehlende Feuchtigkeit wieder auf.

Die verhornte Haut der Reptilien ist als Angepasstheit an trocken-heiße Lebensräume zu verstehen. Sie verhindert – wie auch die Hornhaut beim Menschen – weitgehend Transpirationsverluste. Da sie zudem gut Wärme leitet, kommt ihr auch eine wichtige Funktion bei der Regulation des Wärmehaushalts zu.

Die Warmblütigkeit bei Vögeln und Säugern wurde nur möglich, weil sie Hautstrukturen entwickelten, die einen Abfluss der Körperwärme nach außen einschränken. Die Entwicklung von Federn und Haaren ist also primär unter dem Aspekt des Wärmehaushalts zu sehen. Vögel und Säuger sind die einzigen gleichwarmen oder *homöothermen* Organismen. Alle übrigen sind wechselwarm oder *poikilotherm* ▶ Kap. Wärmehaushalt.

Abwehr von Feinden

Bei vielen Pflanzen und Tieren enthält die Epidermis besondere Zellen, die der Abwehr von Feinden oder auch dem Anlocken von Artgenossen dienen. Die Stacheln der Rosen dienen als Fraßschutz. Drüsenzellen sondern oft Sekrete ab, die für Pflanzenfresser giftig sind oder zu Hautreizungen führen. Auch die Haut vieler Amphibien enthält Drüsenzellen, deren Sekrete für Fressfeinde zum Teil stark giftig sind. Aus der Haut von Baumsteigerfröschen, den sogenannten Pfeilgiftfröschen, gewinnen die Indianer ein tödliches Pfeilgift.

Viele Tiere besitzen Hautdrüsen, deren Sekrete zum Anlocken der Geschlechtspartner oder zum Markieren ihrer Reviere dienen.

Die Haut – das größte Sinnesorgan

Bei allen Tieren übernimmt die Haut zusätzlich Sinnesfunktionen. Als Mittler zwischen Umwelt und Organismus enthält sie zahlreiche „Messfühler", die Informationen über Umgebungsbedingungen liefern. Es handelt sich dabei um Sinneszellen oder Sinnesorgane, die auf Temperaturunterschiede und Druck reagieren.

Der Schutz vor zu tiefen und zu hohen Temperaturen ist sicherlich sehr wichtig. Bei Temperaturen unter 0 °C könnten Schädigungen durch Gefrieren des Zellplasmas auftreten. Bei Temperaturen über 40–50 °C verändern sich die Eiweißstrukturen durch Überhitzen, sie denaturieren. Druckrezeptoren schützen den Körper vor mechanischer Schädigung.

In der Lederhaut und z. T. auch in der Unterhaut des Menschen befinden sich Wärme-, Kälte-, Druck- und Schmerzrezeptoren.

Immer wieder neu

Da die Haut durch den Kontakt mit der Umwelt mechanisch stark beansprucht wird, muss sie ständig durch *Zellteilungen* erneuert werden. Das gilt auch für Hautgebilde wie Federn und Haare. Die Mauser bei Vögeln und der Haarwechsel bei Säugern finden bei uns mit dem Wechsel der Jahreszeiten zweimal, im Frühjahr und im Herbst, statt. Es entstehen auf diese Weise ein Sommerkleid bzw. Sommerfell und ein Winterkleid bzw. Winterfell. So haben die *Lachmöwen* im Sommer einen schwarzen, im Winter hingegen einen weißen Kopf mit schwarzem Ohrfleck ▶ 63.1. Das *Große Wiesel,* oft als Hermelin bezeichnet, hat im Sommer ein braunes Fell mit weißer Schwanzspitze, im Winter ein weißes Fell mit schwarzer Schwanzspitze.

Die Haut – Träger der Farbe

Die Haut ist bei den meisten frei lebenden Tieren mehr oder weniger pigmentiert. Die

1 Lachmöwe im Sommerkleid

2 Albino-Amseln fehlen Farbstoffe in Federn und der Iris der Augen.

braunen bis schwarzen Farbtöne werden durch Melanine hervorgerufen. Sie dienen vor allem als UV-Schutz.

Tiere und auch Menschen in Lebensräumen mit intensiver UV-Strahlung haben deshalb eine dunkler pigmentierte Haut als Individuen in Lebensräumen mit weniger UV-Licht.

Außer braunen Farbtönen findet man bei Tieren auch gelbe, grüne, rote und blaue Farben in der Haut. Neben dem UV-Schutz dient die Färbung in der Haut der inner- und zwischenartlichen Kommunikation ▶ 63.3/4. Viele Korallenfische, sind plakatartig gefärbt. Das gilt in ähnlicher Weise für die Vögel und Schmetterlinge.

4 Bei Gefahr wirft sich die Gelbbauchunke auf den Rücken und zeigt ihre Warntracht, den schwarz-gelb gefleckten Bauch.

3 Die Färbung des Feuersalamanders dient als Warnung für seine Feinde.

Lexikon

Die Haut – ein Alleskönner
Bei wirbellosen Tieren können Epidermiszellen z. T. **Lichtreize** aufnehmen (**Hautlichtsinn**) oder auch **chemische Substanzen** identifizieren (**chemischer Sinn**). Bei Wirbeltieren können über freie Nervenendigungen **Schmerz verursachende Reize** aufgenommen werden. Bei Fischen und Amphibien-Larven sind in der Haut Seitenlinienorgane entwickelt, die **feinste Wasserbewegungen** registrieren können (**Strömungssinnesorgan**).

Tiere, die im Hochgebirge leben, sind wegen der dort höheren UV-Strahlung häufig dunkel gefärbt z. B. Alpensalamander. Tiere, in deren Lebensräume kein Licht eindringt, bilden keine Pigmente aus. Dazu gehören typische Höhlentieren wie der Grottenolm.

Pigmentarmut, sogenannter **Albinismus** ▶ 63.2, kommt bei Tieren, die ständig dem Licht ausgesetzt sind, und auch beim Menschen nur ausnahmsweise vor. Er beruht auf einem genetischen Defekt, der dazu führt, dass die Bildung der Melanine gestört ist. Bei **Albinos**, den Trägern dieses genetischen Defekts, sieht die Iris daher rötlich aus, weil man unmittelbar auf die Blutgefäße der Iris sieht.

Bau und Funktion der Haut des Menschen

Oberhaut

• Sie besteht aus der Hornschicht, der darauf folgenden Keimschicht und der farbstoffbildenden Pigmentschicht.
• Sie bestimmt, ob wir helle oder dunkle Haut haben oder ob wir Sommersprossen im Gesicht tragen.
• Aus ihr wachsen blonde, braune oder schwarze Haare, die glatt oder gelockt sein können.
• Sie prägt unser Aussehen.
• Freie Nervenenden reagieren auf übermäßige Hitze, Kälte, starken Druck und Verletzungen; sie melden Schmerz.

Lederhaut

• Hier liegen Blutgefäße und Nervenbahnen dicht an dicht.
• Messfühler in der Haut nehmen Wärme, Kälte, Druck und Schmerz wahr.

Unterhaut

• Sie schützt mit ihrem Fettgewebe vor Wärmeverlust und dient als Stoßdämpfer.
• Das Bindegewebe in der Unterhaut verbindet die Haut locker mit den Muskeln, Knochen und Organen des Körpers.

a Hornschicht	e Schweiß-Pore	i Kältekörperchen	n Arterie und Vene
b Keimschicht	f Tastkörperchen	k freie Nervenendigungen	o Unterhautfettgewebe
c Pigmentschicht	g Wärmekörperchen	l Schweißdrüse	
d Haar	h Lamellenkörperchen	m Talgdrüse	

1 Aufbau der menschlichen Haut

Bindegewebe
Es verbindet mit Fasern, die von Bindegewebszellen ausgeschieden werden, verschiedene Organe und füllt Zwischenräume aus, in denen z. B. Blutgefäße verlaufen.

Die Haut ist das Organ, das den Menschen einerseits als schützende Hülle von der Umgebung abgrenzt, andererseits die Verbindung zur Umwelt bildet. Die Haut ▶ 64.1 ist ein mehrschichtiges Abschlussgewebe mit vielfältigen Funktionen:

▬ Sie schützt den Organismus vor *mechanischen, thermischen und chemischen Einflüssen* und verhindert das Eindringen von *Krankheitserregern.*
▬ Sie schützt den Körper weitgehend vor Austrocknung. Durch Verdunstung über die Haut verliert der Körper etwa 900 ml Wasser pro Tag. Das entspricht ca. 40 % des täglichen Wasserverlustes.
▬ Sie informiert den Organismus durch ihre zahlreichen Sinnesorgane über die *Qualität* und *Quantität von Druck-, Temperatur- und Schmerzreizen.*
▬ Sie ist wichtiges Organ für die *Temperaturregulation.*
▬ Sie unterstützt als *Exkretionsorgan* die Tätigkeit der Nieren und durch ihren, wenn auch geringen Gasaustausch, die Funktion der Lungen.
▬ Sie ist Bildungsort für Vitamin D, das zum Aufbau der *Knochensubstanz* benötigt wird.

■ Die Haut ist an *immunbiologischen Vorgängen* beteiligt (Reaktion der Haut bei Windpocken, Scharlach, Masern, Röteln und anderen Erkrankungen).

■ Sie ist zudem Bildungsort für einige mechanisch bedeutsame Strukturen wie die *Finger- und Zehennägel* sowie für die *Haare*.

■ Durch die Fähigkeit zum „Erblassen", „Erröten" und „Haarsträuben" ist sie schließlich ein *Kommunikationsorgan*, das über das *vegetative Nervensystem* innerviert wird.

Die Gesamtfläche der Haut beträgt beim Erwachsenen etwa 1,5–2 m², die Dicke schwankt zwischen 0,7 und 4,5 mm. An mechanisch stark beanspruchten Stellen, z. B. an Handteller und Fußsohle, ist die Haut aufgrund der Hornhaut dicker als an wenig mechanisch beanspruchten Stellen, z. B. am Augenlid. Ihr Wassergehalt beträgt etwa 70 Prozent.

Die Haut besitzt einen *elektrischen Widerstand*, der sich bei seelischer Belastung ändert. Dieses Phänomen nutzt man beim Lügendetektor ▶ S.75. Sie kann sich – vor allem bei trockener Luft und beim Tragen von Kunstfasern – stark elektrostatisch aufladen. Dabei entstehen zum Teil Spannungen von mehreren Tausend Volt. Die Haut ist zudem dehnbar und elastisch. Im Bereich der Gelenke sind zur Aufrechterhaltung der Gelenkfunktion *Reservefalten* vorhanden.

1 Felderhaut

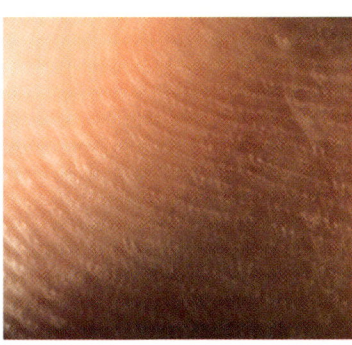
2 Leistenhaut

Die unter der Haut liegende *Unterhaut* bildet eine schwierig abzugrenzende Übergangsschicht aus lockerem Binde- und Fettgewebe. Dadurch können die Hautpartien gegeneinander und gegenüber angrenzenden Organen, z. B. der Muskulatur, verschoben werden. Am Aufbau der Unterhaut ist das Unterhautfettgewebe stark beteiligt. Es ist bei Frauen stärker ausgebildet als bei Männern und dient zur Wärmeisolation und zur Wasserspeicherung, an einigen Stellen auch als Druckpolster gegen mechanische Belastung.

In die Unterhaut eingelagert sind auch die etwa 2 Millionen Schweißdrüsen, die gleichfalls der Thermoregulation und Ausscheidung dienen. Dort liegen auch Sinnesorgane, z. B. Drucksinneskörperchen.

Die oberste Schicht der Oberhaut besteht aus toten Zellen. Diese *Hornschicht* schilfert ständig in Form kleiner Schüppchen ab. Die Hornbildung wird durch Vitamin A gesteuert. Vitamin A-Mangel führt zu einer anormal starken Hornbildung.

Die neuen Hautzellen werden aus der untersten Schicht der Oberhaut, der *Keimschicht*, ständig nachgeliefert. Der Vorgang,

Papillen
Warzen- oder zapfenförmige Erhebung der Haut oder der Schleimhäute; z. B. Papillarleiste der Fingerbeere.

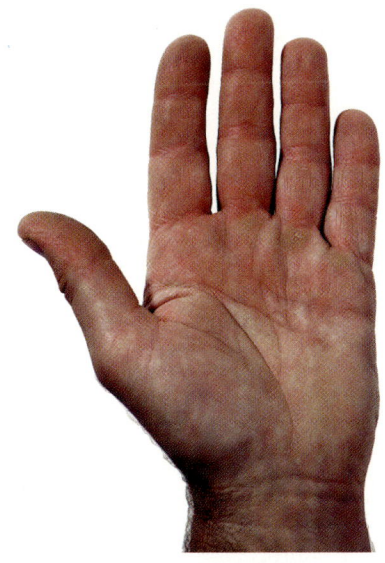
3 Leistenhaut der Handinnenfläche

 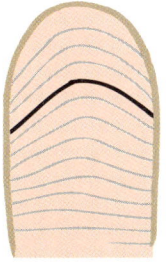 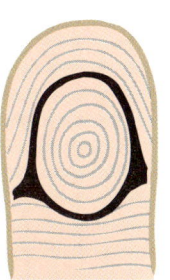 

Schleife   Bogen   Wirbel   Doppelschleife

4 Fingerbeerenmuster/Papillarmuster: einmalig und unverwechselbar

angefangen bei der Bildung bis zum Ab-schilfern, dauert etwa einen Monat. Im Laufe des Lebens werden ca. 20 kg Hautzel-len als „Schuppen" abgegeben. Die unterste Schicht ist wichtig für die Synthese der braunen Hautpigmente, der Melanine, und zur Regeneration bei Hautverletzungen.

Der größte Anteil der Haut ist durch Fur-chen gefeldert. In den Furchen der *Felder-haut* stehen die Haare ▶ 65.1. Nur an den unbehaarten Innenflächen von Hand und Fuß sind etwa 0,5 mm breite, flache Leist-chen ausgebildet. Auf diesen münden die Schweißdrüsen. Das Muster dieser *Leisten-haut* ist individuell verschieden (Fingerab-druck) ▶ 65.2/4.

Die Epidermis ist mit der darunter lie-genden *Lederhaut* durch zapfenartige Bil-dungen fest verbunden. Besonders ausge-prägt ist dies in den Bereichen, die stark mechanisch belastet werden, z. B. in der Handinnenfläche. Die Lederhaut besteht aus straffem Bindegewebe; Schichten aus unelastischen und elastischen Fasern sind miteinander vernetzt. Sie verleihen der Haut Festigkeit und zugleich Elastizität. Diese relativ derbe Schicht aus Bindegewe-be wird bei Nutztieren zu Leder verarbeitet. Die Lederhaut ist stark durchblutet. Damit hat sie eine wichtige ernährende Funktion für die Blutgefäß freie Oberhaut.

In der Lederhaut liegen auch die meis-ten Sinnesrezeptoren. Zu finden sind hier die Drucksinnesorgane wie Tastkörpchen, Temperatursinnesorgane wie die Kälte- und Wärmekörperchen, ferner die freien Ner-venendigungen, die der Schmerzwahrneh-mung dienen.

Freie Nervenendigungen
So werden Nerven bezeich-net, die ohne Sinneszellen beginnen, deren Ausläufer aber Sinnesfunktion haben.

Die Färbung der Haut

Die unterschiedliche Hautfarbe bei den ver-schiedenen menschlichen Populationen ist weitgehend genetisch fixiert. Sie kommt zu-stande durch Pigmente in Kombination mit der rötlichen Farbe des Blutes. Die Haupt-pigmente sind das braune bis schwarze *Me-lanin* und das orangefarbene *ß-Carotin*. Ca-rotineinlagerung führt zu einer gelblichen bis gelblich-rötlichen Hautfärbung, die vor allem im Gesicht sowie auf der Innenseite der Hände und auf den Fußsohlen erkenn-bar ist. Man kann dies besonders schön bei

1 Wo die natürliche Farbbildung nicht ausreicht, werden künstliche Signale gesendet.

Säuglingen sehen, die viel mit Möhrenbrei (hoher Gehalt an ß-Carotin) gefüttert wer-den. Intensiv durchblutete Hautstellen erscheinen gerötet, z. B. im Gesicht. Domi-nieren Venen, so erscheint die Haut bläu-lich. „Blaue Flecken" entstehen durch Ab-bauprodukte des Hämoglobins.

Um ihr Erscheinungsbild zu verändern, greifen Menschen auch zu Stift und Farbe, doch sind solche Verwandlungen nur von kurzer Dauer ▶ 66.1.

Haare – Nägel – Drüsen

Haare

Das Haarkleid des Menschen ist zurückgebildet. Gut entwickelt ist es normalerweise
nur noch auf dem Kopf, in den Achsel-
höhlen und im Schambereich. Es hat daher
seine ursprüngliche Bedeutung als isolierende Schicht bei der Temperaturregulation
verloren. Das Aufrichten der Haare, die so
genannte *Gänsehaut*, ist also ein Phänomen,
das nur noch eine Reminiszenz an unsere
Säugetier-Verwandtschaft darstellt ▶ 67.2.
Die Haare sind dünne, zugespitzte, biegsa-
me, zugfeste Fäden aus Kreatin ("Horn").
Ihre Dicke beträgt 5–200 μm. Den in der
Haut verankerten Teil des Haares bezeichnet
man als Haarwurzel, den aus der Haut her-
ausragenden Teil als Haarschaft ▶ 64.1. Sowohl der äußerer Teil, die *Rinde* mit dem
dünnen Oberhäutchen, als auch ihr innerer
Teil, das Mark, bestehen aus verhornten
Epithelzellen. Die Haarwurzel liegt einge-
hüllt in einen Haarbalg, ▶ 67.1. Der binde-
gewebige Haarbalg stellt die Verbindung
zum umliegenden Gewebe dar. Seine Nervenfasern werden bei jeder Richtungsänderung des Haares erregt. Die Glashaut umhüllt den lebenden Teil des Haares. Die
Zellen der Wurzelscheide führen dem Haar
die für das Wachstum notwendigen Nährstoffe zu. Sie stellen eine Einstülpung der
Epidermis dar. Die Haarwurzel ist im unteren Abschnitt zwiebelartig aufgetrieben. In
diese Haarzwiebel führt eine gut durchblutete, mit Nervenfasern versorgte Vorwöl-
bung der Lederhaut. Über sie wird das Haar
ernährt und von hier aus wächst es nach
außen.

Die Haare können durch *Sträubemuskeln*
aufgerichtet werden. Diese bestehen aus
glatten Muskelzellen, die vom vegetativen
Nervensystem angeregt werden.

Haarwechsel

Ausfallende Haare werden ständig ersetzt,
so lange die *Papille* ▶ 64.1 noch intakt ist.
Ein junger Mann mit "vollem Haar" hat
mehr als 100 000 Haare. Normal ist ein
Verlust von etwa 50 Haaren pro Tag. Fällt
ein Haar aus, so hebt sich zunächst die
Haarzwiebel von der Lederhaut ab, bevor
das Haar nach außen geschoben wird. Aus

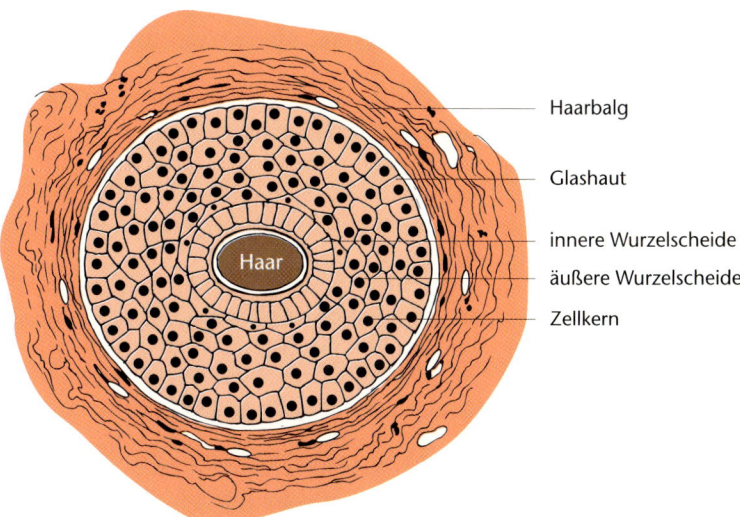

1 Schnitt durch die Haarwurzelscheide mit Haar

Haarbalg

Glashaut

innere Wurzelscheide
äußere Wurzelscheide

Zellkern

Haar

Resten des Haarbalgs entsteht nach etwa
drei Monaten eine neue Haarzwiebel und
damit ein neues Haar. Dieses wächst im Monat etwa 1 cm. Seine Lebensdauer beträgt
einige Monate bis vier Jahre.

Haarfarbe

Die Haarfarbe wird durch Pigmente (Melanine) in der Rinde bedingt. *Rote Haare* z. B.
entstehen durch eine Kombination von
wenig Pigment in homogener Verteilung
in den Zellen, *schwarze Haare* aus einer
Kombination von viel Pigment in körniger
Form. Mit zunehmendem Alter wird bei
vielen Menschen immer weniger Pigment
gebildet. Ferner weist das Haarmark mit
zunehmendem Alter mehr Luftbläschen
auf, die einfallendes Licht total reflektieren. Das *Haar* erscheint *weiß*.

Drüsen

Unmittelbar unter der Hautoberfläche münden große *Talgdrüsen* in die *Haarwurzelscheide*. Die Drüsenzellen lösen sich völlig auf
und entlassen ihren flüssigen Inhalt, den
Hauttalg. Talgdrüsen kommen auch in haar-
losen Bereichen der Haut vor, z. B. an Lippen, Nasenöffnung, Augenlidern, Stirn und
Brustwarzen.

Zu den Hautdrüsen gehören auch
Schweiß- und *Duftdrüsen*, u. a. zur Produktion von Sexuallockstoffen (Pheromonen)
sowie die *Milchdrüsen* der Brust.

2 Gänsehaut

Talgdrüsen
*Es handelt sich um trauben-
förmige Drüsen der Epidermis und der Lederhaut, die
meist in Haarbälgen aus-
münden. Ihr Sekret (Talg)
hält Haare, Federn und
Haut geschmeidig.*

1 μm = Mikrometer =
$1 \cdot 10^{-6}$ *m oder*
1/1000 mm
*Die Maßeinheit μm wird
häufig benutzt, wenn es um
Größenangaben im mikro-
skopischen Bereich geht.*

epidermale Bildungen
*Das sind Drüsen, Haare und
Nägel.*

Haut

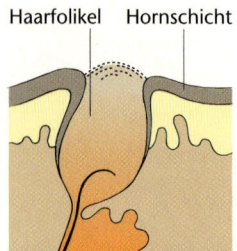

Haarfolikel Hornschicht

neues Haar Talgdrüse

offener Mitesser

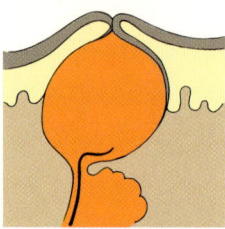

geschlossener Mitesser

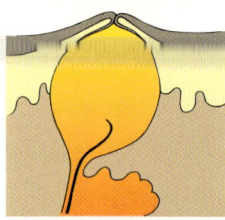

Pickel

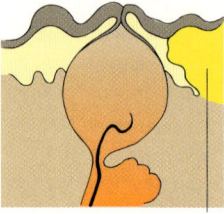

Eiterhöhle

Akne

1 Entstehung von Akne

Infektionskrankheiten
Masern, Röteln und Wind-
pocken, führen zu charakte-
ristischen Hautveränderun-
gen. Allergien sind nicht
selten über die Haut erkenn-
bar, z. B. an roten Haut-
flecken, die zumeist auch
noch einen Juckreiz verursa-
chen. Auch bei lokalen In-
fektionen und bei Mücken-
stichen, kommt es zu
Hautveränderungen.

Nägel

Typische Bildungen der Haut sind auch die *Finger-* und *Zehennägel*. Sie bestehen aus der Keimschicht und der Hornschicht. Durch den Nagel hindurch erkennt man die gut durchblutete Lederhaut. Randlich und hinten sitzt der Nagel in einer Epidermisfalte seitlich im *Nagelfalz*, hinten in der *Nagelta-sche*. Vor der Nageltasche liegt in einer halb-mondförmigen Zone, die arm an Blutge-fäßen ist und dadurch weißlich erscheint („weißes Möndchen"), das eigentliche *Na-gelbett*, aus dem der Nagel wächst. Klemmt man sich den Fingernagel ein, wird diese Zone beschädigt und der Nagel abgestoßen. Wird das Nagelbett zerstört, kann sich kein Nagel mehr entwickeln ▶ 68.2.

Alterungsprozesse in der Haut

Mit zunehmendem Alter wird die Lederhaut zurückgebildet und die Epidermis dünner. Von der Alterung sind auch die Hautdrüsen betroffen, vor allem die Talg- und Schweiß-drüsen. Die Haut wird trockener. Durch Rückbildung der elastischen Fasern in der Lederhaut kann weniger Wasser gebunden werden. Die Haut wird schlaff und faltig. Intensives Sonnenbaden fördert diese Alte-rungsprozesse. Die braunen *Altersflecken* beruhen auf einer ungleichmäßigen Vertei-lung des Melanins und auf einem Zugrun-degehen von Pigmentzellen.

Hautkrankheiten

Es gibt eine Vielzahl von Hautkrankheiten. Veränderungen der Haut geben nicht selten Hinweise auf innere Erkrankungen. Nur ei-nige wenige, dafür aber häufig vorkommen-de Erkrankungen der Haut werden im fol-genden besprochen.

Akne

Unter Akne versteht man Erkrankungen der *Talgdrüsen* ▶ 68.1. Ist der Abfluss des Talgs bei starker Talgproduktion gestört, kommt es zunächst zur Ausbildung eines Mitessers. Später bilden sich dann die typischen Bläs-chen, Pusteln und Knoten. Die Disposition zu Akne ist erblich. Männliche Sexualhor-mone fördern Akne, weibliche hemmen sie. Zusätzlich kommt es zu einer Infektion

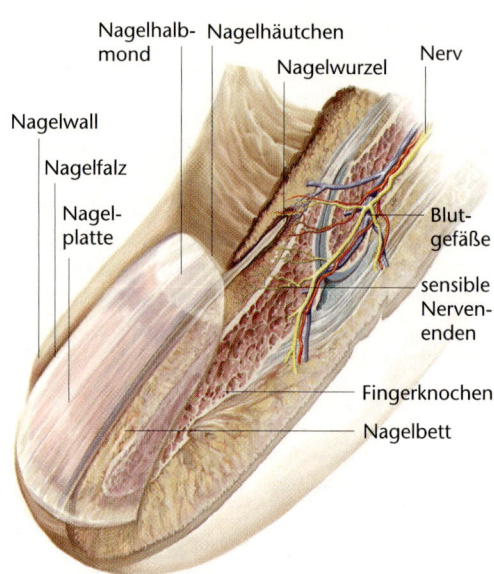

2 Aufbau eines Fingernagels

Nagelhalb-mond Nagelhäutchen

Nagelwall

Nagelfalz

Nagel-platte

Nagelwurzel

Nerv

Blut-gefäße

sensible Nerven-enden

Fingerknochen

Nagelbett

durch Bakterien, die die Mitesser-Bildung und ihre entzündliche Umwandlung för-dern. Im 3. Lebensjahrzehnt heilt sie meist von selbst aus.

Bestimmte Formen der Akne werden durch chemische Schadstoffe ausgelöst. Das bekannteste Beispiel ist die Chlor-Akne. Sie ist z. B. bei den meisten Leistungsschwim-mern zu beobachten, die viele Stunden in chlorhaltigem Wasser verbringen.

Herpes

Diese häufige Erkrankung beruht auf einer Infektion mit dem *Herpes-simplex-Virus*. Be-vorzugt entsteht Herpes im Übergang von der normalen Haut zur Schleimhaut, z. B. an den Lippen *(Herpes labialis)*. Zunächst ent-steht ein kleines Bläschen, das sich nachfol-gend zu einer Pustel entwickelt.

Neurodermitis und Schuppenflechte

Beide Hautkrankheiten nehmen in den letz-ten Jahrzehnten stark zu. *Neurodermitis* ist ei-ne Erkrankung mit genetischer Disposition. Gekennzeichnet ist sie durch herdförmige, stark juckende *Ekzeme*. Das sind entzündliche Veränderungen der Oberhaut. Sonnenstrah-lung und Meersalz haben eine positive Wir-kung auf diese Hautveränderungen, die primär psychogenen Ursprungs sind.

Schuppenflechte (Psoriasis) ist eine ähn-liche Erkrankung. Auch bei ihr diskutiert man erbliche und psychische Ursachen. Sie tritt erst im Erwachsenenalter auf.

Hautpilze

Auf der Haut können auch Pilze wachsen. Am bekanntesten ist die Fußpilzerkrankung, die durch verschiedene Pilzarten hervorgerufen werden kann. Gefördert wird Fußpilz durch ein feuchtes Milieu, Wärme und Luftabschluss, d. h. durch Bedingungen, die besonders in nicht atmungsaktiven Schuhen herrschen ▶ 69.1.

Hautverbrennungen

Hierunter versteht man eine Schädigung der Haut durch hohe Temperaturen.

■ Bei einer *Verbrennung 1. Grades* tritt im betroffenen Bereich eine Rötung und leichte Schwellung auf, es entsteht ein unangenehmes Spannungsgefühl.
■ Bei einer *Verbrennung 2. Grades* kommt es zur Blasenbildung durch Austreten des Blutserum. Hitzeeinwirkung schädigt oder zerstört Zellen. In beiden Fällen wird die Keimschicht nicht geschädigt, die Hautveränderungen heilen ohne Narbenbildung aus.
■ Bei einer *Verbrennung 3. Grades* reicht die Schädigung der Haut bis in die Keimschicht oder gar in die Unterhaut. Hier kommt es zur Ausbildung von Narben.
■ Unter *Verbrennung 4. Grades* versteht man die Verkohlung der Gewebe unter starker Hitzeeinwirkung.

Sind größere Hautflächen von Verbrennungen 3. und 4. Grades betroffen, besteht Todesgefahr.

Die Wirkung von Licht und Wärme

Das Sonnenlicht wirkt im positiven wie im negativen Sinne auf die Haut. Die sichtbare Strahlung ist für die Haut völlig harmlos. Anders dagegen die unterhalb von 320 nm liegenden, energiereichen UV-Strahlen, die als mutagene Strahlen die Haut schädigen können. Für unser Auge sind die UV-Strahlen unsichtbar. Das ist nicht unproblematisch, da wir sie erst an ihrer negativen Wirkung erkennen.

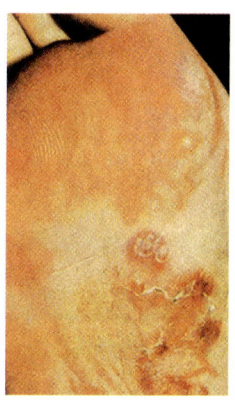

1 Fußpilz

Der Anteil der UV-Strahlung hängt von verschiedenen Bedingungen ab:
■ Von der *geographische Breite*: Sie ist innerhalb der Tropen am höchsten, weil hier der Sonnenstand am höchsten ist.
■ Vom *Tagesgang der Sonne:* Er erreicht Mittags seinen höchsten Stand. Die UV-Strahlung ist dann besonders intensiv.
■ Von der *Höhe über dem Meeresspiegel*: Mit 1 000 m Höhenzunahme steigt der Anteil der UV-Strahlung um etwa 15%.
■ Vom *Reinheitsgrad der Luft*: Je geringer die Verunreinigungen in der Luft sind, um so intensiver ist die UV-Strahlung.

Setzt man sich längere Zeit intensiver kurzwelliger UV-Strahlung aus, so kommt es zu einem mehr oder weniger starken Sonnenbrand ▶ 70.1.

UV-Bereich (nm)	Wirkung
UV-A (320–400)	positiv: Bildung von Vitamin D; heilende Wirkung auf bestimmte Hauterkrankungen, z. B. auf Akne negativ: ständige Einwirkung kann das Altern der Haut fördern
UV-B (280–320)	positiv: Bildung von Vitamin D negativ: führt akut zu Sonnenbrand; begünstigt als „mutagene" Strahlung die Entstehung von Hautkrebs; fördert die Faltenbildung der Haut
UV-C (200–280)	energiereichste UV-Strahlen, besonders mutagen, werden aber zum größten Teil in der Atmosphäre absorbiert.

2 UV-Strahlen: Bereiche und Wirkung

Haut

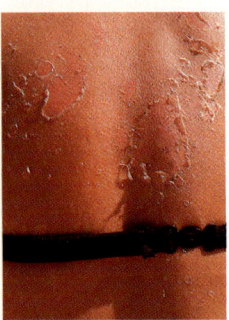

1 Sonnenbrand

Kollagen ist ein eiweißhaltiger Stoff (Proteid)

Schützen kann man sich gegen eine zu intensive UV-Bestrahlung der Haut durch entsprechende Verhaltensweisen und durch Anwendung von kosmetischen Schutzmitteln. Die Sonnenschutzmittel haben einen unterschiedlichen „Lichtschutzfaktor". Dieser ist folgendermaßen definiert:

$$\text{Lichtschutzfaktor} = \frac{\text{Schwellenzeit bis zur Rötung } \textit{mit} \text{ Lichtschutz}}{\text{Schwellenzeit bis zur Rötung } \textit{ohne} \text{ Lichtschutz}}$$

Eine der wichtigsten Aufgaben des UV-Lichts ist die Bildung von *Vitamin D* in der Haut. Der Bedarf an Vitamin D ist vor allem für den Aufbau des Knochengerüsts während des Wachstums hoch, weil es für die Skelettbildung wichtig ist. Vitamin D fördert die Aufnahme von Calcium (Ca^{2+}) im Dünndarm. Im Skelett des Menschen sind etwa 1 kg Calcium festgelegt. Die Veränderungen des Skeletts durch unzureichende Calciumeinlagerung aufgrund von Vitamin D-Mangel bezeichnet man auch als *Rachitis*. Sie ist heute bei uns selten geworden, da Vitamin D in ausreichender Menge über die Nahrung zugeführt wird und die Haut zudem genügend UV-Strahlung erhält.

Hautpflege

Der pH-Wert ist ein Maß für den Säuregehalt:
pH 7 = neutral
pH 0 – <7 = sauer
pH >7 – 14 = basisch

Der *Talg* bildet auf der Haut mit der vorhandenen Feuchtigkeit einen feinen Schutzfilm, der die Haut geschmeidig hält. Er besteht aus wässrigen und fettlöslichen Substanzen. Die täglich neu produzierte Menge beträgt ca. 2 g. Sein pH-Wert liegt bei ca. 5,5, d. h. er ist mäßig sauer. Der Säuregehalt ist ausreichend, um Bakterienwachstum zu hemmen. Wäscht man sich regelmäßig mit Seife, so wird der Säuremantel zerstört, da Seife alkalisch ist (pH-Wert um 9). Der Säurefilm muss dann neu aufgebaut werden. In Duschmitteln sind heute zumeist seifenfreie Waschsubstanzen enthalten. Sie haben einen ähnlichen pH-Wert wie die Haut und erhalten somit den Säuremantel. Diese *waschaktiven*

Stoffe haben jedoch auch Nachteile. Sie entfetten die Haut und sind zum Teil in der Kläranlage nicht gut abbaubar.

Die alternde Haut

Die Haut zeigt – wie bereits beschrieben – charakteristische Altersveränderungen, die im wesentlichen durch eine Rückbildung der elastischen Bindegewebsnetze und der kollagenen Fasern der Lederhaut sowie einer Abnahme des Wassergehaltes charakterisiert sind. Die Haut wird faltig. Diesen Vorgang kann man nicht vermeiden, sondern allenfalls etwas verzögern. Die *plastische Chirurgie* kann durch „Liften" der Haut, d. h. Wegschneiden von faltigen Hautpartien, für einige Zeit die Haut wieder straffen. Ähnliches erreicht man durch „Unterfüttern" der faltigen Hautpartien mit *Kollagen*. Kollagen ist ein Hauptbestandteil der straffen Bindegewebe. Das Bindegewebe unserer Lederhaut besteht zu etwa 70 Prozent aus Kollagen.

In den meisten neueren Hautcremes sind *Liposomen* enthalten. Sie werden über die Hautporen in die Lederhaut eingeschleust. Es sind mikroskopisch kleine, kugelige, lipidhaltige Vehikel, die der Haut verschiedene Wirk- und Nährstoffe sowie Feuchtigkeit zuführen. Hierdurch sollen die Durchblutung und damit der Stoffwechsel verbessert werden. Eine ausreichende Flüssigkeitszufuhr ist ebenfalls bedeutend für eine straffe Haut.

Regeneration der Haut

Ist die Haut verletzt, so wächst vom Rand der Wunde Epithel über das Bindegewebe. Es entsteht eine Narbe. Aufgrund der starken Blutgefäßentwicklung im Bereich des regenerierenden Bindegewebes ist die Narbe zunächst rot, wird jedoch durch Zunahme von kollagenen Fasern im Bereich der Lederhaut nach einiger Zeit weiß. Im Narbenbereich bilden sich keine Anhangsgebilde, z. B. Drüsen oder Haare, mehr aus.

Didaktische und methodische Hinweise

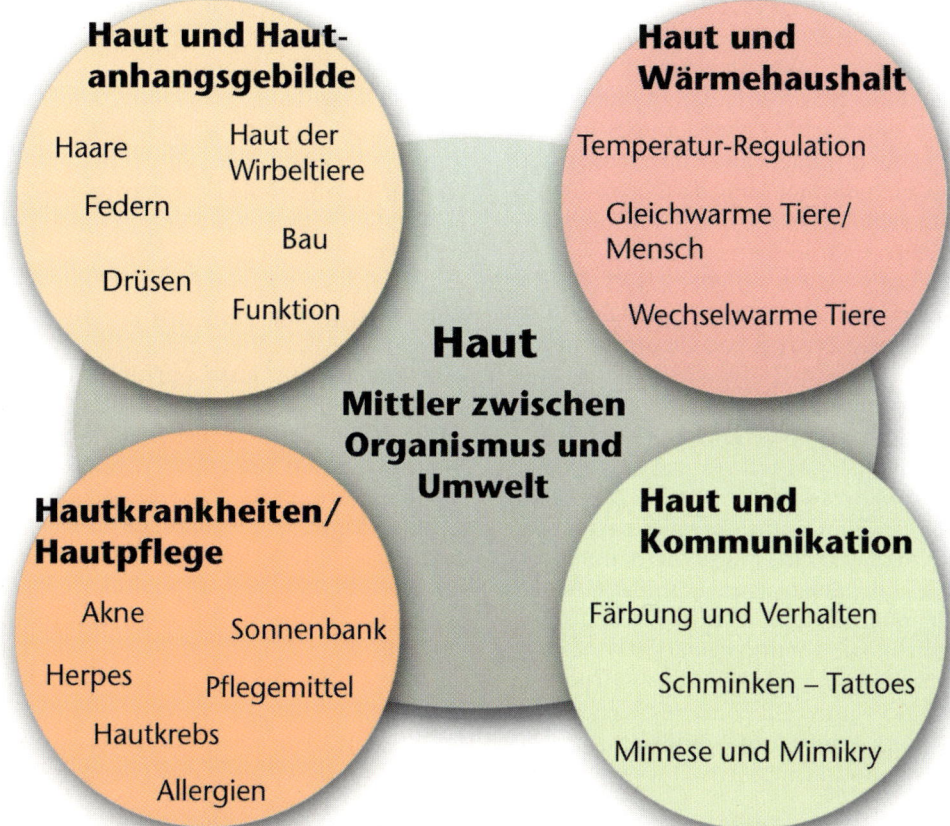

Haut und Haut-anhangsgebilde

Haare

Haut der Wirbeltiere

Federn

Bau

Drüsen

Funktion

Haut und Wärmehaushalt

Temperatur-Regulation

Gleichwarme Tiere/ Mensch

Wechselwarme Tiere

Haut
Mittler zwischen Organismus und Umwelt

Hautkrankheiten/ Hautpflege

Akne

Sonnenbank

Herpes

Pflegemittel

Hautkrebs

Allergien

Haut und Kommunikation

Färbung und Verhalten

Schminken – Tattoes

Mimese und Mimikry

Biologische Aspekte der Haut

Das Thema „Haut" hat viele biologische und fächerübergreifende Aspekte. Das verdeutlicht auch die obige Darstellung. Im Unterricht sollten vor allem die schüler- und gesellschaftsrelevanten Gesichtspunkte behandelt werden. Dazu gehört die Gesundheitserziehung, das Wissen über die Bedeutung der Haut für die Wärmeregulation sowie ihr Aufbau und ihre Anpassungsfähigkeit.

Angestrebte Lernziele
Die Schüler und Schülerinnen sollen
- die Grundregeln der Hygiene kennen
- kleinere Hautverletzungen selbst versorgen können
- Zusammenhänge zwischen Hautkrebsrisiko und intensivem Sonnenbaden verstehen

- die Bedeutung der Haut für die Temperaturregelung des Körpers erkennen
- die vielfältigen Funktionen der Haut und ihre Sonderbildungen kennen
- die Bedeutung der Haut als Mittlerin zwischen Individuum und Umwelt erfassen.

Gesundheitserzieherische Aspekte
In der Grundschule und in den Klassenstufen 5/6 wird man sich mit hygienischen Aspekten, wie Bedeutung des Händewaschens vor dem Essen, mit der richtigen Versorgung von kleineren Hautverletzungen und der Behandlung von Hautveränderungen wie z.B. Insektenstichen und Verbrennungen beschäftigen.

In den höheren Klassenstufen sollte man die gesundheitserzieherischen Gesichtspunkte ansprechen, die Schüler dieser

Haut

1 Der harmlose Hornissenschwärmer ahmt perfekt eine Hornisse nach.

Mimikry
Nachahmung gefährlicher oder giftiger Tiere und Pflanzen in Körpergestalt und Färbung durch harmlose Tiere.

Mimese (Verbergetracht)
Tarnfärbung; Angepasstheit an die Farbe und Struktur der Umgebung.

Chirologen
Handdeuter; Sie können angeblich aus dem Verlauf der Handlinien über das Schicksal eines Menschen Auskunft geben. Wichtig sind für sie „Lebens-, Herz- und Kopflinie". Aus wissenschaftlicher Sicht gibt es dafür keine Anhaltspunkte.

Innerartlich
zwischen den Angehörigen der selben Art wirksam

Zwischenartlich
über Artgrenzen hinweg wirksame Mechanismen

Altersgruppe aufgrund persönlicher Betroffenheit interessieren. Hierzu gehören z. B. Hautveränderungen, die – wie die Akne – typisch sind für die Pubertät, sowie die richtige Pflege der Haut. Im Rahmen des Themas „Gesunderhaltung der Haut" sollte auch die Gefahr der Hautkrebsbildung durch zu intensive Sonneneinwirkung angesprochen werden. Sinnvollerweise wird man auch die Bräunung der Haut in den Sonnenstudios mit in die Betrachtung einbeziehen und auf die Frage eingehen, ob Bräunung – so wie es in der Bevölkerung immer noch überwiegend gesehen wird – wirklich ein Zeichen von Gesundheit ist.

Wärme- und Wasserhaushalt

Zum Verständnis der grundlegenden Regulationsvorgänge ist die Kenntnis von Bau und Funktion der Haut notwendig. Die Behandlung dieser Grundlagen kann man sowohl in das Thema „Gesunderhaltung der Haut" integrieren als auch im Zusammenhang mit der „Temperaturregulation" behandeln. Die Thermoregulation wird man in der Regel in Jahrgangsstufe 9/10 besprechen, da zum Verständnis des Regelkreises der Körpertemperatur Grundkenntnisse der Nerven- und Sinnesphysiologie erforderlich sind.

Morphologie und Ökologie

Die Schüler sollen an Hand verschiedener Beispiele aus dem Tier- und Pflanzenreich die vielfältige Bedeutung der Haut und ihrer Sonderbildungen (u. a. Haare, Federn, Schuppen) kennen lernen. Kaum ein Organ zeigt besser die Angepasstheit an den Lebensraum und an extreme Lebensbedingungen wie die Haut, weil sie Mittlerin zwischen Umwelt und Organismus ist.

Kommunikation

Die Haut als Sinnesorgan ist ein wichtiges Thema, das nicht nur im Zusammenhang mit der Temperaturregulation von Bedeutung ist, sondern auch im Hinblick auf *innerartliche* und *zwischenartliche* Kommunikation.

So bietet es sich in der Jahrgangsstufe 9/10 an, im Rahmen verhaltensbiologischer Themen die vielfältigen Signalfunktionen der Haut zu besprechen. Ein Phänomen ist

die Farbigkeit von Organismen. Beim Schminken setzt der Mensch diesen Effekt ganz bewusst ein, um bestimmte Wirkungen zu erzielen. Viele Tiere nutzen Tarnfärbungen *(Mimese)* zum Schutz vor Fressfeinden. Eine tierische Schutzanpassung ist auch die sogenannte *Mimikry* ▶ 72.1. Ein schlecht geschütztes Tier imitiert dabei ein durch seine Warntracht gut geschütztes Tier anderer Artzugehörigkeit. Die harmlose Schwebfliege, die das Aussehen einer Wespe hat, ist ein gutes Beispiel dafür.

Die Haut unter der Lupe

Das Thema „Haut" kann aufgrund seiner fachübergreifenden Bezüge besonders gut im Rahmen eines Projektes behandelt werden. Ein Schwerpunkt könnte z. B. der Aufbau und die Pflege der Haut sein. Die Schülerinnen und Schüler haben dabei die Möglichkeit, selbst eine Vielzahl von Beobachtungen und Versuchen zu machen, bis hin zur Herstellung ihrer eigenen Hautcreme ohne Konservierungsmittel.

Man könnte zudem in diesem Rahmen verschiedene Hautpartien unter die Lupe nehmen, die Haut anfassen und verschieben, Fingerabdrücke erstellen und mit einer „Fühlbox" bzw. einem „Fühlbeutel" die Tastempfindung überprüfen.

Anhand eines gefärbten Dauerpräparats (Lehrmittelhandel) kann das Gewebe der behaarten Haut mikroskopisch untersucht werden. Mit Indikatorpapier, bzw. Teststäbchen wird der pH-Wert von Seifenlösungen und Waschlotionen getestet und mit dem pH-Wert der Haut verglichen.

Leistenhaut und Felderhaut

Untersucht man mit einer Lupe (Einschlaglupe) die Innenfläche der Hand, die Fingerkuppen, die Oberseite der Finger, den Handrücken sowie Ober- und Unterseite des Unterarms, findet man dort unterschiedliche Hauttypen vor.

Auf der Innenseite der Hand und auf den Fingern, vor allem auf der Fingerkuppe, erkennt man deutlich die typische *Leistenhaut*, etwa 0,5 mm breite lineare Vorwölbungen der Epidermis ▶ 65.2/65.3. Sie kommt auch an den entsprechenden Stellen der Füße vor. Die Vorwölbungen entstehen dadurch, dass

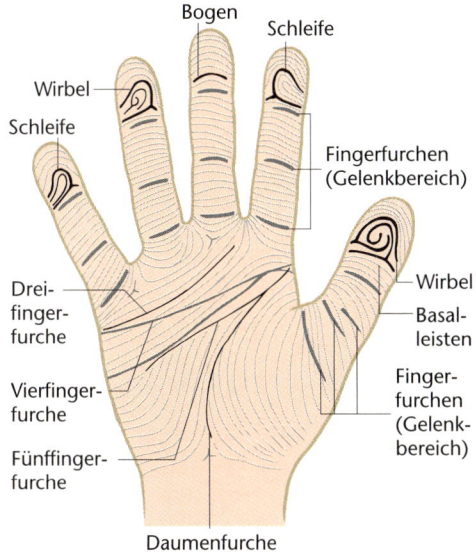

1 Hand mit Furchen

in diesem Bereich die Papillen der Lederhaut ein besonderes Anordnungsprinzip in Form der Papillarleisten zeigen. Auf den Leistchen münden die Ausführgänge der Schweißdrüsen; sie sind mit der Lupe nicht erkennbar, dafür aber die austretenden Schweißtropfen.

Ferner erkennt man in den Handflächen die typischen *Handlinien*, das sind stark ausgeprägte Furchen. Humangenetiker bezeichnen diese Furchen als Daumenfurche, Dreifingerfurche und Fünffingerfurche ▶ 73.1.

Auf dem Handrücken, auf der Außenseite der Finger, im Bereich des Unterarms und im übrigen Bereich des Körpers ist keine Leistenhaut vorhanden. An diesen Stellen erkennt man unterschiedlich große Flächen, die von kleinen Furchen begrenzt werden. Diese Flächen können regelmäßig oder unregelmäßig sein, sie sind auch verschieden groß und ihre Form erinnert zum Teil an Rauten. In den Furchen stehen die Haare. Dieser Hauttyp heißt *Felderhaut* ▶ 65.1.

Die Rolle des Bindegewebes
Beobachtet man die Haut des Handrückens, stellt man fest, dass sie sich unterschiedlich verhält. Beim Ballen der Faust wird sie gedehnt, die Furchen verschwinden weitgehend, die Haut erscheint glatt. Beim Strecken der Hand liegt die Haut über den Strecksehnen in Falten. Sie lässt sich leicht verschieben. Dies ist möglich weil die Unterhaut aus lockerem Bindegewebe besteht. Sie bildet die Verbindung zwischen Haut und darunterliegenden Geweben, wie der Skelettmuskulatur. In diesem Bereich liegen auch viele Blutgefäße, z. B. die gut sichtbaren Venen der Handoberfläche.

Strapazierter Handrücken
Wird unter mäßigem Druck mit einem Finger über den Handrücken gerieben, so rötet sich die Haut an dieser Stelle. Durch die Reibung werden Gewebshormone wie Serotonin und Histamin frei, die zu einer Weitung der kleinen Blutgefäße führen und damit zu einer verstärkten Durchblutung. Bei einem Insektenstich oder bei lokalen Infektionen werden ebenfalls diese Stoffe freigesetzt, die zur Rötung führen.

Gegenstände ertasten
In einen „Krabbelsack" oder eine „Fühlbox" werden verschiedene Gegenstände – wenn möglich – aus unterschiedlichen Materialien gegeben. Wichtig ist, dass sie den Schülerinnen und Schülern bekannt sind. Diese sollen jetzt die durch Zahlen gekennzeichneten Teile mit verbundenen Augen ertasten. Dabei wird deutlich, dass optische Eindrücke auf den Tastsinn übertragbar sind. Gespeicherte Informationen in Form von Erfahrung spielen bei der Lösung der Aufgabe eine entscheidende Rolle.

Versuch 1

Lokalisation des Tastsinns

Material: Angelschnur (Perlonfaden), Stab (winkelförmiger Glasstab oder Holzstab), Lineal, Alleskleber

Durchführung: a) Etwa 3 cm lange Stücke einer Angelschnur werden an einem Glasstab oder Holzstab mit geeignetem Klebstoff befestigt. Der Versuchsperson werden die Augen verbunden. Mit diesen „Tastborsten" wird nun nacheinander ein Druck auf Lippen, Fingerspitzen, Handrücken und Außenseite der Arme ausgeübt. Die Druckpunkte sollen mit einem Filzstift markiert werden.
b) Dieser Versuch lässt sich verfeinern, wenn man 2 Tastborsten gleichzeitig aufsetzt. Da der Tastsinn auf den Bereich der Druckpunkte begrenzt ist, lässt sich die simultane Raumschwelle gut bestimmen. Hierunter versteht man den Mindestabstand, der erforderlich ist, um zwei gleichzeitig wirkende, gleich starke Druckreize noch gerade getrennt zu empfinden. Die ermittelten Abstände lassen sich dann direkt mit einem Lineal messen.

Ergebnis: a) Es zeigt sich, dass nur die Berührung bestimmter Stellen zu einer Druckwahrnehmung führt. An diesen Stellen befinden sich Drucksinnesorgane, Tastkörperchen, in der Haut. Der Mensch soll etwa 500 000 von ihnen besitzen. Die größte Dichte ist an den Lippen und Fingerspitzen. Auf dem Handrücken und auf dem Unterarm sind die Abstände zwischen zwei „Druckpunkten" deutlich größer.
b) Man beobachtet, dass die simultane Raumschwelle an den Fingerspitzen 2 mm, an den Lippen 4 mm, auf dem Handrücken ca. 30 mm und am Unterarm etwa 40 mm beträgt. Das ist biologisch sinnvoll, denn die Finger sollen aufgrund ihrer feinmotorischen Aufgabe eine gute Tastwahrnehmung vermitteln. Die Lippen dagegen übernehmen die Kontrollfunktionen bei der Nahrungsaufnahme und bei der mechanischen Prüfung der Nahrungskonsistenz.

🕐 15 min   **SV**

Versuch 2

Herstellung von Fingerabdrücken

Material: Tesafilm 2 Zentimeter breit, Stempelkissen oder Linoldruckfarbe, Objektträger

Durchführung: a) Im einfachsten Fall nimmt man mit Tesafilm vom Daumen und von den übrigen Fingern einen Abdruck (Fett bleibt im Bereich der Hautleisten haften) und klebt die 5 Abdrücke nebeneinander auf einen Objektträger.
b) Deutlicher werden die Fingerabdrücke, wenn man die Fingerkuppen einfärbt, z. B. mit Hilfe eines Stempelkissens oder mit Linoldruckfarbe, die man flach auf einer glatten Unterlage (Glas- oder Plexiglasplatte, Objektträger, Linoleumstück) mit einer kleinen Rolle für Linolschnitte ausrollt.
Die Fingerkuppen werden dafür auf dem Stempelkissen bzw. der dünnen Linolfarbschicht unter leichtem Druck abgerollt. Anschließend wird der Vorgang auf einem Papier wiederholt. Mit Hilfe einer Lupe den Leistentyp identifizieren und mit den Mustern der Nachbarn vergleichen.

Ergebnis: Betrachtet man nun die Abdrücke auf dem Papier, so erkennt man das Papillarleistenmuster. Die Grundmuster sind Wirbel, Bogen, Schleife und Doppelschleife. Im Vergleich mit den Abdrücken der Nachbarn werden die individuellen Unterschiede deutlich.

Hinweis: Man kann versuchen, gute Abdrücke auf Objektträgern mit dem Overheadprojektor, mit einem Diaprojektor (Fingerabdrücke auf die Glasfläche eines Diarähmchens), oder mit der „FlexCam" (Farbvideokamera mit beweglichem „Schwanenhals") zu projizieren.

🕐 10 min   **SV**

Versuch 3

Reaktion der Haut auf Disstress

Material: Für den Bau eines Gerätes zur Messung des Hautwiderstandes werden folgende Materialien benötigt: Taschenlampenbatterie (4,5 V), ein Amperemeter (Messbereich 0,6 mA), zwei Zuleitungen mit Messfühler; als Messfühler dienen zwei schmale Streifen aus Kupferblech, die in einem Abstand von 1 cm nebeneinander um ein kleines Holzblöckchen gewickelt sind; eine Trillerpfeife oder ähnliches.

Das Gerät kann auch als *Lügendetektor* verwendet werden.

Durchführung: Die Versuchsperson nimmt eine entspannte Sitzhaltung ein. Ein/e Mitschüler/in drückt ihr die Kupferkontakte, z. B. auf die Handinnenfläche, die reich an Schweißdrüsen ist. Den Hautwiderstand in Ruhehaltung messen und notieren. Dann die Versuchsperson von hinten durch ein lautes Geräusch (Pfeifton) in Kopfnähe erschrecken und den Hautwiderstand erneut messen.

Ergebnis: Falls das Geräusch auf die Versuchsperson negativ wirkt (Disstress), müsste der Hautwiderstand zunehmen, da als Reaktion des vegetativen Nervensystems die Schweißsekretion einsetzt. Der Schweiß als Salzlösung leitet Strom besonders gut, die Stromstärke steigt an.

Beim „Lügendetektor" wird gleichfalls dieser Mechanismus genutzt. Fühlt man sich unwohl (z. B. beim Lügen, weil man nicht weiß, ob der andere nicht doch bemerkt, dass man lügt), so kommt es zur Bildung „feuchter Hände" durch Schweißsekretion.

 20 min   **SV**

Versuch 4

Lokalisation der Temperatursinnesorgane

Material: 2 Bechergläser, 8 etwa 20 cm lange Drahtstücke, heißes Wasser, kaltes Wasser, Eiswürfel

Durchführung: Das eine Glas wird mit heißem Wasser (ca. 50 °C, mit Thermometer überprüfen), das andere mit kaltem Wasser ≤10 °C gefüllt, einige Eiswürfel zum etwa 20 °C kalten Wasser aus der Leitung geben oder vorgekühltes Wasser aus dem Kühlschrank verwenden). In die Bechergläser werden je 4 etwa 20 cm lange dicke Drahtstücke hineingegeben. Den Versuch in Partnerarbeit durchführen.
Zunächst werden mit den warmen Drähten die Wärmerezeptoren auf der Handfläche und auf dem Handrücken gesucht. Diese Wärmepunkte werden mit einem Stift mit roter wasserlöslicher Farbe markiert. Danach führt man den Versuch mit den gekühlten Drähten durch. Die Kältepunkte blau markieren. Drähte zwischendurch (nach etwa 5 Messungen) immer wieder in die Bechergläser stellen.

Ergebnis: Vergleichbar mit dem Tastsinn kommen in der Haut nur an bestimmten Stellen, z. T. in größerem Abstand, Wärme- und Kälterezeptoren vor. Kältepunkte sind wesentlich häufiger (ca. 250 000 insgesamt) als Wärmepunkte (insgesamt nur etwa 30 000). Die Temperatursinnesorgane sind wie die Tastsinnesorgane über die Körperoberfläche ungleich verteilt.

20 min   **SV**

Versuch 5

Relatives Wärmeempfinden

Material: Plastikschüssel, Wasser unterschiedlicher Temperatur

Durchführung: Der Versuch kann von einem Schüler durchgeführt werden.
Je eine mittelgroße Plastikschüssel wird mit Wasser unterschiedlicher Temperatur gefüllt. Die Differenz sollte mindestens 10–15 °C betragen:
Gefäß A: Wasser von 5–10 °C
Gefäß B: Wasser von ca. 20 °C
Gefäß C: Wasser von 35–40 °C einfüllen.
Zunächst wird gleichzeitig die linke Hand in kaltes Wasser und die rechte Hand in warmes Wasser gehalten. Nach etwa einer Minute beide Hände herausnehmen und sie gleichzeitig in die Schüssel mit dem Wasser mit Raumtemperatur legen.

Ergebnis: Bei der linken Hand sprechen die Kälterezeptoren an, denn die Temperatur liegt deutlich unter Körpertemperatur. Das Wasser wird als kalt empfunden. Bei der rechten Hand sprechen die Wärmerezeptoren an. Da die Wassertemperatur über der normalen Hauttemperatur bei Zimmertemperatur liegt, wird sie als warm wahrgenommen. Legt man sofort anschließend beide Hände in das Wasser von etwa 20 °C, so empfindet die an das kalte Wasser gewöhnte linke Hand das 20 °C warme Wasser als warm; die an das warme Wasser gewöhnte rechte Hand das Wasser als kalt. Empfindungen und Wahrnehmungen sind eine Leistung bestimmter Hirnzentren und nicht der Sinnesorgane. Sie sind nur Messfühler.

Das Temperaturempfinden ist eine relative Sache.

🕐 15 min **SV**

AV-Medien

Folien
- Klett 02763 Folienbuch Biologie: Menschenkunde 1: Folie 22: Die Haut erfüllt viele Aufgaben, mit Arbeitsblatt

Filme/Videos
- FWU 32 02367 Temperaturregulation/14min
- FWU 42 00969 Die Haut (Reihe: ARD-Ratgeber Gesundheit)/VHS/33min
- FWU 42 01183 Hören und Tasten/VHS/33min
- FWU 42 10370 Die Haut
- Klett 75057 Die Haut/VHS/21min/5 Arbeitsblätter

Literatur zur Unterrichtsvorbereitung:

- Arbeitskreis Jugendliche Haut: Die Haut – Probleme und Pflege während der Pubertät. Bezug Postfach 9999, 64521 Groß-Gerau
- Bundeszentrale für gesundheitliche Aufklärung (Hrsg.): Unterrichtswerk zur Individualhygiene. In Zusammenarbeit mit dem Klett Verlag, Stuttgart 1983
- FALLER, A. u. SCHÜNKE, M.: Der Körper des Menschen. Verlag G. Thieme, Stuttgart 2001
- MÖRICKE/BETZ/MERGENTHALER: Biologie des Menschen. Quelle & Meyer, Wiebelsheim 2001
- PdN-Biologie 43/1 (1994): Die Haut (Themenheft)
- ROSENFELD, A.: Die Haut. Geo 1: 32–52 (1988)
- THEWS, G., et al.: Anatomie-Physiologie-Pathophysiologie des Menschen. Wissenschaftliche Verlagsgesellschaft, 5. Aufl. Stuttgart (1999)
- UB 142 (1989): Haut (Themenheft, mit Beiträgen zu allen im Text angesprochenen Sachaspekten)
- WORTMANN, S.: Akne. PdN-B 43/1: 18–21 (1994)

Grüne Pflanzen

von Bruno P. Kremer
und Rose Rathmann

Schlüsselkonzepte

- Die Vielzahl der Lebewesen wird nach neueren Ansichten zweigeteilt in die zellkernlosen Prokaryoten und die kernhaltigen Eukaroyten.

- Grüne Pflanzen, Pilze und Tiere gehören zu den Eukaroyten.

- Grüne Pflanzen sind durch Besonderheiten der Zellwand, durch Farbstoffträger oder Plastiden und durch Besonderheiten in der Embryonalentwicklung gekennzeichnet.

- Die höheren Pflanzen werden in Wurzel, Sprossachse und Blätter gegliedert.

- Wurzeln dienen der Verankerung im Boden und der Wasseraufnahme.

- Die Sprossachse bringt Blätter und Blüten in eine günstige Position und leitet Wasser sowie Assimilate.

- Blätter sind die Hauptorte der Fotosynthese.

- Blüten sind besonders umgestaltete Blätter, die der Fortpflanzung dienen.

- Pflanzen werden nach ihrer Entwicklungshöhe und ihrem Blütenbau klassifiziert.

- Die Fotosynthese ist die wichtigste, natürliche chemische Reaktion auf der Erde, da von ihr alle anderen Lebewesen abhängen.

- Zwischen Pflanzen untereinander, aber auch mit Tieren und dem Menschen, gibt es mannigfache Wechselwirkungen.

Pflanzen mit grünen Blattorganen prägen heute als Gräser, Kräuter, Stauden und Gehölze das Bild der festländischen Vegetation. Sie sind aber nicht nur die ansehnliche Kulisse von Lebensräumen und Landschaften, sondern buchstäblich die Basis der Biosphäre, denn nur der einzigartige Prozess der Fotosynthese kann Primärproduktion leisten und damit organische Substanz für den Stoffwechselbetrieb aller übrigen Lebewesen bereit stellen. Vom Frühstücksei bis zur Crème caramel, die das Abendmenü abschließt, konsumiert auch der Mensch letztlich nur transformierte Pflanzensubstanz und ist auch in zahlreichen technischen Bereichen auf pflanzliche Werkstoffe oder andere Verbindungen von ausschließlich pflanzlicher Herkunft angewiesen.

Grundplasma
Plasmamembran

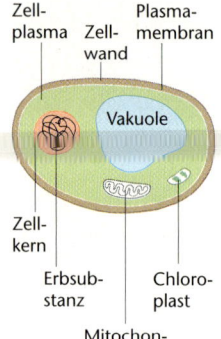

Erbsubstanz
1 Prokaryoten-Zelle

Zell-
plasma Zell- Plasma-
         wand   membran

Vakuole

Zell-
kern
Erbsub-   Chloro-
stanz   plast
Mitochon-
drium
2 Eukaryoten-Zelle

Pflanzen und ihr Reich

Die vorwissenschaftliche Erfahrung teilt die Organismen in die beiden Großgruppen Pflanzen und Tiere ein und diese Beobachtung scheint zunächst auch völlig korrekt zu sein. Lebewesen weisen entweder die Merkmale von Grashalmen, Kopfsalat und Tannenbäumen oder von Regenwürmern, Amseln und Hauskatzen auf.

Unstrittig scheinen auch Abgrenzungen zu sein aufgrund typischer Merkmale, die die Gesamtgestalt der Lebewesen betrifft:

- *fest verwurzeltes Wesen* mit grünen Blättern ist demnach eine Pflanze
- bei einem *frei beweglichen Organismus* mit Beinen und Augen handelt es sich um ein Tier.

Diese Einordnung der Lebewesen in ein klar umrissen erscheinendes Pflanzen- und Tierreich schien tatsächlich lange Zeit völlig ausreichend und ist auch im täglichen Leben sehr praktisch.

Doch gibt diese Begriffsbestimmung keinerlei Auskunft darüber, was denn eigentlich eine Pflanze und – im Gegensatz dazu – ein Tier ist

Der Kenntniszuwachs über Aufbau und Organisation der Lebewesen machte die begriffliche Unzulänglichkeit der konventionellen Zwei-Reiche-Einteilung immer deutlicher. Abgesehen vom enormen Artenreichtum – der natürlich seinerseits ein ordnendes und nach Ähnlichkeiten vorgehendes System bedarf – reichten zwei große Schubladen zur Bewältigung der organismischen Typenvielfalt nicht mehr aus.

Bakterien und Pilze zum Beispiel weisen in vielen Merkmalsbereichen erheblich größere Unterschiede auf als die klassische Trennlinie zwischen Pflanzen- und Tierreich verkraften kann. Deshalb schlug der in Jena wirkende Biologe ERNST HAECKEL (1834–1919) erstmals im Jahre 1866 eine weitere Untergliederung vor (Drei-Reiche-Entstehung). In dem dritten Organismenreich, dem er den Namen „Protisten" gab, fasste er die mikroskopisch kleinen, einzelligen Lebewesen zusammen und grenzte sie so von der makroskopischen Welt der Tiere und Pflanzen ab. Er vertrat die Auffassung, die Einzeller seien völlig anders organisiert.

Um 1838 stellten THEODOR SCHWANN und MATTHIAS SCHLEIDEN fest, dass grundsätzlich alle Lebewesen aus Zellen aufgebaut sind. Die neuere Zellforschung lieferte bedeutsame Argumente dafür, dass die wichtigste organismische Trennlinie nicht zwischen pflanzlicher und tierischer Organisation, sondern innerhalb der Mikroorganismen verläuft.

Neuere biochemische und elektronenmikroskopische Untersuchungen legten eine noch feinere Untergliederung der Lebewesen nahe. Der Vorstoß in immer kleinere Dimensionen deckte auf der einen Seite grundsätzliche Übereinstimmungen in vielen Bereichen der Zellarchitektur und -funktion auf, andererseits aber auch fundamentale Unterschiede, was Zellaufbau und -organisation betrifft. Grundlegend neu und für das Gesamtverständnis folgenreich war die Erkenntnis, dass bei den heutigen Lebewesen zwei verschiedene Grundformen des Zellaufbaus existieren.

- *Prokaryoten (Protocyten)* sind kleine (meist unter 0,01 mm messende) Zellen ohne Zellkern und ohne sonstige membranumschlossene Zellkörperchen (*Organellen*) mit speziellen Funktionen. Dazu gehören nur die Bakterien ▶ 78.1.
- *Eukaryoten (Eucyten)* sind größere (meist über 0,01 mm) Zellen mit Zellkern und zahlreichen spezialisierten Organellen. Sie bilden den Baustein aller Lebewesen, die nicht zu den Bakterien gehören ▶ 78.2.

Aus all diesen Beobachtungen und Feststellungen resultiert natürlich die Frage: Wie kann man das Organismenreich „Pflanzen" eindeutig von den anderen abgrenzen? Die eingangs erwähnte Ortsbindung der Pflanzen gegenüber der Freibeweglichkeit der Tiere, schränkt die Sicht auf die typischen Vertreter festländischer Lebensräume ein. Es gibt jedoch zahlreiche Beispiele für nicht ortsfeste Pflanzen, wie z. B. die schwimmenden Wasserlinsen. Auf der anderen Seite gibt es mit ihrem Standort dauerhaft verwachsene Tiere, unter anderem Schwämme, Korallen oder die zu den Krebsen gehörenden Seepocken.

Ein weiterer Ansatz zur Abgrenzung von Pflanzen und Tieren sind ernährungsphysiologische Unterschiede. Pflanzen sind mehrheitlich *autotroph*, Tiere ausnahmslos *heterotroph*.

Die Fotosynthese als Ernährungsgrundlage aller autotrophen Organismen, ist an das Vorhandensein von lichtabsorbierendem Blattgrün (Chlorophyll) gekoppelt. Dennoch darf man den Begriff „Pflanze" nicht auf das Erscheinungsbild „Organismus mit grünen Zellen und Geweben" einengen, da es dadurch zur Kollision mit folgendem Sachverhalt führen würde:

- Es gibt viele Beispiele für höhere Pflanzen, die chlorophyllfrei und folglich fotosynthetisch nicht aktiv sind. Sie leben als *Parasiten bzw. Saprophyten*. Solche Vertreter sind Fichtenspargel, Schuppenwurz ▶ 79.1/2 und einige Orchideen wie Korallenwurz und Vogelnestwurz.
- Auch ist die Sauerstoff liefernde Fotosynthese nach moderner Kenntnislage keine ausschließlich pflanzliche Stoffwechselleistung. Sie kommt bereits bei den *Cyanobakterien* vor, die zu den Prokaryoten gehören. Die Fotosynthese ist also kein ausschließendes Definitionsmerkmal für Pflanzen.

Eine eindeutige *gemeinsame Abgrenzung* der höheren Pflanzen zu den Organismenreichen der Einzeller, Pilze und der Tiere erreicht man heute vor allem durch Eigenheiten des Zellbaus und Embryonalentwicklung.

Für die ebenfalls zum Reich der Pflanzen gehörenden Grün-, Rot- und Braunalgen, gelten zwar die gleichen Kriterien wie für die so genannten höheren Pflanzen. Dennoch nehmen sie, als ausschließlich im Wasser vorkommende Organismen, eine Sonderstellung ein. Zu den grünen Pflanzen im engeren Sinn gehören auch Moose, Farne und Samenpflanzen.

1 Fichtenspargel

2 Kleine Sommerwurz

Viren
Viren sind nicht anderes als in Proteine eingepackte Nukleinsäuren. Da sie keine Zellen haben, sind sie keine Organismen und auch keine „Vor"lebewesen.

Lexikon

Verschiedene Ernährungsarten
Autotroph heißt wörtlich „sich selbst ernährend". Gemeint ist der Aufbau von organischen Substanzen aus energiearmen, anorganischen Stoffen, z. B. Wasser und Kohlenstoffdioxid. Dies geschieht bei grünen Pflanzen und Chlorophyll haltigen Einzellern durch die Fotosynthese.
Heterotroph bedeutet, von energiereicher, organischer Nahrung abhängig zu sein.
Parasiten leben von anderen lebenden Organismen, **Saprophyten** sind Fäulnisbewohner, die sich von abgestorbenen Lebewesen ernähren.

Grüne Pflanzen

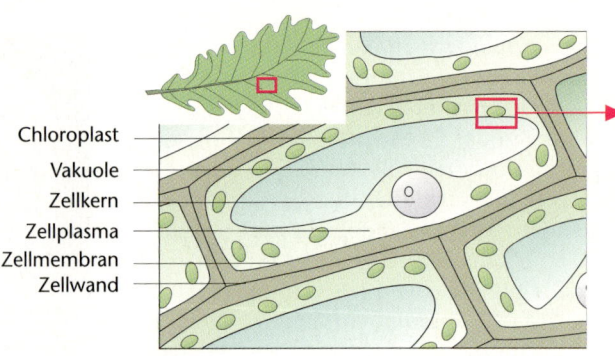

1 Pflanzenzelle mit Chloroplasten im Zellplasma

Chloroplast
Vakuole
Zellkern
Zellplasma
Zellmembran
Zellwand

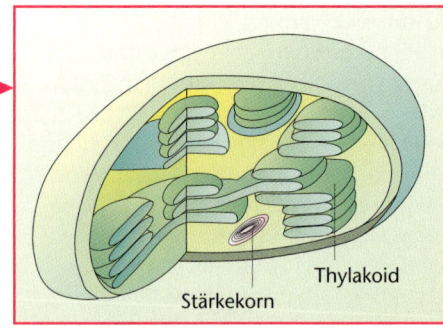

2 Chloroplast im Detail

Thylakoid
Stärkekorn

Besonderheiten grüner Pflanzen

Plastiden

Zum zellbiologischen Bild einer Pflanze gehören die *Plastiden*. In den Zellen und Geweben fotosynthetisch aktiver grüner Organe sind es die *Chloroplasten* ▶ 80.1. Die innere Membran der Chloroplasten ist gefaltet und bildet die *Thylakoide* aus ▶ 80.2. In ihnen befinden sich die beiden Blattgrünfarbstoffe Chlorophyll a und Chlorophyll b sowie begleitenden Gelbpigmente (*Carotinoide*). Fallweise können sich die grünen Chloroplasten in bestimmten Organen, beispielsweise in Blütenblättern oder in Früchten, in kräftig gelb pigmentierte *Chromoplasten* umwandeln. Im bunt verfärbten Herbstlaub enden die Chloroplasten als farblich und strukturell stark veränderte *Gerontoplasten*. Plastiden ohne Farbstoffe sind die im nicht fotosynthetischen Gewebe meist zu Stoffspeicherungsaufgaben verwendeten *Amyloplasten* (Stärkekörner).

Alle Plastiden leiten sich entwicklungsgeschichtlich ausnahmslos von einer gemeinsamen Vorstufe, den *Proplastiden*, ab, die in jeder Pflanzenzelle vorhanden sind. Plastiden entstehen in den Zellen niemals völlig neu, sondern immer nur durch Teilung aus sich selbst oder durch Differenzierung des zelleigenen Bestandes an Proplastiden. Im Unterschied zu den äußerst vielgestaltigen Chloroplasten der Algen, sind die grünen Plastiden der eigentlichen Pflanzen relativ einheitlich linsenförmig.

Entwicklungsbiologie

Sobald die Eizelle befruchtet ist, liegt eine *Zygote* vor. Bei den Moosen, Farnen und Samenpflanzen bleibt die Zygote noch eine Weile mit dem mütterlichen Organismus verbunden und wird von diesem auch ernährt. Für die Algen trifft dies allerdings nicht zu.

Entwicklungshöhe
Die Unterscheidung zwischen niederen und höheren Pflanzen orientiert sich an der relativen Entwicklungshöhe und ergibt sich letztlich nur aus dem direkten Vergleich. Ob man die Moose bereits zu den höheren Pflanzen rechnet, ist somit eine Frage des Standpunktes. Verglichen mit einer einzelligen oder fädigen Grünalge stellt die Moospflanze zweifellos ein sehr viel komplexeres Gebilde dar. Betrachtet man sie jedoch neben einer Blütenpflanze, so erscheint sie ungleich einfacher.

Symbiose
Ökologische Beziehung zweier Organismen verschiedener Art zum gegenseitigen Vorteil.

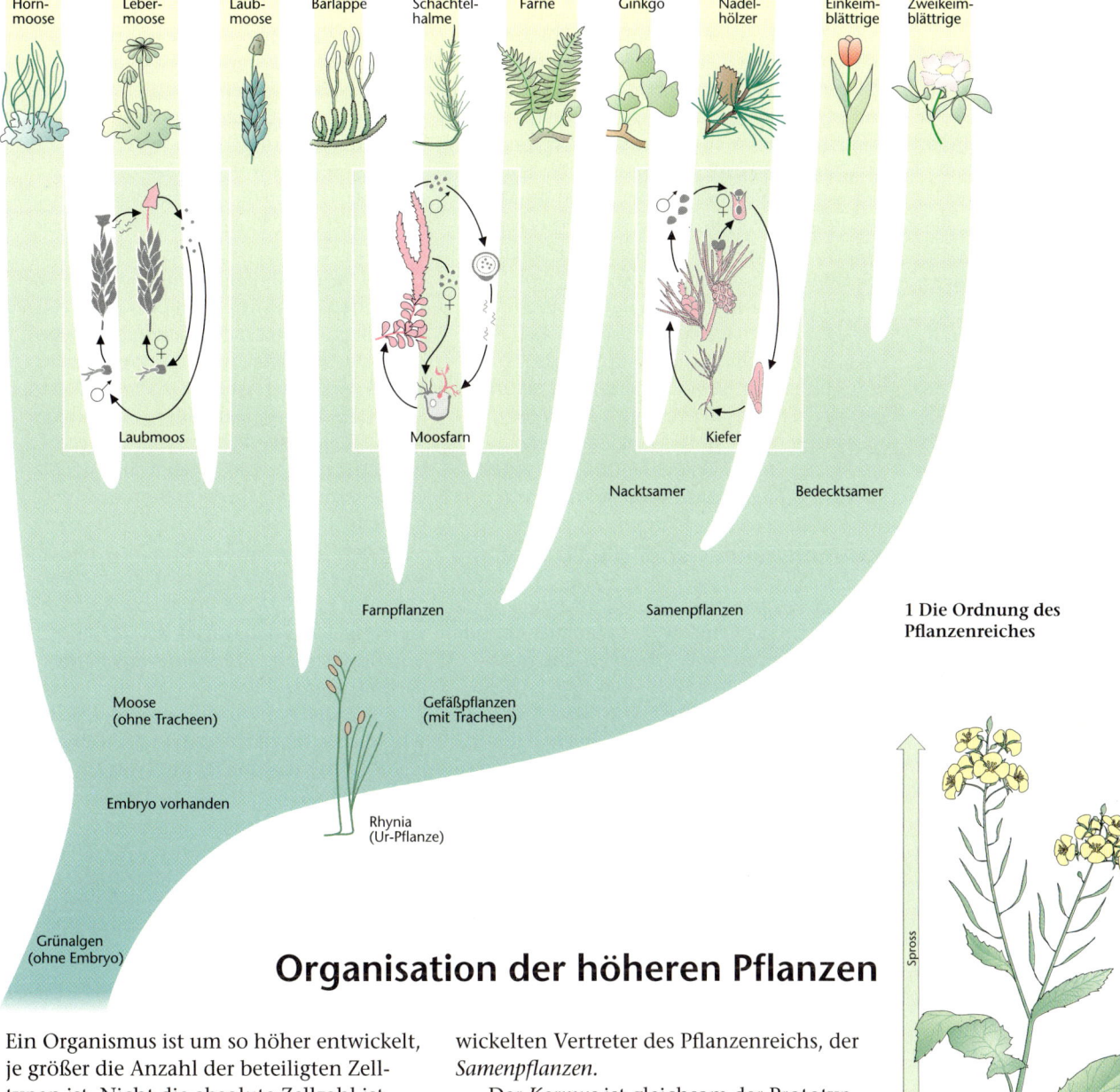

Horn-moose | Leber-moose | Laub-moose | Bärlappe | Schachtel-halme | Farne | Ginkgo | Nadel-hölzer | Einkeim-blättrige | Zweikeim-blättrige

Laubmoos

Moosfarn

Kiefer

Nacktsamer

Bedecktsamer

Farnpflanzen

Samenpflanzen

1 Die Ordnung des Pflanzenreiches

Moose
(ohne Tracheen)

Gefäßpflanzen
(mit Tracheen)

Embryo vorhanden

Rhynia
(Ur-Pflanze)

Grünalgen
(ohne Embryo)

Organisation der höheren Pflanzen

Ein Organismus ist um so höher entwickelt, je größer die Anzahl der beteiligten Zelltypen ist. Nicht die absolute Zellzahl ist also ausschlaggebend, sondern die formal und funktional spezialisierten Zellsorten. Während die meisten Algen für sämtliche Lebenstätigkeiten, einschließlich Vermehrung, mit weniger als 10 Zellsorten auskommen, sind es bei den Moosen schon einige Dutzend und bei den Samenpflanzen weit über 100.

Höhere Pflanzen werden als *Kormophyten* oder *Sprosspflanzen* zusammengefasst.

Die folgende Darstellung beschränkt sich überwiegend auf die Gestalt der höchstent-wickelten Vertreter des Pflanzenreichs, der *Samenpflanzen.*

Der *Kormus* ist gleichsam der Prototyp eines Vegetationskörpers der höheren Pflanzen und ist immer in die Grundorgane *Wurzel, Sprossachse* – umgangssprachlich *Stängel* – und *Blätter* gegliedert. Sprossachse und Blätter bilden zusammen den *Spross* ▶ 81.2. Kormophyten sind alle Pflanzen, die diesem Grundschema entsprechen. Einen Kormus weisen nur die Farne und die Samenpflanzen auf.

Aus den Grundorganen eines Kormus lassen sich alle gestaltlichen Besonderheiten einer Pflanze ableiten, wie beispielsweise

Spross

Wurzel

2 Aufbau einer Blüten-pflanze (Ackersenf)

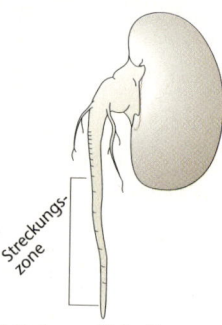

1 Bohnen-Keimling

„Radi"
In der bayerischen Bezeichnung für den Rettich, „Radi", verbirgt sich das lateinische Wort für Wurzel: radix.

Ranken oder Dornen. Blüten sind kein eigenes Grundorgan, sondern besondere Abschnitte der Sprossachsen mit mehreren spezialisierten Blättern. Auch Früchte sind letztlich nur aus umgestalteten Blättern entstandene Gebilde und daher keine eigenständigen Organe.

Nur bei Farnen und Samenpflanzen enthalten die Wurzeln, Sprossachsen und Blätter besondere Leitbahnen (Leitbündel, Blattadern, Blattnerven). Sie werden deshalb als *Gefäßpflanzen* zusammengefasst.

Gemeinsames Merkmal dieser Pflanzen sind die Samen als Verbreitungseinheit. Da der Samenbildung notwendigerweise eine funktionstüchtige Blüte vorangeht, kann man die Samenpflanzen auch als *Blütenpflanzen* bezeichnen. Weitere systematische Einteilungen innerhalb der Unterabteilungen der *Nackt- und Bedecktsamer* ▶ S.105/106.

Grundlegendes über die Wurzel

Bereits der im Samen ruhende Embryo lässt im Prinzip die Gliederung in die drei Grundorgane eines Kormus erkennen. Bei fast allen Embryonen ist der *Wurzelpol* anfangs etwas stärker entwickelt. Die Wurzel ist das erste Organ, mit dem der wachsende Embryo die Samenschale sprengt und in seine eigene, vorerst meist ausschließlich unterirdische Umwelt eintritt.

Wurzeln wachsen, wie man mit Tuschemarkierungen an Bohnen-Keimlingen ▶ 82.1 leicht nachweisen kann, immer nur an der Spitze in die Länge. Das Wachstumsgewebe befindet sich im Innern der Wurzelspitze. Eine *Wurzelhaube* schützt die noch nicht allzu stark verfestigten Gewebe der Spitzenregion beim Vortrieb zwischen den eventuell sehr dicht gepackten Bodenteilchen. Die Wurzelhaube muss ihrerseits ständig erneuert werden. Ihre Zell-Nachlieferung besorgt die gleiche Wachstumszone, die auch die Gewebe der Wurzelspitze bildet.

Die Wurzelverlängerung erfolgt im Wesentlichen durch Streckung der neu gebildeten Zellen. Hinter der Streckungszone beginnt die Spezialisierung der Wurzelzellen ▶ 83.1. Äußerlich ist diese Zone an den vielen, oft dichtfilzig stehenden, einzelligen *Wurzelhaaren* zu erkennen; bei Getreidekeimlingen etwa 400 Stück/mm Wurzellänge. Sie leisten mit ihrer großen Anzahl eine beträchtliche Oberflächenvergrößerung. Es ist der für die Wasser- und Mineralsalzaufnahme aus dem Boden allein zuständige Abschnitt. Die Wurzelhaare sind unverzweigte Ausstülpungen der einlagigen Abschlussschicht, die man Wurzelhaut (*Rhizodermis*) nennt.

Die Zellen der Wurzelhaut und damit auch die Wurzelhaare sterben nach einiger Zeit ab. Unterhalb der Wurzelhaut bildet sich rechtzeitig als neues Abschlussgewebe die *Exodermis*. Darauf folgen nach innen die Zelllagen der *Wurzelrinde*, die meist Speicheraufgaben übernehmen. Die innere Abschlussschicht, die *Endodermis*, grenzt unmittelbar an den *Zentralzylinder* mit den Leitgeweben.

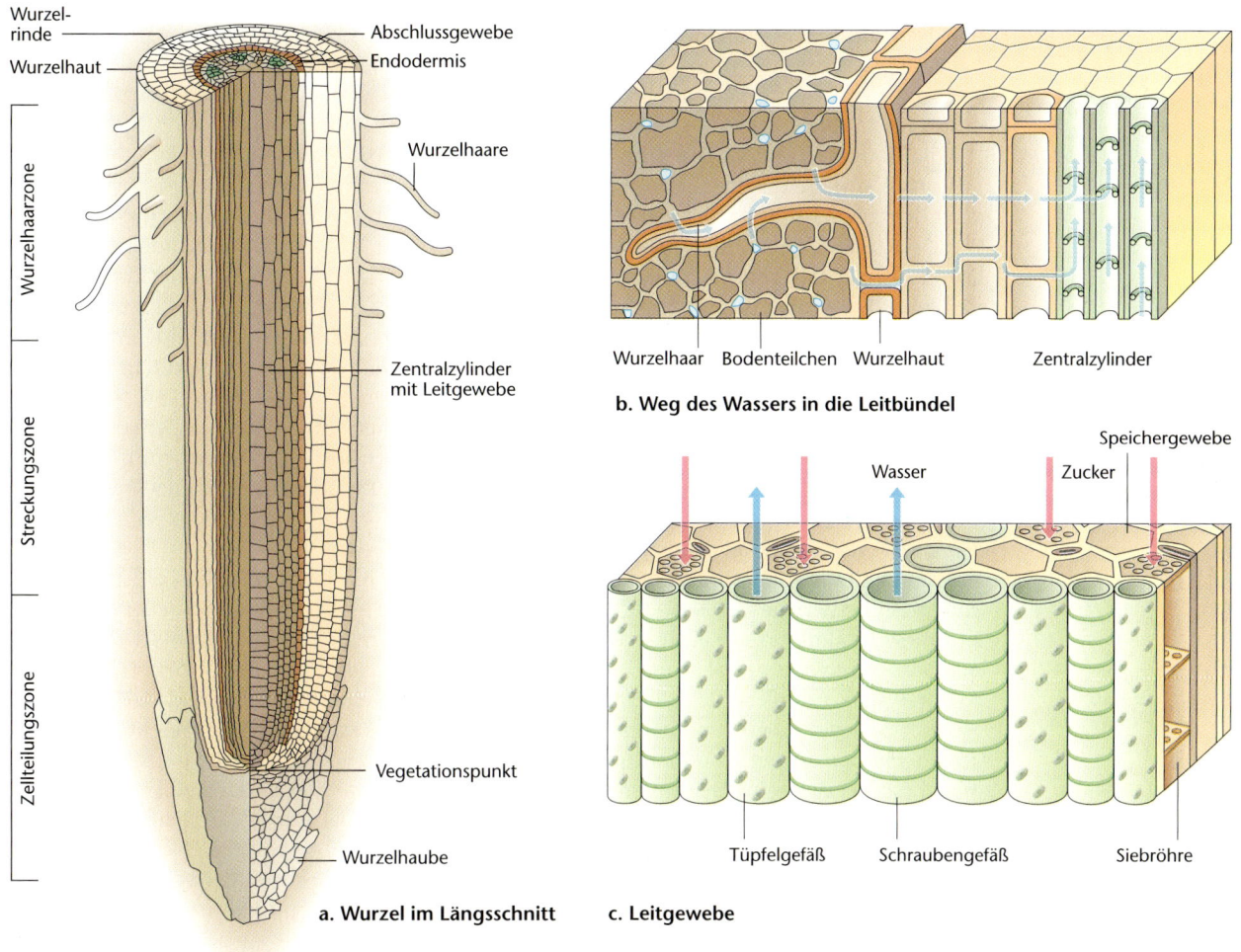

b. Weg des Wassers in die Leitbündel

a. Wurzel im Längsschnitt   c. Leitgewebe

1 Schema einer Wurzelspitze mit verschiedenen Geweben

Exkurs

Grundorganisation einer Wurzel

Die **Wurzel** dient der Verankerung der Pflanze im Boden, der Aufnahme von Wasser aus dem Boden und seiner Weiterleitung zum Spross, so wie der Lagerung von Reservestoffen.

Der **Zentralzylinder** hebt sich von der umgebenden Rinde ab. In ihm liegt das **Leitgewebe**. Es besteht aus verschiedenen Zellen, in denen Wasser von unten nach oben und Nährstoffe von oben nach unten geleitet werden.

Der Wasserleitung dienen **Tüpfel-** und **Schraubengefäße**. Tüpfelgefäße haben in den Wänden Poren (Tüpfel), durch die Wasser in das umliegende Gewebe austreten kann. Die Wand der Schraubengefäße wird durch eine spiralige Versteifung gestützt. Beide Zelltypen sind tot.

Die **Siebröhren** sind von durchlöcherten **Siebplatten** durchzogen. In den Siebröhren werden die von der Pflanze produzierten **Assimilate** (Nährstoffe) von oben zu den Wurzeln transportiert.

Sowohl in der Rindenschicht als auch im Zentralzylinder liegt das **Speichergewebe** In ihm werden Reservestoffe wie z. B. Stärke eingelagert.

Unter dem **Sauggewebe** versteht man die äußerste Schicht, die Wurzelhaut. Sie bildet die einzelligen Wurzelhaare aus, die sich zwischen die winzigen Bodenteilchen schieben. Das Sauggewebe entzieht dem Boden das Wasser und leitet es an die inneren Schichten weiter.

1 Nachweis des Geotropismus

Tropismus
Er beschreibt die Richtung der Wachstumsbewegungen einzelner Pflanzenorgane. Die Vorsilbe bezeichnet den auslösenden Reiz. Beim Geotropismus ist es die Erdschwerkraft.

Graviperzeption
Perzeption (Wahrnehmung) der Schwerkraft

Kambium
Teilungsfähige Zellschicht, von der in der Wurzel und im Spross das Dickenwachstum ausgeht

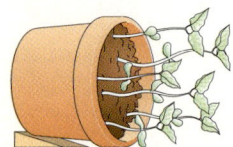

2 Homorrhize Bewurzelung beim Mais

Die äußere Zellschicht des Zentralzylinders ist der *Perizykel*. Im Unterschied zur Sprossachse führt die Wurzel nur ein einziges, im Querschnitt oft sternförmig gegliedertes Leitbündel.

Die Hauptwurzeln wachsen immer zum Erdmittelpunkt. Diese Erscheinung nennt man *Geotropismus*. Er kann auch im Experiment nachgewiesen werden, beispielsweise durch Horizontallagerung keimender Bohnen ▶ 84.1. Die reaktionsauslösende Erdschwere wird in der Wurzelspitze wahrgenommen. Im Experiment kann man die zum Erdmittelpunkt gerichtete Schwerkraft durch eine andere Beschleunigung ersetzen und damit eine vom Normalbild abweichende Richtungswahl beobachten. Die Signalvermittlung in den wachsenden Wurzelspitzen erfolgt durch Stärkekörner, die auf den Plasmamembranen der unteren, quer verlaufenden Zellwände lasten und damit eine komplexe Reaktionskette auslösen. Legt man eine senkrecht gewachsene Wurzelspitze horizontal, verlagern sich die Stärkekörner auf die Seitenwände und leiten durch diese Graviperzeption eine Richtungskorrektur für das Wurzelwachstum ein.

Seitenwurzeln
Diese nehmen bei den Samenpflanzen ihren Ausgang immer vom Zentralzylinder. Seitenwurzeln entstehen also im Gegensatz zu Verzweigungen der Sprossachse immer endogen, d.h. aus dem Innern heraus.

Dickenwachstum der Wurzel
Damit Wurzeln nicht nur die Wasser- und Mineralsalzaufnahme aus dem Boden durchführen, sondern auch die mechanische Verankerung des gesamten Pflanzenkörpers leisten können, ist Erstarkungs- oder Dickenwachstum erforderlich. Dieses geht vom *Kambium* aus, einer teilungsfähigen Zellschicht innerhalb des Wurzelleitbündels. Zellen, die das *Kambium* bei seiner Teilungstätigkeit nach außen abgliedert, bilden zusammen den *Wurzelbast*. Die Bezeichnung „Bast" rührt daher, dass in diesem Teil eines verholzten Stammes auch Bastfasern gebildet werden. Die nach innen abgeteilten Zellserien bilden zusammen das *Wurzelholz*.

Bei der Umbildung der Wurzel zum Speicherorgan kann die eine oder andere Gewebesorte überwiegen. Die Mohrrübe ist eine typische Bastrübe mit großem Bastteil, der Rettich dagegen eine Holzrübe mit überwiegendem Holzteil.

Sprossbürtige Wurzeln
Auch außerhalb des eigentlichen Wurzelraums können an der Sprossachse Wurzeln entstehen; z.B. bei den Ausläufern von Kriechendem Hahnenfuß und Erdbeere oder bei den Haftwurzeln des Efeus. Luftwurzeln erreichen größere Längen und dienen der zusätzlichen Abstützung der Pflanze, wie z.B. bei Mangroven. Wurzeln, die als Folge einer Verletzung entstehen, wie bei der Stecklingsvermehrung vieler Pflanzen, nennt man *Adventivwurzeln*.

Wurzelsprosse
Von Wurzeln kann vor allem bei Zweikeimblättrigen auch die Bildung neuer Sprosse ausgehen. Solche Wurzelsprossbildung, auch Schösslinge genannt, zeigen beispielsweise Schlehe, Sanddorn und viele Waldbäume. Bei manchen Arten reicht zur Sprossregeneration oft schon ein kleines, im Boden verbleibendes Wurzelstück aus, etwa bei der Quecke, der Acker-Winde oder bei vielen Ampfer-Arten. Viele Neubürger unter den Pflanzen werden über Wurzelstücke mit Erde verschleppt und können sich so rasch ausbreiten; z.B. der Riesenknöterich oder die Herkulesstaude.

Bewurzelungstypen
Wird die Hauptwurzel in ihrem Wachstum gegenüber den Seitenwurzeln stark bevorzugt, entsteht eine tief reichende *Pfahlwurzel* (Löwenzahn, Eiche). Überwiegt die Wachstumsförderung der Seitenwurzeln, entsteht der ausgedehnte Wurzelteller der *Flachwurzler* (Fichte, Pappel). Schließlich können Seitenwurzeln auch eine ähnliche Stärke erreichen wie die Hauptwurzel, wie es etwa das Herzwurzelsystem von Apfelbaum oder Buche zeigt.

Da einkeimblättrigen Pflanzen normalerweise die Fähigkeit zum sekundären Dickenwachstum fehlt, können sie keine verdickten Hauptwurzeln bilden. Ihre Keimwurzel geht daher nach einiger Zeit zugrunde und wird durch eine größere Anzahl sprossbürtiger, ungefähr gleich großer Wurzeln ersetzt. Diese Bewurzelung nennt man *homorrhiz*. Dieses Phänomen ist beim Maisstängel leicht zu erkennen ▶ 84.2.

Bau und Gestalt der Sprossachse

Mit der Wurzel teilt die Sprossachse die Aufgabe, für Stabilität zu sorgen. Sie trägt die oft nur kurzlebigen Blattorgane und sichert ihnen den für die Stoffproduktion notwendigen optimalen Platz an der Sonne. Außerdem ist sie Durchgangsstation der Materialflüsse durch den Pflanzenkörper. Der aus dem Wurzelbereich aufsteigende Wasserstrom mit den darin gelösten Salzen wird an die wachsende Sprossspitze und in die Blätter weitergeleitet, während umgekehrt die in den Blättern fotosynthetisch hergestellten Stoffe, die Assimilate, als gelöste Zucker den Orten des Verbrauchs oder der Speicherung zugeführt werden ▶ 85.1.

Leitbündel
Der Stofftransport über größere Entfernungen ist auch in der Sprossachse die Hauptaufgabe der *Leitbündel*. Dafür gibt es in jedem Leitbündel zwei spezialisierte Teilbereiche.

Innen, zum Zentrum des Sprossachsen-Querschnitts ausgerichtet, liegt der *Gefäßteil*, das *Xylem* ▶ 86.1. Er leitet mit dem Wasserstrom von unten nach oben die anorganischen Stoffe. Bei den Nacktsamern besteht er nur aus kurzen, über durchbrochene Querwände miteinander verbundenen *Tracheiden*, bei den Bedecktsamern zusätzlich aus dem durchgängigen Röhrensystem den *Tracheen* (*Schrauben-* und *Tüpfelgefäße*). Tracheiden und Tracheen sind im funktionstüchtigen Zustand tot; ihre Zellwände sind verholzt. Der Wassertransport erfolgt darin rein physikalisch durch Kohäsionszug. Die Strömungsgeschwindigkeit beträgt je nach Wegsamkeit und Durchmesser 3–60 cm/min. Die meisten Zellen des Xylems haben verdickte und verholzte Zellwände, da sie beim Wassertransport meist unter erheblichem Unterdruck stehen und sonst kollabieren würden. Somit kann ihnen auch ein Teil der mechanischen Stützfunktion der Sprossachse zufallen.

Dem Xylem direkt gegenüber, zur Außenseite der Sprossachse orientiert, befindet

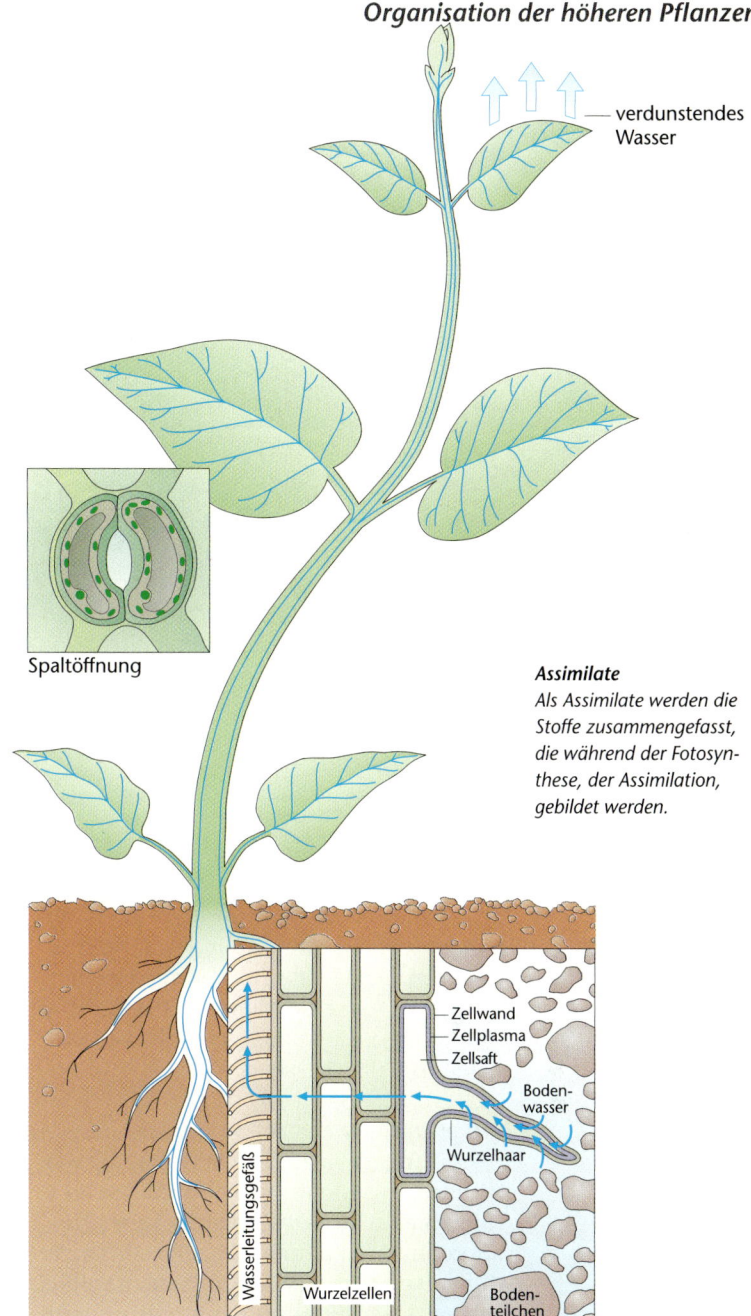

verdunstendes Wasser

Spaltöffnung

Assimilate
Als Assimilate werden die Stoffe zusammengefasst, die während der Fotosynthese, der Assimilation, gebildet werden.

Zellwand
Zellplasma
Zellsaft
Bodenwasser
Wurzelhaar
Wasserleitungsgefäß
Wurzelzellen
Bodenteilchen

1 Wasseraufnahme und Transport in der Pflanze

sich im Leitbündel der *Siebteil*, das *Phloem*. Xylem und Phloem liegen also normalerweise Flanke an Flanke dicht aufeinander – sie sind kollateral angeordnet. Bei den Farnen und Nacktsamern besteht das stoffleitende Phloem nur aus Siebzellen – langgestreckte Zellen mit schräg stehenden, fein perforierten Querwänden. Die Bedecktsamer verfügen dagegen über die wesentlich leistungsfähigeren *Siebröhren*, bei denen die Querwände von großen Poren

Kohäsion
Der Begriff Kohäsion bedeutet so viel wie „Aneinanderhängen". Damit sind die Wassermoleküle gemeint, die durch physikalische Kräfte zusammenhängen und in der Pflanze einen „Wasserfaden" bilden.

Grüne Pflanzen

Der Kambiumzylinder verlagert sich beim Dickenwachstum immer weiter nach außen. Wie in den einzelnen Leitbündeln sind auch im sekundären Xylem die Wasser leitenden Elemente im funktionstüchtigen Zustand tot, diejenigen des Bastes jedoch lebendig.

Jahrringe

Im mitteleuropäischen Klima zwingt der Temperaturgang der Jahreszeiten den Pflanzen ein saisonales und damit ein rhythmisches Wachstum auf. Die aktive Wachstumsperiode mit anhaltender Tätigkeit des Kambiums reicht vom Frühjahr bis in den Spätsommer. Zu Beginn des Jahreswachstums legt das Kambium zunächst dünnwandige Tracheiden oder weitlumige Tracheen an, die vorwiegend der Wasserleitung dienen; auf einem Stammquerschnitt erkennbar als helleres, weicheres *Frühholz*. Die später entstehenden Holzelemente werden zunehmend englumiger und dickwandiger. Sie bilden das mehr der Festigung dienende dunklere *Spätholz*. Frühholz und Spätholz eines Jahres ergeben zusammen einen *Jahr-*

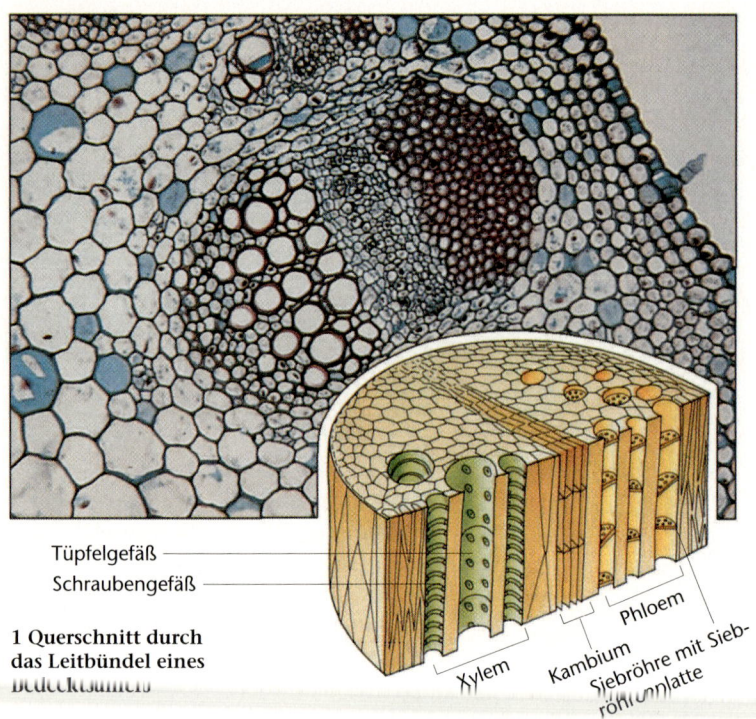

Tüpfelgefäß

Schraubengefäß

Xylem — Kambium — Siebröhre mit Siebröhrenplatte — Phloem

1 Querschnitt durch das Leitbündel eines Bedecktsamers

durchbrochen sind und zu Siebplatten werden. Der Stofftransport im Phloem erfolgt im Unterschied zum Xylem immer nur in lebenden Zellen. Die Transportgeschwindigkeit für Assimilate liegt bei 0,5 – 1,5 m/h, ist also wesentlich langsamer als die Wasserleitung.

Dickenwachstum

Mehrjährige Pflanzen wachsen ständig weiter und dabei nimmt ihre Sprossachse an Durchmesser zu. Bei diesem Dickenwachstum nimmt ein schmaler, bei Zweikeimblättrigen zwischen Xylem und Phloem verbleibender Gewebestreifen, das *Kambium*, seine Teilungstätigkeit erneut auf. Das zwischen den Leitbündelsträngen liegende Gewebe teilt sich ebenfalls und es entsteht ein Kambiumring.

Die Kambiumzellen gliedern nun im Laufe ihres Teilungswachstums nach innen weiteres so genanntes sekundäres Xylem ab. Dieses bezeichnet man als *Holz*. Das zur Außenseite des Kambiums neu entstehende sekundäre Phloem ist dagegen der *Bast*. Da jeweils mehr Xylem als Phloem gebildet wird, nimmt der Holzzylinder der Sprossachse im Durchmesser kontinuierlich zu.

Borke
Der abgestorbene Teil der Rinde

Lumen
ist der Innendurchmesser eines Rohres

Jahrring
An Stelle von Jahrring liest man häufig auch (sprachlich unkorrekt) Jahresring

Borke — Korkkambium — Bast — Kambium — Splintholz — Kernholz

2 Querschnitt durch einen Baumstamm

ring. Während die Übergänge innerhalb eines Jahrrings fließend sind, besteht zwischen den einzelnen Jahrringen jeweils eine scharfe Jahresgrenze. Da die Zuwachsschichten im unten dickeren und oben dünneren Baumstamm kegelförmig angeordnet sind, werden Früh- und Spätholz beim Zuschneiden von Brettern oder Furnieren in verschiedenen Winkeln tangential getroffen, woraus sich die unterschiedliche Maserung des Nutzholzes ergibt ▶ 86.2/87.1.

Vom Früh- und Spätholz sind die Bezeichnungen *Splint- und Kernholz* deutlich zu trennen. Das peripher liegende Splintholz ist hell und besteht aus den jeweils jüngeren Jahrringen. In der Mitte eines Baumstammes, im Kern, kann sich das Holz durch nachträgliche Stoffeinlagerungen dunkel verfärben. Bei manchen Arten führt die Verkernung zu äußerst dekorativen Farbhölzern (Mahagoni, Palisander, Teak). Bleibt eine Kernholzbildung aus, werden die Baumstämme durch Pilzbefall und Ausfaulen hohl (Weide, Ölbaum).

Die Ausprägung der Jahrringe lässt Rückschlüsse auf die Wachstumsbedingungen eines Baumes zu.

Veränderungen der Sprossachse

Üblicherweise gilt, dass die in der Erde wachsenden Teile einer Pflanze zur Wurzel gehören, die oberhalb des Bodens dagegen zum Spross. Ausnahmen davon sind die so genannten Erdsprosse, im Boden wachsende, umgestaltete Sprossachsen. Mehrere Möglichkeiten sind zu unterscheiden:

■ *Zwiebeln* bestehen aus einer stark gestauchten Sprossachse mit verkürzten und auffällig verdickten Blättern, die als Speicherorgane dienen ▶ 88.1. Zwiebeln kommen hauptsächlich bei Einkeimblättrigen Pflanzen vor, wie z.B. Schneeglöckchen, Tulpe, Narzisse. Die in Zwiebeln eingelagerten und rasch abrufbaren Reservestoffe ermöglichen den Frühblühern einen unverhältnismäßig frühen Start in die Blühsaison.

■ *Rhizome* sind horizontal im Boden wachsende, meist sekundär verdickte Sprossachsen mit Speicherfunktion, an denen sich zahlreiche sprossbürtige Wurzeln entwickeln. Beispiele sind Maiglöckchen, Leberblümchen, Busch-Windröschen, Schwertlilien (einige Arten auch

1 Jahrringfolge am quer geschnittenen Stamm mit hellem Früh- und dunklerem Spätholz

Rhizome
Sie werden auch als Erd- oder Kriechspross bezeichnet.

Exkurs

Dendrochronologie

In den Jahrring-Folgen bildet sich nicht nur die Jahreszeitlichkeit des Klimas, sondern auch der langfristige Witterungsverlauf ab. Regenreiche Jahre ergeben dickere, trockene eher enge Zuwachsringe. Eine Jahrring-Folge ist insofern immer ein minutiös aufgezeichneter Klimakalender. Unperiodische Witterungsschwankungen verursachen einmalige und unverwechselbare Ringbreiten-Folgen, die über den Ringbreiten-Vergleich eine äußerst genaue Datierung auch von historischen Hölzern erlauben. Die Erstellung solcher Datierungshilfen ist das Arbeitsgebiet der Dendrochronologie. Für die Eichen Mittel- und Westeuropas liegt inzwischen eine bis in das siebente vorchristliche Jahrtausend zurückreichende Ringbreiten-Chronologie vor ▶ 87.2.

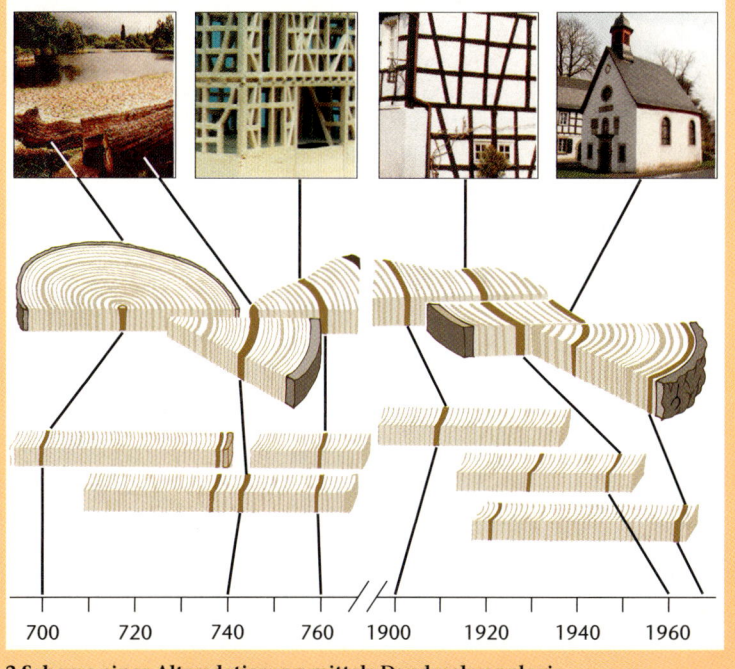

2 Schema einer Altersdatierung mittels Dendrochronologie

Grüne Pflanzen

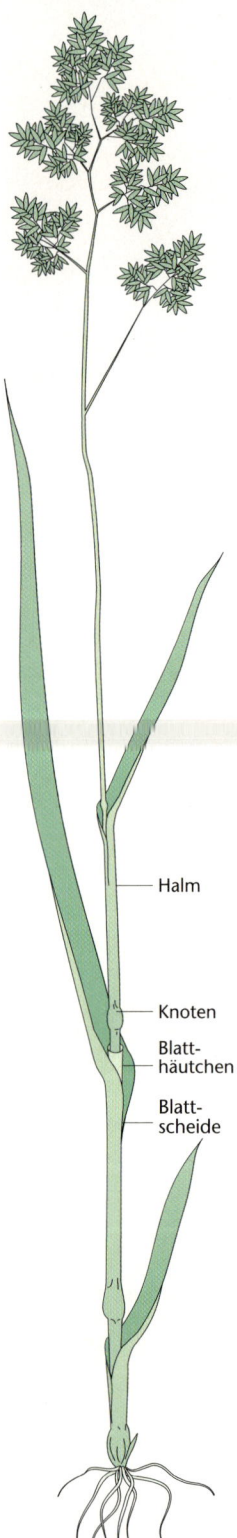

Knäuelgras

3 Blattknoten sind Ausgangspunkte der Blattentstehung

(Labels on img_2: Halm, Knoten, Blatt-häutchen, Blatt-scheide)

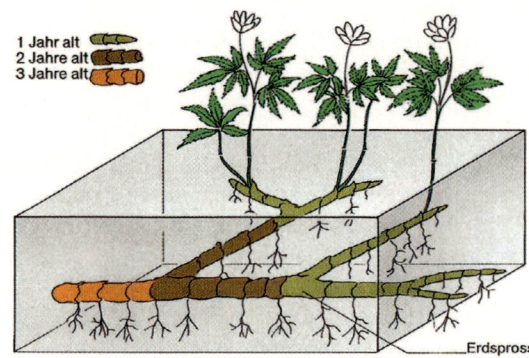

(Labels: Hüllen (Schalen), Laubblätter, Blüten-anlage, Mutter-zwiebel, Stängel, Ersatz-zwiebel, Brut-zwiebel, Zwiebel-scheibe, Wurzeln)

1 Längsschnitt durch eine Zwiebel

(Labels: 1 Jahr alt, 2 Jahre alt, 3 Jahre alt, Erdspross)

2 Erdspross des Busch-Windröschens

mit Zwiebeln), Aronstab, Schilf oder Spargel ▶ 88.2.

■ *Sprossknollen* sind ebenfalls Speicherorgane und können als besonders stark verdickte Rhizome aufgefasst werden. Ein auffälligerer Unterschied besteht lediglich in der Lage: Rhizome vergrößern sich meist horizontal, Sprossknollen dagegen überwiegend in vertikaler Richtung. Sprossknollen kommen z. B. vor bei Kartoffel, Alpenveilchen, Herbstzeitlose, Krokus, Lerchensporn. Eine oberirdische Sprossknolle entwickelt der Kohlrabi.

Blätter

Bei den höheren Pflanzen kommen zwei verschiedene Blatt-Typen vor. Manche Farnpflanzen wie Bärlappe und Schachtelhalme sowie die zu den Nacktsamern gehörenden Nadelhölzer sind mit kleinflächigen, schmalen und meist spitzen *Nadelblättern* ausgestattet. Die Bedecktsamer tragen dagegen überwiegend flächig entwickelte *Laubblätter*. Alle Blätter entstehen grundsätzlich nur als Anhangsorgane der Sprossachse und niemals an Wurzeln ▶ 81.2.

Blattgewebe

Beide Seiten eines Laubblattes sind von einem meist nur einschichtigen, aber dickwandigen Abschlussgewebe, der *Epidermis*, umschlossen ▶ Kap. Haut. Die Epidermiszellen sind untereinander so fest verbunden, dass man sie von den Blättern als feines Häutchen abziehen kann. Die äußere Zellwandschicht, die *Kutikula*, ist durch wachsähnliche Stoffe weitgehend gasdicht und wasserabweisend imprägniert. In den Epidermiszellen kommen keine Chloroplasten vor.

Folglich haben sie auch kein Blattgrün (*Chlorophyll*).

Da für den Stoffwechselbetrieb der Blätter jedoch ein Gasaustausch mit der Umgebung unerlässlich ist, sind in die Epidermis besonders der Blattunterseite Spaltöffnungen eingelassen. Sie bestehen aus jeweils zwei länglichen bis bohnenförmigen Schließzellen, die ausnahmsweise Chloroplasten enthalten. Druckänderungen lassen einen zwischen den Schließzellen liegenden Spalt enger oder weiter werden, wodurch das Blatt den Ein- und Austritt von Gasen regulieren kann ▶ 89.1.

Zwischen den beiden Epidermen liegen die Chloroplasten führenden Zellschichten. Die unter der oberen Epidermis liegenden Zellen sind lang gestreckt und stehen dicht nebeneinander – sie bilden das *Palisadenparenchym* und enthalten rund 80 % der Chloroplasten eines Blattes ▶ 88.4. Zwischen Palisadenschicht und unterer Epidermis liegen die locker und mit großen Zellzwischenräumen (*Interzellularraum*) angeordneten Zellen

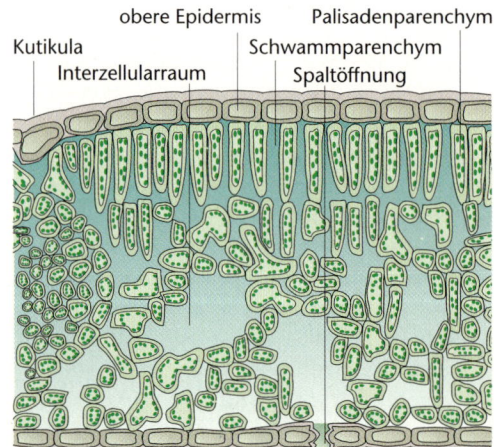

(Labels: obere Epidermis, Palisadenparenchym, Kutikula, Schwammparenchym, Interzellularraum, Spaltöffnung)

4 Querschnitt durch ein Blatt

des *Schwammparenchyms*. Palisadenschicht und Schwammparenchym werden zusammen als *Mesophyllgewebe* bezeichnet.

Blattnervatur

Außer Epidermen und Mesophyllgewebe führen die Blätter auch *Leitgewebe*. Abzweigungen der Sprossachsen-Leitbündel treten als Blattspuren durch den Blattstiel in die Blattfläche ein und verzweigen sich hier weiter. Sie bilden die charakteristische Blattaderung oder Blattnervatur. Für einkeimblättrige Pflanzen ist eine parallele Anordnung der Blattadern *(Parallelnervatur)* typisch, für zweikeimblättrige eine Netznervatur. Einen interessanten Sonderfall stellen die gabelnervigen Blätter des Ginkgobaumes dar.

Nadelblätter enthalten im Allgemeinen nur ein zentrales, unverzweigtes Leitbündel, das von außen kaum sichtbar ist.

Blattgestalt

Laubblätter bestehen gewöhnlich aus einem rundlichen Blattstiel und der flächigen Blattspreite. Für die formale Beschreibung und Unterscheidung der äußerst variantenreichen und häufig arttypischen Laubblätter verwendet man, beispielsweise in Bestimmungsschlüsseln, die kennzeichnenden Besonderheiten bzw. Abwandlungen der *Blattgestalt* ▶ 89.2.

Verwendbare Kriterien sind unter anderem:
- *Anzahl der Blätter* am Blattknoten: (wechselständig 1 Blatt, gegenständig 2 Blätter, wirtelig mehr als 3 Blätter)
- *Ausbildung des Blattstiels*: ungestielt, kurz oder lang gestielt
- *Teilung der Blattspreite*: einfach, gelappt oder zusammengesetzt (gefiedert)
- *Umriss der Blattspreite*: linealisch, lanzettlich, oval, rundlich
- *Gestaltung des Blattrandes*: ganzrandig, gezähnt, gesägt, gebuchtet
- *Gestaltung des Spreitengrundes*: keilförmig, geöhrt, pfeilförmig, nierenförmig
- *Gestaltung des Spreitenendes*: zugespitzt, abgerundet, ausgerandet

Blattfolge

Blätter sind nicht nur bei verschiedenen Pflanzenarten gestaltverschieden, sondern auch bei ein und derselben Pflanze ungleich. Im Laufe der Individualentwicklung entstehen an der Sprossachse nacheinander verschiedene Blattformen ▶ 90.2.

- *Keimblätter (Kotyledonen)* sind die bereits im Embryo angelegten ersten Blätter und meist von einfacher Gestalt. Soweit sie der Stoffspeicherung dienen (wie bei den Hülsenfrüchten), ist die Blattnatur nicht ohne weiteres erkennbar. Der Sprossachsenabschnitt zwischen Wurzelhals und Keimblatt ist das *Hypokotyl* ▶ 90.2.
- *Jugendblätter (Primärblätter)* weichen in der Gestalt von den meist als arttypisch angesehenen Folgeblättern deutlich ab. Der Sprossachsenabschnitt zwischen Keimblatt und Primärblatt ist das *Epikotyl* ▶ 90.2.

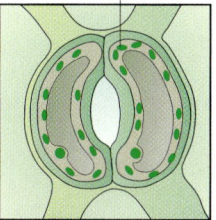

angeschnitten

Chloroplast

1 Spaltöffnung

Schließzellen sind Epidermiszellen. Sie regulieren die Spaltöffnung und damit den Wasserhaushalt. Schließzellen besitzen Chloroplasten.

Als **Parenchym** wird in der Botanik das Grundgewebe eines Organs bezeichnet. Die Vorsilbe gibt an, wie die daran beteiligten Zellen ausgestaltet sind.

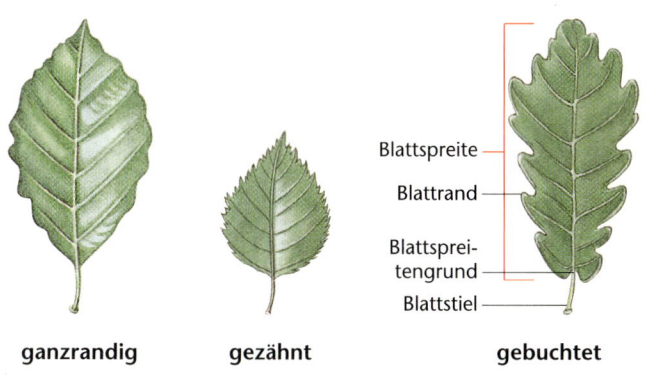

Blattspreite

Blattrand

Blattspreitengrund

Blattstiel

ganzrandig | gezähnt | gebuchtet

einfache Blätter

fingerförmig | unpaarig gefiedert

zusammengesetzte Blätter

2 Unterschiedliche Blattformen

Grüne Pflanzen

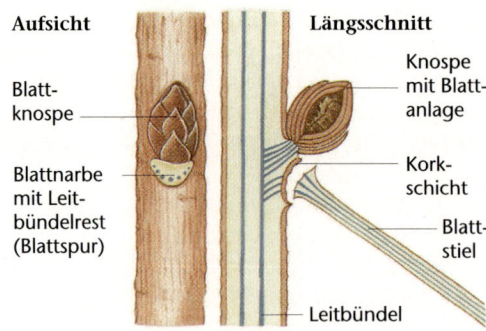

Aufsicht   **Längsschnitt**

Blatt-knospe

Knospe mit Blatt-anlage

Blattnarbe mit Leit-bündelrest (Blattspur)

Kork-schicht

Blatt-stiel

Leitbündel

1 Blattfall und Knospen bei der Rosskastanie

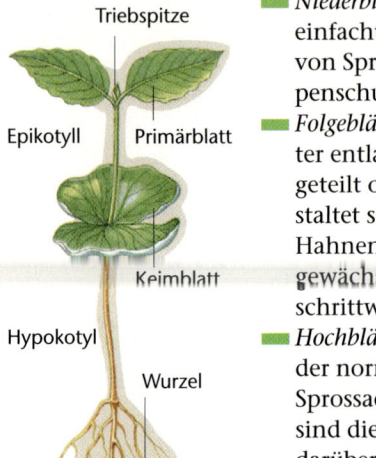

Triebspitze

Epikotyll   Primärblatt

Keimblatt

Hypokotyl

Wurzel

2 Buchenkeimling

- *Niederblätter* sind gewöhnlich stark vereinfacht und stehen immer an der Basis von Sprossen, beispielsweise als Knospenschuppen.
- *Folgeblätter* sind die normalen Laubblätter entlang der Sprossachse. Soweit sie geteilt oder anderweitig auffallend gestaltet sind, können sie – wie bei den Hahnenfuß- oder den Doldenblütengewächsen – von unten nach oben eine schrittweise Vereinfachung aufweisen.
- *Hochblätter* entstehen im Übergang von der normalen Laubblattregion einer Sprossachse zur Blütenregion. Mitunter sind die Hochblätter zur Betonung der darüber stehenden Blüten besonders auffällig gefärbt, beispielsweise beim Weihnachtsstern.

Laubfall und Laubfärbung

Bevor sich die Laub abwerfenden Bäume in den Herbstwochen von ihren Blättern verabschieden, holen sie buchstäblich das Letzte aus den entbehrlich gewordenen Produktionsorganen heraus. Besonders wertvolle Substanzen wie die löslichen Zucker oder stickstoffhaltige Verbindungen wie die Aminosäuren werden rechtzeitig vor dem Blattabwurf über das Phloem in Speichergewebe der Zweige, Äste, Stämme und Wurzeln transportiert. Sichtbarer Ausdruck dieses Geschehens ist die oft spektakuläre herbstliche Laubfärbung.

Der jahresperiodische Laubwechsel ist eine durch lange Selektion erzwungene genetische Anpassung der Gehölze an die ungünstigen Temperatur- und Wasserverhältnisse während der kalten Jahreszeit. Der Blattfall ist jedoch kein passiver Zerfallsprozess, sondern eine aktive Phase der pflanzlichen Entwicklung. Im alternden, abwurfbereiten Blatt verringern sich beispielsweise die Fotosynthese und sonstige abbauende Stoffwechselprozesse bei gleichzeitig vermehrtem Abbau der Zellinhaltsstoffe. Außerdem entwickelt sich, vom hormonähnlichen Wuchsstoff Abscisinsäure gesteuert, an der Verbindungstelle von Blattstiel und Sprossachse, ein besonderes Trenngewebe, das den Blättern den Abgang erleichtert und gleichzeitig die Blattnarbe verschließt. Die bleibenden Blattnarben sind an den Zweigen noch jahrelang zu sehen ▶ 90.1.

Blüten sind besondere Blätter

Blüten entstehen immer am Ende von Sprossachsen oder deren Seitenzweigen. Mit ihrer Anlage und Entfaltung verbraucht sich das wachstumsfähige Gewebe am Stängelende, so dass nach dem Blühvorgang keine weitere Achsenverlängerung durch Spitzenwachstum erfolgen kann. Blüten entwickeln sich deshalb erst, wenn eine Pflanze die Grundmasse ihres Vegetationskörpers fertiggestellt hat. Das Ende der Sprossachse, an dem sich die Blüte bildet, vergrößert sich bei vielen Pflanzen zu einem breiten Blütenboden.

Die typische Zwitterblüte eines Bedecktsamers weist gewisse Gemeinsamkeiten auf:
- Die *Blütenhülle* besteht außen aus einem meist grünen *Kelch*, der sich aus mehreren einzelnen oder miteinander verwachsenen Kelchblättern zusammensetzt.
- Nach innen folgt die in Form und Farbe oft besonders üppig ausgestaltete *Krone*, die ihrerseits aus freien oder verwachsenen *Kronblättern* besteht. Da die großen, blumigen Kronblätter bei der Draufsicht die kleineren Kelchblätter meist völlig verdecken, bezeichnet man die Kronblätter auch als *Blütenblätter* ▶ 91.1.
- Bei vielen Blüten, wie z. B. der Tulpe, besteht die Blütenhülle nur aus gleichartigen, nicht als Kelch- und Kronblätter unterscheidbaren *Hüllblättern*.
- Auf die Kronblätter folgen die *Staubblätter* ▶ 91.2.
- Den Abschluss der Blattfolge nach innen bilden die *Fruchtblätter* ▶ 91.3.

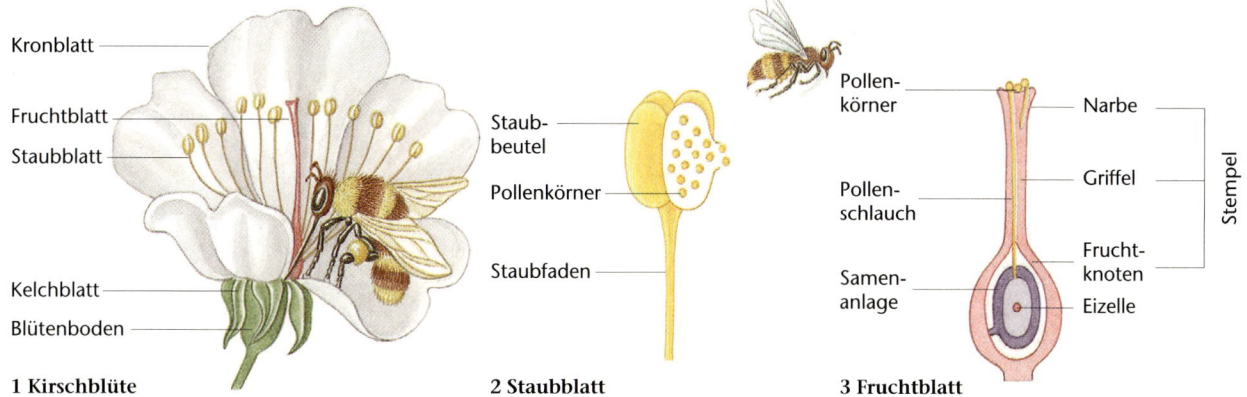

1 Kirschblüte **2 Staubblatt** **3 Fruchtblatt**

Die Fruchtblätter verwachsen randlich zu einem innen hohlen *Fruchtknoten,* entweder jeweils einzeln, wie z. B. beim Hahnenfuß, mit vielen kleinen Fruchtknoten oder zu mehreren. Dann bilden sie einen großen zentralen *Fruchtknoten,* wie z. B. beim Mohn. Am oberen Ende des Fruchtknotens sitzt eine *Narbe,* die eventuell auch von einem längeren Stiel, dem *Griffel* getragen wird. Das ganze Gebilde wird auch als *Stempel* bezeichnet. An der Anzahl der Narbenlappen ist ablesbar, wie viele Fruchtblätter zum gemeinsamen Fruchtknoten verwachsen sind ▶ 91.4.

Blüten und Sexualität
Die Staubblätter sind – streng genommen – nicht die männlichen Teile der Blüte, denn sie bilden lediglich die *Pollenkörner,* den Blütenstaub. In ihnen entstehen erst die männlichen Keimzellen. Die Zusammenführung von Pollenkörnern und Narben der Fruchtknoten, die man *Bestäubung* nennt, ist folglich nicht der Sexualakt der Blütenpflanzen. Dieser besteht vielmehr in der Verschmelzung von männlichem Keimzellen-Kern und Eizelle.

Wie die Staubblätter nicht der männliche Teil der Blüte sind, ist der Fruchtknoten nicht das weibliche Funktionsteil oder Geschlechtsorgan der Blüte, sondern die im Fruchtknoten liegende Samenanlage. Integumente umhüllen die befruchtungsfähige Eizelle und den Embryosack.

Blütenarchitektur
Gewöhnlich sind die Blattorgane der Blüten in Kreisen angeordnet. Die Blattanzahl in den einzelnen Kreisen ist häufig festgelegt und kann somit für die Systematik genutzt

werden. Die Blüten der Einkeimblättrigen sind meist dreizählig, die der Zweikeimblättrigen überwiegend vier- (z. B. Kreuzblütengewächse) oder fünfzählig (z. B. Nelkengewächse, Primelgewächse und Rosengewächse).

Die Geometrie der Blüte kommt besonders klar zum Ausdruck, wenn man einen Blütengrundriss, ein so genanntes *Blütendiagramm,* anfertigt. Mit seiner Hilfe lässt sich sofort die Familienzugehörigkeit ermitteln. So stehen in den Blüten der Kreuzblütengewächse die vier Kelchblätter zwischen den vier Kronblättern und um den einen Stempel stehen zwei kurze äußere und vier innere längere Staubblätter.

Viele Blüten sehen in der Aufsicht rad- oder sternförmig aus; sie heißen radiärsym-

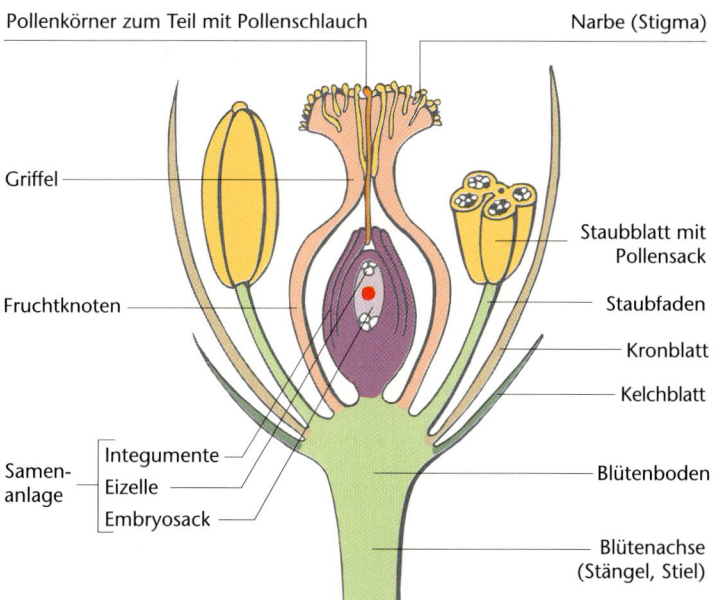

4 Längsschnitt durch eine Blüte

Grüne Pflanzen

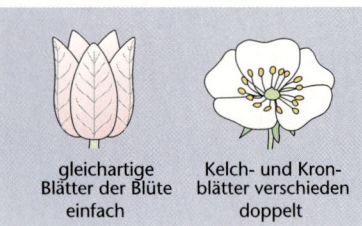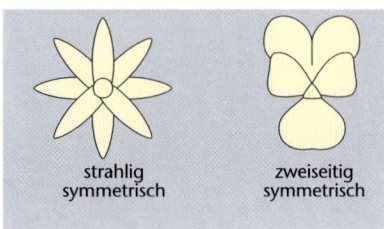

| gleichartige Blätter der Blüte einfach | Kelch- und Kronblätter verschieden doppelt | Kelch- und Kronblätter frei | Kelch- und Kronblätter jeweils verwachsen | strahlig symmetrisch | zweiseitig symmetrisch |

1 Verschiedene Grundmuster und Symmetrieformen bei Blüten

metrisch ▶ 92.1. Je nach der Anzahl der vorhandenen Kronblätter sind vier oder fünf Symmetrie- oder Spiegelungsebenen möglich. Bei den zweiseitig symmetrischen Blüten liegt dagegen nur eine Spiegelungsebene vor, die jeweils die linke und rechte Kronenhälfte trennt, z. B. bei den Lippenblütengewächsen. In beiden Grundformen können die Kronblätter getrennt oder miteinander verwachsen sein.

Bei sehr hoch entwickelten Blütenpflanzen wie den Korbblütengewächsen, stellt die besonders auffällig gestaltete Einzelblume einen komplexen Blütenstand mit zahlreichen Einzelblüten dar ▶ 108.1.

Bestäubung

Für eine effiziente räumliche Verbreitung der Pollen verwenden die Samenpflanzen entweder die von den Moos- und Farnpflanzen übernommenen Transporteure Wasser oder Wind, oder sie setzen Tiere wie Insekten, Vögel, Säugetiere für den weiträumigen Pollentransport ein. Die Landung der Pollen auf der Narbe des Fruchtknotens nennt man Bestäubung. Tierbestäubte Blüten sind in Form und Farbe besonders auffällig ausgestaltet, da ihr Erscheinungsbild ein wichtiger Signalgeber für den Bestäubungserfolg ist. Solche Blüten nennt man Blumen.

Früchte

Zum Ende der Saison reift die Blüte zur Frucht und der ehemalige Blütenstand zum *Fruchtstand*. Die Bestandteile der Blütenhülle, wie Kelch und Krone, werden dabei meist abgeworfen und der Fruchtknoten mit den Samenanlagen vergrößert sich zur Frucht.

Früchte sind nicht nur Verpackungsschutz für die Samen, sondern dienen auch seiner Verbreitung. Eine Vielzahl von Fruchttypen lässt sich unterscheiden:

- Bei *Trockenfrüchten* stirbt die gesamte Fruchtknotenwand bei der Fruchtreife ab und trocknet aus; dazu gehören Nussfrüchte, wie Haselnuss.
- In *Saftfrüchten* bleibt die Fruchtknotenwand ganz oder teilweise fleischig-saftig. Typische Vertreter sind Beeren, z. B. Johannisbeere und Heidelbeere. Botanisch gesehen, gehören aber auch Banane, Tomate, Orange und Kürbis zu den Beerenfrüchte.
- *Steinfrüchte* wie Kirschen und Pflaumen haben ein saftiges Fruchtfleisch und einen stark verholzten Steinkern um den Samen.

Je nach Anzahl der beteiligten Fruchtknoten unterscheidet man ▶ 93.1:
- *Einzelfrüchte*, die nur aus einem Fruchtknoten entstehen, z. B. die Hülse der Schmetterlingsblütengewächse.

Lexikon

Verteilung der Geschlechter bei Pflanzen
Bei Blütenpflanzen unterscheidet man
Zwittrige Blüten: Weibliche und männliche Fortpflanzungsorgane liegen in einer Blüte; häufigster Fall.
Getrenntgeschlechtlich einhäusig: Weibliche und männliche Organe liegen in getrennten Blüten, aber auf einer Pflanze, z. B. Haselnuss, Eiche, Buche, Nadelbäume.
Getrenntgeschlechtlich zweihäusig: Die männlichen und weiblichen Blüten liegen auf getrennten Pflanzen, z. B. Weiden, Sanddorn, Ginkgo, Rote Lichtnelke, Große Brennnessel.

Die umgangssprachliche Bezeichnung **Blume** meint allgemein krautige Pflanzen mit farbigen Blüten. In Blütenständen stehen mehrere Einzelblüten eng beieinander. Manchmal entsteht der Eindruck einer großen Einzelblüte wie z. B. bei den Korbblütengewächsen, den Doldenblütengewächsen oder manchen Schmetterlingsblütengewächsen, wie dem Roten Wiesenklee.

Einzelfrüchte entstehen aus einem Fruchtknoten

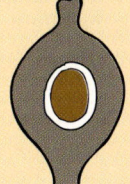

Nuss
Die gesamte Frucht-
schale ist trocken und
hart; 1 Samen

Beispiele
Haselnuss, Eichel,
Buchecker

Beere
die Fruchtschale ist
weich und fleischig

Beispiele
Weinbeere, Tomate,
Stachelbeere

Steinfrucht
Der äußere Teil der
Fruchtschale ist fleischig
und saftig; der innere
Teil ist verholzt und
steinhart; 1 Samen

Beispiele
Kirsche, Zwetschge

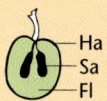 — Ha
— Sa
 — Fl

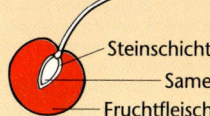
— Steinschicht
— Same
— Fruchtfleisch

Sammelfrüchte entstehen aus vielen einzelnen Fruchtknoten

Sammel-Nussfrucht
Die einzenen Fruchtkno-
ten werden bei der Reife
zu kleinen Nüssen. Diese
sitzen auf dem fleischig-
saftigen Blütenboden.

Beispiel
Erdbeere

Sammel-Steinfrucht
Die einzelnen Fruchtkno-
ten werden bei der Reife
zu kleinen Steinfrüchten.
Sie sitzen auf dem Blü-
tenboden.

Beispiele
Himbeere, Brombeere

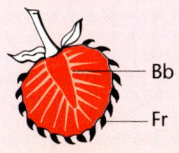 — Bb
— Fr

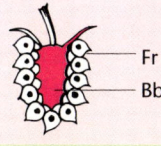 — Fr
— Bb

Vergleich Hülsen- und Schotenfrüchte

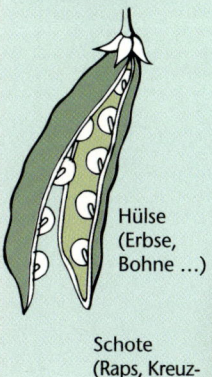

Hülse
(Erbse,
Bohne …)

Schote
(Raps, Kreuz-
blüten-
gewächse)

Scheinfrüchte entstehen zum größten Teil nicht aus dem Fruchtknoten

Beispiel
Hagebutte

Beispiel
Apfelfrucht (Kernfrucht)

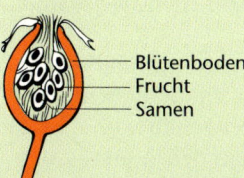
— Blütenboden
— Frucht
— Samen

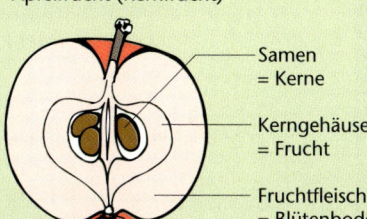
Samen
= Kerne

Kerngehäuse
= Frucht

Fruchtfleisch
= Blütenboden

Fr – Frucht
Bb – Blütenboden
Fl – Fruchtfleisch
Ha – Haut
Sa – Samen

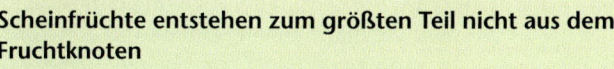

1 Fruchttypen bei Bedecktsamern

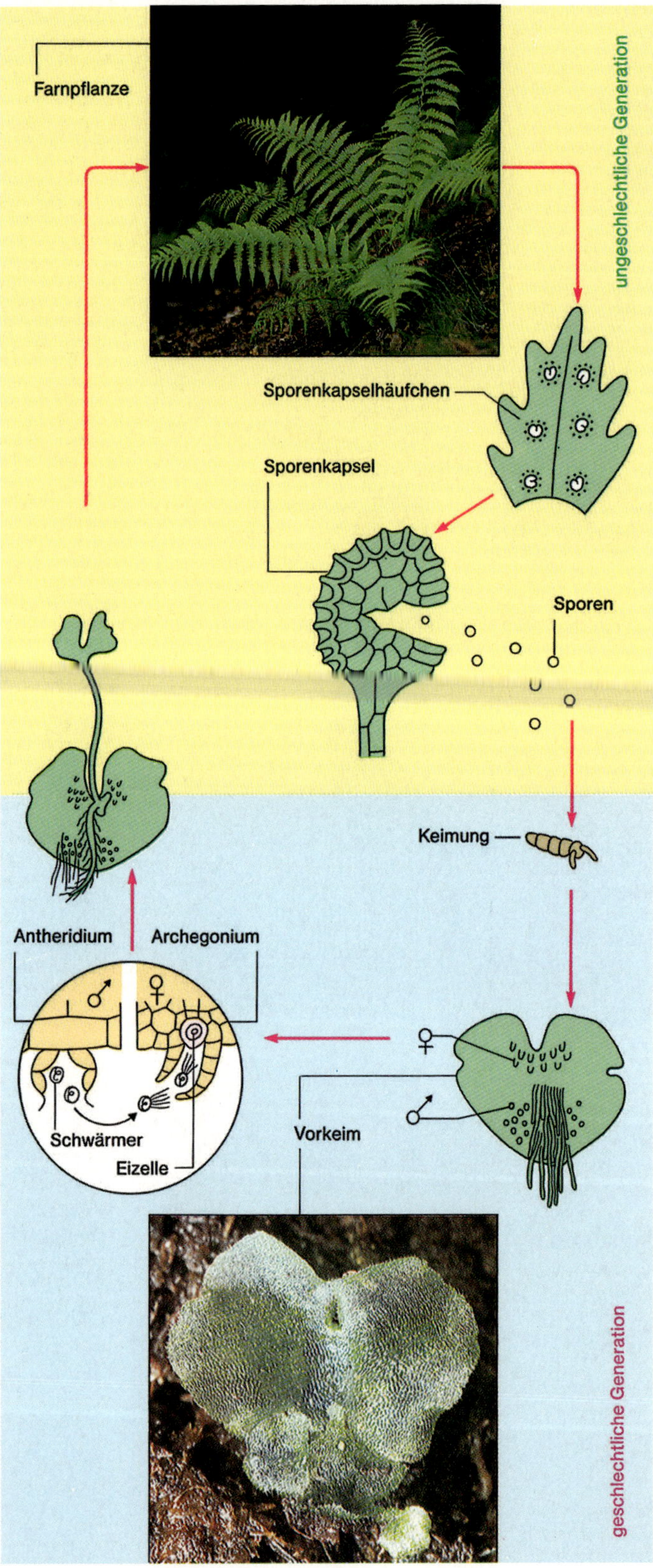

Grüne Pflanzen

Farnpflanze

ungeschlechtliche Generation

Sporenkapselhäufchen

Sporenkapsel

Sporen

Keimung

Antheridium **Archegonium**

Schwärmer

Eizelle

Vorkeim

geschlechtliche Generation

1 Generationswechsel beim Wurmfarn

■ *Sammelfrüchte* entstehen aus allen Fruchtknoten einer Blüte. Die Erdbeere ist eine Sammelnussfrucht, die Himbeere eine Sammelsteinfrucht und der Apfel eine Kernhausfrucht.

■ Bei *Scheinfrüchten* entsteht die Frucht zum größten Teil nicht aus dem Fruchtknoten.

■ *Zusammengesetzte Früchte* entstehen aus den Fruchtknoten mehrerer Blüten eines Blütenstandes. Typischer Vertreter ist die Ananas.

Generationswechsel

Die bei manchen Farnen meterlangen Wedelblätter nennt man *Sporophylle*, denn ab Spätsommer entwickeln sich auf ihrer Unterseite rundliche oder längliche Gruppen bräunlicher Sporenkapseln ▶ 94.1. Bei Betrachtung mit dem Mikroskop sieht jede davon aus wie ein winziger Ritterhelm mit Klappvisier. Sie öffnet sich auch so und entlässt Mengen staubfeiner Sporen, die vom Wind verteilt werden. Die gesamte Farnpflanze ist mit ihren Sporophyllen also die Sporen erzeugende Generation. Man nennt sie daher *Sporophyt*.

Wenn die Sporen am Boden unter geeigneten Bedingungen keimen, bilden sie jedoch nicht sofort einen neuen Wedel tragenden Farn, sondern ein glasiggrünes, höchstens fingernagelgroßes, leicht lappiges Gebilde, den Vorkeim. Erst darauf entstehen, in besonderen Behältern getrennt, die männlichen und weiblichen Gameten. Die Gameten bildende Generation nennt man *Gametophyt*. Sie ist im Wald oder an anderen Farnstandorten nur schwer zu entdecken, aber sehr leicht heranzuzüchten, wenn man Farnsporen auf Blumenerde im Topf aussät.

Im Wasserfilm der Bodenfeuchte schwimmen die männlichen Gameten zu den Eizellen des eigenen oder eines benachbarten Vorkeims und befruchten sie. Die Eizelle wird dadurch zur (diploiden) Zygote. Erst diese wächst wieder zum stattlichen Wedelfarn heran.

Bei den Samenpflanzen verhält es sich grundsätzlich ebenso. Die Staubbeutel entsprechen einem Sporenbehälter und die daraus freigesetzten Pollen den Sporen. Auch die Fruchtblätter sind Sporophylle. Die Blüte der Samenpflanzen kann man also problemlos mit dem Fortpflanzungssystem der Farnpflanzen gleichsetzen. Die beteiligten Strukturen sind lediglich stärker umgebildet und kompakter. Damit sind die Blütenpflanzen auch nicht mehr auf Feuchtigkeit bei der Fortpflanzung angewiesen.

Die zum kompletten Generationswechsel gehörenden Gametophyten sind bei den Blütenpflanzen extrem reduziert und treten im Unterschied zu den Farnpflanzen nicht mehr als selbständige Gebilde in Erscheinung.

Keimung und Keimling

Bei den Nackt- und Bedecktsamern ruht der Embryo manchmal längere Zeit im Samen.

Ein *Samen* ist eine embryonale, noch weitgehend undifferenzierte Blütenpflanze, die mit Nährgewebe ausgestattet ist und die durch zeitweilige Austrocknung ihre weitere Entwicklung unterbricht.

Bei der Lagerung der eingespeicherten Nährstoffe sind im Wesentlichen nur zwei Möglichkeiten zu unterscheiden:

- Die *Nährstoffe lagern in den Keimblättern.* Diese sind dann sehr groß, so dass der Embryo mit seinem Gewebe den Samen komplett ausfüllt. Beispiele sind Hülsenfrüchte (Erbse, Bohne, Linse) und viele Bäume (Eichel, Walnuss, Rosskastanie).
- Die *Nährstoffe lagern im Endosperm*, einem besonderen Nährgewebe, das beim Befruchtungsvorgang entsteht und aus dem der Embryo die notwendigen Nährstoffe erhält. In diesem Fall ist der Embryo sehr winzig, da das Endosperm mit seinen Stoffreserven den größten Raumanteil im Samen einnimmt. Beispiele dafür sind Rizinussamen oder Getreidekörner (Mais, Reis, Weizen, Gerste, Roggen, Hafer).

Stofflich sind die Reservedepots in Keimblättern oder Nährgeweben bei verschiedenen Pflanzengruppen unterschiedlich ▶ 95.3.

Die *Keimung* des weitgehend trockenen Samens beginnt mit der Wasseraufnahme und der Quellung des gesamten Sameninhalts, wobei die weniger quellfähige Samenschale gesprengt wird. Die Wasseraufnahme in Gewebe und Zellen bringt den Stoffwechsel in Gang, der nun die eingelagerten Reservestoffe mobilisiert. Aus deren Abbau stammt die nötige Energie für Neusynthesen in den Wachstumsgeweben des *Keimlings*. Erst wenn der Keimling sich zum vergrößerten und erstarkten grünen *Sämling* entwickelt hat, kann er sich durch Fotosynthese selbst versorgen ▶ 95.1/2.

Bei der Keimung tritt die Wurzel nach der Quellung als erstes Organ aus dem Samen heraus, danach folgen die oberirdischen Teile. Zur Erleichterung des Durchtritts durch die Bodenkrume ist der junge Stängel an seinem oberen Ende hakenförmig gekrümmt. Die Keimblätter werden dabei aus der Samenschale herausgezogen, richten sich erst nach Erreichen der Bodenoberfläche auf und entfalten sich zu einfachen grünen Blattorganen. Diesen Ablauf bezeichnet man als *epigäische (oberirdische) Keimung*. Sie kommt beispielsweise bei der Buschbohne vor.

Im Unterschied dazu verbleiben bei der *hypogäischen Keimung*, wie bei der Feuerbohne, die Keimblätter im Boden.

Bei den zu den Einkeimblättrigen gehörenden Getreidepflanzen ist das einzige vorhandene Keimblatt zu einem schildartigen Organ, *dem Schildchen*, umgewandelt. Es liegt im Getreidekorn direkt dem Mehlkörper an und mobilisiert bei der Keimung dessen Vorratsstoffe.

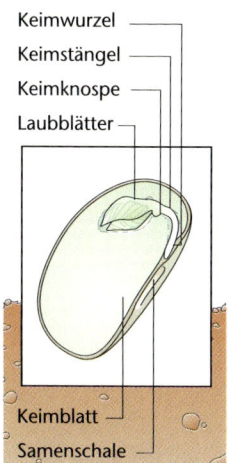

Keimwurzel
Keimstängel
Keimknospe
Laubblätter
Keimblatt
Samenschale

1 Bohnenkeimling (Längsschnitt) Beispiel für Zweikeimblättrige

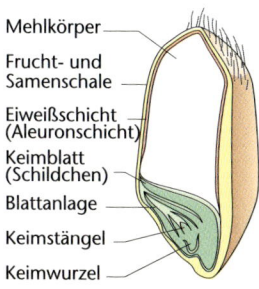

Mehlkörper
Frucht- und Samenschale
Eiweißschicht (Aleuronschicht)
Keimblatt (Schildchen)
Blattanlage
Keimstängel
Keimwurzel

2 Weizenkorn (Längsschnitt) Beispiel für Einkeimblättrige

Reserve-stoff	in Keim-blättern	im Nähr-gewebe
Fette bzw. Öle	Raps, Lein, Mohn, Erdnuss	Kokosnuss, Rizinus
Kohlen-hydrate	Buchweizen, Hülsenfrüchte	Getreide
Proteine	Hülsenfrüchte	Pinienkern, Zirbelnüsse

3 Als Nährstoffe vom Menschen genutzte Reservestoffe der Pflanzen

Embryonalbildung
Bei den Nacktsamern (Gymnospermen) entsteht der Embryo auf einem offenen, freiliegenden Fruchtblatt; bei den Bedecktsamern (Angiospermen) innerhalb eines geschlossenen Fruchtblattgehäuses.

Pflanzlicher Primärstoffwechsel

Masse- und Energiefluss
Unter „Fluss" versteht man in der Sprache der Naturwissenschaften die Weitergabe von Substanzen (Materialfluss, Massestrom) oder Energie (Energiefluss).

Organische Verbindungen
Die Verbindungen des Kohlenstoffs C werden auch als organische Verbindungen bezeichnet, da sie ursprünglich nur von Lebewesen hergestellt werden konnten. Ausnahmen sind das anorganische Kohlenstoffdioxid CO_2 und das Kohlenmonoxid CO, die beide beim Verbrennen von Kohlenstoff entstehen.

Stoffwechsel
Substanzen werden als Stoffe bezeichnet. Da sie im Verlauf der Weitergabe verändert oder abgebaut werden, spricht man von Stoffwechsel.

Alle Lebewesen stehen im ständigen Austausch mit ihrer Umgebung. Daran sind zahlreiche Material- und Energieflüsse beteiligt, die man zum Begriff Stoffwechsel – oder mit dem Fachbegriff *Metabolismus* – zusammenfasst.

Da alle Lebewesen aus Verbindungen der Elemente Kohlenstoff (C), Wasserstoff (H) und Sauerstoff (O) zusammengesetzt sind, stehen hierbei Kohlenstoffverbindungen, in Form organischer Verbindungen, bei weitem im Vordergrund. Der für Aufbau und Erhalt eines Organismus mit Abstand wichtigste Assimilationsprozess wird deshalb auch als *Kohlenstoffassimilation* bezeichnet.

Neben C, H, O kommen natürlich auch noch weitere Elemente in den Zellen und Geweben vor. An erster Stelle muss der Stickstoff (N) genannt werden, ohne den keine Proteine und keine Erbsubstanzen gebildet werden können. Besonders wichtig sind auch Schwefel (S), Phosphor (P), Magnesium (Mg), Kalzium (Ca) und Kalium (K).

Verschiedene Stoffwechseltypen

Grundsätzlich stehen für die Beschaffung von Kohlenstoffverbindungen, die man schlicht als Ernährung bezeichnen kann, zwei verschiedene Wege offen. Entweder die Organismen nehmen den Kohlenstoff bereits in gebundener Form als organische, von anderen Lebewesen zuvor gebildete Substanz auf. Dann sind diese Lebewesen *C-heterotroph*. Oder sie synthetisieren organische Verbindungen aus dem anorganischen Ausgangsstoff Kohlenstoffdioxid CO_2. In diesem Fall sind sie *C-autotroph*.

Heterotroph ernähren sich der Mensch, alle Tiere, Pilze und die nicht grünen Pflanzen sowie viele Einzeller. Autotroph können sich nur grüne Pflanzen ernähren. Die grünen Pflanzen nutzen das Sonnenlicht als Energiequelle. Diese Betriebsart des Stoffwechsels ist die *Fotosynthese*. Pflanzen, die sich so ernähren, werden auch als fotoautotroph bezeichnet.

Fotosynthese in grünen Pflanzen

Im globalen Maßstab ist die Fotosynthese die quantitativ bedeutsamste organismische Stoffwechselleistung überhaupt.

Zusammen beläuft sich die fotosynthetische Kohlenstoffassimilation in den marinen und terrestrischen Ökosystemen auf jährlich etwa $155 \cdot 10^9$ t CO_2, wobei der Anteil der marinen Pflanzen etwa 40 % beträgt. Zusammen sind in der Pflanzendecke der Erde etwa $3 \cdot 10^{11}$ t C gebunden. Zur Aufrechterhaltung des globalen Kohlenstoff-Kreislaufs ▶ 97.1 war die Fotosynthese bislang ausreichend.

Licht- und Dunkelreaktion
Die Fotosynthese ist ein vergleichsweise komplexer Vorgang. Da in den produzierten organischen Substanzen, den Assimilaten, sowohl die Ausgangssubstanz CO_2 als auch die Energie des Lichtes steckt, lässt sich der Gesamtablauf in zwei Teilbereiche gliedern.

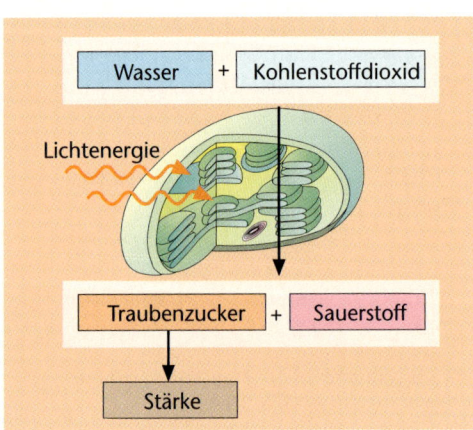

1 Reaktionsschema Fotosynthese

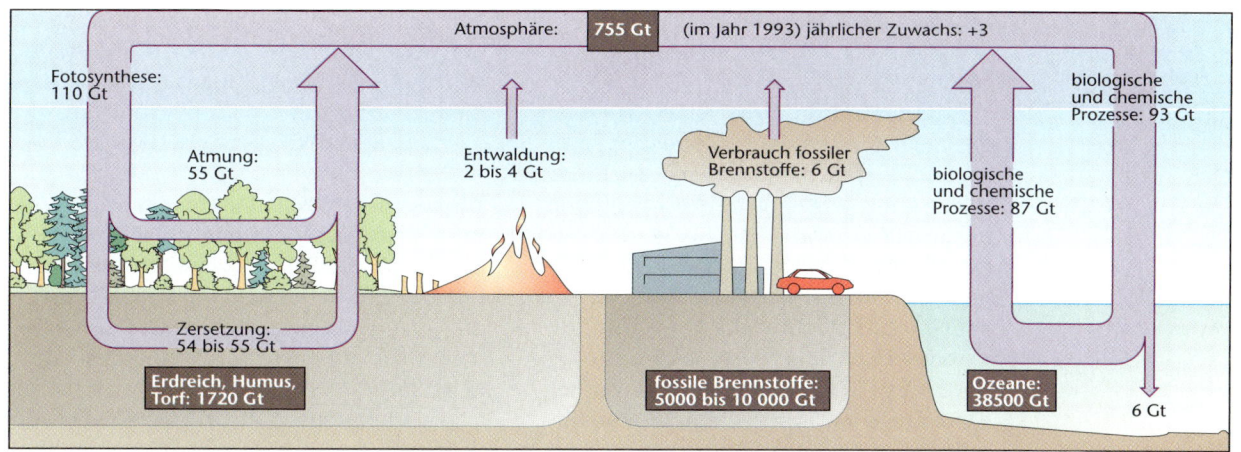

- die *Energie-Umwandlung*: sie kann nur im Licht stattfinden, deshalb spricht man treffend von *Lichtreaktion*.
- die *Substanz-Umwandlung*: das CO_2 wird dabei zu organischer Substanz umgewandelt. Dieser Schritt benötigt kein Licht, deshalb nennt man ihn *Dunkelreaktion*.

Beide Teilprozesse sind funktionell und räumlich getrennt. In grünen Pflanzen sind die Chloroplasten der Ort der Fotosynthese.

Für die Fotosynthese und ihre beiden Teilbereiche gelten die folgenden Bruttogleichungen:

1. Energie-Umwandlung/Lichtreaktion:

$$12\,H_2O \longrightarrow 12\,[H_2] + 6\,O_2$$

Bei dieser Reaktion wird das Wasser gespalten. Der von den Pflanzen ausgeschiedene Sauerstoff O_2 stammt aus dem Wasser.

2. Substanz-Umwandlung, CO_2-Reduktion/Dunkelreaktion:

$$6\,CO_2 + 12\,[H_2] \longrightarrow C_6H_{12}O_6 + 6\,H_2O$$

Dabei bezeichnet die Formel $C_6H_{12}O_6$ den Traubenzucker, die Glucose.

Die Gleichungen beider Teilleistungen lassen sich zusammenfassen zu:

$$6\,CO_2 + 12\,H_2O \longrightarrow C_6H_{12}O_6 + 6\,O_2 + 6\,H_2O$$

Vereinfacht kann man sie auch als Bilanzgleichung der Fotosynthese formulieren.

$$6\,CO_2 + 6\,H_2O \longrightarrow C_6H_{12}O_6 + 6\,O_2$$

Die der Fotosynthese zugrunde liegenden Abläufe lassen sich unter Berücksichtigung ihrer räumlichen Abfolge in der Zelle in einem Schema zusammenfassen ▶ 96.1.

Leben zeichnet sich dadurch aus, dass es einer dauernden chemischen Energiezufuhr bedarf. Im Kohlenstoffdioxid (CO_2), dem Substrat der autotrophen Kohlenstoffassimilation grüner Pflanzen, ist der Kohlenstoff maximal oxidiert; die Verbindung ist daher energiearm und deshalb zunächst unbrauchbar. Ihre Assimilation und Umformung zu energiereichen organischen Verbindungen durch den organismischen Stoffwechsel

Exkurs

Redox-Reaktionen

Für das Verständnis der biologischen **Reduktions- und Oxidationsvorgänge** ist letztlich nicht der Verbleib oder Verbindungswechsel von Sauerstoff entscheidend, sondern der Austausch von Elektronen (e^-). Solche Reaktionen werden zusammenfassend auch als Redox-Reaktionen bezeichnet. Dabei gilt:

e^--**Aufnahme** = Reduktion; Reduktionsmittel sind e^--liefernde Verbindungen oder Elektronendonatoren

e^--**Abgabe** = Oxidation; Oxidationsmittel sind e^--aufnehmende Verbindungen oder Elektronenakzeptoren.

Als Elektronendonatoren für die Reduktion des Kohlenstoffdioxids (CO_2) können anorganische oder organische Quellen angezapft werden.

Eine anorganische Quelle für Elektronen kann Schwefelwasserstoff (H_2S) sein, wie bei einigen Schwefelbakterien; sie ernähren sich also autotroph.

Alle grünen, mit Chlorophyll a ausgestatteten Pflanzen, Einzeller und Cyanobakterien, nutzen als e^--Quelle ausschließlich Wasser, H_2O. Deshalb müsste man korrekter Weise von Fotohydrotrophie sprechen; allgemein ist der Vorgang jedoch unter Fotosynthese bekannt.

Chemosynthese
Sie ist einer der Fotosynthe-se vergleichbarer Vorgang, bei der allerdings kein Licht erforderlich ist.

erfordert daher einen Reduktionsvorgang, der eines beträchtlichen Energieaufwands bedarf.

Mit der Fotosynthese haben die grünen Pflanzen einen effizienten und sehr erfolgreichen Weg entwickelt, energiereiche Assimilate aus energiearmen Ausgangsstoffen herzustellen und die Energiedifferenz aus der Absorption von Sonnenlicht zu decken.

Die erforderliche Energie kann aber auch aus der Oxidation anderer anorganischer Verbindungen (z. B. Schwefelwasserstoff H_2S, Ammoniak NH_3, Methan CH_4) gewonnen werden. Diesen Stoffwechsel- und Ernährungstyp bezeichnet man als *Chemosynthese*; er kommt bei verschiedenen farblosen Bakterien vor.

Energiegewinn durch Dissimilation

Lebende Zellen sind nur solange betriebsfähig, wie sie von Energie durchflossen werden. Sie verwenden diese unter anderem dazu, Stoff-Synthesen für das Wachstum zu betreiben, Bewegungsprozesse zu ermöglichen oder Ungleichgewichte, beispielsweise zwischen Ionen an Zellmembranen, aufrechtzuerhalten. Diese immer wieder benötigte *Funktionsenergie* gewinnen die Organismen durch den Abbau körpereigener oder körperfremder organischer Substanzen. Solche Prozesse laufen auch ab, wenn Samen keimen und die junge Keimpflanze für ihren Baustoffwechsel die eingespeicherten Nährstoffvorräte mobilisiert, die sie von der Mutterpflanze mitbe-

kommen hat. Die gleiche Reaktionsfolge liegt vor, wenn Frühblüher ihre Speicherstoffe in den unterirdischen Organen nutzen, um den Betriebsstoffwechsel in Gang zu bringen.

Denjenigen Teil des Stoffwechsels, der zur Assimilation entgegengerichtet ist und der zur Energiebereitstellung genutzt wird, nennt man *Dissimilation*. Er umfasst Energie freisetzende Abläufe. C-Autotrophe, wie die grünen Pflanzen, verwenden für die Dissimilation diejenigen Reserven, die sie zuvor durch Fotosynthese aus anorganischen Stoffen unter Nutzung von Lichtenergie gewonnen haben.

C-Heterotrophe, z. B. farblose Bakterien, Pilze oder Tiere, müssen in jedem Fall von außen zugeführte organische Stoffe als Energiequelle abbauen. Diese Stoffe stammen letztlich immer aus der fotosynthetischen Produktion der grünen Pflanzen und damit von der Sonne.

Die am weitesten verbreitete Form der Dissimilation ist die *Atmung*. Sie ist ein Oxidationsprozess, bei dem Sauerstoff verbraucht wird und Kohlenstoffdioxid entsteht. Den Austausch dieser Gase mit der Umwelt bezeichnet man als *äußere Atmung*, während die *innere Atmung,* oder *Zellatmung,* den in den Zellen ablaufenden biochemischen Abbau bestimmter Stoffe meint.

In der Zellatmung werden die dazu verwendeten Substrate unter beträchtlichem Energiegewinn vollständig zu energiearmen, anorganischen Endprodukten abgebaut. Da dieser Abbauweg nur unter Beteiligung von Sauerstoff abläuft, spricht man von *aerobem Stoffabbau*.

Die Stoffwechselwege bei der Zerlegung der Kohlenhydrate als Nähr- und Reservesubstanzen sind bei allen Organismen ähnlich oder identisch. Sie gehören offenbar zu den ältesten Stoffwechselleistungen der Zellen überhaupt. Formal entspricht die Dissimilation der Umkehrung der Bilanzgleichung der Fotosynthese und lässt sich daher analog mit der folgenden Bruttoformel beschreiben:

$$C_6H_{12}O_6 + 6\,O_2 \longrightarrow 6\,CO_2 + 6\,H_2O,$$

$$\Delta G^0 = 2875 \,kJ/mol$$

Aus Traubenzucker wird wieder Kohlenstoffdioxid und Wasser, wenn genügend Sauerstoff zugegen ist. Fotosynthese und Atmung sind somit gegenläufige oder antagonistische Stoffwechselleistungen.

Exkurs

Energiebilanz der Fotosynthese
Für die Umwandlung von $6\,CO_2$ zum Traubenzucker $C_6H_{12}O_6$ ist Energie notwendig. Dies wird folgendermaßen ausgedrückt:
$6\,CO_2 + 6\,H_2O \longrightarrow C_6H_{12}O_6 + 6\,O_2$; $\Delta G^\circ = 2875 \,kJ/mol$.
Dabei bedeutet $\Delta G^0 =$ Änderung der freien Energie.

Freie Energie: Darunter versteht man die Energie, die bei gleichbleibender Temperatur und gleichbleibendem Druck Arbeit leisten kann. Das ist in lebenden Zellen der Fall. Bei der Fotosynthese beträgt ΔG^0 2875 kJ/mol, d. h. dieser Energiebetrag muss aufgewendet werden um aus CO_2 und H_2O Traubenzucker aufzubauen. Die Energie kommt von der Sonne. In den Organismen wird dann beim Abbau des Traubenzuckers diese Energie wieder frei.

kJ/mol = Kilojoule pro 1 Mol; wobei ein Mol die Molekülmasse eines Stoffes in Gramm ist.

Pflanzen und ihre Umwelt

Aus Gründen der Übersichtlichkeit wurden Pflanzen zur genaueren Kennzeichnung ihres Aufbaus oder ihrer physiologischen Leistungen zunächst so behandelt, als seien sie isolierte Einzelwesen. In der Natur ist jedes Pflanzenindividuum jedoch Bestandteil der Biosphäre und damit vielfältigen Auseinandersetzungen und Beziehungen ausgesetzt. Sie zu analysieren und zu beschreiben, ist Aufgabe der *Ökologie*. Wir erleben die Organismen als Mitglieder von Ökosystemen wie Wäldern oder Gewässern. Deren lebende Bestandteile sind die Pflanzen- und die Tiergesellschaften, die sich zu Lebensgemeinschaften oder Biozönosen zusammenfassen lassen. Der Wald ist bei oberflächlicher Betrachtung zwar nur eine Ansammlung von Bäumen und daher eine von Gehölzen dominierte Pflanzengemeinschaft, aber bei genauerem Hinsehen eben auch von vielen Tiergemeinschaften vereinnahmt.

Pflanzen unter sich

Jede einzelne Pflanze ist ein Glied der Gesamtheit aller Pflanzen einer Lebensgemeinschaft. Ihre *Umwelt* ist die Summe der auf sie einwirkenden abiotischen und biotischen Faktoren.

In den Lebensgemeinschaften können zwei Pflanzenarten sich gegenseitig beeinflussen. Ihre Wechselwirkungen können dabei neutral, fördernd oder hemmend ausfallen.

Pflanzen können sich untereinander Konkurrenz um Platz, Licht und Nährsalze machen, andere dagegen stören sich gegenseitig nicht. Wieder andere fördern sich sogar gegenseitig; man spricht von *kooperativen Effekten*.

Autotrophe mit Heterotrophen

Im Neben- und Miteinander der Pflanzen des gleichen Standortes gibt es bestimmte Sonderformen.

Parasiten oder *Schmarotzer* sind Lebewesen, die ihre Nährstoffe dem Stoffwechsel eines anderen Organismus entziehen und diesen dadurch in gewissem Umfang schädigen. Dieses Phänomen ist auch bei höheren Pflanzen verbreitet. Chlorophyllfreie, nicht zur Fotosynthese befähigte Blütenpflanzen wie Teufelsseide ▶ 100.1, Schuppenwurz, Sommerwurz oder Fichtenspargel ▶ 79.1 zapfen die Leitbahnen von Sprossachsen oder Wurzeln ihrer Unterlage an, um die benötigten Materialien zu entnehmen. Häufig sind diese *Vollparasiten* gestaltlich stark verändert, denn sie investieren ihren Stoffgewinn nahezu ausschließlich in Blütenbildung und Reproduktion.

Als *Halbparasiten* bezeichnet man dagegen Arten, die im Prinzip fotoautotroph leben können, aber dennoch Wirtspflanzen anzapfen, um zumindest aus deren Xylem zu schöpfen. Beispiele dafür ist die heimische Mistel ▶ 99.1 oder viele Vertreter der Rachenblütengewächse aus den Gattungen Augentrost oder Klappertopf.

Saprophyten sind diejenigen C-Heterotrophen, die ihre Nahrung aus dem Abbau toter organischer Substanz beziehen. Viele Vertreter der Pilze bauen als Saprobionten organische Totstoffe ab und sind damit äußerst wichtige Mitarbeiter im Recyclingunternehmen Natur. Blütenpflanzen, wie die zu den Orchideen gehörende Vogelnestwurz, können tote Stoffe nur abbauen, wenn sie Pilze als Vermittler nehmen.

Kooperative Effekte
Auf kooperative Effekte gehen auch die so genannten guten und schlechten Nachbarschaften der Nutzpflanzen im Gemüsegarten zurück. Bohnen „vertragen" sich in der Mischkultur mit Kopfsalat, Tomate und Kohlrabi, aber weniger gut mit Erbse, Lauch und Zwiebel.

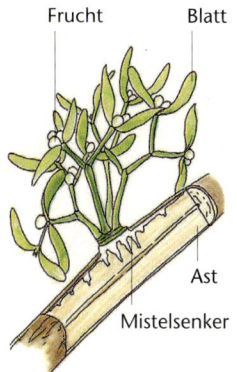

1 Mistel

Grüne Pflanzen

1 Teufelsseide

2 Wurzelknöllchen

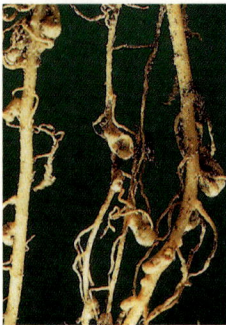

3 Mykorrhiza

Nahrungskette
Produzenten – Konsu-
menten – Destruenten

Symbiosen sind Kooperationen artverschiedener Partner in einer dauerhaften gestaltlichen Verbindung, von denen alle Beteiligten profitieren. Zwischen grünen Pflanzen kommen sie nicht vor, sind jedoch häufig zwischen Samenpflanzen und Bakterien oder Pilzen.

Eine besonders wichtige bakterielle Symbiose unterhalten die Schmetterlingsblütengewächse in ihren Wurzelknöllchen ▶ 100.2. Die hierin in Massen lebenden Knöllchenbakterien haben die einzigartige chemische Fähigkeit, die Dreifachbindung zwischen den beiden Atomen eines Stickstoffmoleküls (N_2) aufbrechen zu können und den zu Ammonium (NH_4^+) oder Nitrat (NO_3^-) reduzierten Stickstoff ihren Wirten als mineralischen Dünger zur Verfügung zu stellen. Manche Vertreter der Schmetterlingsblütengewächse, darunter Klee- oder Lupinen-Arten, eignen sich daher besonders zur Besiedlung von Rohböden.

Eine andere folgenreiche Kooperative ist die Symbiose der Feinwurzeln von Waldbäumen mit Pilzen. Diese umspinnen die feinen Wurzelenden und bilden zusammen mit ihnen ein gemeinsames Organ, die Pilzwurzel oder Mykorrhiza ▶ 100.3. Aus den Baumwurzeln erhalten die Mykorrhiza-Pilze die nötigen organischen Stoffe für ihren eigenen Stoffwechsel. Umgekehrt versorgen sie ihren Baum mit Wasser und mineralischen Stoffen aus dem Boden. Somit kann ein Waldbaum über die weitreichenden Pilz-Geflechte die Ressourcen eines weitaus größeren Bodenraums nutzen als es durch das eigene Wurzelwerk möglich wäre.

Pflanzen und Tiere

In Ökosystemen steht am Beginn die Produktion organischer Substanz durch die fotoautotrophen Pflanzen; dies ist die *Primärproduktion*. Die von den Pflanzen *(Produzenten)* angehäufte Biomasse dient den heterotrophen Mitgliedern des Ökosystems als Nahrung und wird auch von ihnen zur Produktion körpereigener Stoffe benutzt. Pflanzenfresser bezeichnet man dabei als *Konsumenten 1. Ordnung*; die räuberisch lebenden, d. h. Pflanzenfresser verzehrenden Tiere, als *Konsumenten 2. Ordnung*. Die von Pflanzen bereitgestellte organische Substanz nimmt über Nahrungsketten bzw. -netze einen stationenreichen Weg durch das Ökosystem, der sehr verlustreich ist. Ausgehend vom Produzenten bis hin zu den letzten Konsumentenstufen liegt der Wirkungsgrad bestenfalls bei jeweils 10 Prozent. 90 Prozent der Nahrungsressourcen gehen verloren, weil sie nicht aufgeschlossen oder nur ungenügend genutzt werden. Was nicht den Konsumenten zufällt und abstirbt, wird über die Zersetzer-Nahrungsketten abgebaut.

Das Nahrungsverhältnis Pflanze – Tier stellt sich, wenn man nur die übliche Nahrungskette vor Augen hat, vergleichsweise langweilig dar. Tatsächlich haben sich aber im Laufe der Evolution zahlreiche hochgradig faszinierende Wechselbeziehungen herausgebildet. Zwei – auch unterrichtstaugliche – Fallstudien sollen diesen Sachverhalt kurz verdeutlichen. Dabei geht es am Beispiel der Disteln um die Wehrhaftigkeit der Pflanzen gegen Konsumenten und am Beispiel der tierbestäubten Blüten um eine Kooperation, aus der alle Beteiligten ihren Nutzen ziehen.

Disteln – wehrhaft und kooperativ

Was Disteln unter anderem so bemerkenswert erscheinen lässt, ist ihr aggressives Äußeres. Darin drückt sich ein folgenreicher ökologischer Sachverhalt aus. Die Feststellung, wonach es ohne Pflanzen kein tierisches und menschliches Leben geben kann, klingt ziemlich banal. Erstaunlich dagegen ist die Umkehrbarkeit dieser Einsicht.

Zumindest die höheren Pflanzen gäbe es sicher nicht in der uns heute vertrauten Gestalt, hätten sie sich nicht seit Urzeiten gegen Tiere wehren müssen. Mit der Zeit entwickelten sie immer variantenreichere Antworten auf die Attacken der Pflanzenfresser.

Viele Arten setzen sich mit Gift oder zumindest mit üblem Beigeschmack, aber auch mit Dornen, Stacheln und Hartlaubigkeit zur Wehr. Andere verbergen lebenswichtige Einrichtungen, wie Wachstums- oder Reserve-Organe, tief am oder im Boden und werden dadurch unzugänglich. Eine absolut wirksame Versicherung gegen Fraßschäden leisten solche Sonderanpassungen natürlich nicht, aber sie grenzen doch die Zahl der Konsumenten ein. Disteln sind beispielsweise recht zuverlässig gegen Weidetiere geschützt, aber mancher Insektenlarve macht der stachelige Schutz nichts aus. Sie fressen ungeniert weiter. Dutzende, wenn nicht sogar Hunderte von Insektenarten leben auf diesen Pflanzen und sind oft sogar von einer ganz bestimmten Art abhängig. So sind alle Acker-, Kratz- oder Wege-Disteln nicht nur Ruheplatz und Treffpunkt einer artenreichen Kleintierfauna, sondern auch deren Kinderstube und Futterkrippe.

Da fast alle einheimischen Distelarten blühen, bieten sie Nektar suchenden Insekten auch dann noch reichlich Nahrung, wenn woanders nicht mehr viel zu holen ist. Weißlinge, Tagpfauenauge, Kleiner Fuchs und natürlich auch Admiral oder Distelfalter naschen besonders gerne von den ergiebigen Nektarvorräten der bunten Blütenköpfe. Später halten Samen fressende Kleinvögel noch einmal gründlich Nachlese ▶ 101.2.

Blütenbau – im Dienste der Vermehrung

Grelle Farben, üppige Formen, beste Platzierung – mit knallbunten Blüten machen viele Pflanzen sehr wirksam Reklame für sich. Schon allein aus Gründen der Konkurrenz müssen sie allerhand Extras bieten. Zum „Servicepaket" gehören dabei unter anderem Landehilfen und Orientierungspläne.

Obwohl Tiere von Pflanzen abhängig sind, wären viele Pflanzen ohne Tiere ebenso rasch am Ende ihrer Möglichkeiten.

Bunte Blumen benötigen behaarte Kleintiere als Transporteure ihrer Blütenpollen. Über größere Entfernungen und vor allem

zielgerichtet, übernehmen frei bewegliche Tiere mit größerem Aktionsradius den wichtigen Dienst der Bestäubung, ohne die eine gelungene Vermehrung mit Fruchtansatz und Samenbildung einfach nicht möglich wäre.

Bereits am Beginn der so sinnvoll und planmäßig aussehenden Kooperation zwischen Blüte und ihren tierischen Bestäubern, steht ein höchst praktisches Problem. Wie veranlasst man eine Biene, eine Hummel, einen Schmetterling oder eine Fliege dazu, Pollen von Blüte A nach B zu transportieren? Mit Sicherheit übernehmen diese Tiere ihre Frachtaufträge nicht uneigennützig.

Obwohl sie immer so sehr im Mittelpunkt steht, ist die Pollenbeförderung eigentlich nur ein Randeffekt. Die Bestäuber entwickeln für die Blüten nämlich ein viel vordergründigeres Interesse. Hautflügler, Käfer, Schwebfliegen und andere flugfähige Insekten suchen die Blüten vor allem

1 Silberdistel

Stacheln
Auswüchse der Epidermis; lassen sich leicht abbrechen (z. B. Rose)

Dornen
Verkürzte und zugespitzte Seitentriebe (z. B. Schlehe)

Schwebfliege
Widderchen
Hummel
Biene
Rüsselkäfer
Weichkäfer
Distelfalter
Blattkäfer
Blattwanze
1 cm
1 cm
1 cm

2 Der Distelkopf bietet vielen Insekten Nahrung

1 Königskerze

Nektar-Raub
Manche Blütenbesucher umgehen allerdings die vorgesehene Rüsselroute. An den Blüten des Beinwells, einer verbreiteten heimischen Heilpflanze, sieht man am Grund der Blütenkrone ziemlich häufig kleine Bissstellen. Hier waren kurzrüsslige Hummel-Arten schlicht auf Nektarklau. Ähnliches passiert auch in den seltenen Fällen, wo sehr klein dimensionierte Bestäuberinsekten unter Umgehung des „offiziellen" Weges gleichsam in Blüten einbrechen.

Pflanzenöle
Etherische Öle *werden von Pflanzen in besonderen Drüsen erzeugt. Sie riechen aromatisch und sind für den Duft von Pflanzen (Duftstoffe) verantwortlich. Beispiele: Lavendel, Salbei. Dagegen sind* **fette Öle** *chemisch anders aufgebaut und dienen als Speicherstoffe, z. B. in Haselnüssen, Sonnenblumenkernen, Raps und anderen Samen. Sie hinterlassen beim Zerdrücken einen typischen Fettfleck.*

wegen des süßen Nektars auf. Nektardrüsen, in den Blüten an verschiedenen Stellen versteckt, produzieren und sondern in Mengen hochkonzentrierte Zuckerlösungen ab. Etliche Insekten, darunter beispielsweise die Schmetterlinge, besitzen derartig hochspezialisierte Mundwerkzeuge, dass sie tatsächlich nur noch solche energiereiche Flüssignahrung wie Nektar aufnehmen können. Sie suchen daher fast notgedrungen geeignete Blüten auf, die ihnen umgekehrt eine optimale Versorgung mit kräftelieferndem Zuckermix ermöglichen.

Bei röhrig aufgebauten Blüten mit langem, nach rückwärts verlängertem Sporn, ist der Nektar nicht so leicht zu erreichen. Diese versteckte Lage der Nektardrüsen kann sinnvoll sein. Wenn sich ein Insekt in das Innenleben einer Blüte vertieft und dort den langen Saugrüssel mit hochviskosem Nektar ordentlich beschmiert hat, bleiben daran beim Rückzug noch mehr Pollen kleben und landen beim nachfolgenden Blütenbesuch auf den viel weiter vorn befindlichen Narben.

Bei manchen Blüten konsumieren die Insekten auch die Pollenkörner selbst, so dass die voraussichtlichen Verluste durch Überproduktion von vorne herein ausgeglichen werden müssen. Das erklärt, warum die Staubblätter in vielen Blüten überaus zahlreich auftreten und manchmal sogar richtige kleine Büschel bilden. Klatschmohn oder Rosen sind solche Pollenblumen.

Viel versprechende Staubblattbüschel sind für Pollen sammelnde Insekten, wie die Blüten besuchenden Käfer, Bienen oder Hummeln, offenbar besonders verführerisch. Manche Blüten nutzen dies, indem sie viel mehr in Aussicht stellen, als tatsächlich zu holen ist. Zu diesen „Etikettenschwindlern" gehören beispielsweise die Blüten der Königskerzen ▶ 102.1. Nur zwei ihrer fünf Staubblätter enthalten tatsächlich Pollen. Die übrigen sind reine Attrappen und verstärken die Signalwirkung noch durch eine Behaarung, die aus der Entfernung wie eine riesige Pollenmasse aussieht.

Bei anderen Blüten tragen die ausgebreiteten Blütenkronblätter eigenartige Punktmuster und Flecken. Sie erweisen sich bei

„näherer Betrachtung" als aufgemalte Staubblätter, die den Eindruck von vielen Pollensäcken vermitteln sollen. Die Insekten fallen auf dieses Täuschungsmanöver herein.

Mit Nektar und Pollen ist das Nahrungsangebot der Blüten durchaus noch nicht erschöpft. Etliche Pflanzenarten halten auch ergiebige Ölquellen bereit – nicht nur duftende etherische Öle, sondern auch fette Öle, die wiederum von besonderen Drüsen abgegeben werden. Sie bilden in der Insektennahrung eine wertvolle Ergänzung zu Zuckerkonzentrat oder Pollenprotein.

Um Besucher anzulocken, sind die ursprünglich unauffälligen Blüten zu attraktiven Blumen geworden, die mit allerhand optischen und duftenden Mitteln Aufmerksamkeit erregen und deren besondere Signale sich an potenzielle Bestäuber richten. Die Blütenbesucher lernen individuell aus Erfahrung, welche Blüte besonders ergiebige Nektar- und Pollenvorräte führt. Farbwertigkeit und Farbsättigung der Blüten sind dabei besonders relevante Größen. Bezeichnenderweise sind in unseren Breiten die reinen Rottöne unter den Blütenfarben deutlich unterrepräsentiert, weil die meisten Blütenbesucher unter den Insekten, darunter vor allem die Bienen und Hummeln, rotblind sind. In tropischen Regionen sind dagegen Rotblüher prozentual wesentlich häufiger, weil ihre Signalempfänger, z. B. die Nektarvögel und Kolibris Rot erkennen können.

Die optische Gesamterscheinung einer Blüte ist jedoch bei genauerem Hinsehen deutlich mehr als nur ein simpler farbgesättigter Blickfang. Bei nahezu allen insektenbestäubten Blüten ist die für Besucher interessante Mitte entweder deutlich heller oder wesentlich dunkler gefärbt als die umgebenden Randbereiche.

Verbreitung der Früchte

Die Landpflanzen sind mit ihrem jeweiligen Standort buchstäblich fest verwurzelt. Den Nachteil erheblich eingeschränkter Beweglichkeit gleichen sie jedoch trickreich aus, so dass selbst größere räumliche Distanzen kein Problem sind. Bereits der massenhaft produzierte Blütenstaub wird in der Luft, manchmal auch im fließenden Wasser, vor allem aber durch kleine und größere Tiere, von einem Ort zum anderen transportiert. Beim Pollenversand stehen genetische Aspekte im Vordergrund. Ziel ist eine optimale Durchmischung möglichst verschiedener Erbguttypen. Die Verschickung von Samen und Früchten dient dagegen der Sicherung der Pflanzenart. Die von den Pflanzen auf den Weg gegebenen Verbreitungseinheiten nennt man *Diasporen*. Es handelt sich dabei um einzelne oder mehrere Samen, um Teilfrüchte, komplette Früchte oder Teile vom Fruchtstand ▶ 103.2/104.1.

Trotz grundsätzlicher Ähnlichkeit mit den wichtigsten Transportwegen von Pollen und Samen, gibt es auf der anderen Seite auch beträchtliche Unterschiede.

In der pflanzlichen „Luftflotte" existieren Fallschirmspringer, Gleit- und Segelflieger. Eines der bekanntesten Beispiele für Ersteres ist der Löwenzahn, dessen Samen einem geöffneten Fallschirm gleicht.

Im Löwenzahn-Blütenkorb ist der Kelch jeder gelben Einzelblüte ausnahmsweise nicht blättrig, sondern als Haarkranz entwickelt. Nach dem Abblühen verlängert sich seine Achse etwa um das Dreißigfache, breitet sich aus der Faltlage schirmförmig aus, wird durch Trocknen noch ein wenig ausgesteift – und fertig ist die Pusteblume. Im Geschirr hängt ein im trockenen Zustand federleichtes, nicht einmal ein halbes Milligramm schweres Gebilde, das wie ein Samenkorn aussieht, aber eigentlich eine Frucht darstellt. Etwa 200–400 Fallschirmchen sitzen ab Ende Mai startbereit auf dem reifen Fruchtstand. Bei absoluter Windstille sinken sie mit etwa 30 cm je Sekunde. Mäßige Turbulenzen halten sie dagegen längere Zeit in der Schwebe, und ein frischer Wind reicht aus, sie sogar über viele Kilometer davon zu tragen. Rückwärts gerichtete Haken verkrallen wie ein Anker die gelandete Frucht an Bodenteilchen.

Gleitflieger

In der heimischen wie in der fremdländischen Gehölzflora findet die Frucht- und Samenverbreitung häufig nach Art der Gleiter oder Segler statt.

Bei den Birken und Ulmen tragen die winzigen Nussfrüchte einen breiten Flügelsaum wie eine Frisbee-Scheibe. Sie sind extreme Leichtgewichte. Ihre große Oberfläche bei kleinem Volumen ist eine wesentliche Voraussetzung für den Streckensegelflug. Dabei fliegen sie allerdings nicht pfeilgerade wie ein Deltagleiter, sondern beschreiben enge Spiralen, wie die Propellerfrüchte von Ahorn, Esche oder Linde. Der sichtbare Ausbreitungserfolg der genannten Baumarten beweist die Funktionstüchtigkeit dieser Konstruktion. Auf ruhenden Rohböden leiten nämlich vor allem Birken die Wiederansiedlung von Gehölzen ein, weil ihre Verbreitungseinheiten neben Weiden und Zitterpappeln als erste zur Stelle sind.

Bei der Samen- oder Fruchtverbreitung durch die Luft bestimmt der Wind die Richtung und gewöhnlich auch die Distanz. Wenn eine gewaltige Zahl von Verbreitungseinheiten an den Start geht – bei Birken, Pappeln und Weiden jeweils mehrere Millionen je Fruchtbaum – ist auch die Wahrscheinlichkeit groß, dass sie irgendwo auf einer besiedlungsfähigen Stelle landen.

Klettenfrüchte

Nicht grundsätzlich anders steht es um den Samen- oder Früchtetransport im Fell und Gefieder von Wirbeltieren. Die weitaus verbreitetste Methode ist dabei der Klettentrick. Die hochwirksame Anhänglichkeit von Fruchtständen der Kletten-Arten ist geradezu sprichwörtlich. Ihre stachelspitzen Hüllblätter sind wie die Enden einer Häkelnadel umgebogen. Sobald sie auf Fell oder Textilien treffen, haken sie ein und werden verschleppt. Diese Strategie verfolgen vor allem krautige oder andere niedrigwüchsige Pflanzen wie Waldmeister, Nelkenwurz, Klettenkerbel und Wilde Möhre. Bei hochreichenden Gehölzen wäre dieser Mechanismus weitaus weniger wirksam.

Darmpassage

Es gibt auch Pflanzen, die zur Überwindung räumlicher Schranken ein gänzlich anderes Verfahren verwenden. Sie stecken ihre Samen in attraktive, zumeist auch wohlschmeckende Verpackungen der Fruchthülle. Sofern Fruchtkonsumenten wie die Singvögel, z.B. Drosseln und Finken, die darin enthaltenen Samen nicht zerbeißen, überstehen diese die weiteren Stationen der Darmpassage schadlos. Dickschaligkeit oder andere derbe

1 Löwenzahn

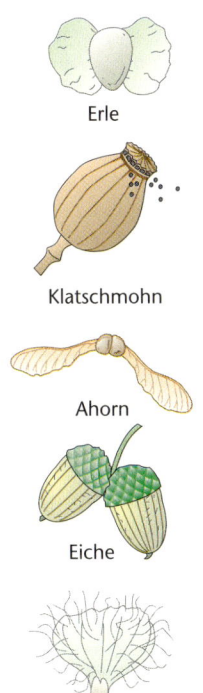

Erle

Klatschmohn

Ahorn

Eiche

Pappel

2 Transporteinrichtung an Samen und Frucht

Ulme

Löwenzahn

Veilchen

Kleb-
kraut

Springkraut

1 Transporteinrichtung an Samen und Frucht

Äußerlichkeiten wappnen sie gegen aggressive Verdauungsenzyme. So bleibt auch die Keimfähigkeit erhalten. Nicht zutreffend ist allerdings die oft zu lesende Behauptung, die Darmpassage sei für eine erfolgreiche Keimung unbedingt erforderlich.

Fruchtfarben
Genau wie bei den tierbesuchten Blüten ist auch bei der Verbreitungsbiologie der Diasporen eine Menge Farbe im Spiel. Viele Früchte adressieren ihr saftiges Angebot oft mit knallig werbewirksamen Gelb-, Orange- und Rottönen. Beispiel für besonders leuchtende Fruchtfarben bieten Kornelkirsche, Schneeball, Vogelbeere, Sanddorn oder Berg-Holunder und viele andere mehr.

Plumpsfrüchte
Bei anderen Pflanzen wiederum fallen die Früchte bei der Reife vom Stängel und die Tiere können sie vom Boden aufnehmen. Die Verbreitungsbiologie bezeichnet sie als *Plumpsfrüchte*. Diese vergleichsweise simpel erscheinende Technik findet man bei Buche, Eiche oder Rosskastanie. Plumpsfrüchte sind häufig das Sammelgut größerer, Samen fressender Vögel, wie der Eichel- und Tannenhäher oder auch des Eichhörnchens. Sie legen im Herbst sogar größere Depots an, die sie jedoch oft wieder vergessen und pflanzen damit bestimmte Arten beinahe planmäßig an.

Auch der Mensch macht mit
Als der Mensch vor etwa 7 000 Jahren auch in Mitteleuropa von der jagend-sammelnden zur nahrungsproduzierenden Lebensweise durch Feldbestellung und Tierzucht überging, kamen sehr folgenreiche neue Verbreitungsfaktoren ins Spiel. Nun entstanden mit den Ackerparzellen und Siedlungsgebieten Agrar-Ökosysteme an Standorten, die zuvor meist weithin geschlossenes Waldland waren. Das förderte verständlicherweise die Zuwanderung auch solcher Pflanzen und Tiere, die von Natur aus nicht in dichten Wäldern vorkommen. Andererseits wurden

mit der Weitergabe von Saatgut und Feldfrüchten, sowie mit der zunehmenden räumlichen Ausdehnung des Kulturlandes, unabsichtlich eine Menge Begleitarten verschleppt und verbreitet; sie werden oft als „Unkräuter" bezeichnet.

Das gesamte buntblumige Inventar eines Getreideackers mit Klatschmohn, Kornblume, Feld-Rittersporn, Kamille, Kornrade und Dutzenden weiterer Blütenpflanzen stammt, wie die Getreidearten selbst, aus dem Mittelmeerraum und gedeiht nördlich der Alpen erst seit dem Beginn des Feldbaus.

Seit etwa 1 500 n. Chr. nimmt das Ausmaß der Artenverschleppung eine neue Dimension an, denn planmäßigen oder zufälligen Artenaustausch gibt es sogar zwischen Kontinenten weltweit.

„Fußspur des Weißen Mannes" nannten die nordamerikanischen Indianer beispielsweise den Breitblättrigen-Wegerich, dessen Klebfrüchte die ersten Siedler offenbar an Sack und Pack mitschleppten. In jeder Pflasterfuge – selbst die pazifischen Großstädte wie Los Angeles oder San Francisco blieben davon nicht verschont – findet man den Vogel-Knöterich, dessen Vorfahren aus Europa stammen.

Diese neuzeitliche Artenwanderung war keine Einbahnstraße, sondern ein vielfältiger Austausch. Rund 230, das sind 10% der im Gebiet der Bundesrepublik insgesamt vorkommenden Blütenpflanzen, sind so genannte *Neophyten* oder Neubürger, die ihren Weg in die mitteleuropäischen Ökosysteme als Trittbrettfahrer, Blinde Passagiere oder Gartenflüchtige fanden. Besonders reich an Neophyten sind immer Verkehrsadern wie Häfen, Schienenstränge, Straßenränder und Flussufer.

Die aktuelle Vegetation Mitteleuropas erweist sich so bei näherem Hinsehen als Ergebnis sehr unterschiedlicher Zuwanderungen, wobei sich natürliche Abläufe und menschliches Zutun in komplexer Weise verzahnen.

Pflanzen mit System

Spielkarten kann man nach Farben oder Zahlen sortieren. Auch Lebewesen bieten für Ein- und Zuordnungen mancherlei Ansätze. Die wissenschaftliche Disziplin, die sich damit befasst, ist die *Taxonomie*. Sie weist jeder Organismenart in einer verschachtelten Folge eine immer höhere Rangstufe zu. Wie das in der folgenden Übersicht ▶ 105.2 verwendete Beispiel Weiße Taubnessel zeigt, ist dabei nur die *Art* ein tatsächlich sicht- und fassbares Objekt. Alle übergeordneten Rangstufen sind abstrakte Gebilde. Eine *Gattung* oder *Familie* kann man als solche nicht sehen, man nimmt lediglich einzelne Vertreter davon wahr.

Taxonomien sind Klassifikationsvorschläge, die Pflanzen bzw. andere Organismen nach gemeinsamen oder differenzierenden Merkmalen einer bestimmten Gruppe zuweist und diese von anderen,

 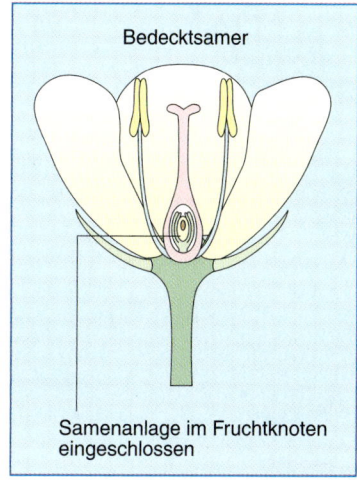

1 Nacktsamer und Bedecktsamer

Taxonomische Rangstufe	Taxonomische Einheit
Organismenreich	Pflanzenreich
Unterreich	Gefäßpflanzen
Abteilung	Samenpflanzen
Unterabteilung	Bedecktsamer
Klasse	Zweikeimblättrige
Unterklasse	Verwachsen Kronblättrige (*Asteridae*)
Überordnung	Kronröhrenblütige (*Lamianae*)
Ordnung	Lippenblütenartige (*Lamiales*)
Familie	Lippenblütengewächse (*Lamiaceae*)
Art (Spezies)	Weiße Taubnessel (*Lamium album* L.)
Unterart	*Lamium album ssp. album*

2 Taxonomie der Weißen Taubnessel

eventuell ähnlich aussehenden entsprechend abhebt. Bei der Taubnessel wäre das zum Beispiel die Unterscheidung zwischen der Weißen und der Roten und der Vergleich mit ähnlichen Gattungen wie Minze oder Salbei.

Nacktsamer
Die Samenpflanzen sind heute sehr artenreich vertreten. Für ihre weitere Unterteilung sind die in der Übersicht enthaltenen Rangstufen und Benennungen üblich. Die *Nacktsamer (Gymnospermen)* ▶ 105.1 sind in der modernen Pflanzensystematik keine eigenständige taxonomische Einheit mehr, sondern werden wegen grundlegender Unterschiede auf drei Unterabteilungen verteilt:

Die *Gabelblättrigen Nacktsamer* werden in der heutigen Flora nur noch durch den eigenartigen, aus Ostasien stammenden Ginkgobaum repräsentiert, den man in Mitteleuropa in vielen Parkanlagen und in den Großstädten zunehmend als bemerkenswert abgasfesten Straßenbaum sehen kann ▶ 105.3.

Fiederblättrige Nacktsamer kommen in der mitteleuropäischen Flora als Wildpflanzen nicht vor. Hierher gehören die als Zimmerpflanzen verwendeten Palmfarne (Cycadeen) oder die im Mittelmeerraum verbreiteten Ephedra-Arten, deren Fiederblättrigkeit allerdings durch gestaltliche

3 Ginkgo-Blatt

Grüne Pflanzen

Ranke

Fiederblatt

Nebenblatt

1 Erbse

Bedecktsamer
Die bedecktsamigen Pflanzen werden nach der Anzahl der Keimblätter, die der Samen enthält, in Zwei- und Einkeimblättrige unterteilt. Bei Zweikeimblättrigen (Bohne, Buche, Radieschen) kann man deren beide Keimblätter leicht erkennen.
Das eine Keimblatt der Einkeimblättrigen (Gräser, Orchideen) ist äußerlich nicht erkennbar ▶ 95.1/2.

Umwandlung zum nahezu blattlosen Rutenstrauch nicht mehr erkennbar ist.

Die *Nadelblättrigen Nacktsamer* umfassen neben vielen, im Laufe der Erdgeschichte ausgestorbenen Gruppen, die bereits an der Steinkohlebildung beteiligt waren, heute nur noch die Nadelhölzer.

Bedecktsamer

Die *Bedecktsamer (Angiospermen)* bilden eine taxonomische Einheit und stellen innerhalb der Samen- bzw. Blütenpflanzen eine eigene Unterabteilung. Ihre weitere Untergliederung erfolgt in *Einkeimblättrige (Monokotyle, taxonomisch korrekt Monocotyledoneae)* und *Zweikeimblättrige (Dikotyle bzw. Dicotyledoneae)* ▶ 106.2.

Beispiele für Bedecktsamer

Taxonomisch-systematisches Arbeiten bedeutet im Fall der Blütenpflanzen immer eine genauere Analyse von Merkmalen des Blütenbaus. Eine erste Unterscheidung muss bei der Zuordnung zu den Ein- oder Zweikeimblättrigen fallen. Das Namen gebende Merkmal – die unterschiedliche Anzahl der Keimblätter – ist nur bei den Keimpflanzen zu erkennen.

Einkeimblättrige

Als wichtige Beispielfamilien für Einkeimblättrige dienen hier die Liliengewächse.

Die Liliengewächse sind krautige Pflanzen mit Zwiebel, Knollen oder kriechenden Wurzelstöcken als Überdauerungsorgane. Ihre radförmigen, meist zwittrigen Blüten zeigen beispielhaft den dreizähligen Blütenbauplan der Einkeimblättrigen mit freien oder verwachsenen 2 x 3 Blütenhüllblättern, 2 x 3 Staubblättern und einem dreifächerigen, oberständigen Fruchtknoten, aus dem sich eine Kapsel- oder Beerenfrucht entwickelt ▶ 107.1. Weltweit sind ca. 3 500 Arten bekannt, in Deutschland kommen davon 64 vor. Ein für den Unterricht bestens geeigneter Vertreter ist die Garten-Tulpe.

Zweikeimblättrige

Als Repräsentanten wichtiger Zweikeimblättriger können die folgenden Familien dienen.

Schmetterlingsblütengewächse
Sie stellen eine umfangreiche und wirtschaftlich wichtige Familie mit Kräutern und Holzgewächsen dar. Dazu zählen Nahrungspflanzen wie Bohnen, Erbsen ▶ 106.1/107.2, Linsen oder Futterpflanzen wie Klee und Luzerne.

Abteilung Samenpflanzen
Unterabteilung: *Nacktsamer (Gymnospermen):*
1. Klasse *Gabelblättrige Nacktsamer* z.B. Ginkgo
2. Klasse *Fiederblättrige Nacktsamer* z.B. Palmfarne
3. Klasse *Nadelblättrige Nacktsamer* z.B. Fichte, Kiefer
Unterabteilung Bedecktsamer (Angiospermen)
1. Klasse *Einkeimblättrige (Monokotyle)*
2. Klasse *Zweikeimblättrige (Dikotyle)*
2 Organisation der Samenpflanze

Lexikon

Erscheinungsformen von Pflanzen
Eine laienhafte Einteilung der Pflanzenwelt orientiert sich an Erscheinungsformen. Diese haben jedoch nichts mit einer systematischen Einteilung zu tun:
Baum: mehrjähriges Holzgewächs mit nur einem Stamm
Strauch: mehrjähriges Holzgewächs, das mit mehreren Trieben aus einer Wurzel kommt
Staude: mehrjährige, unverholzte Pflanze, die immer wieder aus unterirdischen Erneuerungsknospen (oft ein Wurzelstock) austreibt
Einjährige Kräuter: krautige Pflanzen, die in einem Jahr ihren Lebenszyklus vollenden; z.B. Klatschmohn
Zweijährige Kräuter: Pflanzen, die erst im zweiten Lebensjahr blühen und danach absterben; z.B. Nachtkerze

1 Tulpenblüte – weit geöffnet

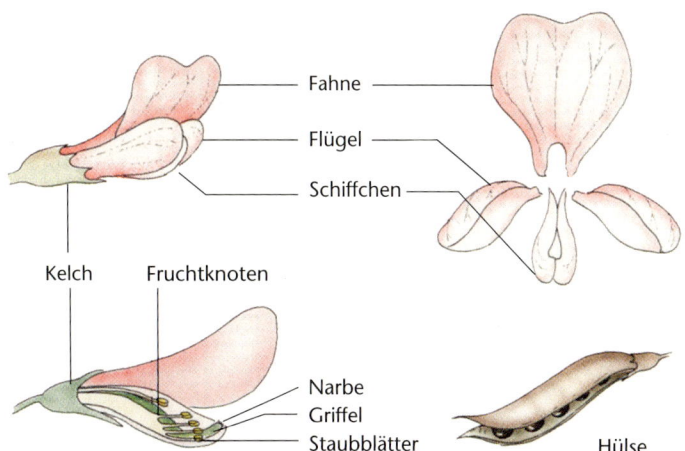

2 Schmetterlingsblüte

Die wechselständigen Blätter weisen immer Nebenblätter auf und sind meist gefiedert oder dreizählig gefingert. Die Nebenblätter können verdornen wie bei der Robinie. Die zwittrigen Blüten sind immer zweiseitig symmetrisch und umfassen fünf Kronblätter unterschiedlicher Gestalt. Das oberste und meist größte Kronblatt ist als Fahne aufgerichtet. Die beiden untersten Kronblätter sind an ihrer Unterseite zum Schiffchen verwachsen. Ihnen liegen die restlichen beiden seitlich als Flügel an. Die Stielchen der zehn Staubblätter sind zu einer im Schiffchen verborgenen Röhre verwachsen. Aus dem einblättrigen Fruchtknoten entwickelt sich eine Hülse.

Bemerkenswert ist in dieser Familie die Symbiose mit Stickstoff bindenden Bakterien in besonderen Knöllchen an den Wurzeln (Knöllchenbakterien). Weltweit gibt es etwa 12 000, in Deutschland 38 Arten davon.

Doldengewächse
Zu dieser umfangreichen und wirtschaftlich wichtigen Familie gehören viele Heil-, Gewürz- und Aromaflanzen. Die wechselständigen Blätter sind gefiedert und am Blattgrund scheidig umhüllt. Die fünfzähligen, radförmigen Blüten besitzen eine doppelte Blütenhülle, von der man die völlig unscheinbaren Kelchblätter jedoch kaum erkennt. Unter dem zweiteiligen Griffel liegt ein breites, als Nektardrüse dienendes Griffelpolster. Die Einzelblüten stehen in Döldchen zusammen; diese bilden ihrerseits die

zusammengesetzte Dolde. Damit erscheinen die kleinen Einzelblüten attraktiver für Blütenbesucher ▶ 107.3.

Der unterständige Fruchtknoten zerfällt bei der Reife in zwei Teilfrüchte, die in besonderen Gewebestreifen die aromatisch duftenden, etherischen Öle enthalten. Wichtige Nutzpflanzen aus dieser Familie sind Mohrrübe, Fenchel, Anis, Petersilie, Liebstöckel, Sellerie, Dill, Kümmel und Koriander. Wenige Arten wie der Schierling sind stark giftig.

Kreuzblütengewächse
Diese umfangreiche Familie umfasst nahezu ausschließlich krautige Arten, von denen sich zahlreiche Kultur- und Zierpflanzen ableiten wie Kohl, Radieschen, Senf oder Raps. Die typisch vierzähligen Blüten weisen zwei äußere kurze und vier innere lange Staubblätter auf. Aus dem zweiblättrigen Fruchtkno-

*Angepasstheit –
Anpassung*
In der didaktischen Literatur wird immer häufiger an Stelle des Begriffes „Anpassung" die Vokabel „Angepasstheit" verwendet. Angepasstheit meint den Zustand, Anpassung dagegen den Prozess, in dem sich eine Angepasstheit herausbildet

Randblüte

Mittelblüte

Mohrenblüte

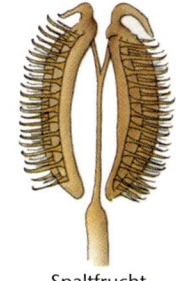

Spaltfrucht

3 Familie Doldengewächse, Wilde Möhre

Grüne Pflanzen

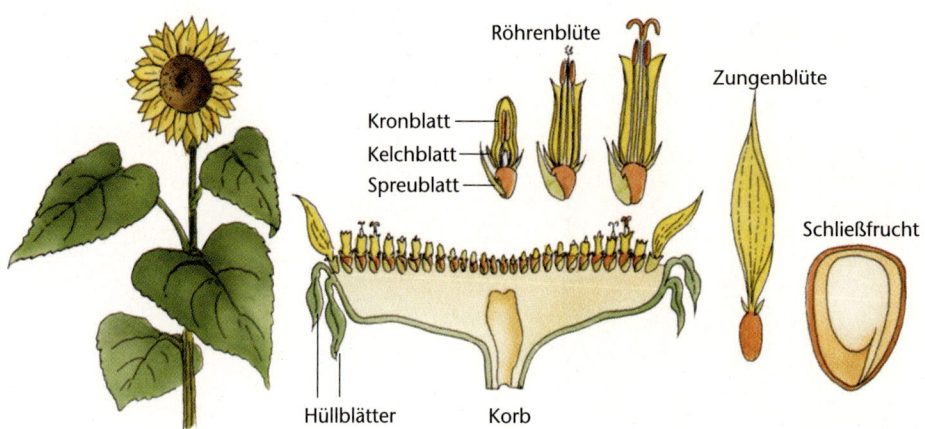

Röhrenblüte

Zungenblüte

Kronblatt
Kelchblatt
Spreublatt

Schließfrucht

Hüllblätter   Korb

1 Familie Korbblütengewächse

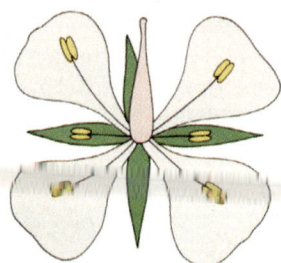

ten entwickelt sich eine mehrsamige Schote. In vielen Arten kommen flüchtige Verbindungen vor, auf die der charakteristische Kohl- oder Senfgeruch zurückgeht ▶ 108.2.

Weltweit sind etwa 3 000 Arten bekannt, von denen in Deutschland rund 150 vorkommen.

Lippenblütengewächse

In dieser Familie fasst man neben Kräutern auch viele überwiegend strauchförmig wachsende Holzpflanzen zusammen, die allerdings in der heimischen Flora weniger stark vertreten sind. Der Stängel der Lippenblütengewächse ▶ 108.3 ist vierkantig und gibt damit die typisch kreuzgegenständige Stellung der Laubblätter vor. Die Blüten erscheinen zu mehreren in den Blattachseln der oberen Blätter. Von den fünf miteinander verwachsenen Kronblättern bilden zwei die Ober- und die übrigen drei die Unterlippe. Die vier Staubblätter sind ungleich lang. Aus dem oberständigen, vierfächerigen Fruchtknoten

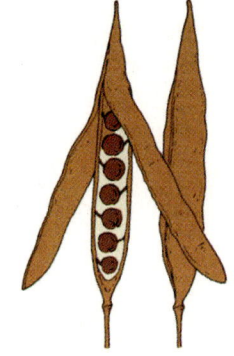

2 Kreuzblüte und Schote

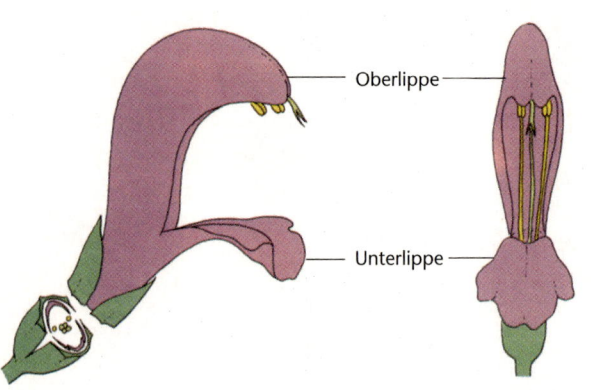

Oberlippe

Unterlippe

Frucht aus vier Teilfrüchten

3 Familie Lippenblüter

entwickeln sich einsamige Teilfrüchte, die man *Klausen* nennt. In fast allen Arten dieser Familie kommen haarige Duftdrüsen vor, die etherische Öle produzieren. Viele Vertreter sind daher wirtschaftlich wichtige Aroma-, Arznei- und Gewürzpflanzen, beispielsweise Minze, Thymian, Salbei oder Rosmarin.

Korbblütengewächse

Diese außerordentlich umfangreiche Familie zeichnet sich durch charakteristische kopfige oder korbartige Blütenstände aus, die zwar wie eine große Einzelblume aussehen, aber tatsächlich aus zahlreichen selbstständigen Einzelblüten bestehen und daher ein Blütenstand sind.

Bei den *Einzelblüten* gibt es verschiedene Formen, die das Aussehen des gesamten Köpfchens prägen. ▶ 108.1.

- Typ Margerite, Sonnenblume: Die Einzelblüten am Rand besitzen ein auffälliges, zungenförmiges Blütenblatt (Zungenblüte), während in der Mitte nur unauffällige Röhrenblüten stehen.
- Typ Löwenzahn: Alle Einzelblüten haben deutlich erkennbare Blütenblätter.
- Typ Strahllose Kamille: Das Köpfchen enthält nur Röhrenblüten.

Weltweit sind die Korbblütengewächse mit 25 000 Arten, in Deutschland immerhin mit 325 Arten vertreten. Auch in dieser Familie kommen Pflanzen mit interessanten Duft- und Aromastoffen vor, die wie Wermut, Estragon oder Beifuß auch als Gewürze verbreitet sind. Aber auch der Kopfsalat gehört zu den Korbblütengewächsen.

Didaktische und methodische Hinweise

Lehrplan

Allen Lehrplänen der allgemeinbildenden Schulen mit Sekundarstufe I gemeinsam ist das Ziel, in der 5. und 6. Klasse mit einer ausführlichen Betrachtung der grünen Pflanzen zu beginnen. Dabei sind Kennübungen, genereller Aufbau einer Blütenpflanze, Blüten-, Blatt- und Fruchtformen, sowie stoffwechselphysiologische Betrachtungen wie Fotosynthese und Keimung, aber auch ökologische Zusammenhänge wie Anpassung an bestimmte, z. T. extreme Standortbedingungen oder jahreszeitliche Faktoren von besonderem Interesse.

Methodische Aspekte

In der Praxis tritt im Zusammenhang mit dem Thema Pflanzenkunde die Schwierigkeit auf, dass die Schüler des 5./ 6. Jahrgangs Pflanzen eigentlich nicht als Lebewesen empfinden. Aus ihrer Sicht steht die Pflanze bewegungslos am Wegesrand. Ein wichtiger Aspekt ist also, den Blick der Lerngruppe auf die beobachtbaren Lebensvorgänge zu lenken. Die Lebensäußerungen der Pflanzen im Ablauf eines Jahres sind sehr langsam, aber nicht minder spannend.

Der Grund, warum die Kinder Pflanzen nicht als richtige Lebewesen empfinden, liegt wohl auch in der Tatsache begründet, dass man sich im Unterricht aufgrund der langen Entwicklungszeiten einer einzelnen Pflanzenart damit behilft, Blütenbestäubung, Früchte, Keimung etc. jeweils an ganz verschiedenen Pflanzen zu erarbeiten. Daher ergeben sich für die Schüler sehr statische Bilder und auch nur Momentaufnahmen der einzelnen Arten, z.B. Bohnenkeimling,

Tulpenblüte, Kastanienblatt und -frucht, Salbeiblüte, Küchenzwiebel ▶ 110.1/2/3.

Es erscheint schon für den Erwachsenen schwierig, aus diesen Einzelbetrachtungen eine Vorstellung vom Lebenszyklus und den diversen Lebensäußerungen einer einjährigen Pflanze zu gewinnen. Wann immer möglich, sollte deshalb das Original im Vordergrund stehen, und es sollte nicht nur angesehen und beschrieben werden, vielmehr gilt es, Funktionen und Veränderungen besonders zu berücksichtigen. Je enger der Bezug zwischen Schülerinnen und Schüler und Pflanze ist, um so mehr werden die Kinder die Pflanzen als interessante Untersuchungsobjekte und auch als schützenswerte Organismen empfinden. Vor diesem Hintergrund empfehlen sich einige grundsätzliche methodische Vorgehensweisen:

Untersuchung an wenigen Organismen

Die verschiedenen Lebensäußerungen sollten im Jahresverlauf an wenigen exemplarischen Organismen untersucht werden. Wenn das Fach Biologie fächerübergreifend mit Physik und Chemie unterrichtet wird, ist diese Forderung besonders leicht zu erfüllen. Immer, wenn die ausgewählten Pflanzen das gewünschte Entwicklungsstadium erreicht haben, können Schwerpunkte im Fach Biologie gesetzt werden.

Beobachtungen in der freien Natur

Es sollten so oft wie möglich Beobachtungen in der freien Natur vorgenommen werden. Hier besteht natürlich eine erhebliche Standortabhängigkeit. Es liegt auf der Hand, dass die Möglichkeiten für Naturbeobachtungen und auch die Vorkenntnisse der Schülerinnen und Schüler in einem ländlichen Einzugsgebiet besser sind als in einer Großstadtschule.

Erkundungen im Schulumfeld spielen jedoch eine ganz große Rolle, damit ein wirklicher Bezug zur Flora der jeweiligen Landschaft aufgebaut werden kann. Daraus ergeben sich vielleicht Projekte zum Schutz oder zur Veränderung bestimmter Lebensräume in der Schulumgebung, mit denen die Lernenden sich identifizieren können. Außerdem ermöglichen gerade diese Pflanzen, die an ihrem natürlichen Standort stehen, eine ganzjährige Beobachtung.

1 Kastanien-Blatt

2 Junge Bohnenpflanze

3 Salbei-Blüte

Monat	Unterrichtsstoff
September	Lebensvorgänge der ausgewachsenen Pflanze
	a) Fotosynthese (Blätter)
	b) Wasser- und Nährstofftransport (Sprossachse)
	c) Fruchtentwicklung und -aufbau
Oktober	**Veränderungen der Pflanzen im Herbst/Vorbereitung auf den Winter**
	a) Verfärbung der Blätter
	b) Endgültige Form der Früchte
	c) Verbreitung der Früchte
Dezember	**Wie überstehen die Pflanzen den Winter?**
	a) Vergleich Nadelbäume/ Laubbäume
	b) Abbau des Laubes im Boden
	c) Veränderungen an den Samen, Fressfeinde
	Exkurs: Pflanzen der Erde
	a) Bedürfnisse der Zimmerpflanzen
	b) Wo leben unsere Zimmerpflanzen unter natürlichen Bedingungen?
	c) Anpassung an extreme Standorte
März	**Frühblüher**
April	**Beginn der neuen Vegetationsperiode**
	a) Keimung
	b) Knospung
	c) Sonderfall: Zwiebelpflanzen
Mai – Juni	**Eine neue Generation ensteht**
	a) Blütenbau
	b) Bestäubung
	c) Befruchtung

4 Themensequenz im Jahreslauf

Zucht und Pflege über das Jahr

Die Schüler sollten einige Planzen in der Schule oder zu Hause über das Jahr hinweg züchten und pflegen. Nicht alle Pflanzen eignen sich dafür gleich gut. Daher empfiehlt es sich, auch auf einige Arten in der Schulsammlung zurückzugreifen.

Über den reinen Lerneffekt hinaus bietet eine solche Vorgehensweise auch die Möglichkeit, Schülerinnen und Schülern die Verantwortung für das Gelingen des Unterrichts zu übertragen und sie z. B. an der Auswahl der Pflanzen zu beteiligen. Sicherlich werden die Schüler im Umgang mit den Pflanzen auch selbst Ideen entwickeln, oder neue Versuche ausdenken, denen man Platz einräumen sollte, auch wenn dem erfahrenen Pädagogen Zweifel an der Durchführbarkeit mancher Ideen kommen sollte.

Beobachtungen im Schuljahresverlauf

Für die Motivation der Schüler und die Förderung ihrer Wahrnehmung der Pflanzen als Lebewesen sind die beobachtbaren Veränderungen besonders wichtig. Auf der anderen Seite ist in den Klassen 5/6 eine der letzten Gelegenheit gegeben, Artenkenntnisse zu vermitteln.

Leider verläuft das Schuljahr nicht parallel zu einem Vegetationszyklus in unseren Breiten. Wenn der Unterricht nach den großen Ferien beginnt, ist für die meisten Pflanzen die Zeit der Keimung und Blüte bereits abgeschlossen, Fruchtentwicklung und erste Abbauprozesse zur Vorbereitung auf den Winter stehen an. So ist es also nicht möglich mit der Keimung anzufangen und die Individualentwicklung einer Pflanze über ein Jahr zu verfolgen. Das Problem löst sich aber einfach: Die Beobachtung beginnt im Sommer, wenn in Folge der Befruchtung ein Samen entsteht. Es schließt sich die Überwinterung an, die Auskeimung im nächsten Frühjahr, und schließlich die Entstehung einer neuen Pflanze. Auf diese Weise werden auch die Lebensprozesse, die im Winter ablaufen, mit in das Unterrichtsgeschehen einbezogen ▶ 110.4.

Die Veränderungen können im Jahresverlauf in Form eines Herbariums dokumentiert werden ▶ 123.1. Oft entarten diese Pflanzensammlungen zu wenig aussagekräftigen Heuhaufen, und die Zuordnung der Pflanzen bleibt dubios. Hat der Lernende aber die Aufgabe, die Veränderung „seiner" Pflanze über ein Jahr zu dokumentieren, erhält eine sol-

1 Jahreszyklus der grünen Pflanzen

che Sammlung den gewünschten dynamischen Effekt. Beobachtet jeder eine andere Art, entsteht eine Vielfalt, welche die Grundlage für eine Ausstellung bieten kann.

Das Herbarium eines Schülers sollte sich jedoch nicht auf eine einzige Art beschränken, sondern z. B. neben einer Baumart auch ein einjähriges Kraut und eine Grasart beinhalten. Wichtig ist, dass der Auftrag für ein Herbarium nicht am Anfang des Schuljahres erfolgt und die Resultate erst am Ende eingesammelt werden, sondern dass die Zwischenergebnisse – z. B. Blätter im Herbst, Blüten im Frühjahr – mit in das Unterrichtsgeschehen einbezogen werden.

Bestimmte Grundphänomene des Pflanzenlebens müssen jedoch exemplarisch an einer gerade für diesen Zweck besonders geeigneten Pflanzenart demonstriert werden. Aus diesem Grund ist es unerlässlich, einige Pflanzen in der Biologie-Sammlung bereit zu halten, die aber auch von den Schülerinnen und Schülern gepflegt werden sollten:

111

Grüne Pflanzen

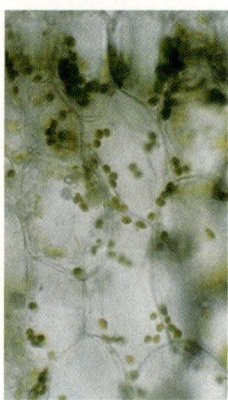

1 Chloroplasten

Panaschierte Blätter
Es handelt sich um gefleck-te Blätter. Für den Stärke-nachweis eignen sich be-sonders die weiß-grünen Blätter von Geranien oder des Eschen-Ahorns.

- Eine Pflanze mit großen, ungeteilten Blättern (z. B. Geranie)
- Eine Pflanze mit weißen Blüten (z. B. Alpenveilchen)
- Eine Pflanze, die leicht Ausläufer bildet (z. B. Grünlilie)

Anregungen zu Einzelthemen

Am Anfang der botanischen Arbeit steht in jedem Fall eine Bestandsaufnahme des Schul-geländes oder seiner näheren Umgebung.

Ideal wäre folgende Zusammensetzung:
- Kastanienbaum, Ahorn oder Eiche
- Nadelbaum
- ungemähte Wiese mit krautigen Pflan-zen (Korbblütengewächse, Lippenblü-tengewächse, Schmetterlingsblütenge-wächse und Kreuzblütengewächse)
- Beet oder größerer Kasten mit Erde im Freien, wo Früchte und Samen das ganze Jahr über den natürlichen Witterungsbe-dingungen ausgesetzt sind

Man sollte sich auf einige wenige aber cha-rakteristische einheimische Pflanzen be-schränken, die mit den Schülerinnen und Schülern an Ort und Stelle betrachtet und ggf. auch untersucht werden können. Da-rüber hinaus sucht sich jeder Schüler seine eigenen Pflanzen für sein Herbar. Es darf sich dabei nicht um einheimische Pflanzen handeln, die unter Naturschutz stehen.

Lebensvorgänge von Pflanzen

Untersucht werden die Lebensvorgänge Foto-synthese, Wasser- und Nährstofftransport, sowie die ersten Entwicklungsschritte der Früchte.

Angestrebte Lernziele
- Bedeutung der Stärkebildung erkennen
- Wasser- und Nährstofftransport verstehen
- Samenverbreitung und Überwinterungs-möglichkeiten kennen
- wissen, wie Frucht und Samen sich vor Fressfeinden schützen
- erkennen, welche Gefahren dem Samen während des Winters drohen
- verstehen, warum der Fortbestand ein-jähriger krautiger Pflanzen vom Überle-ben der Samen abhängt

Fotosynthese in den Blättern
Die Fotosynthese läuft in den Blättern, und dort in den Chloroplasten, ab ▶ 112.1. Die Schülerinnen und Schüler lernen, dass das Blattgrün ein wichtiges Hilfsmittel zur Stär-kebildung ist. Die Behandlung der Foto-synthese sollte sich auf den Stärkenachweis unter Mitwirkung von Sonnenlicht und Blattgrün beschränken ▶ Versuch 1 und 2. Dies lässt sich gut an einer Pflanze mit gro-ßen, ungeteilten, panaschierten Blättern, z. B. Buntnessel oder Eschen-Ahorn mit wei-ßen Rändern zeigen.

Wassergehalt von Pflanzen
Eine weitere, einfach durchzuführende Untersuchung, ist die Bestimmung des Ge-samtwassergehalts. Dazu werden die einzel-nen Pflanzenteile, z. B. Wurzeln, Blätter, Blüten, Früchte, Stiele frisch gewogen, an-schließend in einem Backofen oder Mikro-wellengerät getrocknet und dann erneut ge-wogen. Es ist sinnvoll, diesen Versuch auch mit Herbstblättern und Nadeln durchzufüh-ren ▶ Versuch 3, 4 und 5.

Samen und Früchte

Von Schuljahresbeginn an wird die Ent-wicklung der Früchte beobachtet. Die Schü-ler notieren, wann sie reif sind und sam-meln sie. Dabei lernen sie auch einzuschät-zen, wie viele Früchte bzw. Samen eine einzelne Pflanze produziert. Im Oktober lie-gen dann die unterschiedlichsten Früchte vor, so dass Zusammenhänge zwischen dem Aussehen und der Funktion der einzelnen Fruchtbestandteile hergestellt werden kön-nen. Es besteht auch die Möglichkeit, die Früchte aufgrund von Ähnlichkeiten einzu-ordnen. Da aber die wissenschaftlichen Kri-terien der Fruchtzuordnung zu Stein, Kern-, Beerenfrucht etc. recht schwierig sind, sollte man darauf nicht allzu viel Zeit verwenden.

Bau von Früchten und Samen
Viele Patenpflanzen werden vermutlich zu kleine Früchte aufweisen, als dass die Schü-lerinnen und Schüler an ihnen Keimblätter, Keimling, Samenschale und Fruchtfleisch unterscheiden könnten. Bohnen leisten in dem Fall einen wertvollen Beitrag. Vor der Untersuchung müssen sie über Nacht zum Quellen in Wasser gelegt werden. Danach

ist der Feinbau des Samens sehr gut zu erkennen. Zur Verallgemeinerung dieser Merkmale wäre es gut, z. B. Kastanien ▶ 113.1 oder Eicheln mit in die Beobachtung einzubeziehen.

Verbreitung der Früchte
Für die Schüler ist es erfahrungsgemäß am einfachsten, einen Zusammenhang zwischen dem Aussehen und der Verbreitung einer Frucht herzustellen. Das kann sowohl am Original, als auch an einem selbst gebauten Modell geschehen.

Um ein „Flugfruchtmodell" des Löwenzahns nachzubauen, verwendet man eine kleine Wattekugel, Vogelfedern und Klebstoff. Zum Vergleich lässt man eine Wattekugel und den Modellsamen aus gleicher Höhe fallen und beobachtet die unterschiedlichen Flugzeiten ▶ 113.2/3.

Aus Papier, Wattekugeln und Klebstoff lassen sich auch Modelle basteln, die dem Birkensamen ähneln. In diesem Fall lassen sich ebenfalls unterschiedliche Flugzeiten beobachten ▶ 113.4.

Der Herbst malt Blätter bunt
Die Verfärbung der Laubblätter gehört zu den auffälligsten Veränderungen der Pflanzen im Herbst. Sie wirft die Frage nach den gelben und roten Farben in den grünen Blättern auf ▶ Versuch 6.

Angestrebte Lernziele
- Alle grünen Blätter enthalten auch gelben und orangefarbenen Farbstoff.
- Bäume entziehen im Herbst den Blättern das abgebaute Chlorophyll. Nur die gelben Farbstoffe bleiben übrig.
- Die roten Farbstoffe, die Anthocyane, werden neu gebildet.
- Auch die einjährigen krautigen Pflanzen enthalten gelbe Farbstoffe. Ihr Blattgrün wird aber nicht abgebaut, da sie im Winter absterben.

Trockenmasse bunter Blätter
Bei der Bestimmung der Trockenmasse bunter Herbstblätter wird man feststellen, dass sie rund 5 % weniger wiegen als die grünen Blätter. Diese vergleichenden Untersuchungen setzen allerdings voraus, dass die grünen Blätter bereits im Sommer gewogen und deren Umrisse aufgezeichnet wurden. Der

dabei beobachtete Gewichtsverlust lässt auf Abbau- und Resorptionsprozesse schließen. Um die Funktion der gelben Farbstoffe zu erklären, reicht es zunächst aus, sie sich als Helfer beim Einfangen der Lichtenergie vorzustellen.

Überleben der Pflanzen im Winter
Die Schüler haben sich im Herbst mit dem Absterben des Laubes und der krautigen Pflanzen beschäftigt. Jetzt – im Winter – sollten sie nochmals untersuchen, was aus den abgefallenen Laubblättern geworden ist ▶ Versuch 7.

Besonders auffällig in dieser Jahreszeit ist es, dass die Nadelbäume ihre Blätter behalten – mit Ausnahme der Lärchen. Es stellt sich aber auch die Frage, wie die Samen den Winter überleben, und wie viele von ihnen im Frühjahr zu neuen Pflanzen heranwachsen.

Angestrebte Lernziele
- Wissen, wie Pflanzen den Winter überstehen (vgl. Nadel-, Laubbäume)
- Wissen, warum die (meisten) Nadeln im Winter nicht abfallen
- Beispiele nennen, wie die Samen den Winter überstehen
- Gründe kennen, warum manche Pflanzen viele, andere wenige Samen produzieren

Zwischen Nadel- und Laubblättern gibt es einen wesentlichen Unterschied: z. B. sind die Nadeln viel härter. Außerdem enthalten und verdunsten sie viel weniger Wasser als die Laubblätter. Aber auch Gemeinsamkeiten sind festzustellen. Bei genauem Hinsehen (am besten eine Lupe verwenden) kann man die Blattadern zum Wassertransport erkennen. Das Blattgrün neben den Hilfspigmenten und die Stärke lassen auch bei den Nadeln auf eine fotosynthetische Aktivität schließen.

Eis zerstört Blatt und Frucht
Um deutlich zu machen, dass ein hoher Wassergehalt für die Pflanzen im Winter zu einem Problem werden kann, friert man eine Frucht, z. B. einen Apfel, ein grünes Laubblatt und den Zweig eines Nadelbaumes für einige Tage ein. Nach dem Auftauen stellt man fest, dass Apfel und Laubblatt matschig geworden sind. Ihr Gewebe

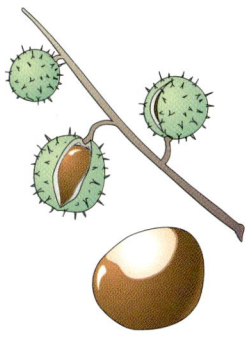

1 Rosskastanie

2 Löwenzahn

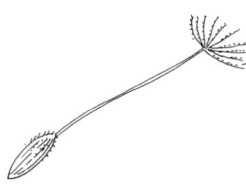

3 Löwenzahn-Schirmflieger

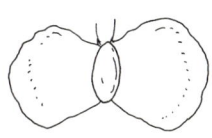

4 Birkensamen

Grüne Pflanzen

wurden durch die Eiskristalle zerstört. Die Nadeln haben dagegen diesen Vorgang unbeschadet überstanden. Auf diese Weise wird klar, dass die Nadeln eine Anpassung an die Witterungsverhältnisse im Winter darstellen.

Schön wäre es, diese Untersuchung auch an einem Lärchen-Blatt vornehmen zu können. Die Blätter der Lärche weisen zwar ebenfalls Nadelform auf, doch sind sie viel weicher als andere Nadelsorten und damit natürlich auch frostgefährdeter. Daraus können die Schüler schlussfolgern, dass nicht allein die Form einen ausreichenden Schutz darstellt, sondern ein hartes Gewebe und eine äußere Wachsschicht zusätzlich nötig sind, um den Nadelbäumen die entsprechende Kälteresistenz zu verleihen.

Samenveränderung

In den Beeten oder Pflanzkästen, die im Horbst vorbereitet wurden, pflanzt man jetzt die relativ großen Früchte der Patenpflanzen ein. Für jede Art werden bis zu fünf Pflanzstellen angelegt und gekennzeichnet, so dass man sie später auch wiederfindet. Im Abstand von zwei bis drei Wochen graben die Schülerinnen und Schüler die Früchte wieder aus und untersuchen die Veränderungen. Dabei werden sie feststellen, dass Samenschale und Fruchtfleisch zunehmend verrotten, dass Samen angefressen werden oder ganz verschwinden. Bei dieser Gelegenheit kann man auch dem einen oder anderen Fressfeind begegnen oder ihn anhand seiner Spuren erkennen. Diese Untersuchungen machen noch einmal die Funktion der Samenschale und eventuell des Fruchtfleischs deutlich, nämlich den Keimling zu schützen. Schon jetzt wird klar, dass nicht viele Samen den Winter überleben werden.

Nadelbäume im Vergleich

Stehen unterschiedliche Nadelbaumarten zur Verfügung, können die Schüler Nadeln und Zapfen miteinander vergleichen. Die Untersuchung der Nadelbäume kann im Rahmen eines Lern-Parcours durchgeführt werden

Lern-Parcours

Die Klasse wird in Gruppen eingeteilt. Jede Gruppe untersucht eine Nadelbaumart. Auf einem Plakat (Fotokarton) werden die Ergebnisse anhand von Zeichnungen, Abbildungen und Texten dargestellt.

Zu beachten ist:
- Aufbau und Form der Nadeln
- Anordnung der Sprossachse
- Aufbau der Zweige
- Aufbau der Samen sowie der Zapfen
- Anordnung der Zapfen am Ast
- Verbreitung der Pflanze
- Nutzen für den Menschen

Auch die mit den Sinnen wahrnehmbaren Pflanzenmerkmale, dazu gehören Geruch und Härte der Nadeln sowie Festigkeit der Zapfen, sollten dabei mitberücksichtigt werden.

Jede Gruppe richtet eine Lernstation ein und entwickelt dazu ein Arbeitsblatt, das sich mit der jeweiligen Nadelbaumart befasst. Das Papier wird vervielfältigt und dort ausgelegt. Bei der Gruppenaufteilung ist darauf zu achten, dass es eine Gruppe weniger gibt, als Lernstationen vorhanden sind. Die Lernenden gehen nun von Station zu Station und bearbeiten die jeweiligen Arbeitsblätter. Am Ende des Lern-Parcours kann der Lernerfolg, z. B. in Form eines Rätsels, durch den Lehrer überprüft werden.

Es grünt so grün

Eine neue Vegetationsperiode beginnt mit dem Austreiben der Pflanzen im Frühjahr. Schon Ende Januar, Anfang Februar sind die ersten Blattknospen, die im Unterricht als Anschauungs- und Untersuchungsmaterial eingesetzt werden können, zu beobachten. Die Entwicklung der Wurzeln lässt sich besonders gut an den Zwiebeln der Frühjahrsblüher nachvollziehen.

Angestrebte Lernziele
- erkennen, dass das Austreiben der Knospen die Wiederaufnahme des Wachstums nach der Winterruhe bedeutet
- Vorgänge bei der Samenkeimung erfassen
- verstehen, dass die Wurzelbildung Voraussetzung für die weitere Entwicklung der Pflanze ist
- über die Aufgabe der Keimblätter Bescheid wissen

- den Aufbau der Knospen kennen
- zwischen verschiedenen Knospenarten unterscheiden können
- die Anatomie der Pflanzenzwiebel verstehen
- die Pflanzenzwiebel als Speicherorgan begreifen

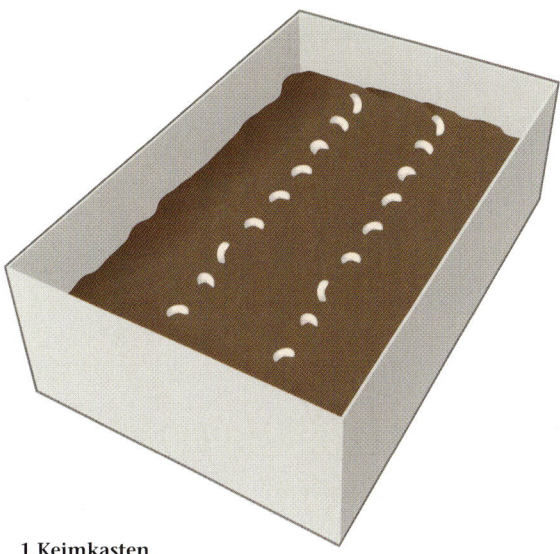

1 Keimkasten

Keimung

Im Beet oder Pflanzenkasten sollten jetzt die ersten Keimlinge zu beobachten sein. Das bietet genügend Anlass, sich mit dem Keimungsprozess näher zu befassen. Man unterscheidet Keimlinge, deren Keimblätter über der Erde wachsen (epigäisch), z. B. Ahorn und Buche, und andere, bei denen sie unter der Erde bleiben (hypogäisch), z. B. die Eiche. Bei den Verwandten der Liliengewächse wird man nur ein Keimblatt finden. Die Schülerinnen und Schüler erkennen, dass der Samen zu sehr unterschiedlichen Zeitpunkten auskeimt und die Keimblätter verschieden gestaltet sind ▶ 115.1.

Um nicht den Eindruck zu erwecken, dass lediglich Wasser zur Keimung nötig sei, bringt man vorgequollene Bohnen bei unterschiedlichen Temperaturen zum Auskeimen. Die Schüler stellen fest, dass auch die Temperatur bei diesem Prozess eine Rolle spielt. Es ist sogar ein Temperaturoptimum zu erkennen.

Neben den bekannten Untersuchungen an Bohnen oder Kressesamen, gibt es auch noch weitere Versuche, die ganz erstaunliche Leistungen der Keimlinge zu Tage fördern ▶ Versuch 8.

Untersuchung: Wachstum der Wurzel

Man tränkt einen Bierdeckel mit Wasser und befestigt mit Stecknadeln einige aufgequollene und gerade keimende Bohnen darauf. Den Bierfilz klemmt man in den Deckel eines Einmachglases und stellt das Ganze so auf, dass das Glas auf dem Deckel steht. Ein Zahnstocher zwischen Deckel und Glas sorgt für Belüftung, damit die Bohnen nicht faulen. Den Bierfilz muss man ab und zu tränken. Nach einigen Tagen, wenn die Wurzel schon ein bisschen gewachsen ist, wird das Einmachglas umgedreht. Nach ein paar weiteren Tagen sieht man, dass die Wurzel hakenförmig gebogen ist, sie richtet sich also nach der Schwerkraft aus ▶ 115.2.

Untersuchung: Bohnen-Marathon

Ein Samen kann, auch wenn er verhältnismäßig tief in die Erde gerät, noch das Tageslicht erreichen. Unter günstigen Verhältnissen können die Bohnenkeimlinge ca. 20 cm Erdreich durchwachsen.

Nachzuweisen ist das, indem man einen möglichst transparenten Behälter mit Erde füllt und die vorgekeimten Bohnen in verschiedene Tiefen legt. Mit einem Filzstift wird die Lage des jeweiligen Keimlings markiert. Alternativ können die vorgekeimten Bohnen auch in zwei Töpfe gepflanzt (ca. 2 cm tief) werden. Einer wird ans Licht gestellt, der andere mit einem Karton so abgedeckt, dass die Pflanze im Dunkeln heranwächst. Die Bohnenpflanzen bleiben so lange unter dem Karton, bis die Länge der Sprossachse (*Hypokotyl*) sich nicht mehr ändert. Der Vergleich beider Ergebnisse bringt folgende Erkenntnis: Die Pflanzen im Dunkeln wenden ihre gesamten Reservestoffe dafür auf, die Sprossachse zu strecken und ans Licht zu gelangen (Vergeilung).

Knospen

Nach der langen Winterruhe wird es nun Zeit, die Entwicklung der neuen Laubblätter zu verfolgen. Ende Januar/Anfang Februar ist ein guter Zeitpunkt für diese Untersuchung, weil sich die Knospenschuppen nun leichter ablösen lassen. Die Äste der meisten Laubbäume entfalten ihre Knospen auch abgeschnitten in der Blumenvase, im warmen Raum.

2 Wurzel

Grüne Pflanzen

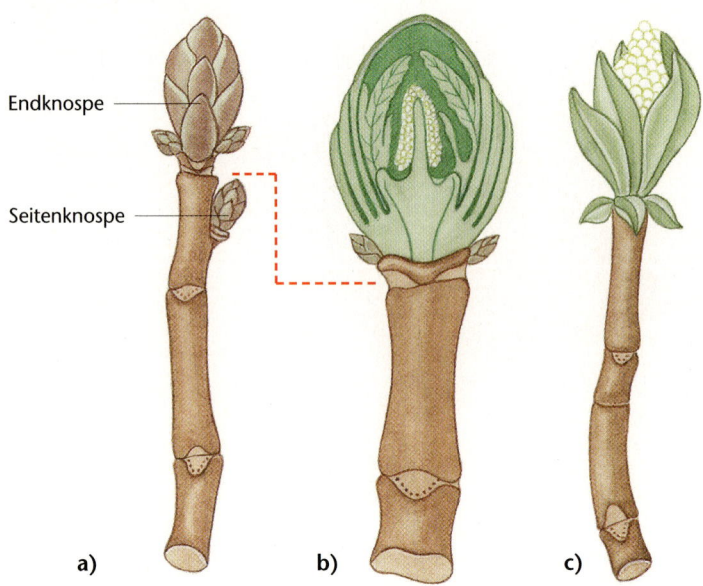

Endknospe

Seitenknospe

a)   b)   c)

1 Knospen der Rosskastanie: a) im Winter, b) aufgeschnitten, c) aufbrechend im Frühjahr

Untersuchung: Rosskastanienknospe
Rosskastanienknospen sind ein bewährtes Anschauungsmaterial, weil sie besonders groß und deshalb gut zu handhaben sind. Danach können auch die Knospen der Patenbäume oder -sträucher untersucht werden. Hier sollte man vor allem auf die Unterschiede achten: In manchen Knospen sind Blätter und Blüten angelegt, bei einigen Arten, z. B. dem Spitzahorn, entwickeln sich zunächst nur die Blüten ▶ 116.1.

Zwiebelpflanzen als Sonderfall
Die meisten der Frühblüher besitzen unterirdische Speicherorgane, z. B. Zwiebeln. Im Frühjahr bietet es sich an, diese Blumenzwiebeln auf Hyazinthengläsern ▶ 116.2 zu ziehen und die Veränderungen der Zwiebeln zu beobachten. Hauptspeicherstoff vieler Zwiebeln ist Zucker; die Küchenzwiebel z. B. enthält 8–9 % Fruchtzucker. Diese Speichersubstanz kann man mit einem Teststäbchen auf Zucker, wie man sie in Apotheken erhält, nachweisen.

Der Kreis schließt sich
Mittlerweile beschäftigen sich die Schülerinnen und Schüler seit fast einem Jahr mit der Untersuchung von Pflanzenteilen, so dass sie vermutlich auch einen geschulten Blick entwickelt haben, um sich mit einer

2 Hyazinthenglas

der variantenreichsten biologischen Struktur – der Blüte – zu befassen.

Angestrebte Lernziele
- ■ den Grundbauplan einer Blüte kennen
- ■ verschiedene Blütentypen unterscheiden können
- ■ wissen, dass Insekten sich von Nektar und Pollen ernähren
- ■ den Bestäubungsvorgang verstehen
- ■ Die Angepasstheiten zwischen Pflanze und Bestäuber erkennen

Blütenbau
Wohl kaum eine biologische Struktur ist so variantenreich wie die Blüte. Deshalb sollte man sich an dieser Stelle auf eine sinnvolle Auswahl beschränken. Sonst besteht die Gefahr, dass die Schüler den Überblick und damit auch die Lust an diesem Thema verlieren.
   Der Auswahl der Patenpflanzen kommt eine besondere Bedeutung zu. Vor allem sollten nicht zu viele verschiedene Blütentypen vorliegen, damit neben den Unterschieden, auch Ähnlichkeiten herausgefunden werden können.

Sinnvoll sind:
- ■ Hahnenfußgewächse
- ■ Rosengewächse
- ■ Kreuzblütengewächse
- ■ Lippenblütengewächse
- ■ Schmetterlingsblütengewächse
- ■ Korbblütengewächse

Wichtig bei der Auswahl des Prototyps ist, dass Fruchtknoten, Staub-, Kron- und Kelchblätter vorhanden sind, dass die Blüte radiärsymmetrisch ist und die Kelch- und Kronblätter möglichst nicht verwachsen sind. Diese Forderungen erfüllen die Kreuzblütengewächse, deren Blüten auch ausreichend groß sind. Im zeitigen Frühjahr steht das Wiesenschaumkraut zur Verfügung, etwas später der noch besser geeignete Raps.

Blütenstempel
Will man Blütengrundrisse als eine übersichtliche Form der Gesamtblüten-Anatomie einführen, eignet sich die Tulpe besonders gut. Die Blüte sollte noch fest geschlossen sein. Mit einer Rasierklinge schneidet man sie in der Mitte quer durch, drückt die untere

Hälfte zunächst mit der Schnittfläche in Plakafarbe (Wasser verdünnbar) und anschließend auf ein Blatt Papier. Dadurch erhält man den Prototyp eines Blütengrundrisses. Dieses Verfahren erleichtert es den Schülern, die später aufgezeichneten Grundrisse zu interpretieren ▶ 117.1.

Nachdem also der Grundbauplan einer Blüte geklärt ist, kann man sich wieder den Patenpflanzen zuwenden. Werden deren Blüten gepresst, so sollte bei den radiären Blüten je eine von vorn und eine von hinten zu sehen sein.

Die Blütenformen können mit Hilfe von Papier, farbigen Kartons, Knetmasse als Blütenboden, Stecknadeln oder Streichhölzern als Staubblätter, Pfeifenreinigern als Narben, nachgebaut werden.

Bestäubung

Vermutlich ist den Schülern aufgefallen, dass Gräser und viele Bäume sehr unscheinbare Blüten besitzen. Es wird ihnen auch nicht neu sein, dass die Insekten bei der Bestäubung vieler Blüten eine wichtige Rolle spielen. In diesem Zusammenhang sollte geklärt werden, dass die Insekten sich von den Pollen oder dem Nektar der Blüten ernähren, und die Bestäubung ein „Abfallprodukt" dieses eigennützigen Verhaltens ist. Wenn es die Blütenanatomie der Patenpflanzen erfordert, können auch die unterschiedlichen Rüssellängen von Bienen, Hummeln und Schmetterlingen behandelt werden. Es bietet sich an, hier schon erste Erkenntnisse der Evolution zu vermitteln, indem auf die wechselseitige Abhängigkeit zwischen Pflanze und Bestäuber hingewiesen wird.

Untersuchung: Pollenschlauch-Bildung

Stehen Mikroskope zur Verfügung, kann man den Vorgang der Pollenschlauch-Bildung zeigen. Am geeignetsten sind Lilienblüten. Man legt ein reifes Staubblatt für einige Stunden in eine konzentrierte Zucker-Lösung und mikroskopiert dann die Pollenkörner. Es sind unterschiedlich lange Pollenschläuche zu erkennen.

Befruchtung

Der Vorgang der Befruchtung bei Bedecktsamern ist höchst kompliziert. Man sollte sich deshalb auf eine stark vereinfachte Variante

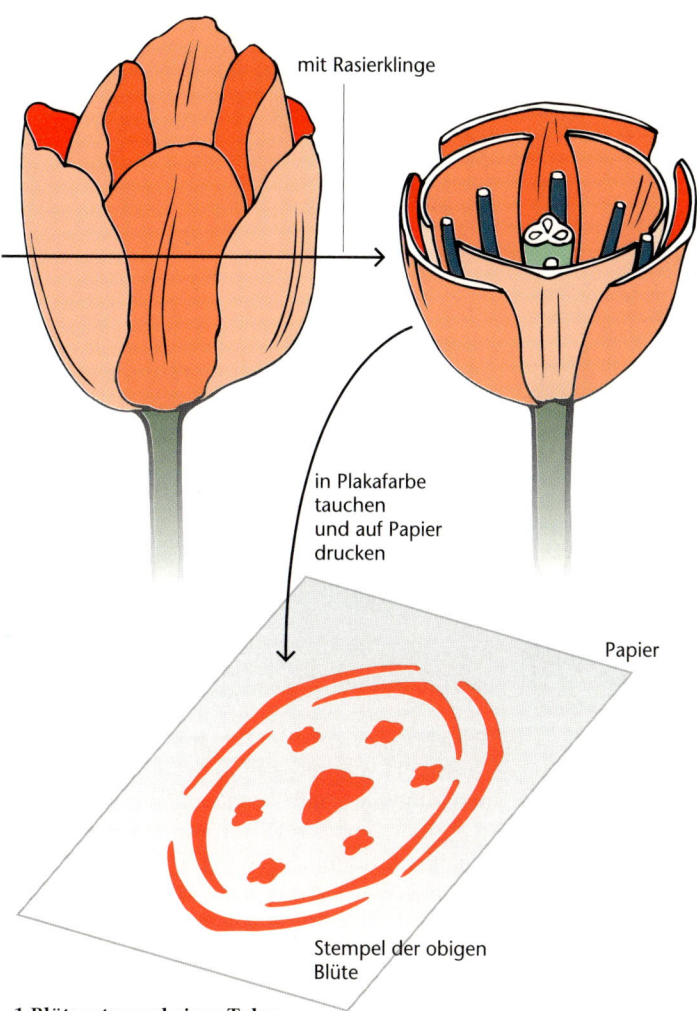

mit Rasierklinge

in Plakafarbe tauchen und auf Papier drucken

Papier

Stempel der obigen Blüte

1 Blütenstempel einer Tulpe

beschränken. Die Beobachtung des Pollenschlauches erklärt, dass das Pollenkorn den zur Befruchtung nötigen Zellkern durch Ausbildung eines durch den Griffel wachsenden Transportschlauchs zur Eizelle bringt, wo er mit dieser zusammen die Entstehung eines neuen Samens bewirkt.

Man kann zeigen, dass eine Bestäubung die notwendige Voraussetzung zur Ausbildung der Samen ist. Dazu werden die Blüten eines Astes von Kirsch- oder Apfelbaum in eine lichtdurchlässige Plastiktüte eingeschlossen und die weitere Entwicklung abgewartet.

Zimmerpflanzen

Was braucht eine Zimmerpflanze, um gut zu gedeihen? Mit dieser Frage – an die Lerngruppe gestellt – bietet sich die Möglichkeit, die Lebensvorgänge der Pflanzen noch einmal zu wiederholen.

Radiärsymmetrie
Radiärsymmetrie liegt vor, wenn man beliebig viele Symmetrieachsen (vergleichbar mit den Speichen eines Rades) durch eine Blüte legen kann.

Schädlinge

Schildläuse
2–3 mm groß. Sie zapfen den Saftstrom der Pflanze an und erzeugen „Honigtau" auf der Fensterbank. Mit einer Neutralseifen-Spirituslösung besprühen.

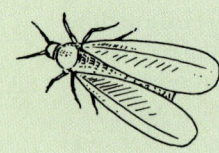

Weiße Fliege
2 mm groß. Die Blattunterseiten sind mit klebrigen Absonderungen verunreinigt.
Kühl und trocken stellen, abduschen; gelbe Klebetafeln in die Töpfe setzen.

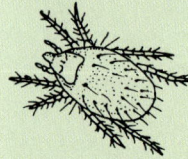

Spinnmilben
0,5 mm groß. Die Blätter sind mit einem hauchfeinen Gespinst überzogen. Milben saugen an der Pflanze, so dass diese vertrocknet.
Pflanze wiederholt abbrausen.

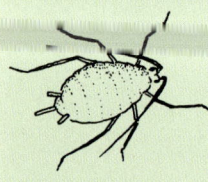

Blattläuse
0,5 – 2 mm groß. Sie sitzen in großen Gruppen unter den Blättern oder an den Trieben. Ihre klebrigen Ausscheidungen bilden den Honigtau.
Abbrausen, Neutralseifen-Spirituslösung mit einem Pinsel auftragen.

Blasenfüße (Thripse)
1,5 mm groß. Typisch sind die gefransten Flügelchen.
Abbrausen, an einen kühlen Standort stellen und häufig besprühen.

Angestrebte Lernziele
- Die Pflanze braucht Licht für die Fotosynthese.
- Wasser ist nötig für den Transport der Nährstoffe durch die Pflanze.
- Dünger dient dem Aufbau des Pflanzenkörpers.
- In der Erde sind Wasser und Nährsalze enthalten.

Zur Überprüfung dieser Thesen eignen sich gut die Ausläufer der Grünlilie.

Schädlinge an Zimmerpflanzen
In den Haushalten gibt es bestimmt von Schädlingen befallene Pflanzen, von denen einige auch in den Unterricht mitgebracht werden können. An diesem Punkt bietet es sich an, über Möglichkeiten der Schädlingsbekämpfung zu sprechen.

Der Lehrer sollte einige Mittel vorstellen. Gemeinsam könnte man die Beipackzettel studieren. Dabei wird ersichtlich, dass viele dieser Produkte auch für nützliche Insekten schädlich sind. In diesem Zusammenhang sollte auch die Gefährlichkeit für den Menschen thematisiert und auf die Vergiftungsgefahr hingewiesen werden.

Natürliche Standorte von Zimmerpflanzen
Jeder Schüler sollte ein Referat über eine Zimmerpflanzenart halten. Doch bevor man mit der eigentlichen Arbeit beginnt, müssen einige Fragen gesammelt werden, die als Leitlinie dienen.

1 Schädlinge

Dazu gehören:
- Herkunftsland
- klimatische Verhältnisse
- Aussehen
- Blütezeit
- Hinweise zur Pflege
- Standort im Zimmer

Die Schülerinnen und Schüler können sich aus Büchern oder dem Fachhandel das notwendige Informationsmaterial beschaffen. Anhand der Leitfragen soll eine Art Steckbrief über die jeweilige Pflanze erstellt werden. Das Referat kann zusätzlich mit Bildern und Zeichnungen versehen werden.

Dabei wird klar, dass es sich bei Zimmerpflanzen meist nicht um einheimische Arten handelt, sondern dass sie aus Regionen stammen, in denen es keinen Winter mit Frost und Schnee gibt. Deshalb behalten sie das ganze Jahr über ihre Blätter.

Experimente

Die Experimente sollten so ausgewählt werden, dass die Lebensvorgänge auch innerhalb einer Schulstunde oder weniger Tage zu beobachten sind. Dieser Punkt hat gerade für die affektive Seite der Beschäftigung mit der Botanik eine besonderen Bedeutung, denn noch immer erschöpft sich das botanische Wissen sehr oft in der Kenntnis der Anatomie der Arten, während physiologische und entwicklungsbiologische Aspekte untergeordnet behandelt werden.

Versuch 1

Ohne Chlorophyll keine Fotosynthese

Material: Panaschiertes Blatt (z. B. Eschenahorn), Becherglas mit kochendem Wasser, Ethanol (▶ R-Sätze aus Kapitel
„Gefahrstoffe") bzw. Spiritus, Iodlösung

Durchführung: An einem panaschierten Blatt soll gezeigt
werden, dass nur in den chlorophyllhaltigen Teilen Stärke
gebildet wird. Dazu taucht man es kurz in kochendes Wasser, um es abzutöten und anschließend in heißen Alkohol
(Ethanol, Spiritus), um das Chlorophyll zu extrahieren, da
es sonst die Farbe des Iod-Stärke-Komplexes überdecken
würde. Nach kurzem Abwaschen unter Leitungswasser legt
man das so behandelte Blatt in eine Schale mit einer Iodlösung.

Ergebnis: Nur die chlorophyllhaltigen Teile des Blattes verfärben sich in der charakteristischen Weise. Zum Verständnis
der Experimente reicht es aus, den Schülern zu zeigen, dass
Stärke mit Iodlösung eine dunkelblaue Farbe annimmt. Dazu
führt man zunächst einen Blindversuch durch: Etwas Stärke-
pulver ins Wasser mischen und schütteln. Dann einige Tropfen Iodlösung dazu gegeben.

1. Blatt in kochendes
Wasser geben

2. Blatt in Becherglas mit
heißem Brennspiritus ge-
ben, dann in ein Wasserbad
mit heißem Wasser stellen.
Keine offene Flamme/Vom
Lehrer durchzuführen

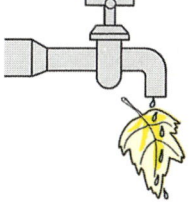

3. Abwaschen mit Lei-
tungswasser

4. Blatt in Iodkalium-
Iodid-Lösung einlegen

   F 20 min **(LV) SV**

Versuch 2

Ohne Licht keine Stärke

Material: Alufolie, Papierschablone, Blätter von grünen
Pflanzen, starke Lichtquelle, Becherglas mit kochendem
Wasser, Ethanol (▶ R-Sätze aus Kapitel „Gefahrstoffe")
bzw. Spiritus, Iodlösung

Durchführung: Mit diesem Versuchen soll nachgewie-
sen werden, dass Blattgrün (Chlorophyll) und Licht zur
Herstellung von Stärke in den Pflanzen benötigt werden.
Dazu stellt man eine grüne Pflanze (z. B. Geranie) einige
Stunden, am besten über Nacht, in völlige Dunkelheit
(Schrank) Anschließend befestigt man auf einem Blatt
der Pflanze eine Schablone mit einer charakteristischen
Form (z. B. einen Stern), ein anderes Blatt bedeckt man
mit einem Streifen lichtundurchlässiger Alufolie. Beide
Blätter müssen natürlich an der Pflanze bleiben. Sie
werden für einige Stunden mit einer starken Lichtquelle
angestrahlt oder einfach in die Sonne gestellt. Dann
schneidet man diese beiden Blätter und zusätzlich ein
unbehandeltes Blatt als unbehandelte Kontrolle ab. Alle

drei Blätter werden wie in ▶ Versuch 1 vorbehandelt
und mit einer Iodlösung eingefärbt.

Ergebnis: Das unbehandelte Blatt färbt sich dunkel. Bei
dem Blatt mit der Schablone bleibt die abgedeckte Stelle
heller als die Umgebung. Bei dem Blatt, das in licht-
undurchlässige Alufolie verpackt wurde, tritt nur an
den belichteten Stellen eine Verfärbung auf.

   F 1 Tag 20 min **(LV) SV**

Versuch 3

Blätter verdunsten Wasser

Material: Zweig ohne Blätter, Zweig mit Blättern (z. B. Holunder oder Flieder), Glaszylinder, Leitungswasser, Salat- oder Silikonöl, Filzstift, Millimeter-Papier, Pappscheibe

Durchführung: Die Zweige werden in einen Glaszylinder mit Wasser gestellt. Der Wasserspiegel wird durch Zugabe von Salat- oder Silikonöl gegen Verdunstung geschützt. Täglich markiert man nun mit Filzstift den Wasserstand.

Ergebnis: Bei dem Zweig mit Blättern kann man sehr gut anhand des sinkenden Wasserstandes die Verdunstung beobachten. Bei dem Zweig ohne Blätter verändert sich der Wasserstand nicht. Berechnungen zeigen, dass die Verdunstung sich proportional zur Blattoberfläche verhält. Dazu werden am Schluss der Untersuchung die Blätter abgeschnitten, ihre Umrisse mit Bleistift auf Millimeter-Papier nachgezeichnet und die Fläche ausgezählt. Man braucht nur eine Seite des Blattes zu berücksichtigen, da der größte Teil des Wassers über die Blattunterseite, auf der sich die Spaltöffnungen befinden, verdunstet. An dieser Stelle bietet sich

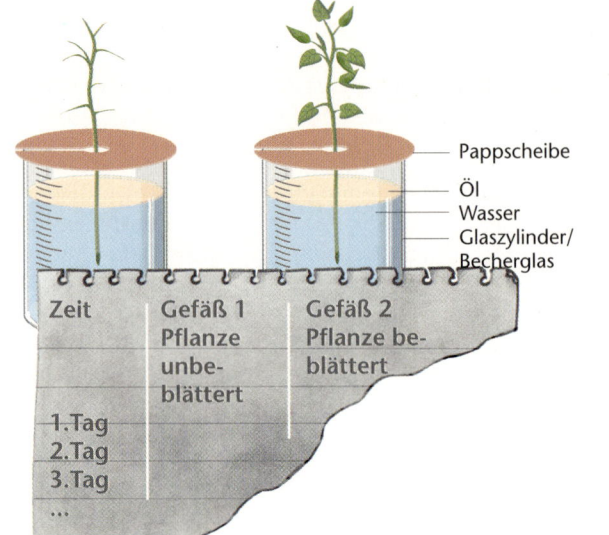

Zeit	Gefäß 1 Pflanze unbe- blättert	Gefäß 2 Pflanze be- blättert
1.Tag		
2.Tag		
3.Tag		
...		

fächerübergreifendes Arbeiten mit dem Mathematik- lehrer an.

Anmerkung: Dieser Versuch kann vergleichend mit Nadel-Blättern wiederholt werden.

🕐 1 Tag   **SV**

Versuch 4

Wasser wird im Stängel geleitet

Material: Pflanze mit weißen Blüten, Tintenlösung blau oder rot, mehrere Glasgefäße (z. B. Erlenmeyerkolben), Wattestopfen

Durchführung: In mehrere Glasgefäße mit Tinte angefärbtes Wasser geben. Die Pflanzen werden in die Flüssigkeit gestellt.

Ergebnis: Schon nach einer halben Stunde färben sich die Blüten entsprechend der Tintenfarbe.
Führt man den Versuch mit Fleißigen Lieschen oder Springkraut durch, kann man im durchscheinenden Stängel sogar die eingefärbten Leitungsbahnen erkennen.

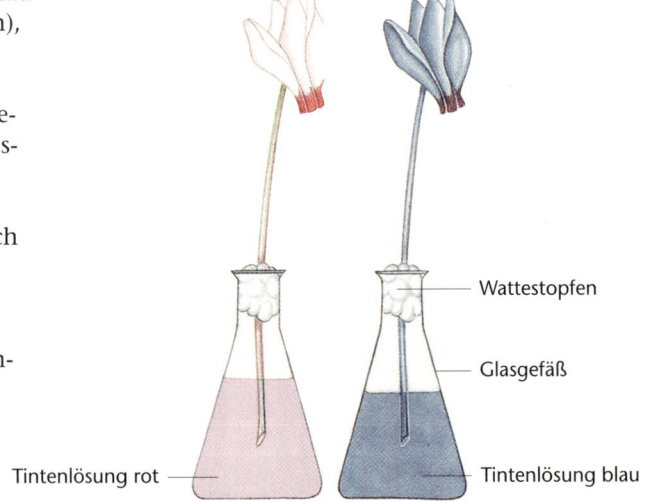

🕐 30–60 min   **SV**

Versuch 5

Wasser und Salztransport in der Pflanze

Material: Filter- oder Löschpapier, wässrige Salzlösung, Büroklammern, Pflanze, Plastiktüte, Petrischale

Durchführung: a) Die Verdunstung an den Blättern kann man nachweisen, indem man sie (noch an der Pflanze sitzend) mit einer Plastiktüte einhüllt und möglichst dicht nach außen abschließt.
b) Ein Modell soll die Wasserleitung erklären. Röhren (ca. 20 cm hoch, beliebige Durchmesser) aus Filter- oder Löschpapier basteln, diese in eine wässrige Salzlösung stellen und an einem warmen Platz aufbewahren.

Ergebnis: In dem Fließpapier steigt das Wasser hoch, verdunstet und hinterlässt an der Verdunstungsstelle eine Salzkruste. Beim Pflanzenversuch (a) erkennt man, wie nach einiger Zeit Wasserdampf im Inneren der Tüte kondensiert.

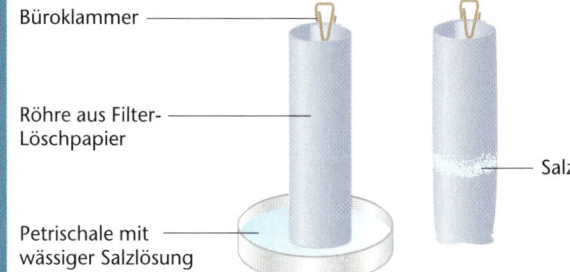

Büroklammer

Röhre aus Filter-Löschpapier

Salzkruste

Petrischale mit wässiger Salzlösung

transparente Plastiktüte

Zweig

Klebeband

Kondenswasser

1 Std.　　**SV**

Versuch 6

Bunt sind schon die Blätter

Material: Pflanzenblätter, mehrere Glasrohre (ca. 20–30 cm lang und 10–15 mm weit), durchbohrte Gummistopfen, Watte, Kartoffelstärke oder Puderzucker, Holzstab, Aceton (▶ R-Sätze aus Kapitel „Gefahrstoffe"), Sand, Löffel, Pipette

Durchführung: Die Glasrohre werden unten mit dem durchbohrten Gummistopfen verschlossen. Im Innern wird etwas Watte auf den Stopfen gelegt und das Rohr dann mit Kartoffelstärke oder Puderzucker so gefüllt, dass eine relativ dichte Packung entsteht (mit einem Holzstab festdrücken). Zunächst lässt man 10 ml Aceton durch das Rohr laufen Mit einer Wasserstrahlpumpe kann dieser Schritt erheblich beschleunigt werden. Dazu muss die Wasserstrahlpumpe über ein Glasröhrchen im durchbohrten Stopfen angeschlossen werden.

　　Die Schüler stellen aus den Blättern ihrer Patenpflanzen Farbextrakte her. Dazu werden die Blätter zunächst kleingeschnitten und dann durch Zugabe von Sand und Aceton mit Hilfe eines Löffels zermörsert. Diesen Chlorophyll-Rohextrakt füllt man in das Glas-

rohr und wartet, bis sich die Farbstoffe aufgetrennt haben.

Ergebnis: Das Chlorophyll b bleibt weit oben, Chlorophyll a läuft in den mittleren Bereich, und unten befinden sich die gelben und orangefarbenen Stoffe ß-Carotin und Xanthophylle.

Pipette mit Blatt-Extrakt

Puderzucker oder Kartoffelstärke

Watte

durchbohrter Stopfen

Einfache Variante: Ein Stück Kreide senkrecht in den Blattextrakt stellen und die Flüssigkeit nach oben kriechen lassen. Das Ergebnis ähnelt dem oben beschriebenen, allerdings verteilen sich die Farben in umgekehrter Reihenfolge.

F　　30 min　　**SV**

Versuch 7

Bakterieller Abbau des Falllaubs im Boden

Material: Verrottete Blätter, Agar-Pulver, Zucker, Pepton, Wasser, ein Glasgefäß, ein feuerfestes Becherglas, sterile Plastik-Petrischalen, Klebeband

Durchführung: 1. Herstellung des Nährbodens
In einem großen, feuerfesten Becherglas erhitzt man 100 ml Wasser, fügt zwei Teelöffel Agar-Pulver (ca. 2 g), einen Teelöffel Zucker sowie einen Teelöffel Pepton hinzu und erhitzt das Gemisch unter ständigem Rühren bis zum Sieden. Haben sich die Stoffe vollständig aufgelöst, gießt man die Flüssigkeit in sterile Plastik-Petrischalen und lässt sie abkühlen. Nach ca. 10 Minuten geliert der Agar.
2. Isolierung der Bakterien vom verrotteten Laub:
Zwischenzeitlich gibt man verrottete Blätter mit etwas Wasser in ein Glasgefäß. Das Ganze gut schütteln und umrühren. Nun verteilt man ein bis zwei Milliliter des Blatt-Wassers auf der Agar-Oberfläche und lässt die mit Klebeband verschlossenen Schalen einige Tage an einem warmen Ort (ideal sind 35–40 °C) stehen.

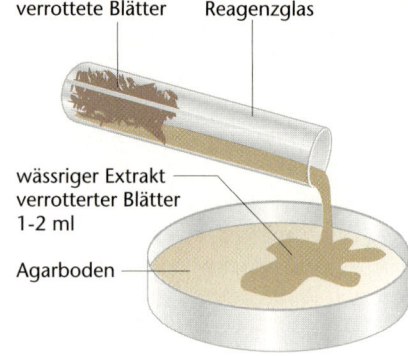

verrottete Blätter   Reagenzglas

wässriger Extrakt
verrotterter Blätter
1-2 ml

Agarboden

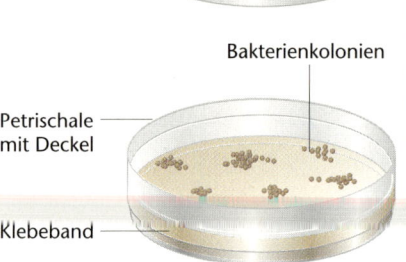

Bakterienkolonien

 Petrischale
mit Deckel

Klebeband

Ergebnis: Man kann zahlreiche Pilz- und Bakterienkolonien auf den Agarflächen erkennen. Sie sind die Verursacher der Blatt-Zersetzung.

Achtung: Unter den Mikroorganismen können sich auch Krankheitserreger befinden. Deshalb dürfen die Schälchen auf keinen Fall geöffnet werden. Ideal wäre es, sie mit einem Plastik-Schweißgerät, einzuschweißen. Nach der Auswertung müssen diese Schälchen verbrannt werden.

  3–4 Tage + 30 min   **SV**

Versuch 8

Explosive Erbsenkeimung

Material: Trockene Erbsen, Gipspulver, Schraubdeckel-Glas, Topf, Plastiktrichter (vorher mit Vaseline oder Handcreme einfetten), Plastikbecher, Rundfilter, Wasser

Durchführung: a) Man füllt ein kleines, möglichst dünnwandiges Schraubdeckel-Glas randvoll mit trockenen Erbsen und Wasser und schließt es. In den Deckel sticht man einige Löcher und stellt das Glas in einen größeren Topf mit Wasser; das Glas muss ganz bedeckt sein.
b) Welch enorme Kraft hinter dem Keimungsprozess steckt, zeigt ein weiteres Experiment. Fülle einen Plastiktrichter bis zur Hälfte mit frisch angerührtem Gips und streue in die Mitte einige Erbsen; je mehr Erbsen es sind, umso schneller ist ein Ergebnis zu sehen (Erbsen dürfen aber nicht am Rand sichtbar sein). Nun bedeckt man sie mit Gipsbrei. Ist er zu einem Gipsblock erstarrt, löst man ihn heraus und legt ihn ins Wasser.

Ergebnis: a) Nach einigen Stunden, spätestens nach einem Tag, sprengen die aufquellenden Samen das Glas.
b) Nach einer Stunde erkennt man erste Risse im Gips.

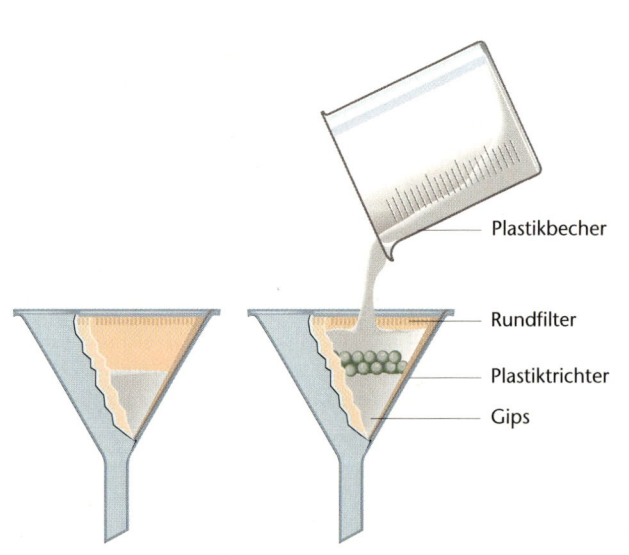

Plastikbecher

Rundfilter

Plastiktrichter

Gips

20 min + 1 Tag   **SV**

Herbarium

Als Herbar bezeichnet man eine Sammlung getrockneter und damit haltbar gemachter Pflanzen. Herbarien kann man nach unterschiedlichen Gesichtspunkten anlegen: nach Art der Blätter, nach Art der Pflanzen (krautige Pflanzen, Heilkräuter usw.) Die Arbeitsschritte sind immer die gleichen.

Man benötigt einen Stapel alter Zeitungen und einige Bücher oder Steine zum Beschweren. Die Pflanzen oder Pflanzenteile werden möglichst flächig zwischen mehreren Lagen Zeitungspapier ausgebreitet. Den Papierstapel mit den Büchern oder Steinen beschweren.

Anfangs wechselt man je nach Flüssigkeitsgehalt des Pflanzenmaterials täglich später jeden zweiten bis dritten Tag das Papier, bis die Pflanzen ganz trocken sind.

Um Enttäuschungen bei den Kindern vorzubeugen: Blaue Blüten verlieren fast immer ihre Farbe und werden braun oder sonstwie unansehnlich, also lieber gelbe oder rote Blüten aussuchen! Dann die Pflanzen auf unliniertem Papier oder dünnem Karton mit Papierstreifen befestigen. Name der Pflanze, Fundort und Zeitpunkt des Herbarisierens auf dem Blatt notieren. Es empfiehlt sich, das Ganze nach dem gründlichen Trocknen in Prospekthüllen in einem Ordner zu sammeln, um die Exemplare nicht zu zerstören.

Sammeln

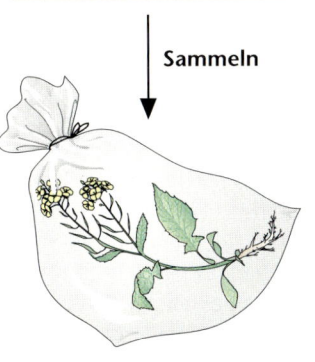

Transportieren

Bestimmen

Daten festhalten

Herbarisieren

Art	
Gattung	
Familie	
Fundort	
Datum	

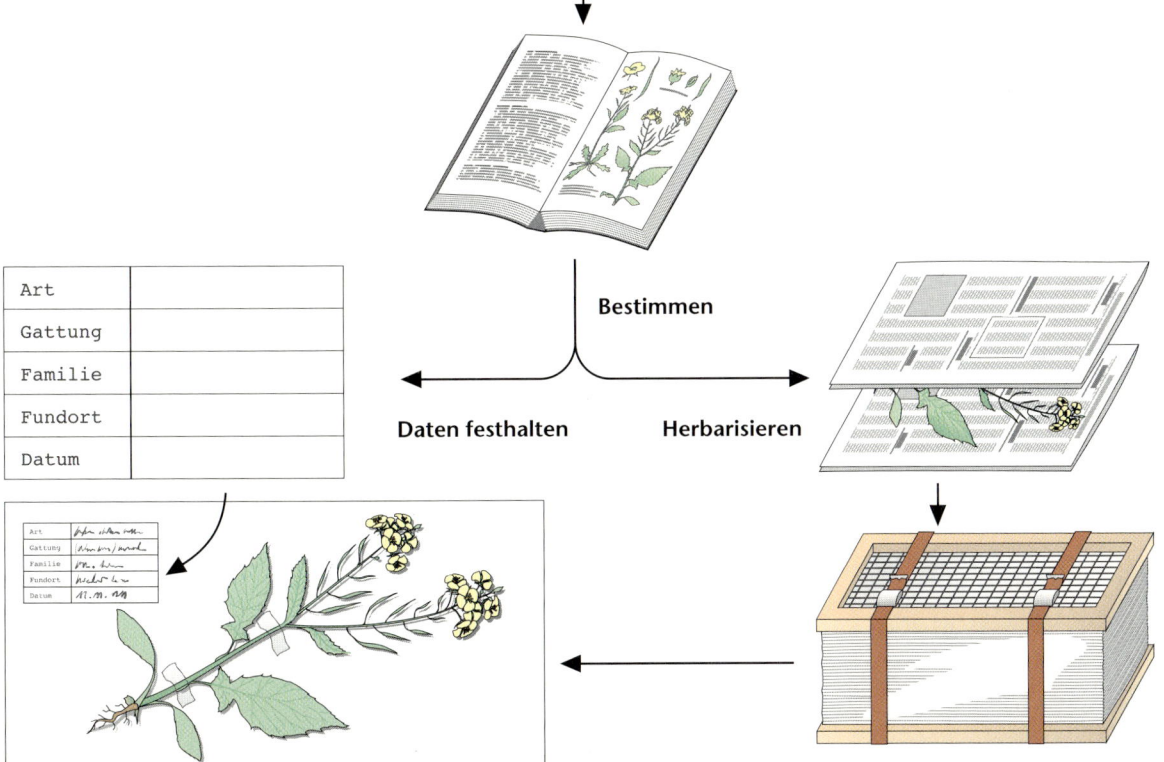

Literaturempfehlungen

BANNWARTH, M.; KREMER, B. P.; MASSING, D.: Stoffe und Stoffwechsel. Grundlagen, Abläufe, Experimente. Biol. Arbeitsbücher, Quelle & Meyer, Wiesbaden 1996

BEGON, M., HARPER, J. L., THOMPSON, C. R.: Ökologie. Spektrum Akademischer Verlag, Heidelberg 1998.

BICK, H.: Grundzüge der Ökologie. Gustav Fischer Verlag, 3. Aufl., Stuttgart 1998.

BRAUNE, W., LEMAN, A., TAUBERT, H.: Pflanzenanatomisches Praktikum. Bd. I: Zur Einführung in die Anatomie der Samenpflanzen, 8. Aufl., Spektrum Akademischer Verlag, Heidelberg 1999.

BRAUNE, W., LEMAN, A., TAUBERT, H.: Pflanzenanatomisches Praktikum. Bd. II: Zur Einführung in den Bau, die Fortpflanzung und die Ontogenie der Niederen Pflanzen, der Bakterien und Pilze. 4. Aufl., Spektrum Akademischer Verlag, Heidelberg 1999.

CAMPBELL, N. A. Biologie. Spektrum Akademischer Verlag, Heidelberg 1997.

FROHNE, D., JENSEN, U.: Systematik des Pflanzenreichs. 5. Aufl., Wissenschaftliche Verlagsgesellschaft, Stuttgart 1998.

KALUSCHE, D.: Ökologie – ein Lernbuch. Biologische Arbeitsbücher Bd. 25. Quelle & Meyer, Wiesbaden 1999.

KLEINIG, H., MAIER, U.: Zellbiologie. Ein Lehrbuch. 4. Aufl., Gustav Fischer Verlag, Stuttgart 1999.

LÜTTGE, U., KLUGE, M., BAUER, G.: Botanik. Ein grundlegendes Lehrbuch. 3. Aufl. Wiley-VCH, Weinheim 1999.

MARGULIS, L., SAGAN, D.: Leben. Vom Ursprung zur Vielfalt. Spektrum Akademischer Verlag, Heidelberg 1997.

MUCK, K. (Hrsg.): Grundstudium Biologie: Zellbiologie, Biochemie, Evolution, Ökologie. Spektrum Akademischer Verlag, Heidelberg 2000.

NULTSCH, W.: Allgemeine Botanik. 11. Aufl., Thieme Verlag, Stuttgart 2001.

PLATTNER, H., HENTSCHEL, J.: Taschenlehrbuch Zellbiologie. Georg Thieme Verlag, Stuttgart 1997.

RAVEN, P. H., EVERT, R.F., CURTIS, H.: Biologie der Pflanzen. 3. Auflage, Walter de Gruyter, Berlin/Hamburg 2000.

Säugetiere – besondere Wirbeltiere

von Horst Müller

Schlüsselkonzepte

- Die Wirbeltiere unterscheiden sich durch den Besitz einer stützenden Wirbelsäule von allen anderen Lebewesen.

- Wirbeltiere sind ein Unterstamm der Chordatiere.

- In Anpassung an unterschiedliche Lebensbedingungen haben sich bei den Wirbeltieren die Baupläne im Laufe der Evolution in charakteristischer Weise verändert.

- Die charakteristischen Angepasstheiten können zum systematischen Ordnen herangezogen werden.

- Die Haut der Wirbeltiere zeigt in den einzelnen Klassen charakteristische Bildungen. Aber auch innere Organe lassen die Zugehörigkeit zu einer Klasse erkennen.

- Die Säugetiere haben durch die Besiedlung aller Lebensräume besonders viele Abwandlungen des Grundbauplans hervorgebracht.

- Nach unserem Grundbauplan gehören wir Menschen auch zu dieser Gruppe.

- Seit etwa 12 000 Jahren hat der Mensch eine Reihe von Tieren, vor allem Säuger und Vögel, domestiziert.

> *Mit zusammen ca. 48 000 Arten sind die Wirbeltiere eine kleine Gruppe unter den insgesamt geschätzten 1,8 Millionen Tierarten. Dennoch wird ihre Bedeutung von uns Menschen hoch eingeschätzt, vermutlich wohl auch deshalb, weil wir denselben Grundbauplan aufweisen. Zu den Wirbeltieren gehören auch die meisten Nutz- und Heimtiere, die in unserer Obhut leben und von denen wir existenziell abhängig sind. Die von einem Haarkleid bedeckten Säugetiere ziehen uns emotional am stärksten an. Deshalb wird ihnen in den Lehrplänen viel Platz eingeräumt.*

Evolution und System der Wirbeltiere

Neuralrohr
embryonale Anlage von
Rückenmark und Gehirn

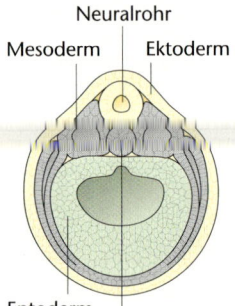

1 Querschnitt durch ein frühes Stadium eines Wirbeltierembryos mit Chorda dorsalis

Die Wirbeltiere ordnet man systematisch als Unterstamm der Chordatiere (Chordata) ein. Der Name dieser aus stammesgeschichtlicher Sicht so wichtigen Gruppe stammt von einem stabförmigen Gebilde, das als elastischer Achsenstab den gesamten Körper im Rückenbereich zwischen Darm und Neuralrohr durchzieht. Diese *Chorda dorsalis* ▶ 126.1, die während der Embryonalentwicklung aus dem Neuralrohr hervorgeht, besteht bei Wirbeltieren aus Zellen mit großen Vakuolen, die außen von einer festen bindegewebigen Hülle umgeben sind. Sie erhält ihre Festigkeit durch Turgordruck, infolge der Wasseraufnahme in die Chordazellen.

Bei dem hoch entwickelten Unterstamm der Wirbeltiere wird die Chorda dorsalis teilweise oder ganz durch die Wirbel aus Knorpel oder Knochen ersetzt, aus denen die Wirbelsäule als kennzeichnendes Merkmal der Wirbeltiere besteht.

Bei den wenig entwickelten Unterstämmen der Chordatiere, den *Manteltieren* und den *Schädellosen*, bildet die Chorda das einzige Stützelement des Körpers. Die Manteltiere sind kleine, im Meer lebende Formen mit festsitzender Lebensweise. Die Schädellosen sind kleine, fischähnliche Organismen ohne Kopf. Die bekannteste Art ist das *Lanzettfischchen* ▶ 126.2.

Bei den Wirbeltieren werden Chorda und Rückenmark, das während der Embryonalentwicklung aus dem Neuralrohr hervorgeht, von Wirbeln eingeschlossen. Außerdem ist feststellbar, dass in der individuellen Entwicklung, der Ontogenese, und in der stam-

mesgeschichtlichen Entwicklung, der Phylogenese, mit zunehmender Entwicklungshöhe die Chorda reduziert wird. Bei den Säugetieren ist vermutlich der Kern der Bandscheibe noch ein Rest der hier ebenfalls embryonal angelegten Chorda.

Die Herkunft der Wirbeltiere

Die Evolution, d. h. die kontinuierliche Entwicklung der Wirbeltiere, ist bis heute nicht eindeutig geklärt, auch nicht die Herkunft der übrigen Chordatiere. Die Wirbeltiere besitzen einige Merkmale, die die relativ einfach organisierten wirbellosen Tiere wie z. B. die Ringelwürmer schon vor ihnen ausgebildet haben. Es ist sicherlich unwahrscheinlich, dass solche Merkmale mehrfach

Reich	Tiere
Stamm:	Chordatiere (Chordata)
Unterstamm:	Manteltiere (Tunicata)
Unterstamm:	Schädellose (Acrania)
Unterstamm:	Wirbeltiere (Vertebrata)
1. Klasse:	Kieferlose (Agnatha)
2. Klasse:	Knorpelfische (Chondrichthyes)
3. Klasse:	Knochenfische (Osteichthyes)
4. Klasse:	Lurche, Amphibien (Amphibia)
5. Klasse:	Kriechtiere, Reptilien (Reptilia)
6. Klasse:	Vögel (Aves)
7. Klasse:	Säugetiere, (Mammalia)

Oftmals werden die Klassen 2–3 zu einer Klasse, den Fischen, zusammengefasst.

3 Systematische Einteilung der Chordatiere

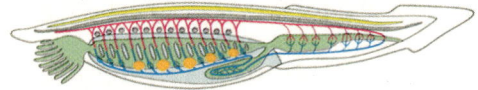

2 Lanzettfischchen

unabhängig voneinander in der Evolution der Tiere entstanden sind.

Solche wichtigen Merkmale sind z.B.:
- der rote Blutfarbstoff *Hämoglobin*, der in sehr ähnlichem Molekülaufbau bereits bei Ringelwürmern und Krebstieren vorkommt,
- die *Segmentierung der Muskulatur*
- das *Darmrohr* als Schlauch aus Ring- und Längsmuskelschicht
- das *geschlossene Blutgefäßsystem*
- die Ausgestaltung der *Leibeshöhle (Cölom)*
- Wimpern *(Cilien)*, wie sie bereits die einzelligen *Wimpertierchen* tragen und mit denen die Zellen der Bronchialschleimhaut versehen sind, sowie Geißeln der Spermien wie bei einzelligen *Geißeltierchen*

Alle diese Merkmale, die bereits sehr frühzeitig in der Stammesgeschichte der Tiere entstanden sind, lassen auf die Herkunft der Wirbeltiere von wirbellosen Tieren schließen. Es gibt jedoch immer noch keine plausiblen Vorstellungen, aus welchen Formen sich die Vorformen der heute lebenden – die *rezenten* Wirbeltiere – entwickelt haben könnten. Das ist jedoch auch nicht weiter verwunderlich, da nicht alle wirbellosen Tiere Fossilien hinterlassen haben.

Die frühen Wirbeltiere

Die ersten Wirbeltiere waren die zu den *Kieferlosen* gehörenden *Scherbenfische*. Sie entwickelten sich vor mehr als 400 Millionen Jahren. Die nur 10–30 cm langen Tiere besaßen zur Stabilisierung des Körpers und als Fraßschutz ein äußeres Skelett aus *Hautknochen*, außerdem flossenartige Bildungen im Brust- und Schwanzbereich. Sie kamen im *Obersilur* bereits in großer Formenfülle als *Filtrierer* im Süßwasser vor ▶ 128/129.1. Schon vor etwa 400 Millionen Jahren starben sie wieder aus. Von ihren wahrscheinlich im Meer lebenden Vorfahren sind keine Fossilien vorhanden. Die Ursprünge der Wirbeltiere gehen also weit in die Erdgeschichte zurück.

Im *Devon* begann auch die Entwicklung der Knorpelfische, einer Fischgruppe, die mit vielen Arten auch heute noch weltweit

1 Der Quastenflosser Latimeria (oben) wurde erst 1938 in den Gewässern vor der Ostküste Südafrikas entdeckt. Er ähnelt dem vor 400 Millionen Jahren lebenden Eusthenopteron (unten).

verbreitet ist. Hierzu gehören die Haie und Rochen. Das wesentliche Merkmal ist – wie der Name sagt – das Skelett aus Knorpel. Die größten heute lebenden Knorpelfische, der Beute greifende Weiße Hai (bis 12 m/3 t Masse) sowie die Plankton fressenden Arten Riesenhai (bis 15 m/4 t Masse) und Walhai (bis 18 m/10 t) sind die größten Nachfahren dieser alten und erfolgreichen Gruppe.

Die *Knochenfische* sind die mit Abstand artenreichste rezente Fischgruppe. Wie der Name sagt, besitzen sie ein knöchernes Innenskelett. Die ersten bekannten fossilen Knochenfische stammen aus Süßwasser-Ökosystemen der Devon-Zeit, sind also etwa 400 Millionen Jahre alt. Gegen Ende der Trias, vor etwa 200 Millionen Jahren, bevölkerten sie dann auch die Ozeane. Man vermutet, dass die ersten Knochenfische Lungen besaßen und die Schwimmblase erst später entwickelt wurde ▶ 128/129.2. Beide entstanden durch Ausstülpungen des Vorderdarms.

Nach heutiger Vorstellung sind die *Quastenflosser* und die *Lungenfische* die ältesten Knochenfische ▶ 127.1/130.1. Beide Gruppen sind nahe miteinander verwandt. Gemeinsam werden sie aufgrund ihrer muskulösen Flossenbasis als Fleischflosser (Sarcopterygier) bezeichnet. Die heute lebenden Lungenfische kann man wie die einzige heute lebende Quastenflosserart als „lebende Fossilien" ansehen, auch wenn sie sich seit ihrem ersten Auftauchen im Devon bis heute sicherlich verändert haben. Die Vorfahren dieser rezenten Formen werden als wichtige „Brückentiere" der Evolution angesehen.

Die rezenten Knochenfische, die heute in Süß- und Salzwasser-Ökosystemen in großer Formenvielfalt vorkommen, haben sich erst im Erdmittelalter entwickelt.

Filtrierer
Tiere, die aus dem herbeigestrudelten Wasser kleine fressbare Partikel herausfiltern.

Stamm-baum
der Wirbeltiere

Ordnet man die Wirbeltierfossilien nach ihrem Alter (senkrecht) und nach ihrem Aussehen (waagerecht), so zeigt sich, dass sich die Lebewesen im Laufe der Erdgeschichte allmählich verändert haben. Die einzelnen Klassen sind nacheinander entstanden. In Übergangsformen (Brückentiere) sieht man Belege für die Entwicklung der einen Gruppe aus der anderen. Alle Wirbeltiere gehen auf gemeinsame Urahnen zurück. Deshalb spricht man von natürlicher Verwandtschaft.

Die zeitliche Abfolge der einzelnen Wirbeltierklassen zeigt, dass fischartige Lebewesen den Ausgangspunkt bildeten. Ihnen folgten die Lurche und anschließend die Reptilien. Die ausgestorbenen Saurier zeigen einerseits Übergangsformen zu den Vögeln, andererseits sind sie auch als Ahnen der Säugetiere anzusehen. So ergibt sich das natürliche System der Wirbeltiere.

Die Entwicklung der Wirbeltierklassen ist verbunden mit der Besiedlung neuer Lebensräume. Ausgehend vom Wasser haben sich über ufernahe Feuchtgebiete schließlich land- bzw. luftlebene Wirbeltiere entwickelt. Der Weg zurück ins Wasser ist allerdings nicht unmöglich, wie das Beispiel der Pinguine oder der Wale zeigt.

Klasse Fische, ca. 25 400 Arten

Klasse Lurche, ca. 4 000 Arten

Mastodonsaurus

Knochenfisch Cheirolepis

Stammreptil Hylonomus

Eupark

Urlurch Ichthyostega

Quastenflosser Eusthenopteron

Devon

400

Knorpelfisch

Silur

450

Panzerfisch

Ordovizium

500

Kieferloser Fisch

Kambrium

Entwicklungslinien

Der Übergang vom Wasser zum Land ist nur möglich, wenn sich der Körper der Tiere an den jeweiligen Lebensraum anpasst.

Fortbewegung: Fische können mit ihren Flossen gut im Wasser schwimmen, landlebende Wirbeltiere bewegen sich auf vier oder zwei Beinen durch Kriechen, Laufen oder Springen. Tiere im Luftraum können mit Flügeln gleiten oder aktiv fliegen.

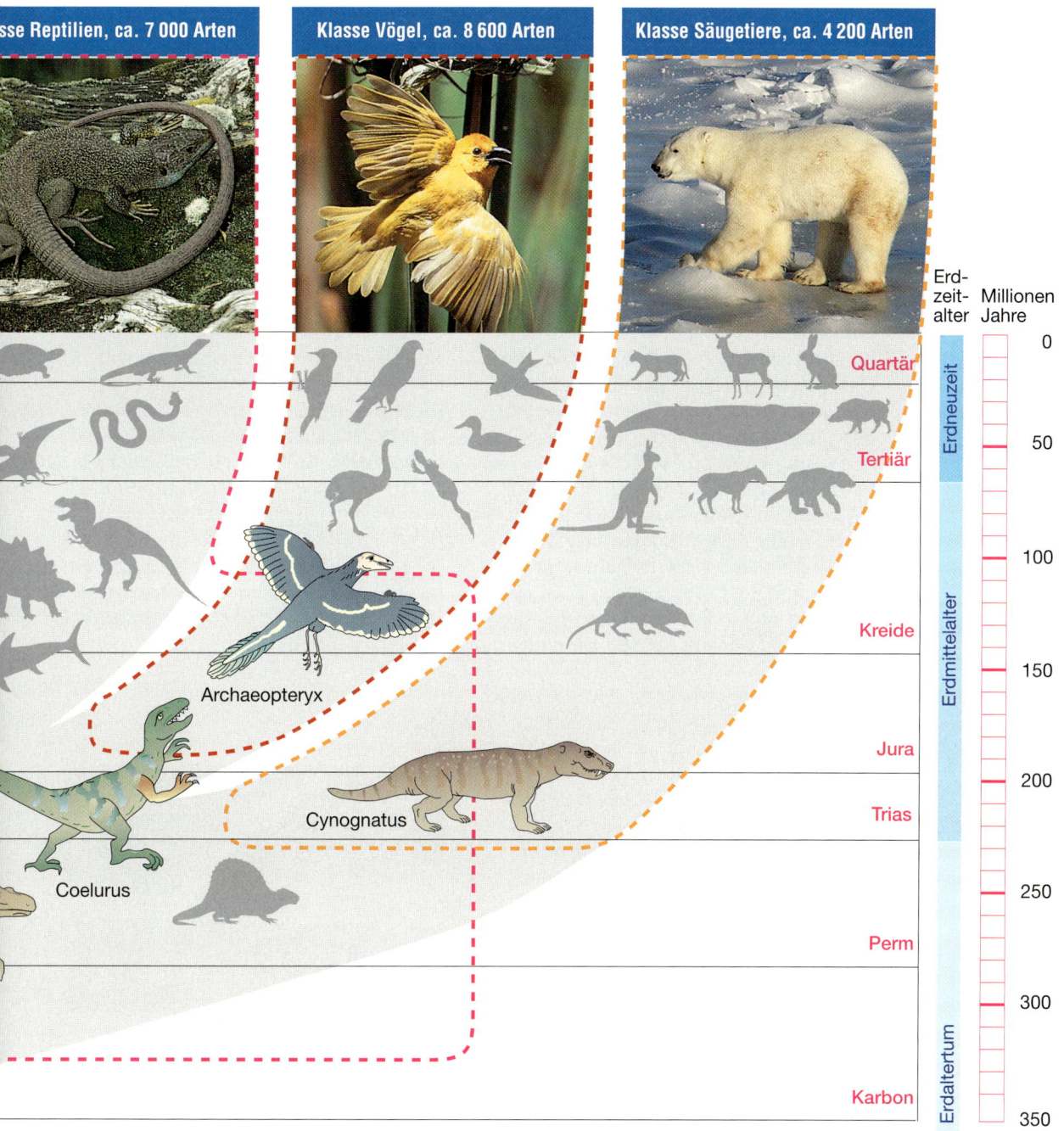

Klasse Reptilien, ca. 7 000 Arten

Klasse Vögel, ca. 8 600 Arten

Klasse Säugetiere, ca. 4 200 Arten

Erd-zeit-alter | Millionen Jahre

Erdneuzeit
- Quartär — 0
- Tertiär — 50

Erdmittelalter
- Kreide — 100
- 150
- Jura — 200
- Trias

Erdaltertum
- Perm — 250
- 300
- Karbon — 350

Archaeopteryx

Cynognatus

Coelurus

Atmung: Fische und Kaulquappen atmen mit Kiemen. Die erwachsenen Lurche nehmen den Sauerstoff durch die Haut und eine schwach ausgebildete Lunge auf. Reptilien, Vögel und Säugetiere atmen nur mit Lungen.

Fortpflanzung: Eine äußere Besamung liegt bei den meisten Fischen und den Lurchen vor. Die anderen Wirbeltiere haben eine innere Besamung. Die Larven der Fische und Lurche wachsen im Wasser heran. Die Embryonen von Reptilien und Vögeln entwickeln sich in einem hartschaligen Ei, die der Säugetiere im Mutterleib.

Körperbedeckung: Fische besitzen eine schuppige, schleimüberzogene Haut, die Lurche mit ihrer drüsenreichen Haut sind Feuchtlufttiere. Die Körperbedeckung der Reptilien (Hornschuppen oder Hornpanzer), der Vögel (Federn) oder der Säugetiere (Haare) ermöglicht es diesen Tieren, fast alle Lebensräume zu erschließen, Vögel und Säuger sind gleichwarm, die anderen Wirbeltiere sind wechselwarm.

Evolution landlebender Wirbeltiere

Erst im Übergang vom Devon zum Karbon begann die Entwicklung der *Lurche (Amphibien)*. Man geht heute davon aus, dass sich die ersten vierfüßigen Landwirbeltiere aus Quastenflossern entwickelt haben, da diese vom Bauplan her den Amphibien recht ähnlich sind. Die Extremitäten der Amphibien werden aus den fleischigen Flossen der Quastenflosser abgeleitet, es handelt sich um *homologe Organe*.

Homologe Organe
Sie weisen eine gleiche Grundstruktur, Lage und Herkunft auf. Die Arme des Menschen sind homolog zu den Flügeln der Vögel.

Die rezenten Amphibien gehören zwei Gruppen an, den *Schwanzlurchen* und den *Froschlurchen*. Zu den Schwanzlurchen gehören die Molche und die Salamander, zu den Froschlurchen die Frösche und die Kröten. Die Froschlurche sind – bezogen auf Artenzahl und Besiedlung unterschiedlicher Lebensräume – die erfolgreichere Gruppe. Die Amphibien, so könnte man sagen, wiederholen in ihrer individuellen Entwicklung *(Ontogenese)* die Stammesgeschichte *(Phylogenese)*. Die mit Kiemen atmenden Larven entwickeln sich normalerweise im Wasser, die mit Lungen atmenden ausgewachsenen Individuen leben überwiegend an Land ▶ 135.2.

Die *Reptilien* breiteten sich erst im *Perm* aus und erreichten im Erdmittelalter, in der *Trias-* und *Jura*-Zeit, ihre „Blüte". Hier waren sie – repräsentiert durch die Saurier – die dominierenden Wirbeltiere. In der *Kreide-Zeit* starben die Saurier bereits wieder aus. Dafür gibt es eine Vielzahl von Theorien.

Die Entwicklung von Eiern mit zusätzlicher Embryonalhülle ist ein wesentlicher Unterschied zwischen Amphibien und Reptilien. Die rezenten Reptilien gliedern sich in vier Ordnungen: Schildkröten, Brückenechsen, Krokodile sowie Eidechsen und Schlangen.

Als mögliche Übergangsform *(Brückentier)* zwischen Reptilien und Vögeln gilt der Urvogel *Archaeopteryx*. Das bereits entwickelte Federkleid als typisches Vogelmerkmal und die noch vorhandene Bezahnung des Schnabels als typisches Reptilienmerkmal weisen darauf hin.

Exkurs

Fossilien
Tiere, die ein Innen- oder Außenskelett aus Calcium- und Magnesium-carbonat („Kalk") besitzen, ergeben überdauerungsfähige Fossilien, beispielsweise Korallen, Muscheln, Stachelhäuter oder Wirbeltiere.

Fossilien zu entdecken, zu bestimmen und das Alter zuzuordnen ist nicht einfach, so dass es nur normal ist, dass die Stammbäume der Organismen auch heute in sehr unvollständiger Form vorliegen. Es gibt noch viele missing links, d. h. fehlende Zwischenglieder. Es gibt jedoch auch gut erhaltene Fossilien weicher Tiere.

Ursprüngliche Fische
Heute leben aus der Klasse der **Kieferlosen** in unserer einheimischen Fauna nur noch die **Neunaugen** ▶ 130.1 und **Schleimaale**. Der Name Neunauge stammt wahrscheinlich von den sich an die Nasenöffnung und das Auge anschließenden 7 runden Kiemenöffnungen. In der Nordsee kommt das Meerneunauge, in den Flüssen – bei uns selten – das Flußneunauge vor, in sauberen Bachläufen das im Bestand gefährdete Bachneunauge. Von den Nachfahren dieser ursprünglich großen Gruppe der kieferlosen „Fische" haben sich also nur wenige Arten bis heute behaupten können.

Die **Lungenfische** ▶ 130.2 kommen heute in wenigen Arten in periodisch austrocknenden Gewässern Australiens, Südafrikas und Südamerikas vor. Lungenfische ziehen sich beim Austrocknen ihrer Gewässer in den Gewässerboden zurück, werden von der Sonne in der Bodenschicht „eingebacken" und atmen bis zur nächsten Wasserzufuhr über ein kleines Atemloch.

1 Bachneunauge

2 Lungenfisch

Die Entwicklung in Richtung Säugetiere begann schon in der Trias, wo Fleisch fressende säugerähnliche Reptilien auftraten. Aus ihnen sind in der Jura- und Kreidezeit die ersten höher entwickelten Säuger entstanden.

Die Säuger zweigen sich in zwei unterschiedliche Hauptäste auf: in die Eier legenden und in die nicht Eier legenden Säuger.

Die einzigen rezenten Eier legenden Säugetiere sind drei *Kloakentiere*: das Schnabeltier ▶ 143.1 und zwei Arten von Schnabeligeln. Auch diese urtümlichen Arten bezeichnet man als *lebende Fossilien* oder *Brückentiere*.

Die nicht Eier legenden Säuger trennen sich in der *Kreidezeit* in zwei unterschiedliche Entwicklungslinien. Aus der einen entwickelten sich die Beuteltiere, wie z. B. die Kängurus und der Koala-Bär, der andere Zweig bildete zahlreiche Seitenäste aus. Aus ihnen entstanden die heute lebenden übrigen *Säugetierordnungen*, zu denen auch alle bei uns heimischen Säuger gehören.

Der Mensch der *Gattung Homo* erscheint erst in der letzten Phase des Erdzeitalters, im *Pleistozän*, vor etwa 1–2 Millionen Jahren. Die Entwicklung zu ihm begann jedoch schon einige Millionen Jahre früher.

Man sieht, dass die Evolution der Wirbeltiere, soweit man überhaupt aufgrund von Fossilien Entwicklungslinien aufzeigen kann, nicht linear erfolgt ist, das heißt von den Fischen zu den Amphibien, von diesen zu den Reptilien und von denen zu den Vögeln und Säugern. Vielmehr kam es oft bereits sehr früh in der Erdgeschichte zu einer Aufspaltung in zahlreiche unterschiedliche Entwicklungslinien. Aus den Wirbellosen entstand dabei im Gegensatz zu den Wirbeltieren keine phylogenetisch einheitliche Gruppe. Wir müssen heute aber auch feststellen, dass Gruppen innerhalb einer Wirbeltierklasse weniger nahe miteinander verwandt sind, als Gruppen aus zwei verschiedenen Wirbeltierklassen. So sind nach heutiger Vorstellung die Krokodile (Reptil) näher mit den Vögeln verwandt als mit den übrigen drei Reptilien-Ordnungen.

Die Anzahl der Arten ▶ 128/129 wird gegenwärtig häufig nach oben korrigiert, da mit den Methoden der modernen Genetik Tiere, die bislang zu einer Art gezählt wurden, in getrennte Arten eingruppiert werden. Die Vögel sind dafür das beste Beispiel. Ihre Artenzahl wird heute häufig höher angesetzt.

Die größten land- und wasserlebenden Tiere gehören zu den Säugetieren. Mit dem Menschen entstand unter den Säugern eine Art, die aufgrund der Entwicklung geistiger Fähigkeiten einzigartig ist und in der Lage ist, die Erde sich in vielfältiger Form nutzbar zu machen. Sie ist jedoch als einzige auch in der Lage, ihre Lebensgrundlagen selbst zu zerstören.

Kloaken-Tiere
Ihnen gemeinsam ist die Kloake, eine Körperöffnung zur Ausleitung von Darm, Blase und Geschlechtsorgan.

Plazenta-Tiere
Sie bilden als Versorgungsorgan des Embryos eine Plazenta, einen Mutterkuchen, in der Gebärmutter aus.

Lexikon

System der Lebewesen
Einordnung am Beispiel der Hauskatze
Reich: Tiere
Stamm: Chordatiere (Chordata)
Unterstamm: Wirbeltiere (Vertebratan)
Klasse: Säugetiere (Mammalia)
Ordnung: Raubtiere (Carnivora)
Familie: Katzen (Felidae)
Gattung: Katze (Felis)
Art: Hauskatze (Nubische Falbkatze), (Felis silvestris lybica)

Lexikon

Fachbegriffe
Als **Lebende Fossilien** bezeichnet man Organismen, deren Aussehen und Lebensweise sich seit Jahrmillionen nicht oder kaum verändert hat. Beispiele sind Quastenflosser, das Perlboot (Nautilus) oder der Ginkgo-Baum.

Brückentiere oder „connecting links" sind Lebewesen, die Merkmale zweier systematischer Gruppen aufweisen. Sie geben uns eine Vorstellung, wie sich aus einer Gruppe eine andere entwickelt haben könnte. Berühmtes Beispiel ist Archaeopteryx, der sowohl Reptil-, als auch Vogelmerkmale hat.

Missing links (fehlende Bindeglieder) dagegen sind Zwischenglieder, die eine Verbindung zwischen zwei systematischen Gruppen herstellen könnten, deren Existenz allerdings bislang hypothetisch ist.

Kennzeichen der Wirbeltiere

Bauplan
Tiere weisen bestimmte Konstruktionsmerkmale auf, die für eine systematische Gruppe gemeinsame Merkmale beinhalten. So haben alle Wirbeltiere eine Wirbelsäule auf der Rückenseite und vier paarige Extremitäten für die Fortbewegung. Zum Grundbauplan der Vögel im Speziellen gehört, dass ihre Vordergliedmaßen zu Flügeln umgewandelt wurden und sie auf den Hinterbeinen stehen, laufen und sitzen. Das bedingt eine bestimmte Konstruktion des Beckens.

abiotisch
Umwelteinflüsse, die nicht von Lebewesen ausgehen, z. B. Einflüsse des Klimas

biotisch
von anderen Lebewesen ausgehende Umwelteinflüsse

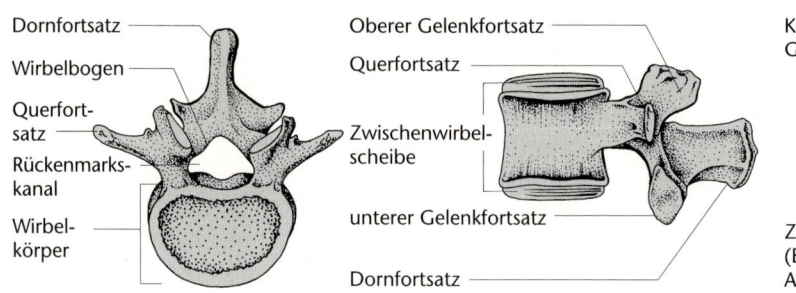

1 Aufbau eines menschlichen Lendenwirbels

Die Evolution der Wirbeltiere begann im Meer. Anschließend besiedelten sie die Süßgewässer und zuletzt die Landgebiete. Der Übergang vom Wasser zum Land war nur durch tiefgreifende Bauplanveränderungen möglich. Einige Gruppen von Landtieren haben sich sekundär wieder zu reinen Wassertieren entwickelt, z. B. Meeressäuger wie die Wale oder die Seekühe. Andere Säugetiere sind zur amphibischen Lebensweise übergegangen, z. B. Seehund, Fischotter und Biber.

So wird verständlich, wie sich der Bauplan der Wirbeltiere von der rein aquatischen Lebensweise bis hin zum Leben in terrestrischen Lebensräumen im Laufe der Evolution verändert hat. Der „Druck" für diese Veränderungen, von Biologen als *Selektionsdruck* bezeichnet, kam vor allem

durch die sich ändernden *abiotischen* und *biotischen* Faktoren zu Stande.

Die Bauplanänderungen betrafen vor allem das Bewegungssystem, die Haut, das Atmungssystem, das Herz-Kreislaufsystem und das Exkretionssystem.

Wirbelsäule und Skelett

Die Wirbelsäule ist die tragende Struktur, das zentrale Achsenskelett des Körpers der Wirbeltiere. Sie besteht aus einer unterschiedlichen Anzahl von Wirbeln, die bei den einzelnen Wirbeltierklassen verschieden gestaltet sind. Zum Verständnis des Baues der Wirbelsäule soll die eines Säugers, zu denen auch wir Menschen gehören, betrachtet werden.

Ein Wirbel besteht aus dem kompakten, mehr oder weniger runden knöchernen *Wirbelkörper* und dem *Wirbelbogen* ▶ 132.1. Technisch gesprochen dient der massive Wirbelkörper als Auflager, über das der Druck von Kopf und Rumpf abgefangen wird. Der Wirbelbogen umschließt den *Rückenmarkskanal*, in dem gut geschützt das Rückenmark liegt. Seitlich (lateral) und zum Rücken hin (dorsal) befinden sich am Wirbelbogen Fortsätze, die man als *Quer-* und *Dorn-* oder *Rückenfortsätze* bezeichnet. An diesen großflächigen Fortsätzen sind die *Sehnen* von *Skelettmuskeln* befestigt ▶ 132.2. Vom Wirbelbogen gehen nach oben und nach unten *Gelenkfortsätze* aus, über die die Wirbel mechanisch miteinander verzahnt sind, so dass sie auch bei Belastung aus dem Wirbelverband nicht herausspringen können. Bei den meisten Wirbeltieren liegen zwischen

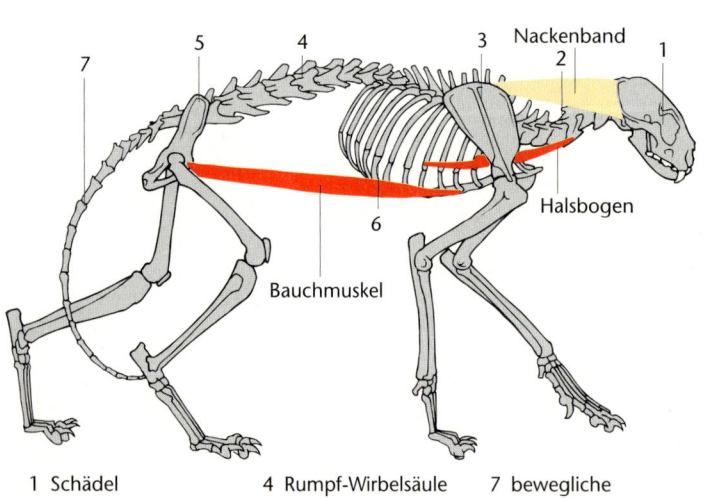

1 Schädel
2 Hals-Wirbelsäule
3 Schultergürtel
4 Rumpf-Wirbelsäule
5 Beckengürtel
6 Brustkorb
7 bewegliche Schwanz-Wirbelsäule

2 Stabilisierung des Wirbeltierskeletts durch Bänder und Muskeln

den Wirbeln *Zwischenwirbelscheiben*. Umgangssprachlich werden diese als *Bandscheiben* bezeichnet. Sie bestehen aus druckelastischem, faserreichem *Knorpel* mit einem *Gallertkern* in der Mitte ▶ 132.1. Diese werden als Rest der *Chorda dorsalis* angesehen, die bei niederen Wirbeltieren ja noch vorhanden ist. Durch ihre hohe Elastizität wird ein Teil des Drucks von den verformbaren Zwischenwirbelscheiben aufgenommen. Die gesamte Wirbelsäule ist zudem von einem Bandapparat aus elastischem Bindegewebe umgeben.

Landtiere haben – bei gleicher Größe – ein deutlich massigeres, kompakteres Skelett als ständig im Wasser lebende Wirbeltiere. Das beste Beispiel sind die *Wale*. Ihr Skelett ist – mit Ausnahme des Kieferskeletts – weitgehend zurückgebildet ▶ 133.1. Die Natur arbeitet materialsparend: Ein Zuviel an Masse muss unter Energieverlust mit bewegt werden. Außerdem muss für den Aufbau von mehr Biomasse mehr Nahrung aufgenommen werden. Im Laufe der Evolution wurde die Biomasse des Skeletts an die maximale Belastung angepasst. Bei im Wasser lebenden Tieren verliert der Körper so viel an Gewichtskraft, wie er Wasser verdrängt. Entsprechend können die Skelette von ständig im Wasser lebenden Tieren leichter gebaut sein. Je größer und schwerer ein Landtier wird, um so stärker werden die Kniegelenke belastet und um so größer muss der Querschnitt der Extremitätenknochen sein.

Gestrandete Wale beispielsweise werden durch ihre eigene Körpermasse erdrückt, denn ihr Skelett ist nicht an das Landleben angepasst. Die größten Wassersäuger können aufgrund der Wasserverdrängung um ein Vielfaches schwerer als Landsäuger sein. So erreicht der Blauwal eine Länge von maximal 33 m und eine Körpermasse von 136 t, der größte Landsäuger, der Afrikanische Elefant, hingegen nur eine maximale Länge von 7,5 m und eine Körpermasse von „nur" 6 t.

In den *Lebensformtypen* spiegelt sich nicht nur die Angepasstheit an den Lebensraum, sondern auch die Angepasstheit an die Lebensweise, vor allem an die Ernährungsweise und die Fortbewegung, wider. Das Skelett wurde zum Teil stark verändert, vor allem die Gliedmaßen und der Schädel.

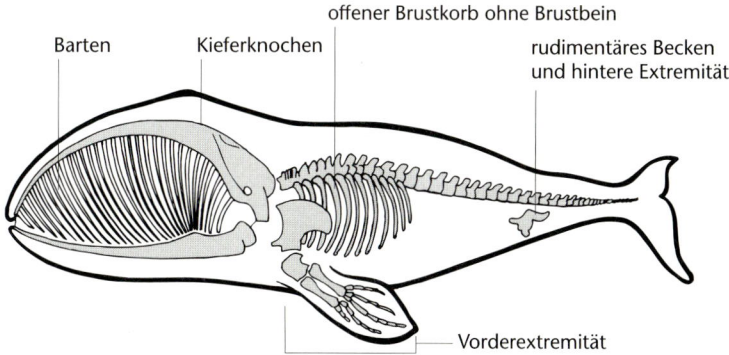

offener Brustkorb ohne Brustbein
Barten · Kieferknochen · rudimentäres Becken und hintere Extremität
Vorderextremität

1 Walskelett eines Bartenwales

Das kann man besonders gut an den Säugetieren erkennen. Sie haben im Laufe ihrer Evolution alle Lebensräume – Luft, Wasser und Boden – erobert.

Bewegung auf zwei Beinen

Der Übergang von der vierfüßigen Fortbewegung der *Tetrapoden* (Amphibien, Reptilien und fast alle Säuger) zur zweifüßigen Fortbewegung beim Menschen war mit einer Reihe von Konstruktionsänderungen verbunden. Die wichtigste bezieht sich auf die Form der *Wirbelsäule*. Sie hat bei den Vierfüßern eine einfache S-Form, beim Zweibeiner Mensch eine doppelte S-Form. Dies liegt im wesentlichen an der Veränderung des Körperschwerpunkts ▶ 134.2.

Lebensformtyp
Es handelt sich um eine Gruppe nicht näher miteinander verwandter Lebewesen, die auf Grund ähnlicher Lebensweise gleichartige Anpassungserscheinungen an die Umwelt aufzeigen. So haben z. B. viele Wirbeltiere des Wassers Fischgestalt: Haie, Knochenfische, Fischsaurier (Reptil) und Delfine (Säuger).

Exkurs

Skelett und Größenwachstum
In der Skelett-Konstruktion liegt eine natürliche Begrenzung des Größenwachstums. Dies wird besonders deutlich bei den großen **Sauriern**, z. B. beim Brontosaurus. Sie waren mit einer Körperlänge von über 20 m wesentlich massiger als die größten heute lebenden Säuger. Die großen „Säulenbeine" konnten die Körpermasse dieser Großsaurier auf dem Land nicht halten.

Saurierforscher gehen davon aus, dass diese „Riesensaurier" mit den Beinen und den unteren Teilen des Rumpfes im Wasser standen und hierdurch – wie die klassischen Wassersäuger – so viel an Gewichtskraft verloren, dass der Druck auf die Beine stark reduziert wurde. Bei den reinen **Wassersäugern** und anderen **Wasserwirbeltieren** wurden zudem die Extremitäten in Anpassung an die schwimmende Fortbewegungsweise zu Schwimmflossen umkonstruiert oder – wie bei den Zahn- und Bartenwalen – die Hinterextremitäten vollständig reduziert. Deshalb bezeichnet man sie umgangssprachlich oft als „Wal-Fische". Korrekterweise muss man bei derart angepassten Körpergestalten vom Lebensformtyp Fisch sprechen.

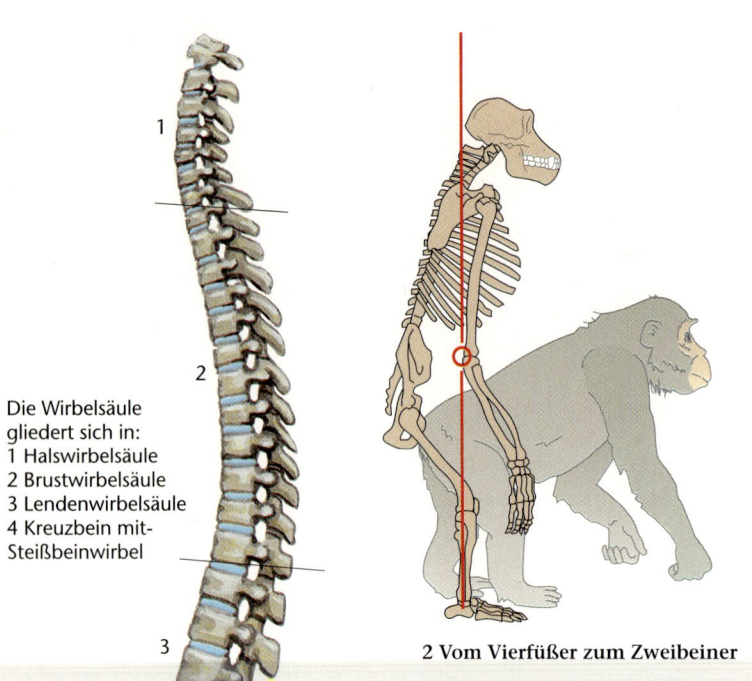

Die Wirbelsäule
gliedert sich in:
1 Halswirbelsäule
2 Brustwirbelsäule
3 Lendenwirbelsäule
4 Kreuzbein mit-
Steißbeinwirbel

2 Vom Vierfüßer zum Zweibeiner

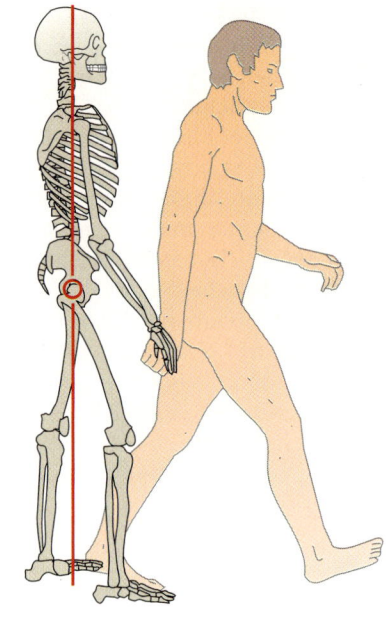

**1 Menschliche Wir-
belsäule**

Beim Menschen ruht in normaler Lage (aufrechtes Gehen oder Sitzen) der Kopf über der Körperachse. Der Schwerpunkt liegt im Beckenbereich.

Am stärksten druckbelastet sind beim Menschen die Lendenwirbelsäule, die Hüftgelenke, Kniegelenke und Füße. Deshalb sind Hüfte und Kniegelenke im Verhältnis zu gleich massigen vierfüßigen Säugern deutlich kräftiger ausgebildet. Die *Doppel-S-Form* der Wirbelsäule nimmt durch elastische Verformung der Bögen einen Teil des Drucks auf ▶ 134.1. Obwohl diese „Neukonstruktion" erst etwa 1–2 Millionen Jahre alt ist, stellt sie sicherlich eine gute Anpassung an die zweibeinige Fortbewegung dar. Dennoch kommt es im Laufe des Lebens an diesen Problemstellen des Skeletts häufig zu krankhaften Veränderungen, z. B. Abnutzungserscheinungen im

Hüft- und Kniegelenk sowie Wirbelsäulenveränderungen. Das liegt jedoch weniger an Schwächen in der *Skelettkonstruktion*, sondern vor allem an der schlecht ausgebildeten Skelettmuskulatur. Das Skelett selbst erhält seine Festigkeit erst durch Verspannung durch die Skelettmuskulatur. Je besser diese ausgebildet ist, um so weniger Probleme treten im Bereich des Skeletts auf ▶ 132.2.

Auch im *Fußskelett* zeigt sich eine Angepasstheit an die erhöhte Druckbelastung. Beim Menschen ist ein Längs- und ein Quergewölbe ausgebildet ▶ 134.3/4, das einen Teil des Drucks durch elastische Verformung aufnimmt. Beim Durchdrücken des Längsgewölbes spricht man vom *Senkfuß*, ist das Quergewölbe flacher als beim *Spreizfuß*. In der Regel liegt eine Kombination in Form eines Senk-Spreizfußes („Plattfuß") vor.

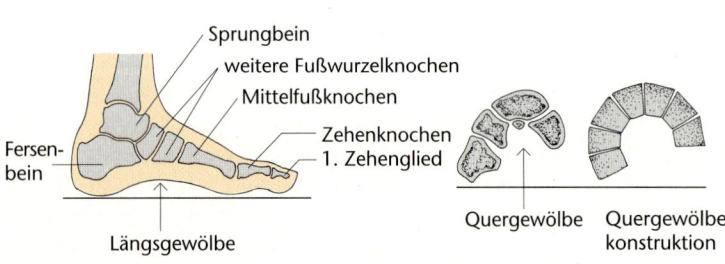

3 Längs- und Quergewölbe des menschlichen Fußes

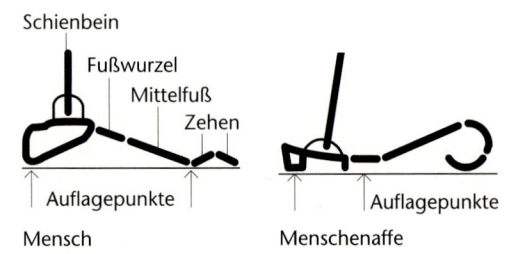

4 Auflagepunkte des Fußes

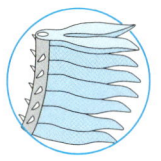 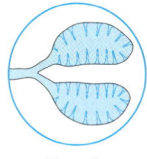 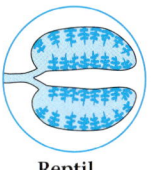 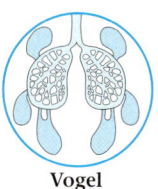 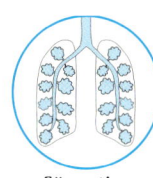 

| Fisch (Kieme) | Lurch | Reptil | Vogel | Säugetier |

1 Die unterschiedliche Ausprägung der Atmungsorgane bei den Wirbeltieren

Anpassungen der Organe an die Lebensweise

Beim Übergang von der *aquatischen* zur *terrestrischen* Lebensweise veränderten sich auch viele Organe, insbesondere das Atmungssystem, die Körperbedeckung und – weniger ausgeprägt – die Sinnesorgane.

Kiemen und Lungen

Die ursprünglichen Wassertiere, wie die verschiedenen Fischgruppen, haben meist Kiemen als Atmungsorgane. Diese zeigen eine äußere Oberflächenvergrößerung. Sie dienen dem Gasaustausch, der Regulation des Wasser- und Ionenhaushalts sowie – zusammen mit den Nieren – der Exkretion. Die Kiemen sind offensichtlich eine erfolgreiche Konstruktion, da sie bis heute nicht nur bei vielen Gruppen der wirbellosen Tiere (Meeresschnecken, Muscheln, Tintenfische, viele Wasserinsekten, Krebstiere) das dominierende Atmungsorgan darstellen, sondern auch bei den Fischen.

Bei den Amphibien, z. B. beim Feuersalamander, bei Molchen, beim Grasfrosch und bei der Erdkröte, haben die im Wasser lebenden Larven Kiemen als Atmungsorgane, die ausgewachsenen Stadien besitzen hingegen Lungen. Die Larven der Schwanzlurche haben während der gesamten Entwicklung im Wasser *außenliegende Kiemen*. Bei den Larven der Froschlurche, den Kaulquappen, werden die außen liegenden Kiemenbüschel später von einer Hautfalte überdeckt; sie werden zu *Innenkiemen* ▶ 135.2.

Bei den ausgewachsenen Amphibien ist die Lungenatmung von sekundärer Bedeutung. Sie beziehen die Hauptmenge des Sauerstoffs über Haut (Hautatmung) und Mundhöhle. Bei den Reptilien, bei denen aufgrund der dicken Verhornung der Haut keine Hautatmung mehr möglich ist, hat sich die Lunge durch Vergrößerung der inneren Oberfläche weiterentwickelt und bildet das einzige Atmungsorgan ▶ 135.1.

Bei den Vögeln ist die Lunge relativ klein. Von ihr gehen jedoch „dudelsackartig" Luftsäcke ab, die bis tief in das Innere der großen Knochen reichen. Die großen Luftsäcke im Vogelkörper unterstützen als Luftreservoir einerseits die Atmung, andererseits fördern diese Lufträume die Flugfähigkeit. Beim Abschlag der Flügel wird Luft aus den Luftsäcken in die Lunge gepresst, hierbei wird vor allem Sauerstoff aufgenommen; gleichzeitig wird die mit Kohlenstoffdioxid angereicherte Luft von der Lunge beim Abschlag nach außen abgegeben. Beim Aufschlag der Flügel strömt die Luft passiv in Lunge und Luftsacksystem ein. Im Sitzen läuft die Atmung über die Kontraktion der Zwischenrippenmuskulatur.

Herz und Blutkreislauf

Weitere charakteristische Bauplanänderungen findet man im Herz-Kreislaufsystem. Sie sind im Wesentlichen durch die Weiterentwicklung des Wärmehaushaltes bedingt.

Fische haben einen *einfachen Blutkreislauf* ▶ 136.1. Ihr Herz entsteht als Erweiterung von zentralen Gefäßabschnitten. Es besteht aus zwei Kammern. Über einen Vorraum, in den die Venen münden, gelangt das Blut in den Vorhof *(Atrium)* und von dort in die

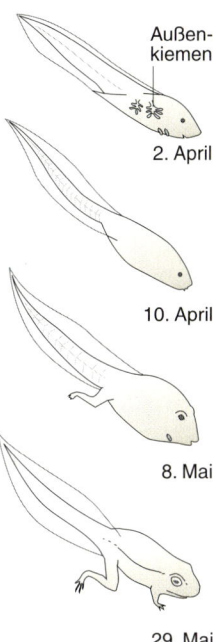

10. März   31. März

Außenkiemen

2. April

10. April

8. Mai

29. Mai

10. Juni

18. Juni

2 Von der Kaulquappe zum Frosch am Beispiel des Grasfrosches

Exkurs

Schwimmblase und Lunge

Schon früh in der Stammesgeschichte zweigten sich Gruppen von Fischen ab, die neben den Kiemen auch Lungen ausbildeten: die Quastenflosser und die Lungenfische. Die Lungen entstanden aus einer Aussackung des Vorderdarms. Die **Schwimmblase** der Knochenfische hat sich wahrscheinlich aus der **Lunge** von Fischen entwickelt, die noch zusätzlich Kiemen besaßen, d. h. die Schwimmblase ist wohl keine Neuentwicklung, sondern eine Konstruktionsänderung der Lunge zu einem hydrostatischen Organ, das den Fischen die Druckanpassung beim Auf- und Absteigen im Wasser ermöglicht.

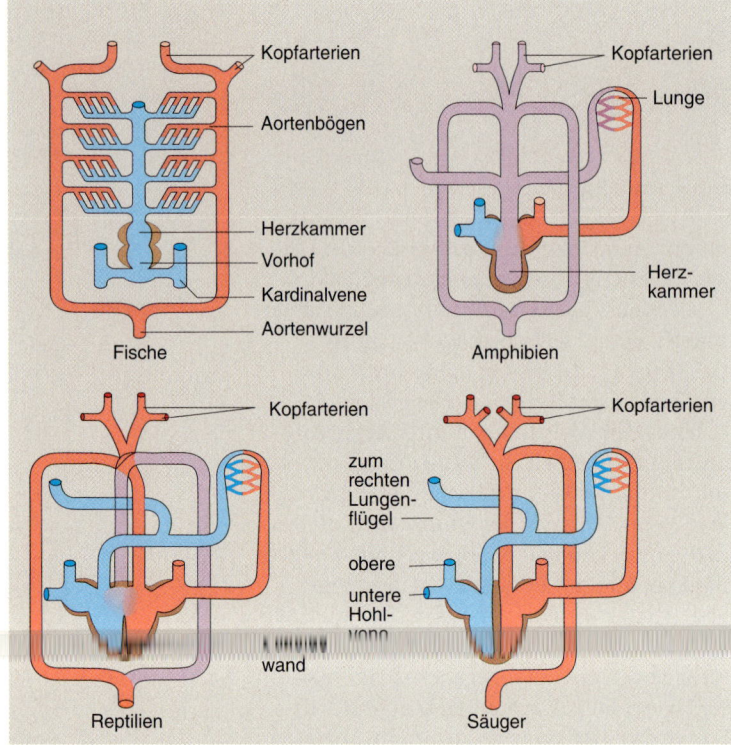

1 Herz-Kreislaufsysteme bei Wirbeltieren

(Bildbeschriftungen: Kopfarterien, Aortenbögen, Herzkammer, Vorhof, Kardinalvene, Aortenwurzel, Fische; Kopfarterien, Lunge, Herzkammer, Amphibien; Kopfarterien, Reptilien; Kopfarterien, zum rechten Lungenflügel, obere untere Hohlvene, wand, Säuger)

Stoffwechselintensität und damit der Sauerstoffverbrauch stark zunimmt ▶ Kap. Wärmehaushalt.

Bei den gleichwarmen Vögeln und Säugern mit ihrem hohen Energiestoffwechsel sind die Kammern vollständig getrennt. Dadurch führt ein Teil des Kreislaufs sauerstoffreiches Blut, über den die Körpergewebe mit Sauerstoff versorgt werden. Der andere Abschnitt enthält Blut mit viel Kohlenstoffdioxid, das über die Lunge entsorgt wird.

Haut

Weitgehende Konstruktionsänderungen waren beim Übergang vom Wasser zum Land vor allem auch bei der Körperhülle erforderlich. Sie besteht bei Wirbeltieren aus der *Epidermis* und der *Lederhaut*.

Bei Fischen und auch bei den meisten Amphibien ist die Haut unverhornt. Sie wird durch Schleimabsonderung feucht gehalten. Bei Amphibien spielt die Haut – wie bereits erwähnt – bei der Atmung die dominierende Rolle. Bei Reptilien ist die Haut als Anpassung an trocken-warme Lebensräume stark verhornt, so dass – ähnlich wie bei Vögeln und behaarten Säugern – die Transpirationsrate gering ist. Die dicke Hornschicht isoliert jedoch nicht, sondern ist ein guter Wärmeleiter.

Erst dadurch, dass sich aus der oberen Hautschicht bei Säugern die Haare und bei Vögeln die Federn entwickelten, konnte die Isolation wesentlich verbessert werden. Dies war die Voraussetzung für die Entwicklung gleichwarmer Tiere.

Herzkammer (*Ventrikel*), aus der das sauerstoffarme Blut den stark durchbluteten Kiemen zugeführt wird. Hier findet der Gasaustausch statt.

Von den Lungen atmenden ausgewachsenen *Amphibien* bis hin zu den *Vögeln* und *Säugern* besteht das Kreislaufsystem aus zwei *Teilkreisläufen*, dem *Lungen-* und dem *Körperkreislauf*. Der Kreislauf der Amphibien erinnert noch deutlich an den der Fische, das gilt vor allem für die Kiemen atmenden Larven. Das Herz der Amphibien besitzt zwar schon zwei Vorhöfe, aber nur eine Herzkammer, in der das sauerstoffarme Blut aus dem Körper mit dem Sauerstoff angereicherten aus der Lunge vermischt wird.

Erstmals bei den *Reptilien* kommt es durch die Entwicklung einer *Herzscheidewand* zu einer weitgehenden Trennung der beiden Kammern. Die Sauerstoffversorgung ist hierdurch deutlich verbessert. Bedenkt man, dass viele Reptilien nur bei hohen Körpertemperaturen aktiv sind, ist dies sinnvoll, da mit steigender Temperatur die

Vorteil der Vogellunge
Beim Ein- und Ausatmen streicht sauerstoffreiche Luft durch die Lunge. Das ist eine Voraussetzung für die Leistungsfähigkeit der Vögel.

Lexikon

Biogenetische Grundregeln
Da die Amphibien – ähnlich wie einige andere Tiergruppen – in ihrer Individualentwicklung ungefähr die stammesgeschichtliche Entwicklung wiederholen, stellte ERNST HAECKEL (1834–1919) seinerzeit die so genannte biogenetische Grundregel auf, nach der die **Ontogenese (individuelle Entwicklung)** eine Wiederholung der **Phylogenese (Stammesgeschichte)** darstellt. Diese Regel trifft jedoch nicht immer zu.

Säugetiere – Bauplanvielfalt und Lebensweise

Säugetiere gelten als die am höchsten entwickelten Wirbeltiere, nicht wohl zuletzt auch deshalb, weil wir Menschen mit dazugehören. Sie verfügen über gemeinsame Merkmale, die nur ihnen zukommen:
- Die lebend geborenen Jungen werden von der Mutter gesäugt.
- Säuger haben durch die fleischigen Wangen eine verengte Mundöffnung, die von muskulösen Lippen umgeben ist; dadurch können sie den zum Saugen erforderlichen Unterdruck erzeugen.
- Säugetiere haben ein Haarkleid, das hilft, die gleichbleibende Körpertemperatur aufrecht zu erhalten.
- Die Atembewegungen werden durch das Zwerchfell unterstützt.
- Nur Säugetiere verfügen über eine Ohrmuschel; im Mittelohr befinden sich drei Gehörknöchelchen.

- Sie haben unterschiedliche Zahntypen; ihr Gebiss wird einmal gewechselt (Milch- und Dauergebiss).

Je nach Lebensraum und Lebensweise können einige dieser Merkmale abgewandelt sein. So ist die Ohrmuschel bei im Boden (z. B Maulwurf) oder Wasser (Wale) lebenden Säugern zurückgebildet. Das Gebiss ist den Ernährungsgewohnheiten angepasst.

Gebiss und Zähne

Das ursprüngliche Gebiss der Säugetiere ist vermutlich das der Insektenfresser, (z. B. Igel oder Maulwurf). Es besteht im Ober- und Unterkiefer je Kieferhälfte aus 3 Schneidezähnen, 1 Eckzahn, 4 Vorbackenzähnen und 3 Mahl- oder Backenzähnen. Hieraus ergibt sich folgende Zahnformel:

$$\begin{array}{c|c} \text{Oberkiefer:} & 3413 \mid 3143 \\ \hline \text{Unterkiefer:} & 3413 \mid 3143 \end{array} = 44 \text{ Zähne}$$

Von diesem Grundbauplan gibt es zahlreiche charakteristische Abweichungen, da sich die Anzahl der einzelnen Zahntypen im Laufe der Evolution an die Ernährungsweise der Tiere angepasst hat.

Zahnschmelz
Er ist der härteste Bestandteil des Zahns.

Zahnzement
Er wird am stärksten abgenutzt.

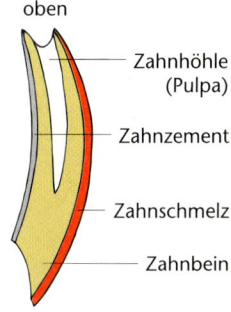

oben

Zahnhöhle (Pulpa)

Zahnzement

Zahnschmelz

Zahnbein

2 Nagezahn

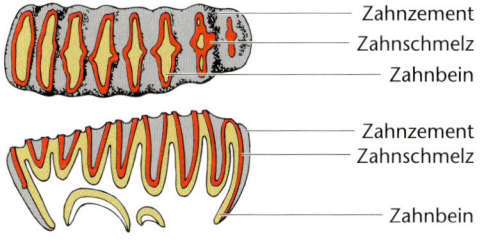

Zahnzement
Zahnschmelz
Zahnbein

Zahnzement
Zahnschmelz

Zahnbein

1 Mahlzahn eines Pflanzenfressers (Aufsicht)

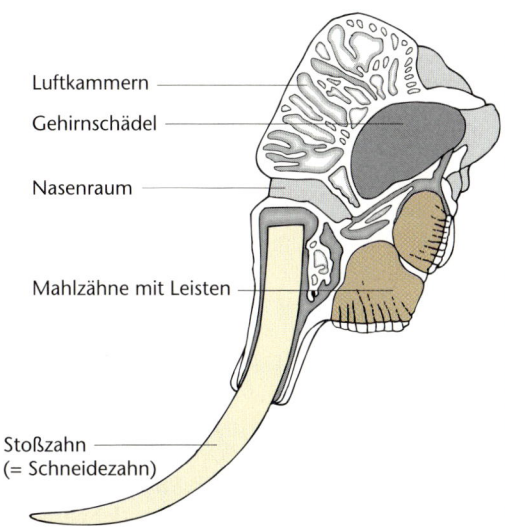

Luftkammern

Gehirnschädel

Nasenraum

Mahlzähne mit Leisten

Stoßzahn
(= Schneidezahn)

3 Schnitt durch den Schädel eines Elefanten

Lexikon

Zahnformel als Zuordnungsmerkmal
Sie wird für je eine Hälfte des Ober- und Unterkiefers erstellt und gibt an, wie viele Zähne vom jeweiligen **Zahntyp** in folgender Reihenfolge vorhanden sind:
- Schneide- oder Nagezahn
- Eckzahn
- Vorbackenzahn (Prämolar)
- Backen- oder Mahlzahn (Molar)

Aus der Zahnformel kann man wichtige Rückschlüsse auf die systematische Zugehörigkeit ziehen.

Da der wurzellose **Schneidezahn** der Nagetiere – im Gegensatz zu den Schneidezähnen der meisten anderen Säuger – laufend nachwächst, müssen Nagetiere ständig nagen, damit die Zähne nicht zu lang werden. Nagetieren, die man als Haustiere hält (Meerschweinchen, Hamster), muss man daher ein Holzstück in den Käfig legen.

Nagezähne schärfen sich selbst nach, da beim Nagen das innen liegende, weichere **Zahnbein** und der **Zahnzement** schneller abgeschliffen werden als der außen liegende extrem harte **Zahnschmelz**.

Säugetiere – besondere Wirbeltiere

Fang
Es ist der vordere Teil des Kiefers (Schnauze) mit den Fangzähnen. Der Hund trägt die Beute im Fang.

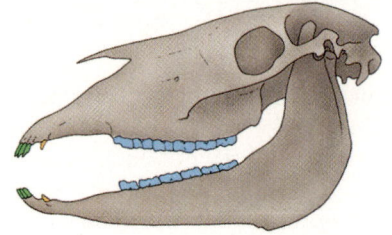

Pflanzenfresser Pferd

Bartenwal
Völlig zurückgebildet sind die Zähne bei den Bartenwalen, bei denen an Stelle der Zähne im Oberkiefer Barten, Gaumenleisten aus Horn, sind ▶ 133.2. Mit Hilfe der Barten seihen sie ihre Nahrung, die Planktonorganismen, aus dem Wasser ab.

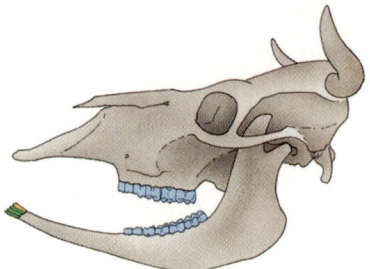

Wiederkäuer Rind

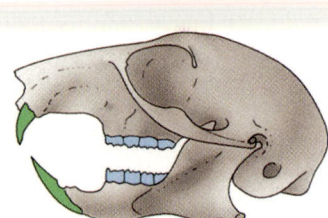

Nager Eichhörnchen

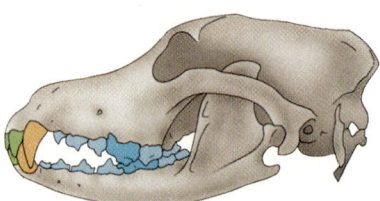

Fleischfresser Hund

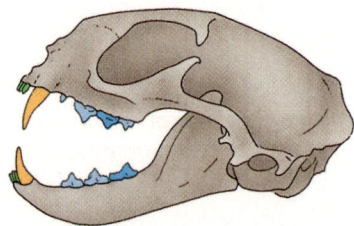

Fleischfresser Katze

1 Gebisstypen einiger Säuger. Alle Pflanzenfresser weisen zwischen Schneide- und Backenzähnen eine große Lücke auf.

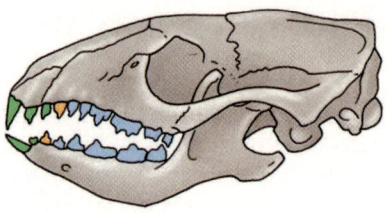

2 Igelschädel

Bei den Nagetieren sind die Eckzähne weggefallen, auch die Zahl der Schneide- und Backenzähne wurde reduziert. Die beiden verbliebenen kräftigen *Schneidezähne* sind zu *Nagezähnen* umgestaltet ▶ 137.2.

Bei *Wiederkäuern* wie den Rinderartigen – Rinder, Antilopen, Schafe und Ziegen – sowie den Hirschartigen, sind die oberen Schneidezähne weggefallen. Die unteren Schneidezähne sind nach vorn gerichtet, so dass eine seitliche Bewegung der Zunge beim Fressen möglich ist. Andere Pflanzenfresser können mit den Schneidezähnen ähnlich wie der Mensch kräftig zubeißen. Hierzu gehören z. B. die Pferde, die das Gras abbeißen. Auch die Stoßzähne der Elefanten sind umgewandelte obere Schneidezähne ▶ 137.3.

Die *Kauflächen der Mahlzähne* sind so aufgebaut, dass sie mit dem Alter zwar abgenutzt werden, die Struktur der Kaufläche durch Wechsel von harter und weicher Knochensubstanz aber erhalten bleibt ▶ 137.1.

Bei räuberisch lebenden Beutegreifern hat sich das Gebiss in mehrfacher Hinsicht gewandelt: Insekten fressende Säuger wie Igel ▶ 138.2, Maulwurf, Spitzmäuse und Fledermäuse haben relativ gleichartig gestaltete spitze Zähne, bei Fleischfressern wie den Hunde- und Katzenartigen sind sowohl die Eckzähne als auch die Backenzähne aus funktionalen Gründen umgestaltet. Die Eckzähne sind lang, spitz und kräftig. Sie dienen zum Festhalten der Beute und werden daher auch als *Fangzähne* bezeichnet.

Vor allem die letzten *Vorbackenzähne* und die ersten *Mahlzähne*, sind, von oben betrachtet, schmal und von der Seite betrachtet breit und pyramidenartig zugespitzt. Sie dienen dem Abschaben des Fleisches und dem Zerbrechen der Knochen. Diese Zähne bezeichnet man auch als *Reißzähne*.

Man kann also von der Form der Zähne auf die Art der Ernährung schließen.

Extremitäten

Auch die Konstruktionsänderungen der Extremitäten lassen Rückschlüsse auf die Lebensweise der Säugetiere zu. Am deutlichsten sind die Konstruktionsänderungen natürlich bei den fliegenden und bei den im Wasser lebenden Säugetieren. Aber auch bei Landtieren kann man charakteristische Unterschiede feststellen. So haben z.B. nur die Kletterer unter den Säugetieren einschließlich uns Menschen ein *Schlüsselbein*. Die Arme können deshalb in fast alle Richtungen gedreht werden.

Der Grundbauplan der *Säugetier-Extremität* ▶ 139.1 sieht folgendermaßen aus:
- 1 Knochen im Oberarm bzw. Oberschenkel
- 2 Knochen im Unterarm (Elle und Speiche) bzw. Unterschenkel (Schien- und Wadenbein)
- die Hand besteht aus
  9 Handwurzelknochen
  5 Mittelhandknochen und 5 Fingerknochen, die mit Ausnahme des zweigliedrigen Daumens aus 3 Fingergliedern bestehen
- der Fuß besteht aus
  9 Fußwurzelknochen
  5 Mittelfußknochen und
  5 Zehenknochen, die sich wiederum mit Ausnahme des großen Zehs aus 3 Zehengliedern zusammensetzen

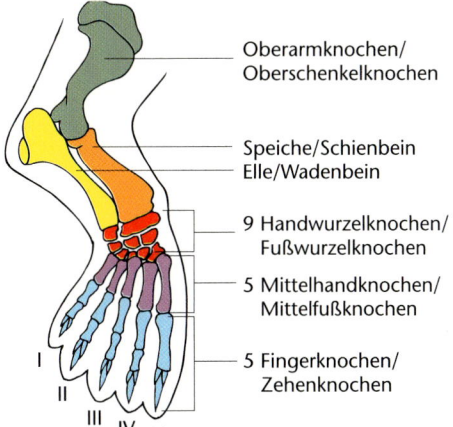

1 Grundbauplan der Wirbeltierextremitäten

Oberarmknochen/
Oberschenkelknochen

Speiche/Schienbein
Elle/Wadenbein

9 Handwurzelknochen/
Fußwurzelknochen

5 Mittelhandknochen/
Mittelfußknochen

5 Fingerknochen/
Zehenknochen

Im Wesentlichen haben sich drei Grundtypen der Fortbewegung bei Säugern entwickelt, die sich in der Konstruktion deutlich voneinander unterscheiden ▶ 139.2:
- die Sohlengänger
- die Zehengänger
- die Zehenspitzengänger

Sohlengänger gehen auf dem gesamten Fuß, der aus Fußwurzel-, Mittelfuß- und Zehenknochen besteht. Vierfüßige Sohlengänger wie Bären und Igel treten mit der gesamten Sohle auf, zeitweilig zweifüßig gehende Arten wie die Menschenaffen treten nur noch mit Teilen der Sohle auf. Der Mensch als der am weitesten entwickelte Sohlengänger hat nur noch Bodenkontakt mit Ferse und einer schmalen Zone im Vorderfuß.

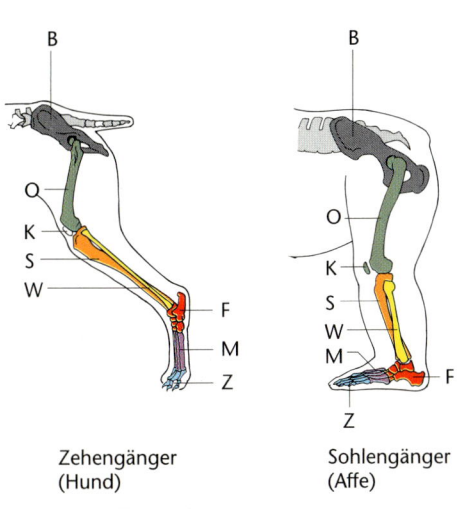

Zehengänger
(Hund)

Sohlengänger
(Affe)

2 Säugetier-Extremitäten

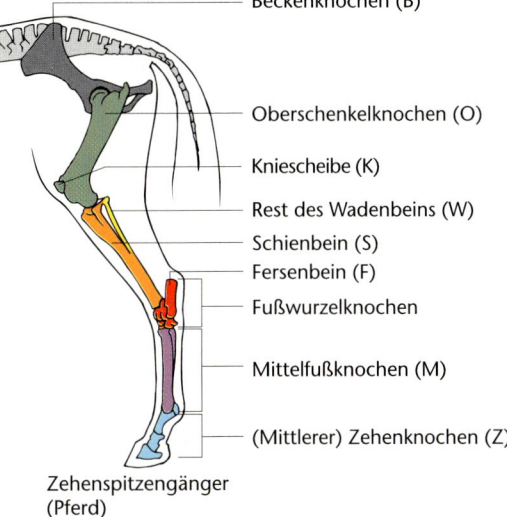

Beckenknochen (B)

Oberschenkelknochen (O)

Kniescheibe (K)

Rest des Wadenbeins (W)

Schienbein (S)

Fersenbein (F)

Fußwurzelknochen

Mittelfußknochen (M)

(Mittlerer) Zehenknochen (Z)

Zehenspitzengänger
(Pferd)

Jacobson'sches Organ

Viele Wirbeltiere haben im Gaumendach eine kleine Grube. In dieser befinden sich Riechzellen. Schlangen führen ihre Zungenspitzen in das Jacobson'sche Organ ein. Es ist in Resten auch noch bei Säugetieren vorhanden. Viele männliche Säugetiere, z. B. Hengste, flehmen. Sie saugen die Luft mit offenem Maul ein, um zu prüfen, ob ein paarungsbereites Weibchen in der Nähe ist.

Schnell laufende Säuger treten nicht mit der ganzen Sohle auf, sondern nur mit Teilen des Fußes. Die Hunde- und Katzenartigen, die sich als Beutegreifer überwiegend von schnell laufenden Pflanzenfressern ernähren, sind Zehengänger, d. h. sie treten nur noch mit den Zehen und nicht mehr mit dem Mittelfuß und der Fußwurzel auf. Die Zehenzahl ist bei den Hinterfüßen der Hunde von 5 auf 4 verringert. Bei den schnellen und ausdauernden Läufern unter den Hunden und Katzen, z. B. beim Gepard, sind zudem die Beine relativ lang. Dadurch entsteht ein langer Hebel, was für die Fortbewegung günstig ist.

Schnell laufende Pflanzenfresser, wie die Huftiere, sind Zehenspitzengänger. Sie haben die stärksten Umbildungen im Fußskelett. Der Druck der gesamten Körpermasse wird auf das vorderste Zehenglied übertragen. Mit wenigen Ausnahmen, z. B. Elefanten, ist bei den Huftieren die Anzahl der Zehen bzw. Finger stark reduziert. Im Extrem ist, wie bei den Pferden, nur der mittlere, also der dritte Zeh bzw. Finger erhalten geblieben. Das erste Zehen- bzw. Fingerglied wird als *Huf* bezeichnet. Da dieser allein den Druck auf die Erde überträgt, ist er besonders kräftig und großflächig ausgebildet. Die Hufffläche ist abhängig von der Körpermasse und dem Boden des Lebensraumes. Bei Paarhufern sumpfiger Lebensräume wie z. B. beim Elch, ist der Fuß besonders großflächig. Paarhufer der Steppengebiete mit hartem steinigen Boden haben vergleichsweise kleinflächig Hufe, z. B. Antilopen.

Sinnesleistungen

Säugetiere haben einen gut entwickelten Gesichts-, Geruchs-, Gehör-, Geschmacks-, Tast- und Temperatursinn.

Geruchs- und Geschmackssinn

Beide lassen sich nicht immer deutlich voneinander trennen. Den am besten entwickelten Geschmackssinn unter den Wirbeltieren haben die Landsäugetiere; den am besten entwickelten Geruchssinn weisen Fische und Säugetiere auf. Beim Geschmacks- und Geruchssinn handelt es sich um chemische Sinne, bei denen die gelösten Geschmackstoffe von Rezeptoren auf der Zunge bzw. den Schleimhäuten im Mundraum oder in der Nase identifiziert werden. Diese Geschmacksknospen für unterschiedliche Empfindungen (süß, sauer, salzig, bitter und Glutamat) sind nach neueren Untersuchungen über die gesamte Zunge verteilt und nicht – wie bisher angenommen – nur auf bestimmte Regionen begrenzt.

In der Nasenhöhle, dem Ort des Geruchssinns, werden die bei vielen Säugern vorhandenen eingerollten Knochenlamellen (zur Oberflächenvergrößerung) von einem ausgedehnten Riechepithel überzogen. Ausgesprochene „Nasentiere" sind die Hunde, die im Extrem auf einer Fläche von 120 cm²

Exkurs

Beutefang

Bei Hunden und Katzen kann man an den Extremitäten auch die unterschiedlichen Beutefangmechanismen erkennen. **Hunde** sind **Hetzjäger**, die ihre Beute „müdelaufen" und dann mit dem Fang die Beute greifen. Sie haben deshalb als Dauerläufer von Natur aus lange Extremitäten. Die Zehennägel werden beim Laufen abgenutzt.

Katzen sind – mit Ausnahme des Gepards – **Schleichjäger**, die sich vorsichtig an ihre Beute heranschleichen und sie plötzlich mit einem Sprung anfallen. Beim Vorstrecken der Beine werden die beim Laufen hochgestellten, scharfen Krallen durch die Streckmuskulatur ausgefahren und in den Körper des Beutetiers eingehakt, so dass dieses festgehalten wird. Danach erfolgt zum Töten ein gezielter Biss, zumeist in die Nackenpartie des Beutetiers. Beim Laufen werden die Krallen durch das elastische Krallenband hochgezogen. Dadurch können sie nicht wie bei den Hunden abgenutzt werden ▶ 140.1.

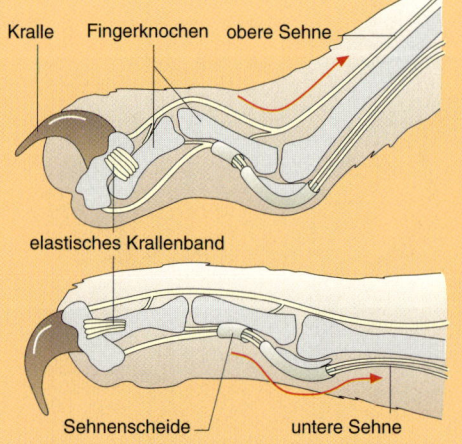

Kralle   Fingerknochen   obere Sehne

elastisches Krallenband

Sehnenscheide   untere Sehne

1 Lage der Katzenkralle beim Laufen (oben) und beim Beutefang (unten)

Riechschleimhaut bis zu 225 Millionen Riechzellen besitzen ▶ 141.1. Säuger mit vergleichsweise schlechtem Geruchssinn sind die Herrentiere (Primaten), zu denen der Mensch gehört, und viele Wassersäuger.

Beim Menschen beträgt die gesamte Riechfläche nur etwa 5 cm² mit etwa 500 000 Sinneszellen.

Die Gewohnheit der meisten Landsäuger, ihre Reviere mit Duftstoffen zu markieren und die Bedeutung von Sexuallockstoffen (Pheromonen) bei der Fortpflanzung, setzt einen gut ausgebildeten Geruchssinn voraus. Viele Säuger verfügen über Duftdrüsen am Kopf oder im Bereich der Geschlechtsorgane, z. B. Brunftdrüsen.

Sehsinn

Der optische Sinn ist bei Säugern sehr unterschiedlich entwickelt. Er ist – insgesamt betrachtet – deutlich schlechter als bei Reptilien und Vögeln ausgebildet. Das gilt insbesondere für das Auflösungsvermögen und das Farbensehen. Das Auflösungsvermögen hängt nicht nur von der Anzahl der Sehzellen (Stäbchen und Zapfen der Netzhaut), sondern vor allem von der Feinheit der Verschaltung zwischen Sehzellen und Nervenfasern ab.

Die meisten Säuger sind *dämmerungsaktiv*. Bei ihnen hat sich das Farbensehen zurückgebildet. Die meisten Arten sehen – soweit bisher Untersuchungen vorliegen – die Umwelt nur „unbunt", d. h. in unterschiedlichen Graustufen. Einige, wie Katzen oder Pferde, zeigen Reste einer Farbwahrnehmung. Bei den *tagaktiven* Herrentieren, z. B. beim Menschen, ist das Farbensehen hingegen gut entwickelt.

Für dämmerungsaktive Säuger ist es primär wichtig, zur Nahrungsaufnahme und zur Wahrnehmung von Beutegreifern, in der Dämmerung und nachts möglichst gut Bewegungen auf größere Entfernungen zu sehen. Bei ihnen hat sich eine Restlichtverstärkung durch eine Leuchtschicht (*Tapetum lucidum*) auf dem Augenhintergrund entwickelt. An ihr wird das Licht reflektiert, es gelangt somit zweimal durch die lichtempfindlichen Zellen. Im Gehirn entsteht eine hellere Sehwahrnehmung, die nachts eine bessere Orientierung ermöglicht. Die dämmerungsaktiven Säuger haben ein besonders gutes *Bewegungssehen*, d. h. sie sind in der

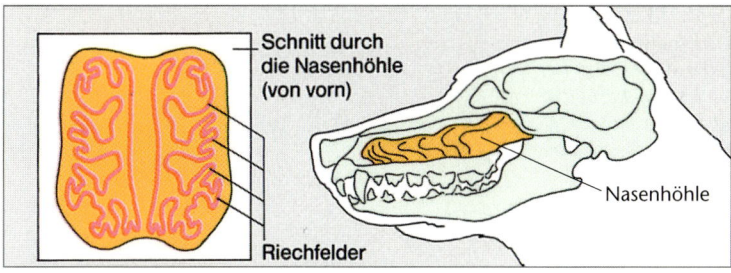

1 Riechschleimhaut des Hundes

Lage, Bewegungen gut zu erfassen. Hunde reagieren vor allem auf Bewegungen. Ihr „Herrchen" jedoch erkennen sie nicht an der Gestalt, sondern am individuellen Duft.

Gehörsinn

Der Gehörsinn ist bei den meisten Säugern gut entwickelt. Mit Hilfe des Gehörs werden Beutetiere geortet, Fressfeinde wahrgenommen und es wird innerartlich kommuniziert. Alle Säugetiere sind in unterschiedlichem Maße in der Lage, Laute zu produzieren, wenn auch nicht so ausgeprägt wie bei den meisten Vögeln.

Wichtig zur Wahrnehmung der Schallquelle sind bei den meisten Säugern die beweglichen Ohrmuscheln (*Schallkollektor*). Ihre Bedeutung kann man am Beispiel des Feldhasen gut veranschaulichen. Die Feldhasen haben – wie die meisten Säuger – ein relativ schlechtes Formensehen. Als Fernsinn dient daher neben dem optischen Sinn und dem Geruchssinn auch der Gehörsinn. Zur Lokalisierung einer Schallquelle richten sie die langen Ohren auf und drehen sie so, dass sie die Richtung der Schallquelle ermitteln können. Beunruhigt sie die Schallquelle nicht weiter, so legen sie ihre „Lauscher" wieder auf den Rücken.

Die Entwicklung eines hervorragenden Hörvermögens ist bei vielen Säugern als *Co-Evolution* zur Lautproduktion ihrer Hauptbeutetiere zu sehen. Nicht wenige Säuger wie Katze und Fuchs sind Mäusefresser. Die Lautäußerungen der Mäuse reichen bis weit in den *Ultraschall*-Bereich. Der Fuchs z. B. hört etwa im Bereich zwischen 20 Hz und 50 000 Hz und kann sich damit in die Kommunikation der Mäuse einschalten ▶ 142.2.

Die Erzeugung von Ultraschall dient Fledermäusen und Delfinen der Kommunikation, der Orientierung und dem Beutefang. La-

Auflösungsvermögen
Darunter versteht man die Fähigkeit, zwei eng beieinander liegende Punkte getrennt wahrzunehmen. Beim normalsichtigen Menschen beträgt dieser Abstand 0,1 mm.

Reflexion
Die Relexion des Lichtes kann man besonders gut sehen, wenn Katzen oder Hunde nachts mit einer Lichtquelle angestrahlt werden. In Analogie zu den reflektierenden Augen der Katzen bezeichnet man seit jeher die Rückstrahler von Fahrrädern als „Katzenaugen".

Co-Evolution
Während der Evolution kam es häufig zur wechselseitigen Beeinflussung zwischen Arten, ein evolutiver Wettlauf von Anpassung und Gegenanpassung. Das Ergebnis war oft eine erstaunliche Beziehung zwischen artfremden Lebewesen, z. B. Blüten und ihren Bestäubern.

Säugetiere – besondere Wirbeltiere

Fledermaus-Schreie
Sie liegen häufig bei Frequenzen um 50 000 Hz, maximal bei 200 000 Hz und damit ein Mehrfaches über der oberen Hörschwelle des Menschen. So können Fledermäuse im Extrem aus 20 m Entfernung noch eine Mücke orten. Ihre Ohren sind zur Aufnahme des reflektierten Schalls hochkompliziert aufgebaut. Sie funktionieren ähnlich wie Parabolantennen.

Ultraschall
Ab einer Frequenz von 20 000 Hz spricht man von Ultraschall, da wir Frequenzen ab dieser Höhe – obere Hörschwelle des Menschen – nicht mehr wahrnehmen können. Wir Menschen hören im Bereich von 1 bis 16 000 Hz.
1 Hz = 1 Hertz, d. h. 1 Schwingung pro Sekunde

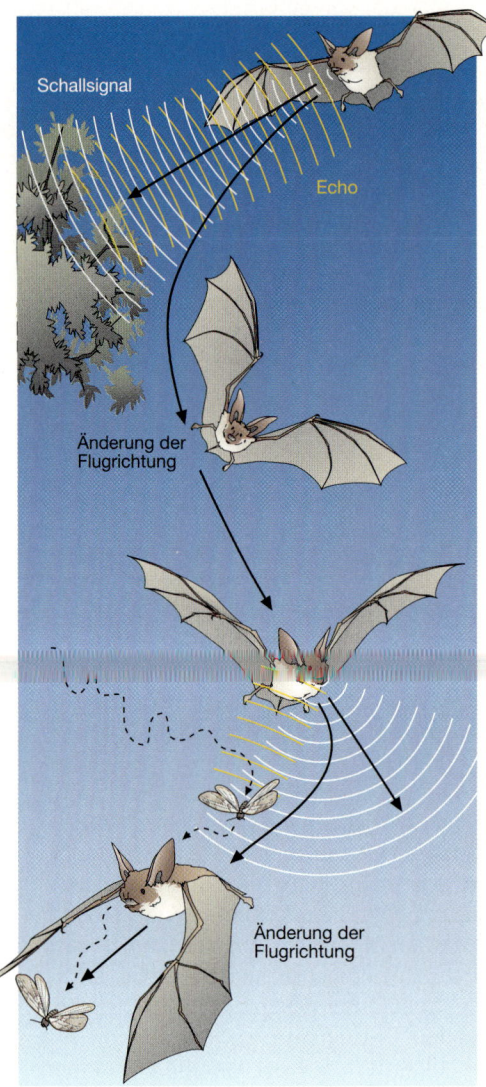

1 Prinzip der Ultraschall-Orientierung bei Fledermäusen

Schallsignal

Echo

Änderung der Flugrichtung

Änderung der Flugrichtung

ge und Mechanismus der Lauterzeugung sind bis heute nicht vollständig geklärt ▶ 142.1.

Es gibt auch eine Lautproduktion und Hörfähigkeit im *Infraschallbereich*, d. h. im Frequenzbereich unterhalb der unteren Hörschwelle des Menschen von etwa 20 Hz. Elefanten nutzen den Infraschall, um Partner über Entfernungen von mehreren Kilometern anzulocken. Auch Jungtiere produzieren während des Säugens Laute im Infraschall-Bereich.

Tastsinn

Säugetiere verfügen über einen ausgeprägten Tastsinn. Alle Arten besitzen mehr oder weniger lange Sinneshaare, die als *Tasthaare* dienen. Lange Tasthaare im Schnauzenbereich haben insbesonders die Arten, die Baue anlegen, wie Kaninchen und Fuchs. Ebenso verfügen kleine bis mittelgroße dämmerungsaktive Arten, die sich bei Gefahr in oberirdischen Verstecken verkriechen oder Beute in verwinkelten Bereichen verfolgen, wie Igel und Katze, über gut ausgebildete Schnurrhaare.

Diese *Sinneshaare* stehen seitlich ab. Sie wirken wie Antennen, mit deren Hilfe die Säuger feststellen können, ob sie mit dem ganzen Körperquerschnitt in ein Versteck passen. Somit kommt den Tasthaaren eine ganz wichtige, lebenserhaltende Funktion zu.

An der Basis der Tasthaare liegen die *Drucksinneszellen*, die beim Verbiegen der Tasthaare gereizt werden. Oft sind solche Drucksinneszellen auch in haarfreien Bereichen der Schnauze konzentriert, was für das Abtasten der Nahrung wichtig ist.

2 Lauterzeugung und Hörfähigkeit einiger Säuger (nach Flindt 1985).

Art bzw. „Gruppe"	Lauterzeugung (Hz)	Schallwahrnehmung (Hz) (untere und obere Hörgrenze)
Mensch (Kind)	85 – 1100	20 – 20 000
– 35-jähriger		bis 16 000
– 50-jähriger		bis 12 000
– 70-jähriger		bis 8 000
Hund	450 – 1100	15 – 135 000
Katze	520 – 760	60 – 47 000
Maus	16 000 – 100 000	1 000 – 100 000
Fledermaus	10 000 – 200 000	5 000 – 400 000
Delfin	7 000 – 200 000	150 – 200 000
Fuchs		20 – 50 000

Säugetiere einheimischer Lebensräume

Die meisten unserer einheimischen Säugetiere sind dämmerungs- und nachtaktiv. Man sieht sie deshalb – im Gegensatz zu den tagaktiven Vögeln – nur selten. Dennoch stellen sie eine unterrichtsrelevante Gruppe dar. In der folgenden Übersicht werden die Arten berücksichtigt, die in unserer Fauna wild vorkommen oder als Haustiere gehalten werden.

1 Schnabeltier

Klasse: Säugetiere (Mammalia)

1. Unterklasse: Eier legende Säugetiere (Protheria)
Verbreitung nur in Australien (Arten: z. B. Schnabeltier und Schnabeligel) ▶ 143.1

2. Unterklasse: Beutelsäuger (Metatheria)
ohne Plazenta, mit Brutbeutel; verbreitet vor allem in der Australischen Tierregion und einige wenige Säugetiere in Südamerika
▬ Beuteltiere (Marsupialia): z. B. Känguru, Koala-Bär ▶ 143.2

3. Unterklasse: Höhere Säugetiere = Plazentatiere (Eutharia)
einige Ordnungen (mit einheimischen Arten):

▬ Insektenfresser (Insectivora): z. B. Igel, Maulwurf und Spitzmäuse

▬ Fledertiere (Chiroptera): Fledermäuse, z. B. Großes Mausohr, Abendsegler und Zwergfledermaus

▬ Nagetiere (Rodentia): artenreichste Ordnung der Säuger; in Mitteleuropa kommen Arten aus folgenden Familien vor:
Mäuse (Muridae): z. B. Hausmaus und Hausratte
Biber (Castoridae)
Wühler (Cricetidae): z. B. Feldmaus, Bisamratte und Feldhamster
Hörnchen (Sciuridae): Eichhörnchen und Murmeltier
Bilche (Gliridae): z. B. Siebenschläfer und Haselmaus

▬ Hasentiere (Lagomorpha): Feldhase und Wildkaninchen

▬ Raubtiere (Carnivora): bei uns kommen Arten aus folgenden Familien vor:
Hundeartige (Canidae): z. B. Wolf, Hund und Fuchs
Katzen (Felidae): z. B. Haus- und Wildkatze
Marder (Mustelidae): z. B. Hermelin, Iltis, Dachs und Steinmarder
Hundsrobben und Seehunde (Phocidae): Seehund, Kegelrobbe
Kleinbären (Procyonidae): Waschbär

▬ Unpaarhufer = Unpaarzeher (Perissodactyla), u. a. folgende Familie
Pferde (Equidae): Pferd, Esel

▬ Paarhufer = Paarzeher (Artiodactyla): artenreiche Ordnung, u. a. folgende Familien:
Hornträger (Bovidae): z. B. Rind, Ziege, Gämse, Mufflon und Schaf
Hirsche (Cervidae): z. B. Reh und Rothirsch
Schweine (Suidae): Haus- und Wildschwein

▬ Waltiere (Cetacea): Barten- und Zahnwale einschließlich Delfine (Delphinidae)

▬ Herrentiere (Primates):
Menschenaffen (Pongidae): Orang-Utan, Gorilla, Schimpanse
Gibbons (Hylobatidae): Gibbon
Menschen (Hominidae): Mensch (Homo sapiens sapiens)

3 Tabelle: Übersicht über das System der Säugetiere (nach Grzimek)

2 Känguru

Igel

Art:	West-Igel *(Erinaceus europaeus)*
Ordnung:	Insektenfresser *(Insectivora)*
Größe:	23–30 cm *(Kopf-Rumpf-Länge)*
Masse:	0,5–1,2 kg

1 Igel

Körperbau

Der Igel gehört zu den Insektenfressern und damit zu den ältesten lebenden Säugetieren ▶ 144.1.

Der Igel ist ein Sohlengänger. Die Zehen haben relativ lange Nägel. Der Schwanz ist kurz. Das unverwechselbare Merkmal unseres beliebtesten Kleinsäugers ist das Stachelkleid auf Kopf und Rücken. Gesicht, Brust und Bauch sind fein behaart. Die Stacheln sind umgewandelte Haare. Ein ausgewachsener Igel trägt – je nach Größe – etwa 6 000–8 000 Stacheln von 2–3 cm Länge.

Die Stacheln sind innen hohl. Die *Stachelkappe* bei der inneren Schicht des Igels vor Beutegreifern. Wird die Rückenhaut durch Kontraktion der Muskulatur gespannt, so richten sich die Stacheln senkrecht auf. Bei Gefahr rollt sich der Igel meist schnell zu einer Stachelkugel zusammen. Es kommt hierbei zur Kontraktion aller Muskeln, die den Körper wie eine Kapuze umgeben ▶ 144.2/3. In dieser Abwehrhaltung ist er nur von Greifvögeln, z. B. von Habicht und Waldkauz, angreifbar, für die der Stachelbalg kein Hindernis darstellt.

Der Igel hat eine rüsselartige Schnauze. Gesunde Igel haben eine feuchte Nase. Die kleinen, rundlichen Ohren ragen kaum über Haare und Stacheln hinaus. Der Gesichtssinn ist im Vergleich zum Geruchs-, Gehör- und Tastsinn schwach entwickelt. Igel haben lange Tasthaare am Kopf, die als Seitenantennen beim Verkriechen in Verstecke dienen. Mit Hilfe seines *Vibrationssinnes* in den Fußsohlen kann er zudem Bodenerschütterungen wahrnehmen. Die Hörfähigkeit des Igels reicht bis in den *Ultraschallbereich*. Die Lauterzeugung des Igels dient der inner- und zwischenartlichen Kommunikation. Fühlt der Igel sich in Gefahr, z. B. wenn man ihn anfasst, so gibt er Laute von sich, die man als *Fauchen* und *Tuckern* bezeichnet.

Verbreitung, Lebensweise, Artenschutz

In Mitteleuropa kommen zwei Igel-Arten vor: der *West-Igel* oder *Braunbrust-Igel* und der *Ost-Igel* oder *Weißbrust-Igel* (*E. concolor*). Das Verbreitungsgebiet beider Arten überlappt sich in einem etwa 200 km breiten Streifen zwischen Ostsee und Adria. In östlichen Teilen Deutschlands können also beide Arten nebeneinander vorkommen und Bastarde bilden.

Igel sind fast ausschließlich dämmerungs- und nachtaktiv. Ihr Nahrungsspektrum ist relativ groß. Am liebsten fressen sie Insekten und deren Larven, ferner Regenwürmer, Schnecken und Spinnentiere, gelegentlich auch etwas Obst. Sie fressen außerdem Aas, Jungvögel und Jungmäuse.

Allerdings ist das Nahrungsspektrum unserer Igel einseitiger geworden. Den größten Teil der Nahrung bilden heute Nacktschnecken. Dies ist für die Igel mit Problemen verbunden. Durch deren Aufnahme infizieren sie sich mit *Innen-Parasiten*. Viele Igel husten deshalb. Das bedeutet in der Regel, dass sie sich mit dem *Schachtelhalm förmigen Lungenwurm*, einem *Fadenwurm*, infiziert haben, der sich in der Lunge der Igel einnistet und das Lungengewebe zerstört ▶ 145.1.

Wie viele andere Wildtiere sind auch Igel von *Außen-Parasiten* befallen, z. B. von Igelflöhen und von Zecken. Nicht selten sind Igel auch mit Salmonellen infiziert.

Die Fressfeinde der Igel sind vor allem unter den dämmerungs- und nachtaktiven Beutegreifern zu suchen, zu denen Vögel wie Waldkauz und Uhu gehören, aber auch Vertreter der Säugetiere, z. B. Fuchs, Dachs und andere Marderartige. Jungigel werden auch von Hunden und Katzen getötet. Man

2 Muskelkappe des Igels im Normalzustand

3 Muskelkappe des Igels eingerollt

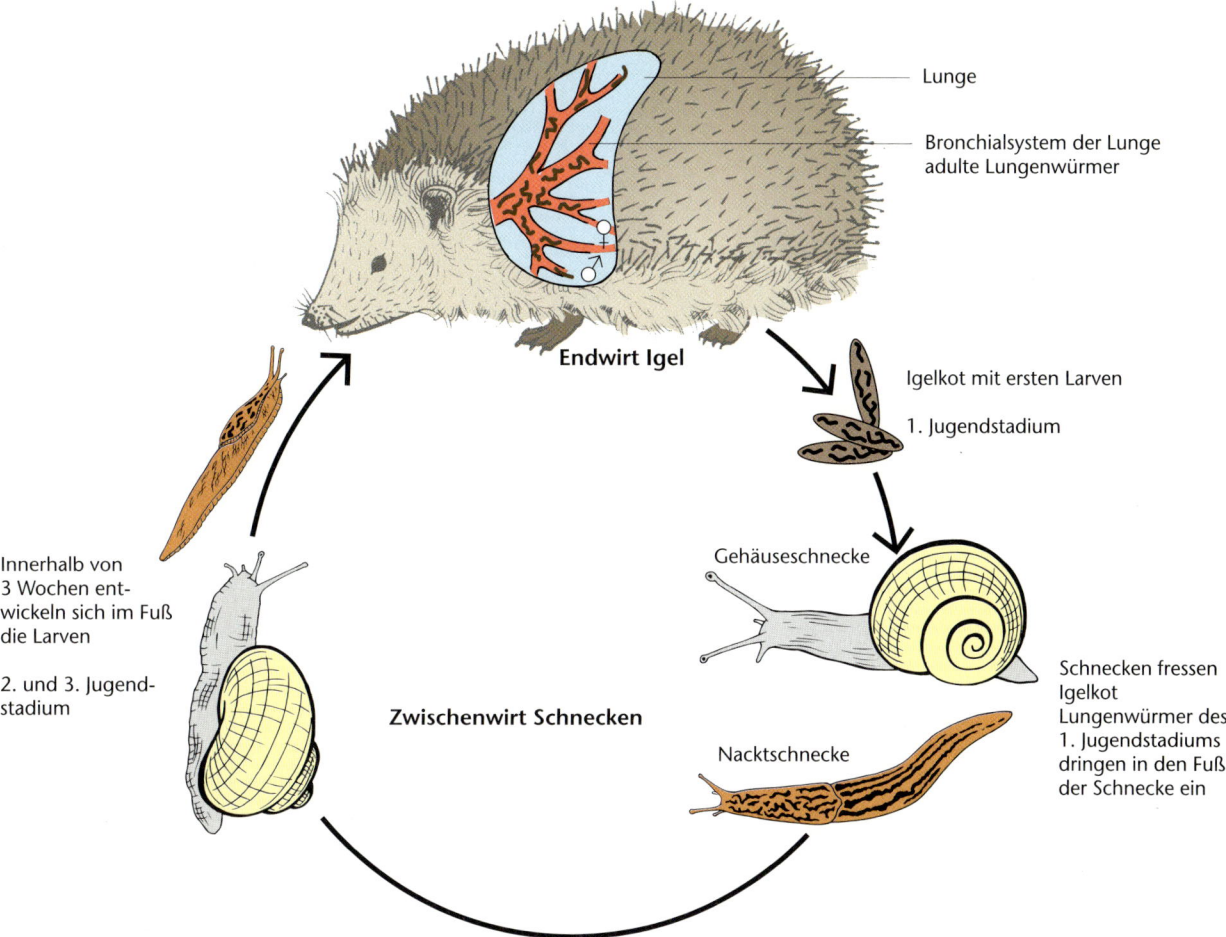

Lunge

Bronchialsystem der Lunge
adulte Lungenwürmer

Endwirt Igel

Igelkot mit ersten Larven

1. Jugendstadium

Gehäuseschnecke

Innerhalb von
3 Wochen ent-
wickeln sich im Fuß
die Larven

2. und 3. Jugend-
stadium

Zwischenwirt Schnecken

Schnecken fressen
Igelkot
Lungenwürmer des
1. Jugendstadiums
dringen in den Fuß
der Schnecke ein

Nacktschnecke

1 Der Igel als Endwirt des Lungenwurms

sollte daher auf Hunde und Katzen etwas aufpassen, wenn man Igel im Garten hat. Die größten Verluste treten jedoch bekanntlich durch den Autoverkehr auf. Igel suchen gern die warmen Asphaltflächen zum Aufwärmen auf. Sobald ein Auto kommt, igeln sie sich ein und werden dabei überfahren.

Igel sind Einzelgänger. Sie besetzen Reviere, die sie mit Kot markieren. Häufig kann man beobachten, dass sie sich mit schaumigem Schleim bedecken. Was es damit auf sich hat, ist bislang ungeklärt. Möglicherweise dient dieses Verhalten auch der Thermoregulation ▶ Kap. Wärmehaushalt.

Igel bekommen 1- bis 2-mal pro Jahr Nachwuchs. Die Aufzucht der Jungen bleibt allein dem Weibchen überlassen. Es baut ein Nest aus trockenem Gras und Moos. Nach einer Tragzeit von etwa 35 Tagen werden 4–7 Junge geboren. Die Jungen sind typische *Nesthocker*: Nackt und blind kommen sie auf die Welt. Die zunächst weißen Stacheln liegen eingebettet in der aufgequollenen Rückenhaut, so dass die Mutter beim Geburtsvorgang nicht verletzt werden kann. Das Geburtsgewicht der Igeljungen beträgt etwa 12–25 g. Die Augen öffnen sich zwischen dem 14.–18. Lebenstag. Erst nach 24 Tagen verlassen die Jungen mit der Mutter das Nest. Bis zur 6. Woche werden sie gesäugt, danach sind sie Selbstversorger. Mit ein bis zwei Jahren sind Igel geschlechtsreif.

Überwinterung

Im Spätsommer beginnen die Vorbereitungen auf den *Winterschlaf*. Wie alle Winterschläfer frisst auch der Igel vor Eintritt in den Winterschlaf besonders viel und baut sich ein gut isoliertes *Schlafnest*. Bei Außentemperaturen von unter 14 °C – in der Regel im Oktober – fällt er in den Winterschlaf ▶ 146.1.

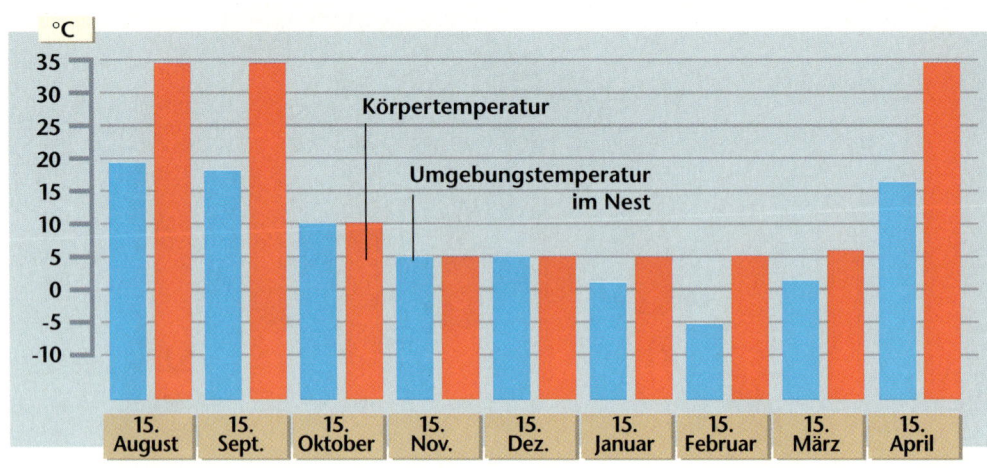

1 Temperaturdiagramm des Igels

Winterschlaf
Es ist ein normaler Schlaf bei niedriger Körpertemperatur. Es laufen die gleichen Schlafrhythmen ab, die auch vom Menschen bekannt sind.

Dieser Tiefschlaf wird ab und zu – auch ohne äußere Einwirkung – unterbrochen. Berührungsreize wirken als Weckreize, deshalb soll man Igel im Winterschlaf nicht anfassen. Ferner können Temperaturen weit unter dem Gefrierpunkt das Aufwachen auslösen. Meist bleiben Igel nach dem Aufwachen nur für wenige Stunden aktiv. Sie nehmen in dieser Phase zum Teil auch etwas Wasser und Nahrung auf, falls diese verfügbar sind. Mitte April bis Anfang Mai wachen sie dann in der Regel endgültig aus dem Winterschlaf auf. Im Mai beginnt die Paarungszeit.

In Jahren mit schlechtem Nahrungsangebot und kühlen, feuchten Spätsommern kommt es zu *Spätwürfen*. In den letzten Jahren beobachtet man vor allem in den Siedlungsgebieten dieses Phänomen immer häufiger. Die Jungigel aus diesen Spätwürfen haben kaum eine Chance, den Winter zu überleben, da sie sich keine ausreichenden Fettdepots mehr anfressen können. Man geht davon aus, dass für eine erfolgreiche Überwinterung ein Mindestgewicht von etwa 500 g erreicht werden muss.

Aus diesem Grunde darf man Jungigel, die dieses Gewicht vor Eintritt in den Winterschlaf im Oktober nicht aufweisen, in menschlicher Obhut überwintern lassen. Für diesen Fall macht das *Artenschutzgesetz* eine Ausnahme. Ansonsten ist die Haltung von Wildtieren ausdrücklich verboten.

Die Überwinterung von Igeln im Haus ist sicherlich ein wichtiges unterrichtsrelevantes Thema. Dennoch ist von einer Überwinterung in der Schule abzuraten, da eine solche Aktion zu zeitaufwändig ist. Es wäre ideal, wenn man mit den Schülern eine *Igelstation* besuchen könnte. Diese gibt es in vielen Städten, oft geleitet von freiwilligen Helfern des örtlichen Tierschutzvereins. Auch Tierärzte sind mögliche Ansprechpartner. *Pflegeanleitungen* stellen sowohl Igelstationen als auch Tierärzte zur Verfügung. Es sollte den Schülern deutlich gemacht werden, dass sie mit der Überwinterung eines Igels Verantwortung übernehmen und dass sie das Tier nicht einfach wieder aussetzen können. Igel benötigen in jedem Fall eine *Erstversorgung* in einer Igelstation oder durch den Tierarzt. Diese besteht vor allem in einer medikamentösen Behandlung gegen Lungenwürmer und der Entfernung von Außen-Parasiten wie Zecken und Flöhen.

Exkurs

Schlafnest des Igels
Zum Bau des Schlafnestes zieht sich der Igel in den Schutz einer Hecke oder unter einen Reisighaufen zurück und polstert seinen Schlafplatz mit Blättern, Moos und trockenem Gras aus. Das Isoliermaterial transportiert er wie die Murmeltiere im Maul. Der Durchmesser des Schlafnestes hängt von der Größe des Igels ab. Die Wandstärke des Nestes beträgt etwa 20 cm. Der Igel verdichtet die Wand, indem er sich in das Nestmaterial hineingräbt und sich dann im Kreis dreht. Der Gegendruck der Zweige von außen sorgt dafür, dass die Packung aus Laub und anderen isolierenden Materialien dicht geschichtet wird. Auf diese Weise sind Igel vor Kälte und Nässe gut geschützt.

Igel haben es im übrigen gar nicht gern, wenn man sie anfasst. Sie bleiben auch während der Überwinterung im Haus echte Wildtiere und werden nicht zu zahmen Streicheltieren wie etwa Meerschweinchen. Das Quartier des Igels sollte mindestens 1–2 m² groß sein. Es sollte jeden Tag gesäubert und das ausgelegte Zeitungspapier entfernt werden. Igel sind zum Teil heikel, was ihre Ernährung angeht. Manche fressen fast alles, andere hingegen sind „Feinschmecker", und man muss herausfinden, was sie annehmen. Deshalb sollte man das Futter möglichst variabel zusammenstellen. Wichtig ist, feste Fütterungszeiten einzuhalten.

Hat der Igel ein Gewicht von etwa 800 g erreicht, kann man ihn auswintern. Dazu muss man ihm, z. B. auf der Terrasse, ein gut isoliertes Winternest anbieten sowie Wasser und Pressfutter für den Fall, dass er aufwacht.

Ist die Überwinterung geglückt – nicht alle Igel überleben diese kritische Phase ihres Lebens –, so setzt man ihn bei warmem Wetter Ende April oder Anfang Mai in einem typischen Igel-Lebensraum mit Hecken und Wiesenstreifen oder in einem großen naturnahen Garten aus.

Feldhase

Art: Feldhase *(Lepus europaeus)*
Ordnung: Hasenartige *(Lagomorpha)*
Größe: 50–70 cm *(Kopf-Rumpf-Länge)*
Gewicht: 2,5–7 kg

Körperbau
Ausgewachsene Feldhasen sind deutlich größer als die nahe verwandten Wildkaninchen. Sie haben ein bräunliches Fell, der gelblichbraune Rücken ist schwarz gesprenkelt, eine Angepasstheit an den Untergrund. Brust und Kehle sind rötlichbraun, der Bauch und die Wollhaare (Unterhaar) weiß gefärbt ▶ 147.1.

Die langen Ohren sind optimal zum *Richtungshören* geeignet. Das Gesichtsfeld des Hasen beträgt 360°, d. h. er hat einen *Rundum-*

1 Feldhase

blick ▶ 148.1. Die langen Hinterbeine weisen darauf hin, dass der Hase ein typisches *Steppentier* ist, dessen Überlebensstrategie darin besteht, durch ausdauerndes Laufen bei hoher Geschwindigkeit (max. bis 80 km/h) zu entkommen. Er flüchtet durch lange Sprünge (bis 2,5 m). Hat er es weniger eilig, hoppelt er. Bei beiden Fortbewegungsarten setzen die Hinterfüße *vor* den Vorderfüßen auf ▶ 147.2. Typisch ist das *Hakenschlagen*. Durch plötzliche Richtungsänderungen während des Laufens versuchen die Tiere ihren Verfolgern zu entkommen. Hasen richten sich auch oft auf den Hinterbeinen auf, sie machen einen *Kegel*. In dieser Haltung können sie sich besonders gut orientieren.

Verbreitung, Lebensweise, Artenschutz
Der Feldhase kommt fast in ganz Europa vor. Er ist ein *Kulturfolger*. Aufgrund seiner Beliebtheit als *Niederwild* hat man ihn unter anderem in Argentinien und Neuseeland erfolgreich ausgesetzt. Die meisten Hasen, die wir bei uns tiefgefroren kaufen, stammen aus Argentinien.

Der bevorzugte Lebensraum des Feldhasen ist die reich durch Hecken und krautige Säume gegliederte Kulturlandschaft. Die Bestände des Feldhasen gehen in den letzten Jahren mehr und mehr zurück, weil durch Umstrukturierungen in der Landwirtschaft sein Lebensraum stark eingeengt wurde.

Feldhasen sind Einzelgänger, die überwiegend *dämmerungs- und nachtaktiv* sind.

Kulturfolger
Damit bezeichnet man Tiere, die an die vom Menschen geschaffenen Lebensräume angepasst sind und mit den Lebensbedingungen so gut zurechtkommen, dass sie höhere Populationsdichten ausbilden als in ihren ursprünglichen Lebensräumen.

Niederwild
Jägersprachliche Bezeichnung für kleinere jagdbare Tiere wie Hase, Kaninchen, Fuchs und ein Teil des Flugwildes, z. B. Fasan und Rebhuhn.

2 Fortbewegungsfolge beim Feldhasen

Hörfeld

Witterungsfeld

Sehfeld

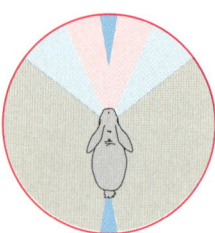

Sinnesschutzmantel

1 Schutz vor Feinden bietet dem Hasen sein gut entwickelter Sinnesschutzmantel

Sprachgut und Brauchtum
Der Hase spielt im deutschen Sprachgut und Brauchtum eine große Rolle. Redewendungen wie „Angsthase", „wissen, wie der Hase läuft" und „wo der Hase im Pfeffer liegt" sind sprichwörtlich geworden.

2 kämpfende Hasen

Bei Tag liegen sie zumeist flach an den Boden gedrückt in einer selbstgescharrten windgeschützten, besonnten Mulde, der *Sasse*.

Die Paarungszeit dauert bei Feldhasen von Januar bis Oktober. Die Häsinnen, und die Männchen, Rammler, finden sich durch ihren ausgeprägten Geruchssinn und durch Abgabe von Sexuallockstoffen. Normalerweise bringt die Häsin dreimal im Jahr Junge zur Welt, bei guten Witterungs- und Nahrungsbedingungen auch viermal.

Die Junghasen wiegen bei ihrer Geburt etwa 130 g. Innerhalb einer Woche verdoppeln sie ihr Gewicht, nach 2 Monaten wiegen sie etwa 2 kg. Sie sind *Nestflüchter*, d. h. sie werden mit einem isolierenden Fell geboren und können sofort sehen und laufen. Die Junghasen bleiben einige Tage in einem ausgepolsterten Nest zusammen. Die Häsin verteidigt die Junghasen gegen Beutegreifer wie Krähen und Katzen. Die Jungtiere sind durch ihre braune Tarnfärbung kaum zu erkennen, wenn sie sich regungslos an den Boden drücken. Zudem sind sie geruchsneutral. Die Säugezeit beträgt nur 3 Wochen. Die maximale Lebenserwartung soll bei 8 Jahren liegen.

Fuchs

Art:	Fuchs (= Rotfuchs, *Vulpes vulpes*)
Ordnung:	Raubtiere (*Carnivora*)
Familie:	Hundeartige (*Canidae*)
Größe:	50–80 cm (*Kopf-Rumpf-Länge*)
Gewicht:	3–10 kg

Körperbau

Der Fuchs ▶ 149.1 erinnert vom Bau an einen hochbeinigen Spitz. Der korrekte Name Rotfuchs charakterisiert gut seine Färbung. Im typischen Fall hat er ein rötlichen Fell mit einem dunklen Mittelstreifen auf dem Rücken, die Schwanzspitze ist weiß, die Ohren sind außen schwarz. Der Schwanz, die *Rute*, ist lang und buschig.

Füchse haben einen hervorragenden Geruchs- und Gehörsinn, der Sehsinn ist – abgesehen vom guten Bewegungssehen – schwächer ausgebildet. Der Fuchs ist ein *Schleichräuber* und kein Hetzräuber wie die übrigen Arten aus der Familie der Hundeartigen. Er ist mit dem Hund nicht näher verwandt, sondern gehört einer anderen Gattung an.

Verbreitung, Lebensweise, Artenschutz

Der Fuchs hat ein weites Verbreitungsgebiet. Er kommt fast überall in Eurasien, in Nordafrika und Nordamerika vor. In Australien hat man ihn zur Bekämpfung der Kaninchenplage eingeführt. Seine Bestände nehmen ständig zu, da gebietsweise durch Schutzimpfung die Tollwut ausgerottet wurde. Diese hatte die Fuchspopulationen dezimiert. Außerdem ist er inzwischen zum *Kulturfolger* geworden, der sogar nachts bis in die Innenstädte auf Nahrungssuche geht.

Der Fuchs stellt geringe Ansprüche an die Struktur des Lebensraums. Von der alpinen Zwergstrauchregion bis zu städtischen Lebensräumen ist er überall zu finden, bevorzugt allerdings im Wald. Der wichtigste Ökofaktor ist für ihn das Nahrungsangebot.

1 Fuchs

Der Fuchs ist vorwiegend *dämmerungs- und nachtaktiv* und damit angepasst an den Aktivitätsrhythmus seiner wichtigsten Beutetiere. Er markiert sein Revier, in dem er allein oder paarweise lebt, mit Harn und Kot. Letzteren setzt er oft an etwas erhöhten Plätzen, wie Baumstümpfen, ab. Die Größe der Reviere schwankt – je nach Nahrungsangebot – zwischen 5 km² und 50 km². Er legt große Erdbaue an, die zumeist in Gehölzen, Böschungen oder in Dünen liegen. Er bevorzugt zur Anlage warme Südlagen. Gelegentlich nutzt er auch – zusammen mit dem Dachs – einen Dachsbau. Alte Baue sind stark verzweigt, mit einer Vielzahl von Zu- bzw. Ausgängen.

Der Fuchs hat bei der Nahrungssuche einen großen Aktionsradius von 6 bis 8 km. Er ist ein Allesfresser, bevorzugt jedoch tierische Nahrung aller Art. In vielen Gebieten sind Feld-Wühlmäuse seine wichtigsten Beutetiere. Er verschmäht jedoch auch bodenbrütende Vögel und Hausgeflügel sowie Aas und Kot nicht. Durch Aufnahme pflanzlicher Nahrung, vor allem von Früchten, ergänzt er seinen Vitaminbedarf. Natürliche Beutegreifer, die die Fuchspopulationen dezimieren, gibt es in unseren Lebensräumen kaum noch. Früher waren es Steinadler, Seeadler, Wolf und Uhu.

Zur Paarungszeit (*Ranzzeit*) im Januar und Februar kommt es zu Rivalenkämpfen unter den Rüden. Sie beteiligen sich an der Aufzucht der Jungfüchse, d. h. die Fuchsfamilie ist – im Gegensatz zu vielen anderen Säugern – eine Elternfamilie.

Die Tragzeit liegt bei etwa 53 Tagen, die Anzahl der Jungen pro Wurf bei 4–7 (maximal 10). Jungfüchse sind *Nesthocker*, werden allerdings nicht nackt, sondern mit einem grauen, wolligen Erstlingskleid geboren. Die Fähe säugt die Jungfüchse fünf Wochen. Nach drei Monaten sind die Jungen selbstständig. Die Lebensdauer des Fuchses liegt bei etwa zwölf Jahren.

Märchen und Fabeln
Der Fuchs spielt in Märchen und Fabeln eine besondere Rolle. Er steht für List und Verschlagenheit.

Jägersprachliche Bezeichnungen beim Fuchs
Weibchen = Fähe
Männchen = Rüde
Jungtier = Welpe
Paarungszeit = Ranzzeit

Rote Liste
Verzeichnis über den Gefährdungsgrad einheimischer Tiere und Pflanzen; liegt noch nicht für alle systematischen Gruppen vor

Exkurs

Fuchsbandwurm (*Echinococcus multilocularis*)
Füchse beherbergen in ihrem Darm häufig den winzigen (1–3 mm) **Fuchsbandwurm**. Dessen Eier gelangen mit dem Fuchskot ins Freie. Da sie sehr leicht sind, können sie vom Wind weggeblasen oder mit aufspritzenden Regentropfen verbreitet werden; sie haften dann an Pflanzen und deren Früchten, die in Bodennähe wachsen. Von dort werden sie von ihren natürlichen **Zwischenwirten**, verschiedenen Mäusearten, aufgenommen. In ihnen entwickeln sich aus den Eiern Larven, ohne dass die befallenen Tiere groß Schaden nehmen. Frisst ein Fuchs eine infizierte Maus, vollendet sich der Entwicklungszyklus des Fuchsbandwurms.

Gelangen die Eier dagegen in unseren Darm, sind wir ein **Fehlwirt** für den Fuchsbandwurm, da die Entwicklung nicht zu Ende geführt werden kann. Die Eier, die sich durch die Darmwand bohren können, werden mit dem Blutstrom verbreitet und setzen sich bei uns Menschen in lebenswichtigen Organen, wie z. B. der Leber, der Lunge oder dem Gehirn fest und entwickeln sich bis zu Kindskopf großen Blasen mit Abertausenden von Larvenköpfen. Diese Blasen drücken auf das Gewebe und die Stoffwechselprodukte der Larven schädigen unseren Organismus sehr stark. Eine operative Entfernung der Blasen ist nahezu unmöglich. Deshalb sollte man keine Waldfrüchte, die in Bodennähe gedeihen, ungewaschen verzehren.

Der Fuchsbandwurm ist vor allem in Süddeutschland verbreitet.

Haustiere

1 Arbeitselefant

Die Phase des Übergangs vom Wildtier zum Haustier wird als *Domestikation* bezeichnet. Das Wesen der Domestikation ist nichts anderes als ein durch Auslese mit bestimmten *Züchtungszielen* über zumeist Hunderte von Generationen bewusst betriebener Vererbungsprozess. Zähmung und Haltung von Wildtieren wirken allein nicht domestizierend. Gezähmte Nutztiere wie z. B. Arbeitselefanten ▶ 150.1 sind keine Haustiere.

Domestikation

Die *Domestikation* von Wildtieren zu Haustieren begann wahrscheinlich am Ende der mittleren Steinzeit *(Neolithicum)* vor etwa 10 000–12 000 Jahren, also bereits auf der Stufe der Jäger und Sammler. Mit Beginn der Sesshaftigkeit und des Bauerntums in der jüngeren Steinzeit, rund 8 000–6 000 v. Chr., ist dann die Domestikation schnell vorangeschritten.

Die Zeitangaben zur Haustierwerdung unserer ältesten Haustiere differieren zum Teil erheblich. So wird in manchen Quellen das Schaf als ältestes Haustier angegeben, in anderen Quellen der Hund. Eine genaue

2 Wellensittiche
Die grün-gelbe Färbung entspricht der Wildfarbe.

zeitliche Einordnung ist sicherlich auch schwierig, da man auf relativ wenige Knochenfunde, Felszeichnungen und andere Bilddarstellungen angewiesen ist. Manche Angaben sind deshalb sicherlich spekulativ.

Die Domestikation von Wildarten ist nicht immer nur von einer Region ausgegangen, sondern zum Teil in verschiedenen Kulturen – unabhängig voneinander – zu unterschiedlichen Zeiten erfolgt. Das gilt zum Beispiel für die Domestikation des Schweins, das sowohl in Europa als auch in Ostasien domestiziert wurde.

Nicht jedes Säugetier kann zum Haustier werden. Von den Pferdeartigen hat man bisher nur Wildpferd und Wildesel domestizieren können, bei Zebras hingegen ist dies bis heute nicht gelungen.

Die eindeutig größte Vielfalt an unterschiedlichen Formen wurde durch die Domestikation des Wolfs zum Hund erreicht. Das hängt mit den vielseitigen Nutzungsmöglichkeiten und Interessen des Menschen am Hund zusammen. Bei der Domestikation von Rindern und Schweinen gab es nur wenige Zuchtziele: Überwiegend wurden sie für die Fleischproduktion gezüchtet. Rinderartige nutzt man auch als Tragtiere (Kamel, Dromedar, Lama), als Zugtiere (Wasserbüffel, Hausrind), so wie zur Milch- und Wollproduktion (Kühe, Ziegen und Schafe).

Bei den *Vögeln* waren es vor allem Hühner- und Entenvögel, die domestiziert wurden, Kleinvögel dagegen nur in wenigen Fällen, z. B. in jüngerer Zeit der aus Australien stammende *Wellensittich* ▶ 150.2 und der von den Kanarischen Inseln stammende Kanarienvogel, ein Verwandter unseres einheimischen Girlitz.

Bei *Amphibien* und *Reptilien* gibt es keine Beispiele für Domestikation, auch wenn sie sich als Heimtiere in Terrarien zum Teil großer Beliebtheit erfreuen.

Das beste Beispiel für die Domestikation bei *Fischen* ist der Goldfisch. Ein Produkt der Domestikation ist auch der Karpfen. Der Spiegelkarpfen mit den großen Schuppen wurde aus dem Wildkarpfen gezüchtet ▶ 151.1/2.

1 Schuppenkarpfen

2 Spiegelkarpfen

3 Seidenspinner

Von den *wirbellosen Tieren* gibt es nur wenige Arten, die man als domestiziert betrachten kann, obwohl sie nicht alle Kriterien eines Haustieres erfüllen. Die eine Art ist die weit verbreitete *Honigbiene*, die andere der *Seidenspinner*, der seit Jahrtausenden in China zur Seidenproduktion gezüchtet wird ▶ 151.3.

Aus dieser Zusammenstellung wird deutlich, dass die Domestikation von Tieren ein wichtiges Kennzeichen der Kulturgeschichte des Menschen ist. Dieser hat versucht, Wildtiere, deren nützliche Eigenschaften und Fähigkeiten er erkannte, für sich verfügbar zu machen. Im Verlauf von einigen tausend Jahren ist es ihm gelungen, eine Vielzahl von Haustieren heranzuzüchten. Die klassischen Haustiere sind zumeist auch heute noch von großer wirtschaftlicher Bedeutung.

Voraussetzung für Domestikation

Die Stammformen der meisten Haustiere leben nicht allein, sondern in Tiergesellschaften. Sie suchen Anschluss an eine Gruppe. Ausgesprochen solitär unter den bekannten Haustieren sind nur die Katze und der Goldhamster. Wegen seiner nachtaktiven Lebensweise, ist letzterer auch deswegen kein geeignetes Heimtier. Die anderen Arten leben auch außerhalb der Brutzeit im Verband mit Artgenossen. Das gilt zum Beispiel für alle Rinderartigen, für die Pferde und die meisten Vögel. In *Dauer-Kolonien* leben Kaninchen und Meerschweinchen, d.h. diese Arten sind von Natur aus gesellig. Es ist verwunderlich, dass nur zwei Haustiere, nämlich Hund und Hausschwein, von Arten abstammen, bei denen sich die Mitglieder der *sozialen Gruppe* persönlich kennen und es eine *Rangordnung* gibt.

Säuger, die in sozialen Gruppen leben, sind eigentlich am besten für die Domestikation geeignet, da sie im Menschen ein Mitglied des Familienverbandes sehen und sich in diesen Verband integrieren. Die *Sozialstruktur* der Wildart ist also ein wichtiges Merkmal, eine Voraussetzung für das intensive Zusammenleben zwischen Mensch und Haustier. Das zeigt sich am besten am Beispiel des Hundes.

Zuchtrassen
Sie entstehen durch Auslesezüchtung. Die natürliche Rassenbildung ist ein Zwischenschritt zur Bildung von Arten.

Lexikon

Vom Wildtier zum Haustier
Haustiere sind durch Züchtung veränderte Wildtiere, die der Mensch als Nutztier oder/und Heimtier hält. Durch den Prozess der Domestikation hat sich zumeist ihr Körperbau und – bei Säugetieren – auch die Behaarung mehr oder weniger stark verändert. Viele Haustiere sind durch bewusste **Auslesezüchtung** entstanden. Das Verhaltensrepertoire dieser Zuchtrassen ist in der Regel verarmt. Die relative Gehirngröße ist bei domestizierten Arten um etwa 20–30 % vermindert, Ausdruck der geringeren Leistung, die ein Haustier zum Überleben erbringen muss. Auch der Fortpflanzungszyklus ist in vielen Fällen verändert. Diese Unterschiede zu Wildtieren werden als **Domestikationsmerkmale** bezeichnet.

Heimtiere: Dieser Begriff ist eine Neuschöpfung aus jüngerer Zeit. Man versteht hierunter allgemein die Tiere, die im „Heim", d.h. in der Wohnung, gehalten werden. Heimtiere können also sowohl Haustiere als auch Wildtiere sein. Aquarien- und Terrarientiere sind fast überwiegend Wildtiere, auch wenn sie keine Wildfänge sind, sondern sich in Gefangenschaft vermehrt haben, also Nachzuchten von Wildarten darstellen.

Nutztiere: Tiere, die der Mensch zu unterschiedlichen Zwecken, z. B. für die Fleischproduktion, nutzt. Überwiegend handelt es sich um Haustiere. Es gibt jedoch auch Wildtiere, deren Fähigkeiten der Mensch einsetzt. Dazu zählen Arbeitselefanten ▶ 150.1 und andere für bestimmte Zwecke dressierte Tiere.

Wildtiere sind Tiere, die alle Merkmale der Wildtierart besitzen und deren Verhalten und Fähigkeiten vom Menschen nicht genutzt werden.

Säugetiere – besondere Wirbeltiere

Haustier	„Stammform" (Wildtier-Art)	Ort und ungefährer Zeitraum der Domestikation
Hund	Wolf (Canis lupus)	Europa/12000 v. Chr.
Katze	Falbkatze (Felis silvestris lybica)	Ägypten/3000 v. Chr.
Schaf	Wildschaf (Ovis ammon)	vorderer Orient, Ägypten/9000 v. Chr.
Ziege	Bezoarziege (Capra aegagrus)	östliche Mittelmeerländer/ 8500 v. Chr.
Lama und Alpaka	Guanako (Lama huanachus)	Anden Südamerikas/ 2500 v. Chr.
Schwein	Wildschwein (Sus scrofa)	Europa/Asien/8000 v. Chr.
Rind	Auerochse (Bos primigenius)	Europa, Mesopotamien/ 7000 v. Chr.
Pferd	Wildpferd (Equus ferus)	Europa, Asien/4000 v. Chr.
Esel	Wildesel (Equus africanus)	Ägypten/4000 v. Chr.
Kaninchen	Wild-Kaninchen (Oryctolagus cuniculus)	Südwesteuropa/nach 1200
Meerschweinchen	Wild-Meerschweinchen (Cavia aperea porcellus)	Anden Südamerikas/ 2000 v. Chr.
Gold-Hamster	Syrischer Goldhamster (Mesocricetus auratus)	Europa/nach 1930
Huhn	Bankiva-Huhn (Gallus gallus)	Indien und Hinterindien/ 3500 v. Chr.
Truthahn	Mexikanischer Truthahn (Meleagris gallopavo)	Mittelamerika/2000 v. Chr.
Ente	Stockente (Anas platyrhynchos)	Europa, Indien und China/ um Chr. Geb.
Gans	Graugans (Anser anser)	Europa/um Chr. Geb.
Haustaube	Felsentaube (Columba livia)	östliches Mittelmeergebiet/ 3000 v. Chr.
Kanarienvogel	Wilder Kanarienvogel (Serinus canaria canaria)	Kanarische Inseln/nach 1600, Deutschland 19. Jh.
Wellensittich	Wilder Wellensittich (Melopsittacus undulatus)	Australien/nach 1850
Goldfisch	Silber-Karausche (Carassius gibelio)	China/800 v. Chr.
Honigbiene	Wilde Honigbiene (Apis mellifica)	Ägypten/3000 v. Chr.
Seidenspinner	Wilder Seidenspinner (Bombyx mori)	China/2600 v. Chr.

1 Haustiere und ihre Stammformen

Die Mütterlichkeitsinstinkte des Menschen sind der Grund dafür, dass wahrscheinlich schon früh aufgefundene Jungtiere von Wildarten aufgezogen wurden und sich eng an den Menschen angeschlossen haben.

Die weltweite Verbreitung vieler Wildtierarten, die die Stammformen von Haustieren bilden, z. B. Wildschwein, Wolf und Stockente, hat sicherlich die Domestikation begünstigt, denn es bestand dadurch die Möglichkeit, in verschiedenen Regionen Domestikations-Versuche vorzunehmen.

Die Haustierentstehung

Unterrichtsrelevante Beispiele für die Haustierentstehung sind *Hund, Schwein* und *Meerschweinchen*. Sie werden deshalb im folgenden ausführlich behandelt.

Haushund
Die Evolution der Hunde hat sich in Nordamerika vollzogen. Von hier wanderten sie über Landbrücken nach Eurasien und Südamerika.

Zu den *Hundeartigen* gehören, neben vielen anderen Arten, in Eurasien der Wolf, der Goldschakal und der Rotfuchs, in Nordamerika u. a. der Prairiewolf oder Koyote sowie der Timberwolf.

Die Hundeartigen sind die ausdauerndsten Läufer unter den Säugetieren. Sie sind *Hetzräuber*, die auf kurze Strecken beim Beutefang Geschwindigkeiten von bis zu 65 km/h erreichen können (Kojote). Alle Hunde können schwimmen.

Hunde sind vor allem *Nasentiere*, ihr optischer Sinn ist zumeist schlechter ausgebildet. Allerdings haben alle Hundeartigen ein gutes *Bewegungssehen*. Dieses ist wichtig für den Beutefang.

Die großen Hundearten, z. B. Schakale und Wolf, leben in sozialen Verbänden, in *Rudeln*. Sie führen Gemeinschaftsjagden durch. Die Hündinnen sind in den sozialen Gruppen der Hundeartigen zumeist *Alphatiere*, d. h. die ranghöchsten Tiere, bei Wölfen sind es auch die Rüden. Hundeartige markieren ihre Reviere mit Harn oder auch mit dem Sekret von Duftdrüsen. Das Markieren dient auch dem Kennenlernen der Artgenossen, es stellt sozusagen eine „Visitenkarte" dar.

1 Wolf   2 Hund

Die Hundeartigen ernähren sich vor allem von Kleinsäugern, die großen Arten jagen auch kranke Großsäuger. Daneben verschmähen die meisten auch Aas und Kot nicht. Zum Teil nehmen sie in nicht geringem Umfang pflanzliche Nahrung, z. B. Beeren, zu sich. Alle genannten Arten sind winteraktiv.

Neugeborene Hunde sind zunächst blinde *Nesthocker*, die mit Fell geboren werden. Sie werden etwa 6–10 Wochen gesäugt, danach fressen sie bereits Fleisch. Sie wachsen sehr schnell heran. Geschlechtsreif sind die meisten Hundeartigen bereits mit 1–2 Jahren, beim Wolf erst mit drei Jahren. Ihre Lebenserwartung liegt – ähnlich wie beim Haushund – bei etwa 10–18 Jahren ▶ 153.1/2.

Wolf
Der Wolf **war früher in** fast ganz Eurasien und Nordamerika verbreitet. Heute ist er durch die Jagd in weiten Teilen ausgerottet. Der Wolf ist außerdem ein *Kulturflüchter*. Er wandert ab, wenn der Mensch Siedlungen anlegt. Der Wolf legt bei der Verfolgung eines großen Beutetiers, z. B. Elch oder Hirsch, an einem Tag bis zu 60 km zurück.

Den Kern des Wolfsrudels bilden eine oder mehrere Familien. Männchen und Weibchen halten im Rudel eine festgelegte Rangordnung ein. Diese ist wichtig für die Erhaltung der Rudelorganisation. Geführt wird das Rudel ▶ 154.1 von einem *Leitwolf* oder einer *Leitwölfin*. Diese Rolle übernimmt beim Hund der Mensch.

Paarungen finden normalerweise von Februar bis April zwischen ranghohen Wölfen statt. Nach einer Tragzeit von 62–66 Tagen bringt die Wölfin in einem unterirdischen Bau 3–10 Junge zur Welt. Es sind *Nesthocker*. Mit 8 Wochen werden die

▶ 153.1/2. ▶ 154.1

Kampfhunde
Kampfhunde wie z. B. Bulldoggen, Mastiffs und Mastinos werden erst durch bewusst falsche Ausbildung, die ihre Aggressionen fördert, zu tödlichen Kampfmaschinen. Die Einführung eines „Führerscheins" für Besitzer von Großhunden ist aus dieser Sicht notwendig, nicht so sehr ein Verbot der Zuchtlinien, obwohl hierdurch ein Missbrauch nicht mehr möglich wäre.

1 Wolfsrudel

Jungen entwöhnt. Die Jungen wachsen rasch und sind bereits im ersten Winter so groß wie die Eltern, sie sind aber erst im dritten Lebensjahr geschlechtsreif.

Es ist inzwischen unstrittig, dass alle Haushunde, die kleinsten wie die größten, von nur einer Wildart abstammen, dem Wolf. Unklar dagegen ist, ob sich die Wölfe in der Steinzeit dem Menschen als Abfallfresser freiwillig anschlossen oder ob sie als Fleischlieferanten genutzt wurden. Die ersten prähistorischen Haushundformen stammen aus der Mittleren und Jung-Steinzeit. Schon im antiken Ägypten, vor etwa 3 000 Jahren, gab es *unterschiedliche Typen* von Hunden: Jadghunde, Windhunde und auch dackelähnliche Formen. Die heutigen Züchtungen *(Kultur-Rassen)* entstanden erst sehr viel später. Viele Eigenschaften des Wolfes, vor allem auch seine Scheu, sind durch Züchtung verlorengegangen, denn die Fähigkeiten des Wildtieres braucht das Haustier oft nicht mehr. Zu den typischen Domestikationsmerkmalen gehört die Abnahme der Gehirnmasse. Selbst große Hunde, die einen normalen Wolf an Körpergröße überragen, haben ein Gehirn, das etwa 30 % kleiner ist als das der Stammform. Auch die Leistungsfähigkeit der Sinnesorgane ist bei Haushunden geringer.

Heute kennt man etwa 400 verschiedene Haushund-Zuchtlinien. Für diese *Rassehunde* gibt es *Zuchtstandards* der Internationalen Vereinigung in Brüssel *(Federation Cynologique Internationale, F.C.I.)*.

Alte Hunderassen sind die Nordlandhunde, hierzu gehören Husky, Samojede und Chow-Chow (deutsch: lecker-lecker), die Pudel und viele Terrier. Der Chow-Chow wurde früher in China als Schlachttier gemästet. Die meisten Züchtungen stammen erst aus dem 18. bis 20. Jahrhundert.

Die verschiedenen Hunderassen unterscheiden sich sowohl in ihren körperlichen Merkmalen als auch in Bezug auf ihr Verhalten. Die lauffreudigen *Jagdhunde* zum Beispiel haben noch den ausgeprägten Hetztrieb des Wolfs. Das angeborene Verhalten, die Beute sofort zu verzehren, ist jedoch durch Züchtung weitgehend verlorengegangen. *Schäfer-* und *Hütehunde* halten die Herde durch Umkreisen zusammen, ein Verhalten, das der Wolf beim Stellen der Beute zeigt.

1 Wildschwein

2 Hausschwein

Wildschwein
Männchen = Keiler
Weibchen = Bache
Jungtier = Frischling
Einjährige Jungtiere =
Überläufer

Hausschwein
Männchen = Eber
Weibchen = Sau
Jungtier = Ferkel

Alte Rassen
Nur noch selten sieht man
alte Rassen wie z. B. das
bunte „Bentheimer
Schwein", das schwarz-
weiße „Schwäbisch-Hälli-
sche Schwein" und das
norddeutsche „Angler-Sat-
telschwein."

Windhunde sehen besser als andere Hunde, riechen aber deutlich schlechter. Große Hunde, z. B. der Neufundländer, sind meist ausgesprochen ruhig. Je nach Zuchtziel versucht man, aus verschiedenen Zuchtlinien Rassen mit bestimmten Eigenschaften zu züchten.

Im Laufe der langen Kulturgeschichte von Hund und Mensch hat sich eine immer engere Bindung des Hundes an den Menschen entwickelt. Dennoch müssen Hunde erzogen werden, wobei die angezüchteten Eigenschaften und die indiduellen Charaktereigenschaften des Tieres zu berücksichtigen sind. In jeder Rasse kommen ruhige, nervöse, aggressive, eigensinnige und lernfähige Hunde vor.

Hausschwein

Die Stammform unseres Hausschweins ist das Wildschwein. **Keine** wild lebende andere Schweineart hat ein so großes Verbreitungsgebiet wie das Wildschwein. Dies hat sicherlich die Domestikation begünstigt. Das Wildschwein ist mit mehreren Rassen über ganz Mitteleuropa, Nordafrika, Mittel-, Süd- und Südostasien verbreitet, es fehlt nur in den nördlichen Teilen Eurasiens. In Nord-, Mittel- und Südamerika wurde es als Jagdwild eingebürgert ▶ 155.1.

Wildschweine sind hochbeiniger als Hausschweine, der Kopf ist länger, der Rumpf kürzer, die Haut dicht und borstig behaart. Es findet nur ein Haarwechsel im späten Frühjahr statt. Die Eckzähne sind zu langen, gebogenen, spitzen Hauern umgewandelt. Sie werden zum Wühlen im Boden genutzt. Bei den Keilern sind sie besonders kräftig entwickelt. Sie kommen bei Beschädigungskämpfen zwischen zwei starken Keilern als Waffe zum Einsatz. Verletzungen durch die Hauer können zum Tode führen.

Der Geruchssinn ist beim *dämmerungs- und nachtaktiven* Wildschwein am besten entwickelt, der optische Sinn hingegen relativ schlecht. Mit Hilfe der rüsselartig verlängerten Schnauze, die mit einer knorpeligen Nasenscheibe abschließt, wird die Nahrung gesucht und geprüft. Die sehr lernfähigen Wildschweine haben ein gutes *Gehör*. Die standorttreuen Tiere leben in *Revieren*. Die von einzelgängerischen Keiler sind besonders groß, die von Frischlinge führenden Bachen relativ klein. Wildschweine sind *winteraktiv* und bauen sich Schlaflager. Diese *Kessel* polstern sie zur Isolation mit totem Pflanzenmaterial aus. Jungtiere und Bachen schlafen in Gruppen, Keiler einzeln.

Das Wildschwein ist ein typischer *Allesfresser*, pflanzliche Nahrung dominiert jedoch. Wildschweine fressen gern krautige Stauden, im Herbst besonders Eicheln und Bucheckern. Da sie auch Kulturpflanzen wie Kartoffeln und Mais nicht verschmähen, können sie Flurschäden anrichten. Im Wald leisten sie durch ihre Wühltätigkeit einen Beitrag zur natürlichen Verjüngung von Gehölzen. Neben Pflanzen fressen sie auch tierische Kost, ferner verschmähen sie auch Aas nicht. Dadurch, dass Wildschweine auch Ratten fangen und fressen, sind viele Wildschweine Wirte für die *Muskeltrichine*. Von Wildschweinen kann ferner die *Schweinepest* auf Hausschweine übertragen werden – und umgekehrt.

Wildschweine lieben feuchte Lebensräume, da sie ihnen die Möglichkeit zum *Suhlen*

Hybridzüchtung
Bei der Kreuzung reinerbi-ger Rassen stellt man oft fest, dass die daraus her-vorgehenden Hybridformen die gewünschten Merkmale oft noch besser zeigen als die reinen Rassen.

bieten. Sie wälzen sich gern im Schlamm, ist er getrocknet, scheuern sie ihn an Baumstäm-men (*Mahlbäumen*) ab. Durch das Suhlen be-freien sie sich vermutlich von Hautparasiten.

In unseren Breiten fehlen die natürli-chen Feinde des Wildschweins, zu denen Wolf und Großgreife gehören, weitgehend, so dass eine gewisse Bestandsregulierung durch die Jagd sinnvoll ist.

Nur zur *Paarungszeit* suchen die Keiler die Rotte auf. Die Brunftzeit, auch *Rausch-zeit* genannt, dauert von November bis Januar. Die Keiler versuchen, sich mit mög-lichst vielen Bachen zu paaren. Die Tragzeit der Bachen beträgt 18–20 Wochen. Die Ge-burt der zumeist 6–7 Jungtiere findet zwi-schen Ende März und Anfang April auf ei-nem Wurfnest aus Reisig statt, das mit Moos und Laub ausgepolstert ist. Die Frischlinge sind *Nestflüchter*. Ihr Fell ist bräunlich, von lehmgelben Streifen unterbrochen. Dies ga-rantiert den Tieren im Licht- und Schatten-spiel des Waldes eine gute Tarnung. Die ein-jährigen Wildschweine *(Überläufer)* sind unter guten Nahrungsbedingungen bereits geschlechtsreif, erst mit 5–6 Jahren sind sie allerdings voll ausgewachsen. Ihre Lebens-dauer liegt bei 10–12 Jahren.

Das *Hausschwein* entstand durch Domes-tikation aus dem Wildschwein in Eurasien und Südostasien. Hier fand man die ältesten Reste von Hausschweinen, die man auf etwa 8 000 v. Chr. datiert.

In Europa hat man erst im 19. Jh. syste-matisch mit der Züchtung neuer Schweine-rassen begonnen. Das vorher gehaltene Landschwein sah einem Wildschwein noch sehr ähnlich. In Deutschland dominieren heute *Hybridzüchtungen*, die schnell Fleisch ansetzen. Sie sind aus den Züchtungen „Deutsche Landrasse", „Deutsches Edel-schwein" und „Pietrain-Schwein" hervorge-gangen. Die Fleischqualität ist durch die neuen Züchtungen sicherlich – auch be-dingt durch die Form der Intensivhaltung und -mästung – nicht besser geworden. Die modernen Zuchtschweine sind inzwischen so sensibel, dass man ihnen Beruhigungs-mittel geben muss, damit sie den Transport zum Schlachthof lebend überstehen. Haus-schweine sind deutlich lernfähiger als Rin-der und Pferde.

Die charakteristischsten *Domestikations-merkmale* sind:
- die durch die dicke Unterhautfettschicht glatte Körperform
- die Kurzbeinigkeit
- der kürzere Kopf
- die kleineren Eckzähne
- das Ringelschwänzchen (bei der Wild-form gerader Schwanz)
- die großen Schlappohren (statt Steh-ohren)
- die spärlich behaarte Haut
- die zumeist helle Körperfärbung
- das deutlich kleinere Gehirnvolumen
- das reduzierte Verhaltensinventar

Meerschweinchen

Das Haus-Meerschweinchen gehört zur Fa-milie der *Meerschweinchenartigen* ▶ 157.1.

Die Wildform unseres Haus-Meer-schweinchens ist ein Gebirgsmeerschwein-chen aus den Anden Chiles. Hier kommt es bis in Höhen von 4 200 m vor. Meer-schweinchen leben in kleinen *Familienver-bänden* von 5–10 Tieren in Erdbauen, die sie zumeist selbst graben. Die Färbung der Wildform ist braun bis goldbraun. Meer-schweinchen sind in ihrem natürlichen Lebensraum reine *Pflanzenfresser*.

Zu *Paarungen* kann es das ganze Jahr über kommen. Die Tragzeit beträgt etwa 60–70 Tage, die Zahl der Jungen pro Wurf eins bis vier. Diese sind *Nestflüchter*, die bereits wenige Stunden nach der Geburt umherlaufen. Sie werden etwa 3 Wochen gesäugt. Nach ca. 2 Monaten sind sie ausgewachsen und geschlechtsreif. Kurz nach der Geburt setzt wieder die Brunft ein und es kommt innerhalb von 10–12 Stunden wieder zur Begattung. Die Anzahl der Würfe pro Jahr beträgt 3–4.

Die Domestikation der Wild-Meerschweinchen geht zurück auf die *Inkas*, die wahrscheinlich – wie heute noch die Indios in den Anden – die Tiere als Fleischlieferant und Opfertier hielten. Die Meerschweinchen werden, wie bei uns die Schweine, zum Teil mit Küchenabfällen gefüttert.

Es gibt inzwischen eine Vielzahl von Züchtungen. Nach der Struktur des Haarpelzes kann man das *Kurzhaar-Meerschweinchen* vom *Rosetten-Meerschweinchen* mit Haarwirbeln und vom Peruanischen Meerschweinchen, mit langen, seidigen Haaren, unterscheiden. Als *Angora-Meerschweinchen* werden Züchtungen bezeichnet, deren Haare etwa 15 cm oder länger sind.

Meerschweinchen sind als Heimtier für Kinder deshalb so geeignet, weil sie *tagaktiv* sind, d. h. man stört ihren Aktivitätsrhythmus nicht, wenn man sich mit ihnen beschäftigt. Sie werden zudem sehr schnell zahm, lassen sich streicheln und beißen nicht. Zu ihrem Pfleger können sie eine persönliche Beziehung entwickeln. Sie zeigen auch ihm gegenüber das typische *Begrüßungspfeifen*.

Meerschweinchen sind außerdem sehr anspruchslos. Ein luftiges Kistchen von ca. 1,0 m x 0,5 m x 0,3 m ist für ein bis zwei Tiere ausreichend. Als Nahrung kann man ihnen Gemüse aller Art geben, ferner Möhren, rohe und gekochte Kartoffeln. Bei wasserreicher Frischkost brauchen sie kein zusätzliches Wasser. Die Wildform ist angepasst an das Leben in trockenen Lebensräumen. Wie alle Nager benötigen sie hartes Material wie Holzstückchen. Nur so können die nachwachsenden Schneidezähne (*Nagezähne*) auf Normallänge gehalten werden.

Meerschweinchen haben einen hervorragenden *Geruchssinn*. Auch der *optische Sinn* ist relativ gut. Im Gegensatz zu vielen Säugern können sie das gesamte Farbspektrum wahrnehmen. Die *Sehschärfe* dagegen – so vermutet man – ist nicht besonders ausgeprägt. Meerschweinchen können auch sehr gut hören, bis etwa 33 kHz. Sie verständigen sich untereinander mit Lauten. Die Lern- und Merkfähigkeit ist ähnlich gut wie bei Ratten.

1 Meerschweinchen

Hörvermögen
Das Hörvermögen ist u. a. abhängig von der Tonhöhe, die in Hertz = Hz angegeben wird. Das Meerschweinchen kann noch höhere Töne als wir Menschen wahrnehmen. Unsere Obergrenze liegt bei etwa 20 kHz. Alles was über unserer Hörgrenze liegt wird als Ultraschall bezeichnet.

Die Meerschweinchenfamilie ist eine *Haremsgesellschaft*. Ein geschlechtsreifes Männchen lebt mit mehrerer Weibchen und dem Nachwuchs zusammen. Sobald die Jungtiere ausgewachsen sind, werden sie vom Revier-Männchen vertrieben. Es ist wichtig, dies bei der Haltung unbedingt zu berücksichtigen, da es zwischen rivalisierenden Männchen zu heftigen Kämpfen kommen kann. Männchen markieren ihre Territorien mit Harn.

Lexikon

Geschichte und Sonderstellung des Meerschweinchens
Das **Haus-Meerschweinchen** wurde erst im 16. Jahrhundert von Holländern nach Europa gebracht. Der deutsche Name drückt aus, dass es über das Meer zu uns kam und wie ein Schweinchen quiekt.

Der Schweizer Naturforscher Konrad Gesner hat 1554 das Meerschweinchen in seinem berühmten „Tierband" als „Indisches Kaninchen" oder „Indisches Schweinchen" bezeichnet.

Das Haus-Meerschweinchen war zunächst nur als Heimtier gedacht. Seit dem 16. Jh., also seit fast 500 Jahren, werden Kindern Meerschweinchen geschenkt. Das Meerschweinchen ist somit das älteste Heimtier.

Ab dem 19. Jahrhundert wurde es als Labortier „entdeckt". Bereits Robert Koch, Emil von Behring und Louis Pasteur setzten Meerschweinchen bei ihren bakteriologischen Forschungen als Versuchtiere ein; sie ähneln in ihren Reaktionen besonders stark uns Menschen.

Meist wird das Meerschweinchen noch zu den Nagetieren gezählt. Wegen seiner vielen Abweichungen wird jedoch erwogen, es davon abzutrennen. Meerschweinchen haben z. B. – im Gegensatz zu unseren einheimischen Nagetieren – nur vier Finger und drei Zehen. Das Milchgebiss wird bei Meerschweinchen zwar vorgeburtlich angelegt, es wird jedoch embryonal zurückgebildet, d. h. sie kommen mit dem Erwachsenengebiss zur Welt.

Nahe Verwandte sind der **Pampashase** und das **Wasserschwein**. Beide sind ebenfalls in Südamerika beheimatet.

Didaktische und methodische Hinweise

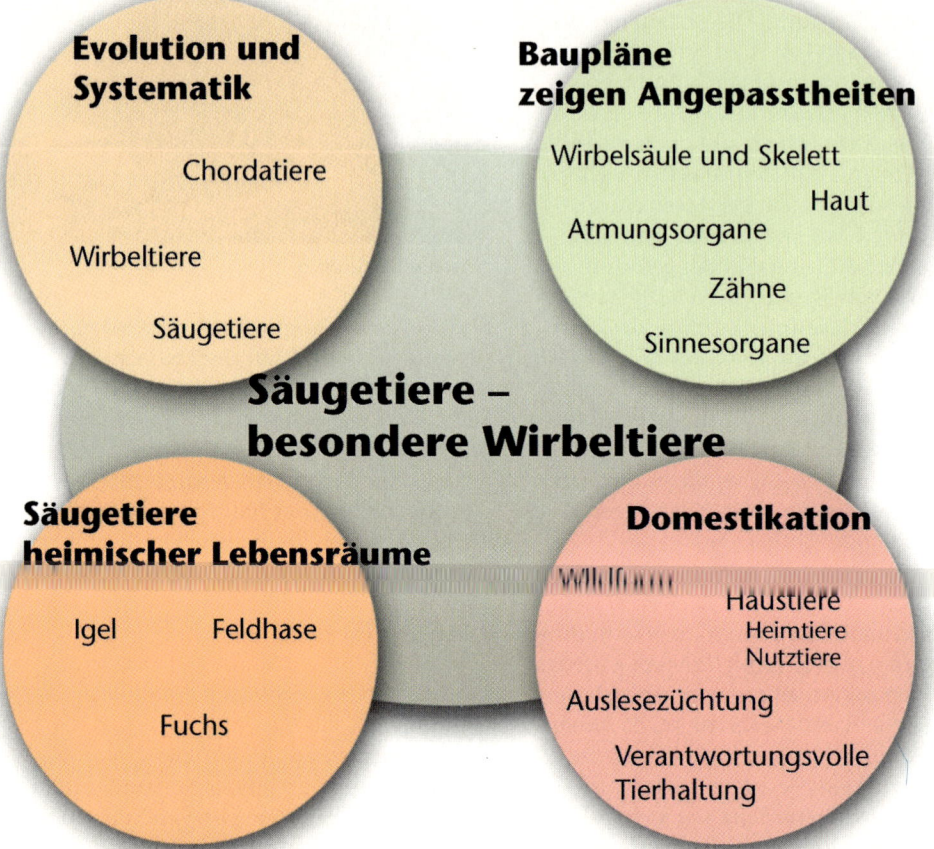

Evolution und Systematik

Chordatiere

Wirbeltiere

Säugetiere

Baupläne zeigen Angepasstheiten

Wirbelsäule und Skelett

Haut

Atmungsorgane

Zähne

Sinnesorgane

Säugetiere – besondere Wirbeltiere

Säugetiere heimischer Lebensräume

Igel   Feldhase

Fuchs

Domestikation

Wildform   Haustiere
Heimtiere
Nutztiere

Auslesezüchtung

Verantwortungsvolle Tierhaltung

Heimtiere stehen im Mittelpunkt

Der Themenkreis „Klassische Haustiere, Nutztiere und Heimtiere" gehört zu den Standard-Inhalten des Sachunterrichts in der Grundschule und der Jahrgangsstufen 5 und 6. Das Hauptinteresse der Schüler liegt dabei weniger bei den Nutztieren, sondern bei den Tieren, die von ihnen in der Wohnung gehalten werden: den Heimtieren.

Hund

Obwohl etwa gleich viele Katzen und Hunde in Deutschland gehalten werden, so interessieren sich erfahrungsgemäß doch sehr viel mehr Schüler für Hunde als für Katzen. Dem sollte man im Unterricht Rechnung tragen und hier einen Schwerpunkt setzen.

Neben fachlichen Aspekten wie Abstammung des Hundes, Bauplan und Verhalten, sollte vor allem das Pflegerische im Vordergrund stehen. Schülerinnen und Schüler, die Hundehalter sind, können ihre Mitschüler über ihre Erfahrungen mit dem Hund, über sein Verhalten sowie über artgemäße Haltung und Ernährung informieren. Hier kann man sich die zumeist sehr guten Vorkenntnisse der Schüler nutzbar machen.

Auch Probleme sollten angesprochen werden, wie zum Beispiel der Hundekot auf Spielplätzen und seine Beseitigung sowie die hygienischen Probleme, die bei nicht richtigem Umgang mit dem Hund entstehen können. Dazu gehört die Gefahr der Ansteckung mit Parasiten des Hundes. Auch das Thema Kampfhunde sollte thematisiert werden, um deutlich zu machen, dass nicht die Hunde primär das Problem sind, sondern einige Züchter sowie vor allem die Hundehalter.

Land	Hunde	Katzen
BRDeutschland	5,5	5,8
England	10,0	9,6
Belgien	11,5	10,0
Dänemark	13,3	16,7
Frankreich	17,0	12,6
Holland	8,4	10,6
Italien	7,8	8,4
Schweiz	6,2	12,5
USA	21,6	17,4
Japan	3,9	2,0

1 Anzahl Hunde und Katzen auf 100 Einwohner in verschiedenen Industrieländern (1986, nach WINKEL 1987)

Art	Kosten in €
Hund	ab ca. 21
Katze	ca. 21
Meerschweinchen	ca. 18
Nymphensittich	ca. 16
Wellensittich	ca. 13
Goldhamster, Zwerghamster	ca. 8
Mongolische Rennmaus	ca. 6

2 Monatliche Kosten (in € geschätzt) für Heimtiere bei artgemäßer Haltung

Pferd

Das Interesse an Pferden wird zunehmend größer. Sie werden vor allem als Reittier geschätzt. Es bietet sich deshalb an, die Entwicklung des Pferdes unter dem Gesichtspunkt „vom Wildtier zum Sportgerät" zu betrachten.

Tierschutzaspekte sollten grundsätzlich in die Behandlung dieser Themen einfließen, das gilt vor allem auch für das Thema Nutztiere.

Kleintiere

Von den Kleintieren kann man – je nach Interessenlage der Schüler – z.B. Meerschweinchen und Wellensittich behandeln. Das Meerschweinchen, unser wahrscheinlich ältestes Heimtier, sollte man dem Goldhamster vorziehen, da dieser zwar auch tra-ditionell häufig als Heimtier gehalten wird, aber eigentlich aus verschiedenen Gründen dafür wenig geeignet ist. Er ist dämmerungs- und nachtaktiv und sollte daher tagsüber nicht gestört werden. Kinder wollen ihn aber tagsüber beobachten und anfassen. Anfassen durch den Menschen (Streicheltier) ist jedoch wahrscheinlich für den Goldhamster unangenehmer als für das kontaktfreudige, in Gruppen lebende Meerschweinchen, da er und seine Verwandten ausgesprochene Einzelgänger sind. Er ist zudem wesentlich kurzlebiger als das Meerschweinchen, was – aus psychologischen Gründen – auch nicht unproblematisch sein kann.

Haltung und Pflege

Zur Haltung und Pflege der Heimtiere gibt es eine Fülle von Literatur. Vor allem die Zoohandlungen bieten Informationen, die auch für Schüler leicht verständlich sind. Es empfiehlt sich, von den Arten, die die Schüler erfahrungsgemäß interessieren, z.B. Meerschweinchen, Goldhamster, Mongolische Rennmaus, Wellensittich, eine kleine Bibliothek anzulegen. Besser noch ist es, Literatur für die Leseecke im Klassenraum anzuschaffen, so dass die Schüler jederzeit konkrete Informationen zu den sie interessierenden Fragen der Tierhaltung bekommen.

Tierhaltung im Klassenzimmer

Will man Tiere in der Schule halten, so sollte man prüfen, ob nicht durch Erlasse die Haltung bestimmter Tiere reglementiert oder verboten ist oder ob es Hygiene-Vorschriften gibt.

Zoonosen heißen Krankheiten, die von Tieren auf Menschen übertragen werden können.

Lexikon

Gesetze und Verordnungen zur Tierhaltung
- Washingtoner Artenschutzübereinkommen (Bundesgesetzblatt = BGBl. Nr. 35/1975: 773–883)
- Bundesnaturschutzgesetz (BNatSchG) vom 21.09.1999
- Verordnung zum Schutz wildlebender Tier- und Pflanzenarten – Bundesartenschutzverordnung (BArtSchV, BGBl I, S. 1955, 2843, 2001, 2331) vom 14.10.1999
- Bundesseuchengesetz (BSeuchG) vom 18.7.1961
- Tierschutzgesetz (TierschG) vom 25.05.1998 (BGBl I, S. 1105, 1818)

Medien

Schaubild
Schaubild der weitverbreitetsten Hunderassen: Interessengemeinschaft Deutscher Hundehalter e.V., Auguststraße 5, 22085 Hamburg

Folien
- Klett 02762 Folienbuch Säugetiere, Folien 1–16
- Klett 02765 Folienbuch Verhalten, Folien 5, 7–8, 10, 17–19, 20

Videos
- 4200251 Der Deutsche Schäferhund
- Klett 751242 Die Sprache des Hundes
- Klett 751840 Das Huhn – Verhalten und Züchtung

Literatur

- BELGARDT, K. A.: Hundehaltung – ein Thema für den Sachunterricht. Grundschule 16/9: 16–20 (1984)
- BENECKE, N.: Der Mensch und seine Haustiere. Die Geschichte einer jahrtausendealten Beziehung. Konrad Theiss Verlag, Stuttgart 1994
- DANNENBERG, H.-D.: Schwein haben. Historisches und Histörchen vom Schwein. G. Fischer, Jena 1990
- Deutscher Tierschutzbund e.V., Baumschulallee 15, 53115 Bonn: Info 3: Wir informieren über die Schweinehaltung; Info 5: Wir informieren über die Kälbermast
- EDNEY, A. und MUGFORD, R.: 1 x 1 der Hundehaltung. Kynos, Mürlenbach 1989
- HAMEL, I.: Das Meerschweinchen, Heimtier und Patient. Gustav Fischer, Jena 1990
- KNAURS Großes Hundebuch. Droemer Knaur, München 1982
- LORENZ, K.: So kam der Mensch auf den Hund. Borotha-Schoeler, 31. Aufl., Wien 1975
- NOESKE, C.: Typische Verhaltensweisen von Kleintieren – ein reizvoller Beobachtungsgegenstand. BioS 40: 66–71 (1991)
- STERN, H.: Bemerkungen über den Hund als Ware. NiU-B 25; 61 (1977)
- WINKEL, G.: Heimtiere. UB 11/Heft 128: 4–13 (1987)
- ZIMEN, E.: Der Hund. Bertelsmann, München 1988
- ZIMEN, E.: Der Wolf. Meyster, Wien/ München 1978

Stoffe und Körper

von Dietrich Büttner

Schlüsselkonzepte

- Chemiker bezeichnen die Erscheinungsformen der Materie als Stoff.
- Stoffe im Sinne der Chemie können sein: feste Stoffe, Flüssigkeiten oder Gase.
- Gegenstände können bei gleichem Stoff in unterschiedlicher Form vorliegen.
- Gegenstände können bei gleicher Form aus unterschiedlichen Stoffen sein.
- Stoffe können in unterschiedlichen Aggregatzuständen vorliegen, die ineinander umgewandelt werden können.
- Jeder Stoff hat charakteristische Eigenschaften, die ihn von anderen Stoffen unterscheidet.
- Die Eigenschaften eines Stoffes können experimentell untersucht werden.
- Verschiedene Reinstoffe können sich mischen; es entsteht ein Gemisch oder Gemenge.
- Aus Gemischen können die Reinstoffe mit geeigneten Trennverfahren wieder isoliert werden.
- Müll, den wir produzieren, ist ein Gemisch.
- Es gibt verschiedene Verfahren, Müll zu entsorgen und die Müllmenge zu reduzieren.
- Müll kann mit geeigneten Verfahren sortiert und die „Reinstoffe" können wiedergewonnen werden.
- Müllverwertung ist ein wichtiger Beitrag zur Ressourcen-Schonung.
- Die Verwendung von Altpapier zur Herstellung von Papier ist ein häufig angewandter Recycling-Prozess.

Beim Wort „Stoff" denkt man möglicherweise an Vielerlei, aber nicht unbedingt an eine chemische Substanz. Unter Stoff versteht der eine ein Gewebe bzw. einen Kleiderstoff, ein anderer verbindet damit alkoholische Getränke oder gar Rauschgift. Ein weiterer denkt an ein Thema, das im Fach Deutsch behandelt werden soll, und wiederum ein anderer an Baustoffe, Kunststoffe oder einen Klebstoff.
Es leuchtet ein, dass für eine Verständigung untereinander und für das Verstehen von Sachverhalten, eine eindeutige und für alle verständliche Sprache und gemeinsame Bezeichnungsweise nötig ist.

Die Begriffe Stoff und Körper

Aggregatzustände
Bereits im Altertum unterschieden die Menschen zwischen den drei Aggregatzuständen: fest – flüssig – gasförmig. Diese Zustandsformen der Materie wurden in einem engen Zusammenhang mit den drei „Elementen" Erde – Wasser – Luft betrachtet.
Heute rechnet man auch den Plasmazustand zu den Aggregatzuständen, aber darauf wird in diesem Band nicht eingegangen.

Stoffe
Der Stoff Glas hat keine bestimmte Form, sondern kann in Form einer Teekanne, eines Glasrohres, einer Murmel (Kugel) oder einer Lupe auftreten. Aber ebenso kann eine Murmel aus dem Stoff Glas oder aus dem Stoff Holz oder aus dem Stoff Stahl sein.

Der *Stoff* ist eine Erscheinungsform der Materie. Er ist gekennzeichnet durch seine gleichbleibenden charakteristischen Eigenschaften. Ein Stoff kann fest, flüssig oder gasförmig sein. Von einem Stoff spricht man aber erst dann, wenn die Anzahl von Atomen, Molekülen oder Ionenverbänden so groß ist, dass sich die physikalischen Eigenschaften (wie z. B. Dichte, Schmelz- und Siedetemperaturen, Löslichkeit usw.) bestimmen lassen. Egal, ob man viel oder wenig von einem bestimmten Stoff hat, und gleichgültig, in welcher Form er vorliegt, der Stoff bleibt ein und derselbe. Ein Stoff ist somit unabhängig von seiner Gestalt oder Größe.

Körper sind Gebilde mit einer bestimmten Gestalt oder Form. Alle Körper oder Gegenstände bestehen aus bestimmten Stoffen. Sie können fest, flüssig oder gasförmig sein.

Die Anzahl der Stoffe ist ebenso unbegrenzt wie die Anzahl der Körper. Jeden Tag werden neue Stoffe entdeckt oder künstlich erzeugt. Ebenso häufig werden neue Körper gefunden oder hergestellt.

Es ist deshalb wichtig, den Begriff *Stoff* deutlich vom Begriff *Körper* abzugrenzen. So kann zum Beispiel der Stoff Holz in der Gestalt eines Stuhles, eines Bauklotzes, eines Löffels oder eines Astes auftreten.

Der Stoff lässt sich meist mit *Material* gleichsetzen. Wir haben dann auf der einen Seite die synonymen Begriffe *Stoff*, *Material* und *Substanz* und auf der anderen *Körper*, *Ding*, *Gegenstand*, *Gebilde* oder *Form*. Sie müssen deutlich voneinander unterschieden werden ▶ 162.1. Dabei gilt der allgemeine Grundsatz:

| Gleicher Stoff bedingt nicht gleiche Form. Gleiche Form bedingt nicht gleichen Stoff.

Aggregatzustände

Jeder Stoff hat bestimmte – ihn charakterisierende – Eigenschaften. Er hat bei vorgegebener Temperatur und bei vorgegebenem Druck eine bestimmte Dichte, eine bestimmte Schmelz- und Siedetemperatur. Diese Eigenschaften sind objektiv bestimmbar und unabhängig vom Betrachter. Man kann diese Eigenschaften mit Hilfe von Messgeräten wie z. B. einer Waage oder eines Thermometers usw. eindeutig bestimmen. Daneben gibt es auch Eigenschaften, die nicht objektiv bestimmbar sind, sondern unserem persönlichen Empfinden entspringen. Dazu zählen beispielsweise Farbe, Geruch und Geschmack.

Ein Stoff kann also an seinen spezifischen Eigenschaften erkannt und von anderen Stoffen unterschieden werden.

1 Verschiedene Stoffe und Körper

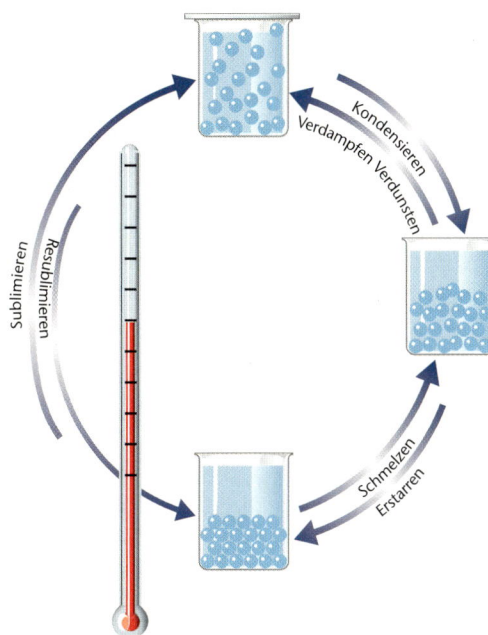

1 Aggregatzustände und ihre Übergänge

erhaltungssatz, wonach keine Energie gewonnen oder verloren gehen kann.

Von gasförmig zu flüssig …

Gase haben keine bestimmte Gestalt und kein bestimmtes Volumen. Bei ihnen fliegen Einzelatome (Edelgase, Metalldämpfe) oder Moleküle (Sauerstoff, Stickstoff, Methan usw.) mit unterschiedlicher, relativ hoher Geschwindigkeit (einige hundert bis tausend km/h) regellos durcheinander. Kühlt man das Gas ab, so verkleinert sich dessen Volumen und die zwischen den Teilchen wirkenden Anziehungskräfte nehmen durch das Zusammenrücken zu. Schließlich bildet sich eine Flüssigkeit. Auch hier liegt meist noch eine ungeordnete, regellose Bewegung der Teilchen vor. Das Ausmaß der Bewegung ist jedoch geringer.

… von flüssig zu fest

Wie Gase haben Flüssigkeiten zwar keine bestimmte Gestalt, nehmen aber ein bestimmtes Volumen ein. Bei weiterer Abkühlung der Flüssigkeit ordnen sich unterhalb einer bestimmten Temperatur, der *Erstarrungstemperatur*, die Teilchen sprunghaft zu einem regelmäßigen dreidimensionalen Kristallgitter.

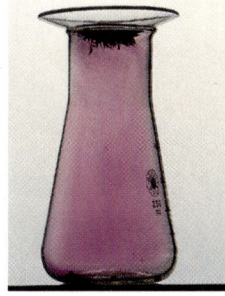

2 Iod-Sublimation

Druck
Das Zeichen für die Größe Druck ist p, das Zeichen für die Einheit Pa (Pascal). Alte Druckeinheiten sind:
1 bar = 10^5 Pa
1 mbar = 10^2 Pa
1 Torr = 133 Pa
1 atm = 101 330 Pa
Häufig wird Bezug genommen auf „Normdruck"; darunter versteht man den Schweredruck der Lufthülle auf Meereshöhe (NN).

Edelgase
Helium, Neon, Argon, Krypton, Xenon, Radon

Prinzipiell kann jeder Stoff in allen drei *Aggregatzuständen*, nämlich fest, flüssig und gasförmig, auftreten. Die drei Aggregatzustände unterscheiden sich durch eine Reihe von Parametern, wobei generell gilt:

Bei niedriger Temperatur (z. B. Zimmertemperatur) liegt der Stoff in fester Form vor. Mit steigender Temperatur wird der Stoff bei gegebenem Druck flüssig und schließlich gasförmig.

Ganz allgemein lässt sich festhalten: Durch Änderung von *Druck* und *Temperatur* kann ein Stoff von einem Aggregatzustand in einen anderen überführt werden. Die Übergänge sind in der Regel umkehrbar.

Alle Stoffe können prinzipiell durch Temperatureinwirkung in einen anderen Aggregatzustand überführt werden ▶ 163.1. Führt man einem Feststoff Energie in Form von Wärme zu, so steigt dessen Temperatur, bis er schmilzt. Also ist der flüssige Zustand energiereicher als der feste. Bei weiterer Energiezufuhr findet ein erneuter Phasenübergang statt und zwar von flüssig nach gasförmig. Der gasförmige Zustand ist energiereicher als der flüssige. Das bedeutet aber auch, wenn z. B. gasförmiges Wasser in der Atmosphäre (Luftfeuchtigkeit) zu Wolken kondensiert (feine Flüssigkeitstropfen), wird Wärme freigesetzt. Das fordert der Energie-

▶ 163.1

Exkurs

Aggregatzustände am Beispiel von Zinn

Es ist bei Zimmertemperatur und bei Normdruck fest. Erhitzt man es kontinuierlich, beginnt es bei 232 °C zu schmelzen, bis schließlich alles feste Zinn flüssig geworden ist. Dazu muss Wärme – die sog. **Schmelzwärme** – aufgebracht werden. Erhitzt man es weiter, steigt die Temperatur und bei 2270 °C wird es gasförmig. Beim Wechsel von flüssig nach gasförmig muss bei gleichbleibender Temperatur wiederum Wärme aufgebracht werden. Die aufzuwendende Energie heißt **Verdampfungswärme**. Die Vorgänge sind selbstverständlich umkehrbar. Das gasförmige Zinn kann wieder zum flüssigen kondensieren, dabei wird die **Kondensationswärme** frei. Das flüssige Zinn erstarrt durch Abkühlen wieder zum festen Metall, dabei wird **Erstarrungswärme** frei. Die Temperaturen beim Schmelzen oder Erstarren sind bei konstantem Druck gleich groß und die Energiebeträge unterscheiden sich lediglich durch das Vorzeichen. Entsprechendes gilt für Verdampfen und Kondensieren.

Zinn kann auch im Schulversuch leicht geschmolzen werden. Der Versuch ist dem Schmelzen von Blei – wegen des Gefahrenpotenzials bei Blei – vorzuziehen. Übrigens bestehen die Figuren beim „Bleigießen" zu Silvester weitgehend aus Zinn, die Stannioldichtungen (lat. stannum = Zinn) für Weinflaschen allerdings überwiegend aus Blei.

Aggregatzustand			
	fest	**flüssig**	**gasförmig**
Teilchenabstände	sehr klein	klein	groß
Ordnungsgrad	hoch	gering	völlige Unordnung
Kompressibilität	äußerst gering	sehr gering	groß
Energieinhalt	klein	groß	sehr groß
Bewegung der Partikel	Schwingungen um Ruhelage	regellos, kurze Wege bis zum Zusammenstoß	regellos, größere Wege bis zum Zusammenstoß
Kohäsionskräfte	voll wirksam	teilweise wirksam	sehr klein

1 Verhalten von Stoffen in festem, flüssigem und gasförmigem Zustand

Die im Kristallgitter vereinigten Atome, Moleküle oder Ionen führen nur noch leichte Vibrationen um eine Gleichgewichtslage aus. Mit wachsender Temperatur verstärken sich die Schwingungen, bis bei der Schmelztemperatur das Gitter zerstört wird und der Festkörper schmilzt oder sublimiert. Manche Stoffe gehen teilweise aus dem festen in den gasförmigen Zustand über und umgekehrt. Man nennt das *Sublimation* und *Resublimation*. Solche Stoffe sind z. B. Iod oder Kampfer ▶ 163.2.

Das oben Gesagte gilt für alle Stoffe. Also auch Eisen, Wasserstoff und Quecksilber kommen in allen drei Aggregatzuständen vor ▶ 164.1. Im Fall des Wassers gibt es dafür sogar eigene Bezeichnungen:

Der Stoff Wasser tritt auf in Form von
- Eis (fest)
- Wasser (flüssig)
- Wasserdampf (gasförmig)

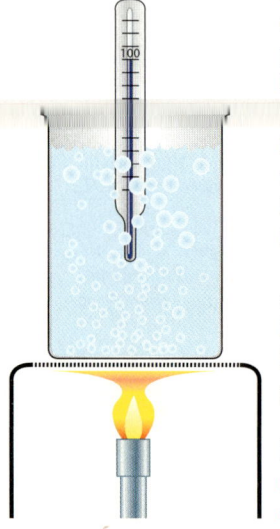

2 Siedetemperatur

Eigenschaften von Wasser

Der Aggregatzustand allein ist jedoch keine charakteristische Stoffeigenschaft. Erst die Angabe von Druck (Umgebungsdruck) und Temperatur (z. B. Normdruck und Zimmertemperatur) machen ihn dazu. So ist Wasser bei Normaldruck ($p = 1,013$ kPa) von $-273,15\,°C$ bis $0\,°C$ fest, zwischen $0\,°C$ und $100\,°C$ flüssig und ab $100\,°C$ gasförmig. Ändert sich der Druck, so ändern sich auch Schmelz- und Siedetemperaturen ▶ 164.2.

Wasser kann demnach sowohl unterhalb als auch oberhalb der Temperatur von $100\,°C$ sieden. Dies hängt vom außen angelegten Druck ab, denn „Sieden" heißt nichts anderes, als dass die flüssige und gasförmige Phase sich im Gleichgewicht befinden.

Aber auch unterhalb der Siedetemperatur wird immer etwas Flüssigkeit gasförmig (und umgekehrt). Lässt man einen Topf mit Wasser offen stehen, so ist es nur eine Frage der Zeit, bis alles Wasser verdunstet ist. Das flüssige Wasser ist also gasförmig geworden. Dies würde übrigens auch mit Eis passieren.

Weitere Besonderheiten des Wassers sind seine Anomalien. In der Regel nimmt die *Dichte* eines Körpers mit sinkender Temperatur immer weiter zu. Wasser hat seine größte Dichte aber bei $4\,°C$, wenn es also noch flüssig ist. Deshalb schwimmt Eis auf dem Wasser und Teiche oder Seen frieren von oben nach unten niemals ganz zu. Dieser Eigenheit verdanken wir im Winter auch ein besonderes Vergnügen, das Schlittschuh laufen. Die scharf geschliffenen Kufen üben auf das Eis einen hohen Druck aus, so dass es flüssig wird. Wir gleiten also nicht auf Eis, sondern auf einem dünnen Wasserfilm.

Exkurs

Siedetemperaturen des Wassers

Ist der Außendruck klein, siedet ein Stoff bei niedrigerer Temperatur als bei **Normdruck** (z. B. Wasser in großen Höhen siedet bei Temperaturen unter $100\,°C$), ist der **Außendruck** groß (Dampfdrucktopf), siedet das Wasser oberhalb von $100\,°C$. Greifen wir einige Beispiele heraus:

Auf der Zugspitze (etwa 3 000 m ü. M.) beträgt der Luftdruck nur noch etwa 700 hPa und die **Siedetemperatur** des Wasser fällt auf ungefähr $90\,°C$, auf dem Mount Everest (8 880 m ü. M.) fällt die **Siedetemperatur** gar auf $83\,°C$. Bis ein Ei auf der Zugspitze pflaumenweich gekocht ist, muss es also viel länger im siedenden Wasser liegen als im Tal auf geringer Höhe. Bei hohem Druck steigt entsprechend die Siedetemperatur. Bei doppeltem Atmosphärendruck siedet Wasser erst bei $120\,°C$, bei dem zehnfachen Druck gar erst bei $180\,°C$.

Stoffe und Stoffeigenschaften

Stoffe haben charakteristische Eigenschaften, die man in objektiv bestimmbare und subjektive Eigenschaften differenzieren kann.

Zu den *subjektiven Eigenschaften*, die gerade im Alltag interessant sind, zählen: Farbe, Geschmack, Geruch und Glanz.

Objektive Größen, die qualitativ bestimmt werden können, sind:

Härte, Verformbarkeit, Löslichkeit in Wasser, Brennbarkeit, Magnetismus und Leitfähigkeit.

Quantitative Eigenschaften sind Dichte, Schmelztemperatur, Siedetemperatur, Brechungsindex, aber auch Löslichkeit in Wasser, elektrische Leitfähigkeit und Wärmeleitfähigkeit, sofern die Bedingungen, unter denen sie bestimmt werden, exakt festgelegt sind. Diese „Bedingungen" bezeichnet man als *Zustandsgrößen*.

Dazu zählen auch:
- Temperatur T
- Druck p
- Volumen v
- und Konzentration c

Das Ermitteln von Stoffeigenschaften kann im Unterricht durch direkte Beobachtung sowie durch qualitative und quantitative Experimente erfolgen.

Direkte Beobachtung

Merkmale wie Aggregatzustand, Farbe, Geschmack, Geruch und Glanz lassen sich durch Sehen, Riechen und Schmecken ermitteln.

Aggregatzustand
Er wird im Regelfall bei Zimmertemperatur festgestellt, wobei der feste und der flüssige Zustand leicht auszumachen sind. Stoffe in gasförmigem Zustand sind häufig nicht wahrnehmbar. Gasförmiges Wasser ist ebenso unsichtbar wie Luft. Sieht man das Wasser, dann ist es nicht mehr gasförmig (Wasserdampf), sondern bereits zu Nebel kondensiert.

Farbe
Stoffe zeichnen sich häufig durch eine bestimmte Farbe aus. Schwefel ist gelb, Eisen grau und Rost rotbraun, reines Glas farblos und Ruß schwarz. Dennoch hat jeder Mensch ein anderes Farbempfinden. Eisen ist nicht für jeden grau und Rost nicht für jeden rotbraun. Außerdem kann Rost in sehr vielen Farbschattierungen auftreten.

Geschmack
Viele Stoffe, wie z. B. Salz, Zucker und Essig, erkennt man an ihrem Geschmack. Da aber Stoffe giftig sein können, dürfen niemals unbekannte Stoffe – auch nicht in kleinen Portionen – probiert werden. Nur bei ausdrücklicher Genehmigung der Lehrkraft ist das strikte Verbot aufgehoben.

Geruch
Manche Flüssigkeiten und Gase riechen charakteristisch. Bei Geruchsproben ist äußerste Vorsicht geboten. Um kleine Stoffportionen in die Nase zu bekommen, fächelt man sie sich mit der Hand zu. Auch hier gilt: Nur auf Anweisung der Lehrkraft.

Glanz
Einige Stoffe zeigen einen typischen Oberflächenglanz, der häufig erst nach Bearbeiten der Oberfläche mit Schmirgelpapier o. ä. deutlich zu sehen ist. Das gilt vor allem für Metalle.

Einfache qualitative Experimente

Um die qualitativen Eigenschaften eines Stoffes beurteilen zu können, bedarf es weitergehender Untersuchungen.

Härte
Die Härte bezeichnet den Widerstand, den ein Festkörper dem Eindringen eines anderen Körpers entgegensetzt. Von zwei verschieden harten Körpern ist derjenige härter, der den anderen ritzt. Mit einem Stück Glas kann man Wachs ritzen (nicht aber umgekehrt), mit einem Diamanten läßt sich Glas ritzen (nicht aber umgekehrt) ▶ 165.1, 166.5/6.

Verformbarkeit
Manche Stoffe lassen sich leicht verformen, andere schwer oder gar nicht. Wachs,

Gas
Das Wort Gas geht wahrscheinlich auf Paracelsus (1493–1541) zurück und entstammt dem griechischen Wort ‚chaos' = leerer Raum. Es diente als Sammelbegriff für verschiedene „Luftarten", also Gase.

1 Ritzen

Materialhärte
Die Härte von Materialien kann durch Ritzen festgestellt werden. MOHS hat eine Skala aufgestellt, die von 1 bis 10 reicht und auf zehn Standardmineralien beruht.

Stoffe und Körper

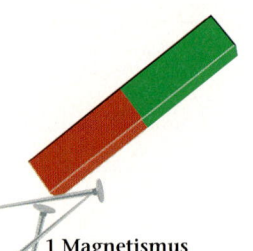

1 Magnetismus

Magnetismus
Korrekterweise müsste man immer von ferromagnetisch sprechen, da es sich bei den genannten Stoffen um kristalline Modifikationen von Eisen, Kobalt und Nickel handelt.

3 Brennbarkeit

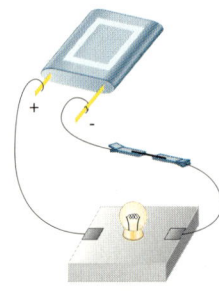

+   −

4 Leitfähigkeit

2 Verformbarkeit

Knete, Gummi oder Kupferdraht lassen sich verbiegen, dicke Rundstäbe aus Glas oder Eisen bzw. gehärtetem Stahl dagegen nicht. Es gibt aber noch weitere Unterschiede: Wachs, Knete oder Kupferdraht behalten nach dem Verformen ihre Gestalt bei, Gummi nimmt dagegen die ursprüngliche Gestalt wieder an. Gummi ist elastisch, Glas ist spröde und Eisen bzw. gehärteter Stahl lassen sich bei großem Kraftaufwand verbiegen ▶ 166.2.

Löslichkeit

Unter Löslichkeit versteht man die Menge eines bestimmten Stoffes, die sich in einer vorgegebenen Lösungsmittelportion (z.B. 100 g Wasser) bei gegebener Temperatur gerade noch lösen lässt. Bei festen Stoffen wächst die Löslichkeit meist mit steigender Temperatur, bei Gasen nimmt die Löslichkeit dagegen ab. So löst sich bei warmer Witterung erheblich weniger Sauerstoff im Wasser als in der kalten Jahreszeit. Fische „mögen" es also lieber kühl als zu warm.

Brennbarkeit

Viele Stoffe beginnen zu brennen, wenn sie in die Flamme gehalten werden. Manche

Stoffe brennen leicht. Eine niedrige *Flammtemperatur* haben Alkohol und Benzin, andere lassen sich nur schwer entzünden. Kohle hat zum Beispiel eine hohe Flammtemperatur. Beim Anzünden entstehen Dämpfe, nur diese sind brennbar. Zum Entzünden ist aber nicht unbedingt eine offene Flamme erforderlich. Ein Feuer kann auch an einer heißen Oberfläche (z.B. einer Herdplatte) entstehen. Die dazu nötige Temperatur heißt *Zündtemperatur* oder Entzündungstemperatur ▶ 166.3.

Magnetismus

Es gibt nur einige magnetische Stoffe; dazu gehören die Metalle Eisen, Kobalt und Nickel, aber auch Legierungen dieser Stoffe. Wird ein Gegenstand von einem Magneten angezogen, so enthält dieser Gegenstand häufig einen dieser drei Stoffe oder eine ihrer Verbindung oder auch ihrer Legierungen ▶ 166.1.

Mineral	Härtegrade nach Mohs	alternative Ritzmaterialien
Talk	1	
Gips	2	Steinsalz, Fingernagel
Kalkspat	3	Kupfer
Flussspat	4	Eisen
Apatit	5	Kobalt
Orthoklas	6	Rhodium, Silicium, Wolfram
Quarz	7	
Topas	8	Chrom, gehärteter Stahl
Korund	9	Saphir
Diamant	10	

5 Härteskala von Mohs

Weitere Beispiele	Härte
Kalium	0,5
Graphit	1
Blei	1,5
Schwefel	2
Gold, Silber	2,5
Messing	3,5
Glas	4 bis 6
Stahl	5 bis 8
Granat	6 bis 7
Porzellan	7
Hartmetall	9,5

6 Härtegrade weiterer Stoffe

Leitfähigkeit

Schon vor langer Zeit teilte man die Stoffe in Metalle und Nichtmetalle ein. Metalle leiten die Wärme und den elektrischen Strom, Nichtmetalle tun dies nicht. Schwefel oder destilliertes Wasser leiten weder Strom noch Wärme. Sie sind Isolatoren. Trinkwasser wiederum ist wegen der im Wasser gelösten Salze ein Leiter, eine Zuckerlösung dagegen nicht. Der Grund liegt darin, dass Salze aus Ionen (geladenen Teilchen) aufgebaut sind, Zucker aber aus (ungeladenen) Molekülen besteht ▶ 166.4.

Quantitative Experimente

Möglichkeiten, um zu quantitativen Aussagen über einen Stoff zu gelangen, sind die Bestimmung seiner Dichte, seiner Schmelz- und Siedetemperatur.

Dichte

Die Dichte ρ eines Stoffes ist der Quotienten aus Masse m und Volumen V:

$$\rho = m/V$$

Die Masse m wird mit einer Waage ermittelt ▶ 167.2. Das Volumen V ist bei regelmäßigen

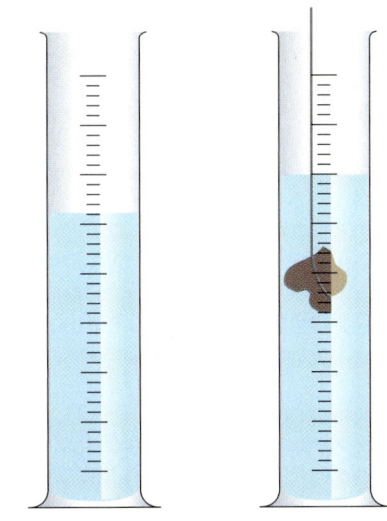

1 Volumenbestimmung

Waage 0,01 g

2 Massenbestimmung

oder normierten Körpern vorgegeben oder lässt sich leicht errechnen. Ansonsten wendet man das *Prinzip von Archimedes* an. Demnach verliert ein Körper beim Eintauchen in eine Flüssigkeit soviel an Gewichtskraft, wie die von ihm verdrängte Flüssigkeitsmenge wiegt. Ein in Wasser eintauchender Körper erfährt einen Auftrieb, d. h. er ist scheinbar leichter.

Um die Dichte eines unregelmäßig geformten Körpers zu bestimmen, wird zuerst

Elektrische Leitfähigkeit
Eisen, Aluminium, Kupfer, Silber u. v. a. Metalle zeigen elektrische Leitfähigkeit und leiten Wärme.

Dichte
Die Dichte [rho = ρ] ist der Quotient aus Masse m und Volumen V.

feste Stoffe	Dichte bei 20 °C in	flüssige Stoffe	Dichte bei 20 °C in g/ml	gasförmige Stoffe	Dichte bei 0 °C in g/l
Aluminium	2,699	Aceton	0,791	Ammoniak	0,7713
Blei	11,35	FAM-Benzin	ca. 0,7	Argon	1,784
Eisen	7,87	Brom	3,12	Ethan	1,3566
Gips	2,2 … 2,3	Ethanol	0,789	Chlor	3,214
Gold	19,32	Ether	0,714	Helium	0,1785
Holz	0,4 … 1,2	Glycerin	1,261	Kohlenstoffdioxid	1,977
Kalkstein	2,7 … 2,9	Meerwasser	ca. 1,03	Luft	1,2930
Kochsalz	2,16	Quecksilber	13,55	Methan	0,7168
Kupfer	8,93	Wasser	0,998	Ozon	2,144
Magnesium	1,74			Radon	9,73
Messing	8,56			Sauerstoff	1,42895
Natrium	0,97			Schwefeldioxid	2,926
Platin	21,45			Stickstoff	1,2505
Schwefel	2,07			Stickstoffmonooxid	1,340
Silber	10,5			Wasserstoff	0,08988
Silicium	2,32				
Stahl	7,6 … 8,0				
Zink	7,14				
Zinn	7,30				

3 Dichte ausgewählter Stoffe bei Normdruck

1 Aräometer

Aräometer
Es besteht aus einer Glasspindel, die unten mit Bleikügelchen beschwert ist. In der Spindel liegt eine Skala, auf der man in Abhängigkeit zur Eintauchtiefe direkt die betreffende Dichte ablesen kann.

mit der Waage die Masse des Körpers ermittelt. Dann wird sein Volumen durch Wasserverdrängung bestimmt. Da die Dichte (Wasser) 1 g/ml beträgt, entspricht die gemessene Masse dem Volumen des Körpers ▶ 167.1/2.

Zur Bestimmung der Dichte von Flüssigkeiten kann man das Volumen mit Hilfe eines geeichten Gefäßes (z. B. einem Standzylinder mit Milliliter-Skala, einer Vollpipette) oder eines Aräometers bestimmen ▶ 168.1.

Schmelztemperatur
Die Schmelztemperatur eines Stoffes ist diejenige Temperatur, bei der die feste und die flüssige Phase des Stoffes bei p = 1013 hPa miteinander im Gleichgewicht stehen ▶ 168.2. In diesem Sinne ist die Gefriertemperatur oder Erstarrungstemperatur identisch mit ihr. Die Schmelztemperatur ist der Übergang von fest nach flüssig, die Erstarrungstemperatur der Übergang von flüssig nach fest.

Beim Schmelzen geht ein Stoff vom geordneten festen Zustand in den ungeordneten flüssigen Zustand über. Die geordnete Gitterstruktur der Teilchen ist nun zerstört. Die Energie (Wärme), die dafür aufgebracht werden muss, heißt *Schmelzwärme*. Beim Übergang von flüssig nach fest wird der gleiche Wärmebetrag – wegen des Energieerhaltungssatzes – wieder freigesetzt. Die Schmelz-

temperatur eines reinen Stoffes ist eine charakteristische Größe und kann somit zu dessen Identifizierung herangezogen werden. Im allgemeinen liegen die Schmelztemperaturen anorganischer Verbindungen – wie z. B. von Salzen – höher als die Schmelztemperaturen organischer Verbindungen.

Siedetemperatur
Die Siedetemperatur eines Stoffes ist diejenige Temperatur, bei der die flüssige und die gasförmige Phase des Stoffes bei p = 1013 hPa miteinander im Gleichgewicht stehen. In diesem Sinne ist die Kondensationstemperatur identisch mit ihr.

Bei der Siedetemperatur (Sieden, Verdampfen) geht ein Stoff von einem schwach geordneten flüssigen Zustand in den völlig ungeordneten gasförmigen Zustand über. Jegliche Ordnung der Teilchen ist nun zerstört und die Partikel können sich völlig frei bewegen und in dem gesamten zur Verfügung stehenden Raum aufhalten. Dabei stoßen die Teilchen fortwährend zusammen und tauschen Energie untereinander aus. Die Energie (Wärme), die für den Übergang von flüssig nach gasförmig aufgebracht werden muss, heißt *Verdampfungswärme*.

Die Siedetemperatur eines reinen Stoffes ist ebenfalls eine charakteristische Größe und kann zu seiner Identifizierung dienen.

T_{sl} = Schmelztemperatur, T_{lg} = Siedetemperatur

feste Stoffe			flüssige Stoffe			gasförmige Stoffe		
	T_{sl}	T_{lg}		T_{sl}	T_{lg}		T_{sl}	T_{lg}
Aluminium	660	2467	Aceton	– 95	56	Ammoniak	– 78	– 33
Blei	327	1740	Benzin		90 .. 180	Argon	– 189	– 186
Eisen	1535	2750	Brom	– 7	59	Ethan	– 183	– 88
Gold	1064	3080	Ethanol	– 117	78	Chlor	– 101	– 35
Kochsalz	800	1440	Ether	– 116	35	Helium	– 272	– 269
Kupfer	1083	2567	Glycerin	18	290	Kohlenstoffdioxid	subl.	– 78
Magnesium	649	1107	Diesel/Heizöl	70 … 100	200 … 300	Luft	2	– 194
Natrium	98	883	Meerwasser	< 0	> 100	Methan	– 18	– 161
Platin	1772	3727	Quecksilber	– 39	356	Sauerstoff	– 219	– 183
Schwefel	113	445	Wasser	0	100	Schwefeldioxid	– 72	– 10
Silber	962	2212				Stickstoff	– 210	– 196
Stahl	~ 1200	~ 3000				Wasserstoff	– 259	– 253
Zink	419	907						
Zinn	232	2270						

2 Schmelz- und Siedetemperaturen von ausgewählten Stoffen bei Normdruck in °C

Gemisch und chemische Verbindung

Jeder Stoff hat ganz bestimmte Eigenschaften, an denen man ihn erkennen kann. Man kann auch sagen, jeder Stoff hat seinen eigenen *Steckbrief*. Es gilt nun, die Methoden auszusuchen und festzulegen, nach denen dieser Steckbrief erstellt werden kann.

Dazu muss ein Gegenstand, der aus einem bestimmten Stoff besteht, so beschrieben werden, dass seine charakteristischen Merkmale definiert sind. Es sollen nur Methoden berücksichtigt werden, die in der Schule zum Einsatz kommen können.

Eine Besonderheit liegt dann vor, wenn sich der Stoff beim Erhitzen dauerhaft verändert, das heißt, wenn ein neuer Stoff mit neuen Eigenschaften entsteht. Man spricht dann von einer *chemischen Reaktion*. Diese Änderung ist immer stofflicher und energetischer Natur.

Beispiele sind das Erhitzen (Karamelisieren) von Zucker oder das Verbrennen von Holz, Kohle, Heizöl usw.

Reinstoffe und Stoffgemische

In der Natur treten Reinstoffe meist zusammen mit anderen Stoffen vermischt („verunreinigt") auf. Ist die Verunreinigung vernachlässigbar klein, sprechen wir trotzdem von einem Reinstoff.

Mischt man zwei oder mehrere unterschiedliche Stoffe miteinander, so erhält man *Gemische*. Dabei kann prinzipiell jedes

Lexikon

Merkmale eines Reinstoffs
- Unter einem Reinstoff verstehen wir in der Chemie eine Substanz (einen Stoff), die in unvermischter Form, also rein, vorliegt.
- Ein Reinstoff ist aus identischen Teilchen aufgebaut. Dabei kann es sich um Atome, Moleküle oder Ionen handeln.
- Ein Reinstoff lässt sich nicht mehr auf physikalischem Weg in weitere Bestandteile zerlegen bzw. in unterschiedliche Stoffe auftrennen.
- Ein Reinstoff ist – bei gleichem Aggregatzustand – immer homogen und besitzt völlig einheitliche , für ihn typische Eigenschaften. Dichte, Schmelz- und Siedetemperaturen zählen dazu.
- Ist ein Reinstoff nur aus einer Atomsorte aufgebaut, spricht man von einem Element.
- Das Gegenteil von einem Reinstoff ist ein Gemisch.

1 Stoffgemisch

Reine und unreine Stoffe
Ob wir einen Stoff als verunreinigt oder sauber (rein) bezeichnen, hängt auch von seinem Einsatz ab. Trinkwasser, das weniger als 1 mg Kochsalz in 1 l Wasser (1 mg/l) enthält, bezeichnen wir als frei von Natriumchlorid. Enthält es dagegen 1 mg Quecksilber in 1 l Wasser oder chlorierte Kohlenwasserstoffe, reden wir von stark belastetem Trinkwasser, weil es schädlich für den menschlichen Organismus ist.

Aggregatzustände der Bestandteile vor der Gemischbildung	Heterogene Gemische (heterogene Systeme)	Homogene Gemische (homogene Systeme)
fest – fest	Gesteine (z. B. Granit), Bauschutt (Steine und Stahl), Fester Müll	Legierungen (Messing aus Cu und Zn, Bronze aus Cu und Sn)
fest – flüssig	Suspensionen, Aufschlämmungen (Lehm in Wasser)	echte Lösungen (Sole bzw. Salzlösungen)
fest – gasförmig	Rauch, Staub, poröses Material (z. B. Gasbetonsteine)	z. B. Wasserstoff oder Sauerstoff in Platin oder Stahl
flüssig – flüssig	Emulsionen (z. B. Milch = Fetttröpfchen in Wasser)	echte Lösungen (z. B. Essig = Essigsäure in Wasser)
flüssig – gasförmig	Nebel (z. B. Wasser in Luft), Schaum (z. B. Luft in Seifenlauge)	echte Lösungen (Sprudel = Kohlenstoffdioxid in Wasser; Trinkwasser, Teichwasser, Meerwasser = Luft in verschiedenen Wässern)
gasförmig – gasförmig	keine	Gasgemische mischen sich unbegrenzt; es sind also immer homogene Gemische

2 Mögliche Aggregatzustände von Gemischen

Mischungsverhältnis hergestellt werden. Die Verteilung der Stoffe ineinander kann völlig gleichmäßig (*homogen*) oder ungleichmäßig (*heterogen*) sein.

Bei der überwiegenden Mehrzahl der Stoffe in unserem Alltag und in unserer Umwelt handelt es sich um Stoffgemische. Man spricht von einem Gemisch, von einer *Mischung* oder von einem *Gemenge*.

In einem Gemenge sind die charakteristischen Eigenschaften der reinen Stoffe erhalten. Heterogene Gemenge finden wir häufig bei Feststoffen. Die homogenen Gemische sind einheitlich aufgebaut. Auch sie gibt es in großer Vielzahl, vor allem bei Flüssigkeiten und Gasen ▶ 169.1.

Binäre Gemenge

Für eine systematische Ordnung der Materie bietet es sich an, einen Stoff etwa wie folgt zu klassifizieren: Die Materie kann als heterogenes oder homogenes Gemisch vorliegen. Ist das Gemenge heterogen, muss es auf physikalischem Weg in homogene Stoffe zerlegt werden. Liegt ein homogenes System vor, kann es ein Reinstoff oder aber eine Lösung sein. Um aus einer Lösung einen Reinstoff zu erhalten, muss wieder eine physikalische Trennung vorgenommen werden. Die Reinstoffe mit definierter Zusammensetzung lassen sich in *Verbindungen* und *Elemente* einteilen. Der Weg von einer Verbindung zu einem Element kann aber nur durch eine *chemische Umwandlung* erfolgen. Hierbei werden vorhandene Bindungen gespalten. So muss Wasser als Wasserstoffoxid in Wasserstoff und Sauerstoff aufgetrennt werden, erst dann liegen die Elemente vor. Wir verstehen dabei unter einem Element einen Reinstoff, der nicht in einfachere Stoffe zerlegt werden kann. Eine Verbindung ist eine Reinsubstanz, die aus zwei oder mehr Elementen gebildet werden kann ▶ 170.1.

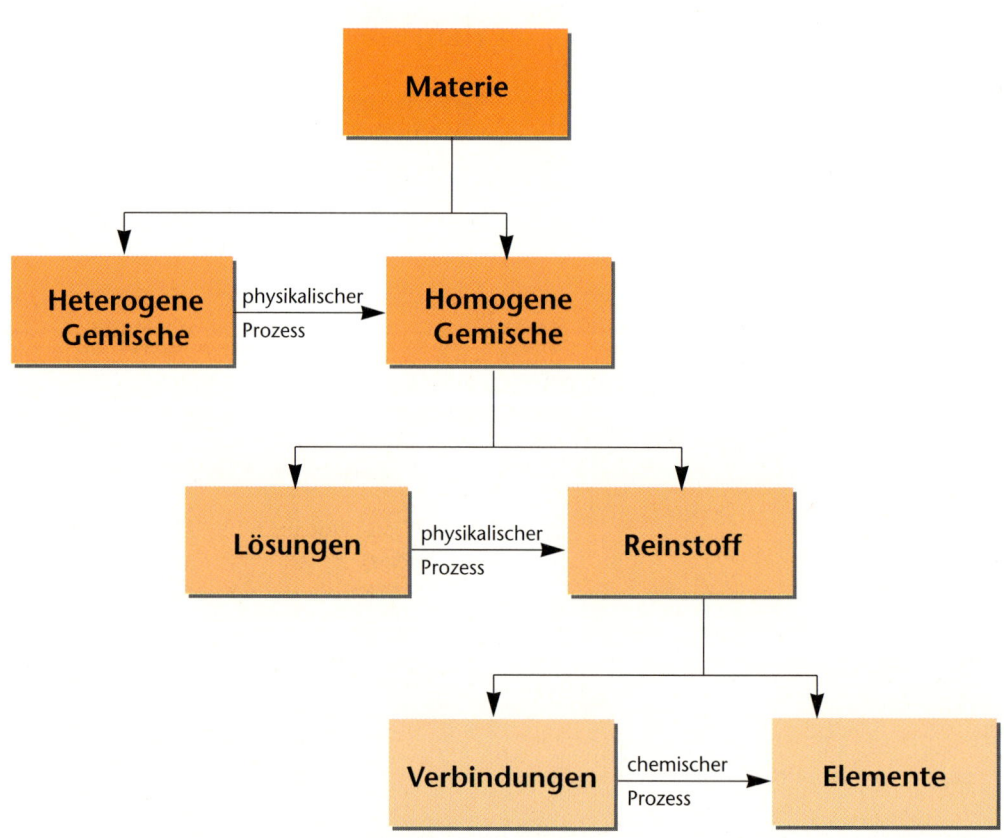

1 Charakteristika von Gemenge und chemischer Verbindung

Mischen und Trennen

Mindestens genauso bedeutsam wie die Unterscheidung zwischen Stoffen und Körpern ist der Unterschied zwischen Gemenge und chemischer Verbindung ▶ 171.1.

Im Alltag fällt es uns meist leicht, verschiedene Stoffe miteinander zu mischen, z.B. bei der Zubereitung von Speisen. In Wissenschaft und Technik kann das völlig anders sein.

Wissenschaftlich formuliert bedeutet Mischen eine möglichst gleichmäßige Verteilung verschiedener Stoffe ineinander.

Das Vermischen von Gasen ist wegen der hohen Geschwindigkeiten, mit denen sich die Moleküle bewegen, leicht. Das Vermischen in flüssiger Phase ist meist aufwändiger, da sich echte Lösungen oder auch nur *Emulsionen* bilden können ▶ 172.1. Bei Systemen fest-flüssig und fest-fest kann das Mischen manchmal recht schwierig sein.

Für die Schule wichtiger als das Mischen ist allerdings das Trennen von Gemischen.

Da in einem Gemenge die Eigenschaften der einzelnen Stoffe erhalten bleiben, ist eine Trennung auf physikalischem Wege möglich, wenn sich die beteiligten Stoffe zumindest in einer Eigenschaft unterscheiden.

Mischungen
fest – fest
fest – flüssig
fest – gasförmig
flüssig – flüssig
flüssig – gasförmig
gasförmig – gasförmig

Gemenge – Gemische – Mischung	Chemische Verbindung
Ein Gemenge ist durch einen physikalischen Vorgang entstanden (Mischen).	Eine chemische Verbindung ist durch eine chemische Reaktion entstanden (Synthese).
Die Eigenschaften der reinen Stoffe, aus denen sich das Gemisch zusammensetzt, bleiben erhalten.	Die Eigenschaften der Stoffe, aus denen sich eine chemische Verbindung bildet, bleiben nicht erhalten.
In einem Gemenge können die beteiligten Stoffe (Elemente, Verbindungen) in jedem Massenverhältnis miteinander vermischt vorliegen.	In einer Verbindung treten die beteiligten Elemente stets in einem bestimmten Massenverhältnis auf.
Ein Gemenge kann man mit Hilfe physikalischer Trennverfahren in seine Bestandteile zerlegen.	Eine chemische Verbindung kann nur mit Hilfe chemischer Reaktionen (Analyse) in ihre Bestandteile zerlegt werden.

1 Charakteristika von Gemenge und chemischer Verbindung

Gemisch	Trennverfahren	Eigenschaft	Bedeutung in Alltag, Umwelt und Technik
weiße und schwarze Schachfiguren	Aussortieren, Auslesen	Farbe	Spielsituation
Sand und Kies	Sieben	Teilchengröße	auf dem Bau
Sand und Salz	(Heraus)lösen	Löslichkeit	Salzgewinnung
Sand und Kork	Aufschwimmen	Schwimmfähigkeit	(Metalleffekt-Pigmente)
Sand und Gold	Aufschlämmen	Dichte (Schwere)	Goldwäscherei
Büroklammern Eisen und Kunststoff	Magnettrennen	Magnetismus	Recycling
Spreu und Weizen	Windsichten	Dichte (Schwere)	Landwirtschaft
Farbstoffmischungen	Chromatographie	Verteilung in zwei Phasen	Analytik

2 Trennen von fest – fest

Stoffe und Körper

Lösung
*Kleinste Teilchen (Atome, Moleküle, Ionen) verteilen sich **homogen** (Meerwasser).*

Suspension
*Verteilung kleinster, **fester** Teilchenportionen in einer Flüssigkeit (Lehm – Wasser)*

Emulsion
*Verteilung **kleinster** Flüssigkeitsportionen in einer Flüssigkeit (Milch, Seifenlösung).*

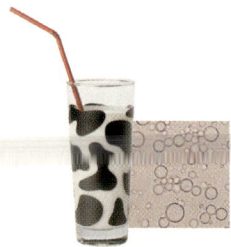

1 Emulsion

Lexikon

Trennverfahren

- **Sieben** ist das Trennen eines körnigen Gutes nach Korngröße, wobei eine durchbrochene Fläche den Durchgang der feinen Anteile gestattet und die gröberen zurückhält.
- **(Heraus)lösen** oder **Extrahieren** ist das Trennen eines Stoffgemisches durch Herauslösen einzelner Komponenten mit Hilfe eines Lösungsmittels.
- **Aufschlämmen** ist das Trennen eines festen Stoffgemisches durch Ausnutzen der unterschiedlichen Sedimentationsgeschwindigkeit der Teilchen in einer Flüssigkeit.
- **Magnettrennen** ist das Trennen fester (metallischer) Stoffe durch Ausnutzen der magnetischen Eigenschaften.
- **Chromatografie** bezeichnet ein Trennverfahren, bei dem die zu trennenden Substanzen über zwei Phasen verteilt sind (z. B. fest und flüssig oder flüssig und gasförmig). Aufgrund unterschiedlicher Adsorptionsfähigkeit der stationären Phase (z. B. Kreide) und des Löslichkeitsvermögens (Fließmittel) der Substanzen werden die Komponenten örtlich voneinander getrennt.

Fest–fest–Gemenge, fest–flüssig–Gemenge, flüssig–flüssig–Gemenge und flüssig–gasförmig–Gemenge können durch vielerlei Verfahren in ihre Reinsubstanzen aufgetrennt werden.

Trennverfahren

Fest – flüssig

Heterogene Gemenge von Feststoffen und Flüssigkeiten können durch Filtrieren und Dekantieren, durch Zentrifugieren und Adsorbieren voneinander getrennt werden.

- *Filtrieren* ist das Abtrennen von Feststoffteilchen aus einer Flüssigkeit mit Hilfe einer für die Flüssigkeit durchlässigen Schicht (Filtermittel), die aber die Feststoffteilchen zurückhält. Das Verfahren ähnelt dem Sieben, nur sind bei der Filtration die „Maschenweiten" sehr viel kleiner ▶ 172.2.

- *Dekantieren* ist das Trennen eines fest-flüssig-Gemenges durch Abgießen der Flüssigkeit vom (festen) Bodensatz.

- *Zentrifugieren* ist das Trennen eines fest-flüssig-Gemenges durch Anwendung der Fliehkraft. Das Trennen erfolgt aufgrund der unterschiedlichen Dichte. Je größer die Fliehkraft ist, desto wirksamer und schneller ist die Trennung.

- *Adsorbieren* ist das Anlagern von Teilchen eines Stoffes (Gase oder Flüssigkeiten) an Oberflächen eines Feststoffes. Fein verteilter Kohlenstoff ist ein solcher Feststoff.

Flüssig – flüssig

Zwei Möglichkeiten um flüssige Stoffe voneinander zu trennen, sind das Abscheiden und Destillieren.

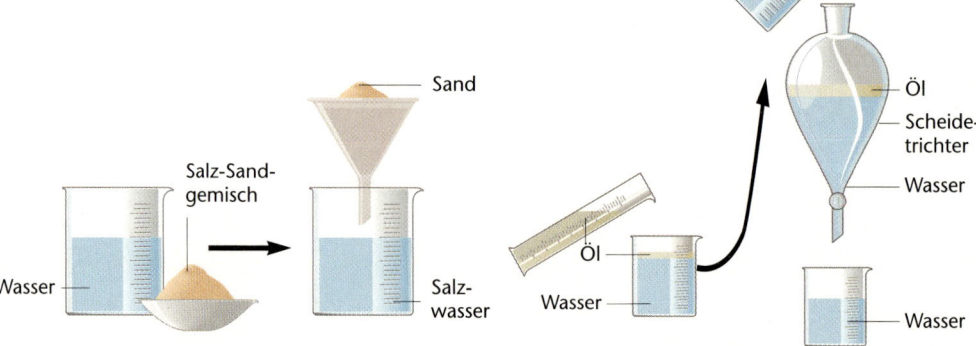

2 Filtration: Ein Salzwasser-Sandgemisch wird filtriert.

3 Abscheiden: Trennung eines Öl-Wasser-Gemisches mittels eines Scheidetrichters

- **(Ab)Scheiden** ist das Abtrennen zweier nicht ineinander löslicher Flüssigkeiten aufgrund ihrer unterschiedlichen Dichte. Verwendet wird dafür ein Scheidetrichter ▶ 172.3.
- **Destillieren** ist das Abtrennen der leichter siedenden Komponente eines flüssigen Stoffgemisches durch Überführen in die Gasphase mit anschließender Kondensation ▶ 173.1.

Flüssig – gasförmig

Solche Gemische können in homogener oder heterogener Form vorliegen. An dieser Stelle wird die Trennung des homogenen Systems Wasser – Luft durch Austreiben erläutert.

- **Austreiben** ist das Entfernen eines Gases aus einer Flüssigkeit durch Temperaturerhöhung oder Druckverminderung.

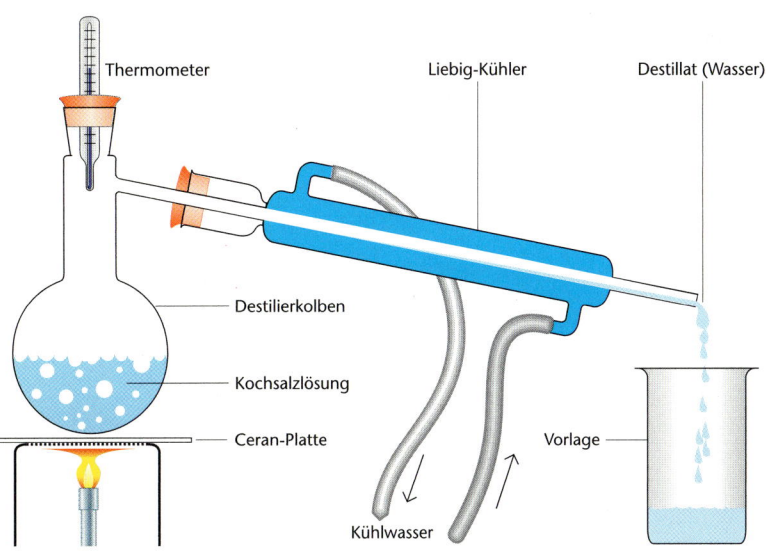

Thermometer — Liebig-Kühler — Destillat (Wasser) — Destilierkolben — Kochsalzlösung — Ceran-Platte — Kühlwasser — Vorlage

1 Destillation: Wasser verdampft beim Erhitzen. Salz bleibt im Destillierkolben zurück.

Trennen von fest-flüssig			
Heterogenes Gemisch	**Trennverfahren**	**Eigenschaft**	**Bedeutung in Alltag, Umwelt und Technik**
Wasser und Erde (Matsch)	Filtrieren	Teilchengröße	Kaffee- und Teezubereitung, Abwasserreinigung
Wasser und feiner Sand	Dekantieren	Dichte Sinkgeschwindigkeit	Abwasserreinigung, Kaffeesatz abgießen, Gänsefett abtrennen
Wasser und Kreidepulver	Zentrifugieren	Dichte	(Wäscheschleuder)
Homogenes Gemisch	**Trennverfahren**	**Eigenschaft**	**Bedeutung in Alltag, Umwelt und Technik**
Wasser und Salz (Meerwasser)	Destillieren	Siedetemperaturen	(Trinkwassergewinnung)

Trennen von flüssig – flüssig			
Heterogenes Gemisch	**Trennverfahren**	**Eigenschaft**	**Bedeutung in Alltag, Umwelt und Technik**
Wasser und Öl	Scheiden	Dichte/Nichtlöslichkeit der Stoffe ineinander	Abwasserreinigung, Gänsefett abtrennen
Homogenes Gemisch	**Trennverfahren**	**Eigenschaft**	**Bedeutung in Alltag, Umwelt und Technik**
Wasser und Alkohol	Destillieren	Siedetemperaturen	Brennerei

Trennen von flüssig – gasförmig			
Homogenes Gemisch	**Trennverfahren**	**Eigenschaft**	**Bedeutung in Alltag, Umwelt und Technik**
Wasser und Luft	Austreiben	Lösungsvermögen	Sprudelwasser, Sekt, Wasser

2 Verschiedene Trennverfahren

Didaktische und methodische Hinweise

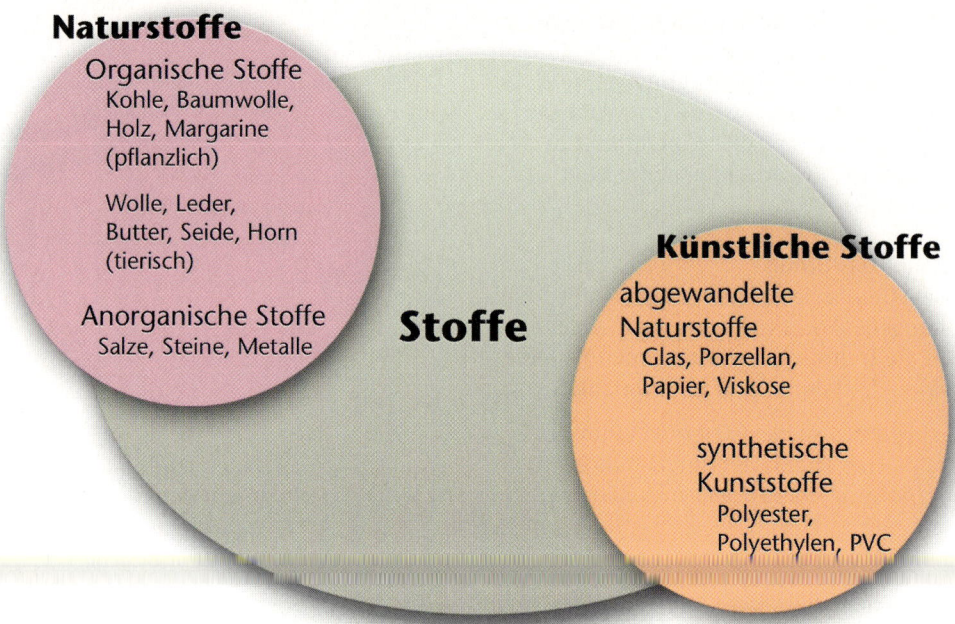

Naturstoffe

Organische Stoffe
Kohle, Baumwolle,
Holz, Margarine
(pflanzlich)

Wolle, Leder,
Butter, Seide, Horn
(tierisch)

Anorganische Stoffe
Salze, Steine, Metalle

Stoffe

Künstliche Stoffe

abgewandelte
Naturstoffe
Glas, Porzellan,
Papier, Viskose

synthetische
Kunststoffe
Polyester,
Polyethylen, PVC

Stoff und Körper

Für ein späteres Verständnis naturwissenschaftlicher Zusammenhänge ist es unverzichtbar, dass die Schülerinnen und Schüler zu Beginn des Chemieunterrichts lernen, klar und deutlich zwischen Stoffen und Körpern zu unterscheiden.

Als Beispiel kann der spielerische Umgang mit verschiedenen Stoffen und Dingen dienen. Dabei sollte man allerdings vermeiden, ganze Stoffklassen, wie z. B. Metalle, zur Klassifikation zuzulassen. Allzu häufig wird Metall mit Eisen gleichgesetzt. Dem sollte von Beginn an entgegengewirkt werden.

Da der Sachverhalt klar und das erforderliche Abstraktionsniveau für die Lernenden relativ gering ist, wird nachfolgend nur ein Tafelbild für eine mögliche Unterrichtsstunde dargestellt ▶ Lexikon, S. 175.

Der Grundsatz „Gleicher Stoff bedingt nicht gleiche Form, gleiche Form bedingt nicht gleichen Stoff" erlaubt es Gegenstände zu suchen und zu benennen, für die gilt: „Gleiches Material, aber verschiedene Form – gleiche Form, aber unterschiedliches Material."

Hinweis: Ein Gegenstand ist häufig nicht nur aus einem, sondern aus mehreren Materialien gefertigt.

Beispiele für den Unterricht

Angestrebte Lernziele

- Zwischen Stoffen und Gegenständen unterscheiden
- Bedeutungsähnliche Begriffe für „Stoff" und für „Gegenstand" kennen und anwenden
- Gegenstände beschreiben und nach Materialien ordnen
- erkennen, welche Eigenschaften ein Gegenstand haben muss, um seinen Zweck zu erfüllen
- Vorstellungen entwickeln, welches Material dafür in Frage kommt
- unvoreingenommen die Begriffe Stoff und Körper definieren können

Höchstwahrscheinlich erhält man zu diesen Fragestellungen eine Vielzahl unterschiedlicher Antworten.

Anhand ausgewählter Gegenstände, die aus bestimmten Stoffen hergestellt sind und unbedingt aus dem Alltag und dem Umfeld der Schüler stammen sollen, wird der Sachverhalt geklärt. Es muss von Beginn an deutlich werden: Chemie ist überall, in Alltag und Umwelt und ebenso in unserer und meiner direkten Umgebung. Es wird deutlich, dass die Gegenstände nicht nur aus verschiedenen Stoffen bestehen, sondern auch bestimmte Funktionen erfüllen müssen. Ein Luftballon aus Metall macht keinen Sinn.

- Ein *Gegenstand* beschreibt Stoff und Form, z. B. Holzstuhl, Ledertasche, Plastikchip.
- *Material* ist ein anderer Begriff für Stoff, Substanz, Werkstoff (zur Materie gehörend).
- Als *Stoff* wird jedes Material, unabhängig von seiner äußeren Form (z. B. Kochsalz) bezeichnet.
- Ein *Körper* ist ein Stoff, der in einer bestimmten Form vorkommt, z. B. als Porzellantasse, Blumenvase oder Kochtopf
- *Feststoffe* sind Stoffe, die bei Zimmertemperatur fest sind.

Stoffe und Stoffeigenschaften

Die Schüler sollen lernen, dass es *weniger* und *mehr* aussagekräftige Stoffeigenschaften gibt. Genau so wie Menschen leicht veränderbare Merkmale wie Kleidung, Haarlänge und Frisur haben, sind andere, z. B. Größe und Augenfarbe, über einen längeren Zeitraum konstant und wiederum andere – dazu gehören Geschlecht und Geburtsdatum – unveränderbar. Ebenso verhält es sich mit den Stoffeigenschaften. Auch diese sind unterschiedlich in ihrer Aussagekraft. Farbe, Geruch, Geschmack eines Stoffes beurteilen viele unterschiedlich. Die Merkmale sind also nicht objektivierbar. Dagegen sind Angaben über Schmelztemperatur, Siedetemperatur, Dichte usw. bei gegebenen äußeren Bedingungen (Druck) objektiv feststellbar. Bei sorgfältigen Messungen mit geeigneten Instrumenten wird man – abgesehen von geringfügigen Abweichungen – immer zum gleichen Ergebnis kommen.

Zu den Eigenschaften von Stoffen (Substanzen, Materialien), die man direkt beobachten kann, gehören Aggregatzustand, Farbe, Geschmack, Geruch und Glanz. Durch einfache Experimente sind Eigen-

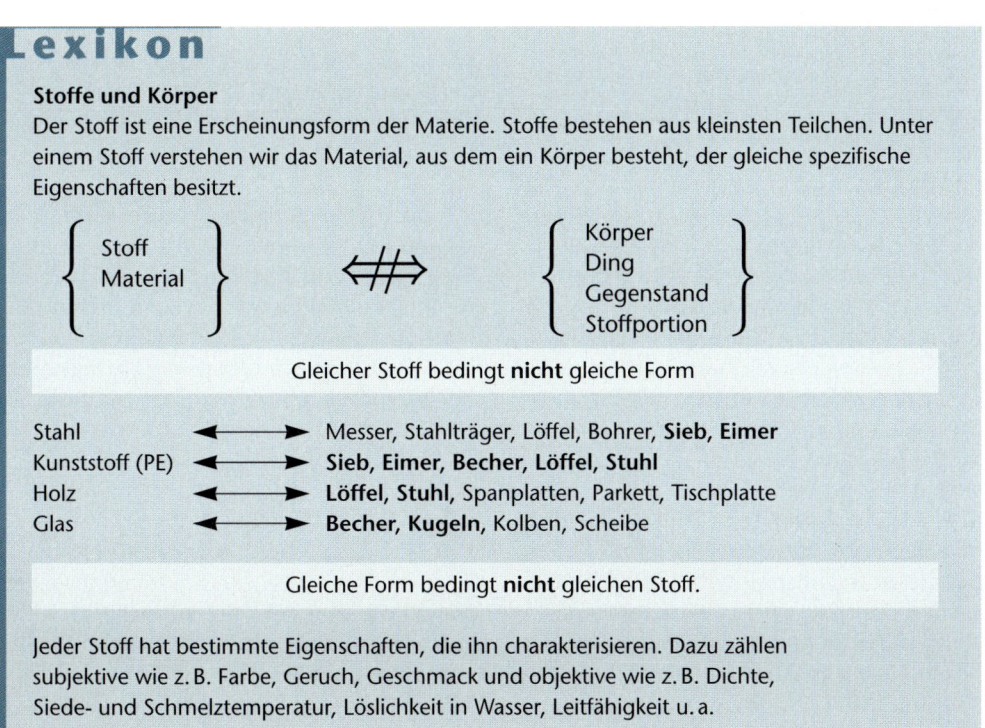

Lexikon

Stoffe und Körper

Der Stoff ist eine Erscheinungsform der Materie. Stoffe bestehen aus kleinsten Teilchen. Unter einem Stoff verstehen wir das Material, aus dem ein Körper besteht, der gleiche spezifische Eigenschaften besitzt.

$$\left\{ \begin{array}{l} \text{Stoff} \\ \text{Material} \end{array} \right\} \quad \nLeftrightarrow \quad \left\{ \begin{array}{l} \text{Körper} \\ \text{Ding} \\ \text{Gegenstand} \\ \text{Stoffportion} \end{array} \right\}$$

Gleicher Stoff bedingt **nicht** gleiche Form

Stahl	⟷	Messer, Stahlträger, Löffel, Bohrer, **Sieb, Eimer**
Kunststoff (PE)	⟷	**Sieb, Eimer, Becher, Löffel, Stuhl**
Holz	⟷	**Löffel, Stuhl,** Spanplatten, Parkett, Tischplatte
Glas	⟷	**Becher, Kugeln,** Kolben, Scheibe

Gleiche Form bedingt **nicht** gleichen Stoff.

Jeder Stoff hat bestimmte Eigenschaften, die ihn charakterisieren. Dazu zählen subjektive wie z. B. Farbe, Geruch, Geschmack und objektive wie z. B. Dichte, Siede- und Schmelztemperatur, Löslichkeit in Wasser, Leitfähigkeit u. a.

schaften wie Härte, Verformbarkeit und Löslichkeit in Wasser sowie Brennbarkeit, Magnetismus und elektrische Leitfähigkeit festzustellen. Die Beispiele sind so elementar gestaltet, dass sie keiner weiteren Erläuterung bedürfen.

Etwas komplexer wird der Sachverhalt, wenn man einfache quantitative Untersuchungen durchführen muss, um die Eigenschaften des interessierenden Stoffes zu ermitteln. In erster Linie zählen dazu Dichte, Schmelz- und Siedetemperatur.

Die Bestimmung der *Dichte* von Stoffen als charakteristische Größe sollte auf Feststoffe und Flüssigkeiten beschränkt bleiben.

Zur Bestimmung der Dichte von Flüssigkeiten wird das Volumen am einfachsten mit einem geeigneten Behälter bestimmt. Die Direktbestimmung des Volumens erfolgt mit einem geeichten Gefäß. Es bieten sich je nach Flüssigkeit und Flüssigkeitsmenge ein Standzylinder mit ml-Skala, ein Messkolben (100 ml) oder eine Vollpipette an. Voraussetzung für eine problemfreie Messung ist eine nicht zu hohe Viskosität (Zähigkeit) der Flüssigkeit. Man lässt z. B. die zu messende Flüssigkeit in einen Messkolben (100 ml), der auf einer Waage steht, fließen und bestimmt die Massenzunahme für das Volumen von 100 ml. Die Dichte errechnet sich aus:

$$\rho = m/V$$

Die Bestimmung der *Schmelztemperaturen* von Stoffen kann nur an ausgewählten Beispielen erfolgen. Die Temperaturen müssen leicht erreichbar und die Stoffe ungefährlich sein. Dies bezieht sich vor allem auf die Brennbarkeit und eine mögliche Giftigkeit der Substanz.

Die geeignetste Methode ist die sog. *Haltepunktmethode*. Man nützt dabei aus, dass Schmelz- und Erstarrungstemperatur eines Stoffes identisch sind. Der Haltepunkt lässt sich jedoch problemloser bestimmen als die Schmelztemperatur. Dabei nutzt man aus, dass beim Abkühlen der Flüssigkeit die Temperatur zunächst stetig sinkt. Dann bleibt sie aber für eine gewisse Zeitspanne konstant, weil nun die gesamte Flüssigkeit zum festen Körper erstarren muss. Bei diesem Vorgang wird die beim Aufheizen aufgewendete Energie als „Erstarrungswärme"

wieder an die Umgebung abgegeben. Die Temperatur bleibt so lange unverändert, bis die gesamte Flüssigkeit erstarrt ist. Erst dann sinkt sie kontinuierlich bis zur Raumtemperatur ab.

Auch die Bestimmung der *Siedetemperaturen* von Stoffen kann aus ähnlichen Gründen, wie eben genannt, nur an ausgewählten Beispielen erfolgen. ▶ Versuch 3

Beispiele für den Unterricht

Angestrebte Lernziele
- Stoffe und ihre Eigenschaften bestimmen
- verschiedene Stoffeigenschaften benennen
- wissen, wie man in Ausnahmefällen Stoffe „schmeckt und riecht"
- die Bedeutung objektiver Messverfahren erfassen und anderen Verfahren gegenüberstellen
- nach vorgegeben Versuchsvorschriften selbstständig arbeiten können
- eigene Versuchsvorschriften entwickeln lernen
- Versuchsergebnisse interpretieren

Wie durch direkte Beobachtung und einfache qualitative Experimente ein Stoff analysiert werden kann, wurde bereits detailliert erläutert ▶ S. 165–167. Zusätzliche Hinweise zum Thema quantitative Experimente ▶ S. 167/168 folgen an dieser Stelle.

Zur *Dichtebestimmung* von Feststoffen eignen sich vor allem Metalle aus dem Alltag (Eisen, Stahl, Kupfer). Aber auch anorganische Materialien wie Glas und organische Stoffe, z. B. Kork, Styropor, bieten sich an.

Zur Dichtebestimmung von Flüssigkeiten können neben Wasser auch Brennspiritus, Speiseöl und Meerwasser ($\rho > 1$ g/ml) verwendet werden. Chlorierte Kohlenwasserstoffe, Brom und Quecksilber sind wegen ihres Gefahrenpotenzials nicht erlaubt, auch wenn hier die Dichte erheblich größer als 1 g/ml ist.

Die Bestimmung einer weiteren charakteristischen Größe ist die *Schmelztemperatur*.

Sie wird am Beispiel von Kerzenwachs ▶ Versuch 1 und Zierzinn ▶ Versuch 2 beschrieben.

Laborgeräte

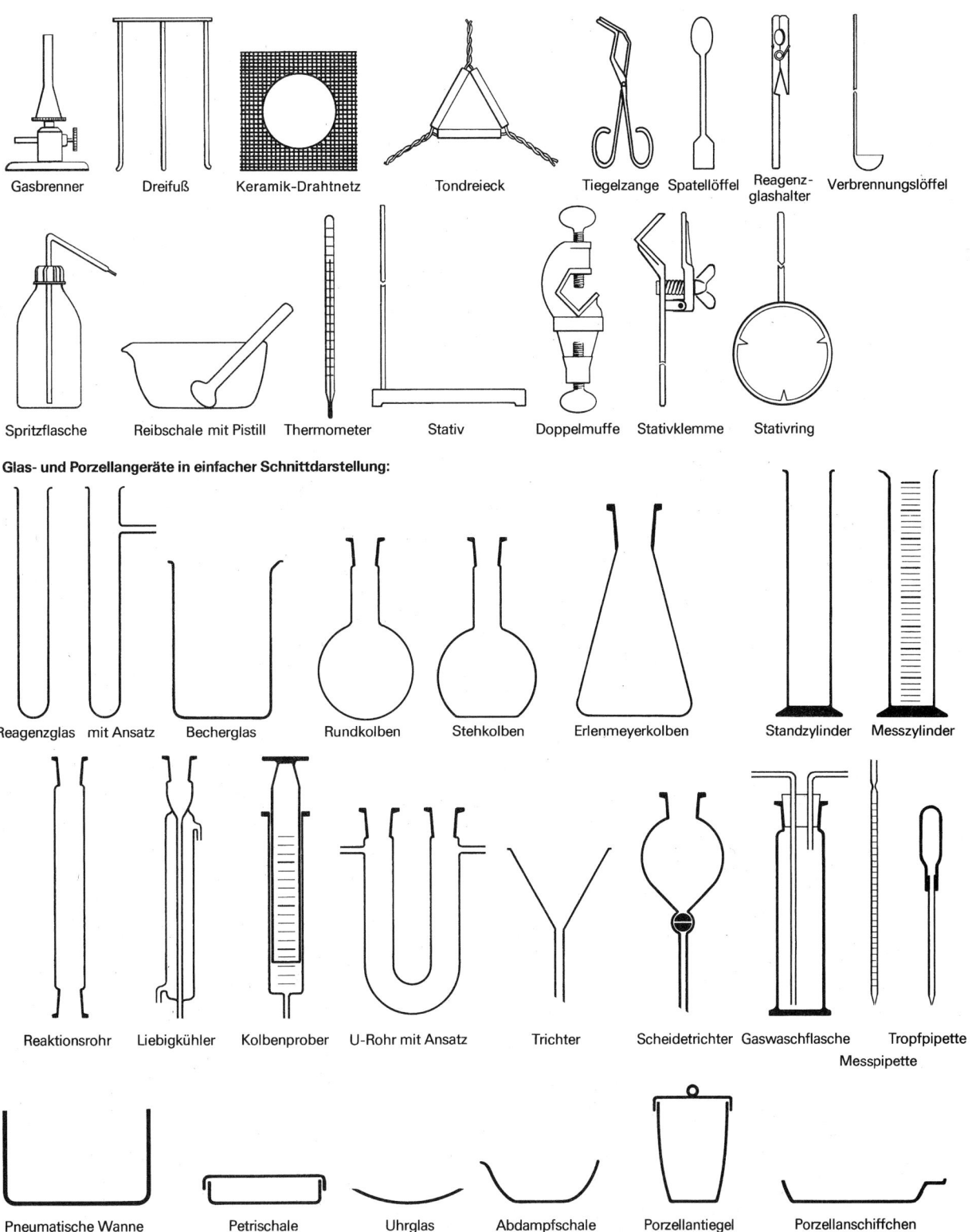

Gasbrenner Dreifuß Keramik-Drahtnetz Tondreieck Tiegelzange Spatellöffel Reagenz-glashalter Verbrennungslöffel

Spritzflasche Reibschale mit Pistill Thermometer Stativ Doppelmuffe Stativklemme Stativring

Glas- und Porzellangeräte in einfacher Schnittdarstellung:

Reagenzglas mit Ansatz Becherglas Rundkolben Stehkolben Erlenmeyerkolben Standzylinder Messzylinder

Reaktionsrohr Liebigkühler Kolbenprober U-Rohr mit Ansatz Trichter Scheidetrichter Gaswaschflasche Tropfpipette
Messpipette

Pneumatische Wanne Petrischale Uhrglas Abdampfschale Porzellantiegel Porzellanschiffchen

Stoffe haben „Steckbriefe"

Stoffe haben bestimmte Eigenschaften anhand derer man einen „Steckbrief" über sie erstellen kann. Besonders gut eignen sich dafür Metalle. Sie sollten so ausgewählt werden, dass sie allen geläufig sind, sich aber in ihren Eigenschaften so weit unterscheiden, dass eine Abgrenzung gut möglich ist.

Metalle sind generell gekennzeichnet durch eine Reihe von ähnlichen Eigenschaften, wie:
- Glanz (Oberflächenglanz)
- Verformbarkeit unter Druck
- elektrische Leitfähigkeit
- Wärmeleitfähigkeit
- geringe Lichtdurchlässigkeit
- großes optisches Reflexionsvermögen
- meist hohe Festigkeit

Aufgrund der von Natur aus zum Teil ähnlichen Eigenschaften der Metalle, sollte man sich vor allem an deren unterschiedlichen Merkmalen und weniger an deren Gemeinsamkeiten orientieren.

Reinstoffe und Stoffgemische

Der Begriff Reinstoff kommt in unserem Sprachgebrauch äußerst selten vor. Dagegen ist der Terminus Gemisch durchaus geläufig. Klar ist auch, wie man zu einem Gemisch (Gemenge) kommt.

Es gilt zunächst, Reinstoffe und Stoffgemische gegenüberzustellen. Die Schüler müssen erfassen und experimentell erfahren, wie Reinstoffe von Gemischen zu unterscheiden sind. Sieht ein Feststoff unter der Lupe oder dem Mikroskop ▶ Versuch 4 völlig gleichartig aus, sprechen wir (manchmal vorschnell) von einem Reinstoff. Hingewiesen werden muss aber auf die Tatsache, dass durch alleiniges Betrachten nicht zu entscheiden ist, ob es sich bei einer vorliegenden Substanz um einen Reinstoff oder ein Gemisch handelt.

Hinweis: Es ist sinnvoll, zunächst nur zwischen homogenen und heterogenen Systeme zu unterscheiden.

Wir können meist durch genaues Betrachten beurteilen, ob ein Stoffsystem *heterogen* oder *homogen* ist. Doch auch hier lauern Fallen. Ein Kieselstein sieht völlig anders aus als ein Sandkorn, trotzdem können sie physikalisch und chemisch identisch sein.

Beispiele für den Unterricht

Mischungen (Gemische, Gemenge) können homogen (gleichartig) und heterogen (verschiedenartig) aufgebaut sein ▶ Versuch 5.

Angestrebte Lernziele
- Die Begriffe Reinstoff und Stoffgemisch kennen
- zwischen gleichartigem und verschiedenartigem Aufbau unterscheiden
- die Fachbegriffe homogene und heterogene Gemische beherrschen
- die Begriffe Lösung, Suspension und Emulsion unterscheiden und richtig anwenden

Mischen und Trennen

> Ein Gemisch lässt sich nur dann auf physikalischem Weg trennen, wenn sich die Komponenten wenigstens in einer Eigenschaft unterscheiden.

Angestrebte Lernziele
- Verschiedene Trennverfahren kennen lernen und einordnen
- Die Trennverfahren Sieben, Dekantieren, Herauslösen, Magnetscheiden, Chromatografieren, Filtrieren, Destillieren, Adsorption, Abscheiden und Austreiben benennen und unterscheiden
- Einfache Trennverfahren selbständig entwickeln

Trennung von fest-fest
Zur Trennung grober fest-fest-Gemische eignen sich einfache Verfahren wie Aussortieren, Sieben, Magnettrennen, Chromatographie und Herauslösen ▶ Versuch 8.

Chromatografie
Die Chromatografie ist ein analytisches Trennverfahren, mit dem es gelingt, chemisch ähnliche und damit schwer trennbare Stoffe in hoher Reinheit – allerdings nur in kleinen Mengen – zu trennen. Das Verfahren wird vor allem bei Farbstoffgemischen, Zuckern, Aminosäuren, Vitami-

nen, Gasgemischen o. ä. eingesetzt ▶ Versuche 6/7.

Das Prinzip beruht darauf, dass eine mobile Phase (Lösungsmittel mit dem zu trennenden Gemisch) über eine stationäre Phase (z. B. Aluminiumoxid, Silicagel, Stärke, Cellulose) geführt wird.

Die in der mobilen Phase gelösten Substanzen treten dabei mit der stationären Phase in Wechselwirkung und werden je nach Molekülstruktur mehr oder weniger stark von der stationären Phase zurückgehalten (Adsorption). Weitere theoretische Erörterungen sollen hier nicht erfolgen.

Trennung fest-flüssig

Zu den Verfahren, mit deren Hilfe fest-flüssig-Gemische getrennt werden können, gehören Filtrieren, Dekantieren, Zentrifugieren und Destillieren.

Filtration

Die Filtration ist ein wichtiges Verfahren zur Trennung von fest-flüssig-Gemischen. In Schule und Labor bedient man sich vor allem genormter Filterpapiere. Besonders großen Wert sollte auf das Falten und Einlegen des Rundfilters gelegt werden. Durch zweimaliges Falten und Aufklappen entsteht ein Kegel. Der Filter wird in den Trichter gelegt und nach dem Anfeuchten mit etwas Wasser an die Wandung gedrückt. So erreicht man eine möglichst hohe Filtrationsgeschwindigkeit ▶ 179.1.

Extraktion

Generell versteht man darunter das selektive Herauslösen bestimmte Substanzen aus flüssigen oder festen Stoffgemischen mit Hilfe von Lösungsmitteln.

Bei dem Schulversuch werden Kokosraspeln mit Hilfe von Benzin oder Petrolether (Petroleumbenzin) extrahiert. Offenes Feuer ist dabei auf jeden Fall zu vermeiden. Auch wenn die Extraktion bei Zimmertemperatur stattfindet, ist wegen des hohen Dampfdrucks des brennbaren Lösungsmittels (Petrolembenzin) jegliches Gefahrenpotenzial zu minimieren. ▶ Versuch 9

Destillation

Theorie und Praxis der Destillation flüssiger Stoffgemische sind sehr kompliziert.

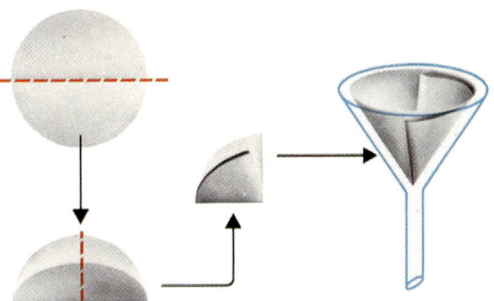

1 Falten eines runden Filterpapiers

Beschränkt man sich auf die Trennung von fest-flüssig-Gemischen, vereinfacht sich das Verfahren, denn die Siedetemperaturen der beiden zu trennenden Stoffe liegen so weit auseinander, dass eine vollständige Trennung problemlos möglich ist. Während der eine Stoff bei einer bestimmten Temperatur bereits überdestilliert (lat. destillare = herabtröpfeln), ist der andere Stoff noch weit davon entfernt, die Siedetemperatur zu erreichen. Durch Destillation ▶ Versuch 10 kann z. B. *Meerwasser entsalzt* werden ▶ 179.2. Am Beispiel von „künstlichem Meerwasser" (Salzlösung) sind die Prinzipien dieser Trennoperation leicht nachzuvollziehen. Da bei den gegebenen Temperaturen nur Wasser, nicht aber das Salz gasförmig wird, kann auch das Destillat nur aus Wasser bestehen. Der salzige Geschmack des Meerwasser ist also verschwunden, wenn man eine Probe aus der Vorlage vorsichtig kostet. Destilliert man soviel Wasser über, bis die Löslichkeitsgrenze unterschritten ist, so fällt im „Sumpf" das Kochsalz aus. Die Trennung der beiden

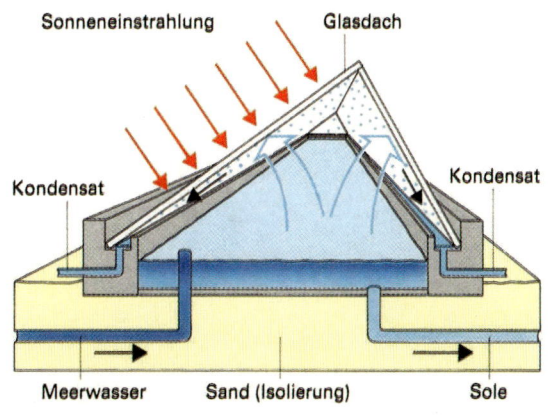

2 Entsalzung von Meerwasser

Stoffe Salz und Wasser wird offensichtlich, wenn man auf einen Objektträger einen Tropfen „Sumpfwasser" gibt und ihn durch die schwach fächelnde Bunsenbrennerflamme führt. Das Salz kristalliert fast augenblicklich aus. Das destillierte Wasser verdampft auf einem Objektträger rückstandsfrei.

Hinweis: Nachteil bei der Destillation ist die lange Versuchsdauer und die Gefahr von Glasbruch.

In einigen südlichen Ländern, in denen Trinkwasser ein sehr seltenes und deshalb äußerst wertvolles Gut ist, wird es durch Destillation gewonnen. In Mitteleuropa werden Destillationsverfahren vor allem zur Auftrennung von Erdöl zu Kohlenwasserstoffen wie Benzin, Heizöl und Schmierölen, aber auch zur Branntweinherstellung und vor allem in der chemischen Industrie eingesetzt.

Trennung flüssig-flüssig

Zwei nicht ineinander lösliche Flüssigkeiten zum Beispiel Wasser-Speiseöl oder Wasser-Benzin (Mineralöl) heißen heterogen. Speiseöl und Benzin (Mineralöl) lösen sich ineinander.

Abscheiden

Das geeignetste Verfahren, um solche Gemische zu trennen, ist das Abscheiden mittels eines Scheidetrichters, weniger gut gelingt die Trennung durch Dekantieren. Die Stoffe lassen sich um so leichter trennen, je größer die Dichteunterschiede der beiden Flüssigkeiten sind und je weniger gut sie sich ineinander lösen. Zur Verdeutlichung sollte eine der Komponenten angefärbt werden. Tinte z. B. löst sich gut in Wasser, nicht aber in Benzin. ▶ Versuch 11

Trennung flüssig-gasförmig

Alle Gase lösen sich mehr oder weniger gut in Flüssigkeiten. Also sind auch im Wasser Gase homogen gelöst. Sauerstoff löst sich übrigens erheblich besser in Wasser als Stickstoff. ▶ Versuch 12

Austreiben

Mit wachsender Temperatur nimmt die Löslichkeit der Gase in Wasser und anderen Flüssigkeiten ab. Je wärmer es ist, um so geringer ist die Löslichkeit eines Gases. Im Sommer ist die Wassermenge in Flüssen, Teichen und flachen Seen wegen der gestiegenen Wassertemperaturen und der Verdunstung ohnehin geringer als im Winter. Mit steigender Temperatur löst sich nun auch weniger Sauerstoff im Wasser, so dass die Fische noch mehr unter Sauerstoffmangel leiden.

Die Abhängigkeit der Löslichkeit von Luft in Wasser von der Temperatur lässt sich durch einfache Versuche eindrucksvoll zeigen.

Versuch 1

Bestimmung der Schmelztemperatur von Kerzenwachs

Material: Becherglas (250 ml), Reagenzglas (RG), Stativ, Klemme, Muffe, Vierfuß, Ceranplatte, Brenner, Thermometer, Kerzenwachs (fest)

Durchführung: Das Becherglas wird zur Hälfte mit Wasser gefüllt und auf die Ceranplatte gestellt. In das RG wird 2 bis 3 cm hoch die zerkleinerte Substanz gegeben und dann das RG mit der Klemme so eingespannt, dass es 1–2 cm vom Boden des Becherglases entfernt ist. Das Wasser wird langsam erwärmt und die Temperatur im RG fortwährend gemessen. Die Schmelztemperatur ist erreicht, wenn feste und flüssige Substanz gleichzeitig vorhanden sind. Zur schnelleren Abkühlung wird nun das RG aus dem Wasser herausgenommen und die Temperatur, bei der sich eine feste Substanz bildet, notiert.

Auswertung:
Schmelztemperaturbereich: T_{sl} (Wachs): 53–57 °C
Erstarrungstemperaturbereich: T_{ls} (Wachs): 53–57 °C

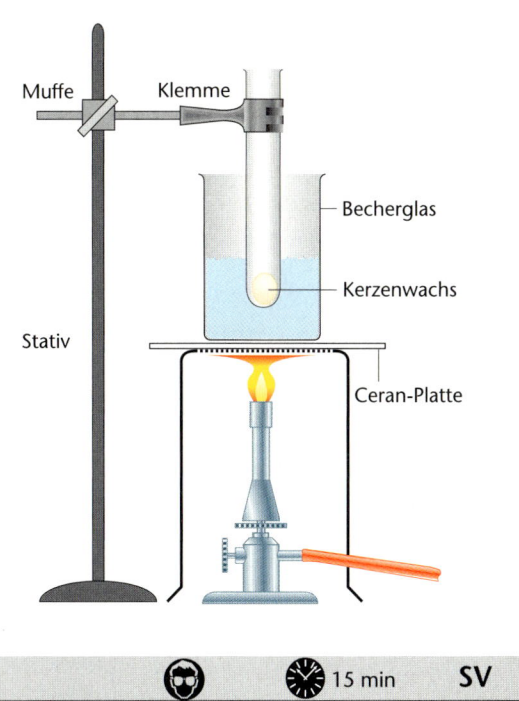

15 min   **SV**

Versuch 2

Bestimmung der Schmelztemperatur von Zierzinn

Material: Brenner, Vierfuß, Ceranplatte, Thermometer, Porzellantiegel, Becherglas (250 ml), Zierzinn z. B. vom „Bleigießen" zu Silvester

Durchführung: Ein Stück Zierzinn wird in den Tiegel gegeben und auf dem Ceranfeld kräftig erhitzt. Ist das Metall geschmolzen, wird die Temperatur nach der Haltepunktmethode bestimmt (Temperatur im Fallen fortwährend ablesen, bis sie eine Zeitspanne konstant bleibt). Die exakte Schmelztemperatur ist erreicht, wenn feste und flüssige Substanz sich im Gleichgewicht befinden.
Nach der Bestimmung ist das Thermometer sofort und sorgfältig mit Wasser zu reinigen!

Auswertung:
Schmelztemperatur: T_{sl} (Zierzinn): 232 °C
Erstarrungstemperatur: T_{ls} (Zierzinn): 232 °C

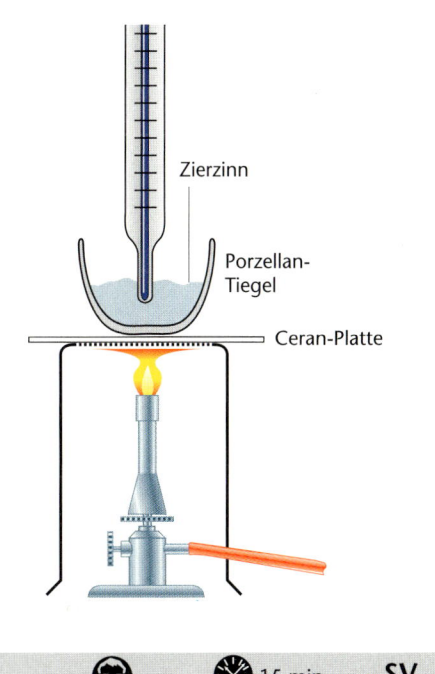

 15 min   **SV**

Versuch 3

Die Bestimmung der Siedetemperatur von Ethanol

Material: Brenner, Ceranplatte, Vierfuß, Thermometer, Reagenzglas, Becherglas (250 ml), Siedesteine, Ethanol

Durchführung: Zur Bestimmung der Siedetemperatur wird Alkohol (Siedesteine nicht vergessen) in einem etwa 85–90 °C heißen Wasserbad erhitzt.
Die Temperatur wird abgelesen, wenn die Flüssigkeit im Reagenzglas zu sieden beginnt.

Achtung: Den Brenner während des Versuchs nicht wieder entzünden.

Auswertung:
Siedetemperatur: T_{lg} (Ethanol): 78 °C

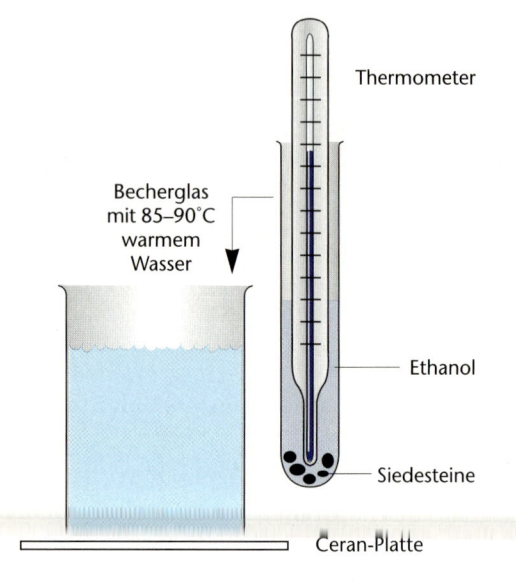

Thermometer

Becherglas mit 85–90 °C warmem Wasser

Ethanol

Siedesteine

Ceran-Platte

 F   15 min **SV**

Versuch 4

Feststoffe unter der Lupe

Material: Lupe (Mikroskop), Puderzucker, Gewürzsalz, Ruß, Granit, Glas, Stahl, 1 Cent-Münze (geputzt), Salz

Durchführung: Die verschiedenen Proben werden in Zweiergruppen mit der Lupe oder dem Mikroskop betrachtet und die Ergebnisse werden in die nachstehende Tabelle eingetragen.

Ergebnis:

Stoff	Beobachtung	Ergebnis/Vermutung
Puderzucker	weiß, gleichmäßig pulverförmig	gleichartiger Aufbau
Gewürzsalz	uneinheitliche Teilchen, verschiedenfarbig	verschiedenartiger Aufbau
Ruß	schwarz, gleichmäßig pulverförmig	gleichartiger Aufbau
Granit	gesprenkelter Stein (schwarz, weiß, glänzend)	verschiedenartiger Aufbau
Glas	durchsichtig, einheitlich	gleichartiger Aufbau
Stahl	grau glänzend, einheitlich aussehend	gleichartiger Aufbau
Ackererde	bräunlich, uneinheitlich aussehend	verschiedenartiger Aufbau
1 Cent	glänzend, einheitlich aussehend	gleichartiger Aufbau
Salz	kristallin, einheitlich aussehend	gleichartiger Aufbau

 20 min **SV**

Versuch 5

Stoffgemische

Herstellen von: a) Salzsole, b) verdünnter Essiglösung, c) Ölemulsion, d) Kreidesuspension

Material: 4 Bechergläser (250 bis 400 ml), 3 Glasstäbe, Quirl (Mixer), Wasser, Kochsalz (Speisesalz), Haushaltsessig, Speiseöl, gepulverte Kreide

Durchführung: In die vier Bechergläser einrühren:
a) 1 Esslöffel Salz und 100 bis 150 ml Wasser
b) 3 Esslöffel Essig und 100 bis 150 ml Wasser
c) 3 Esslöffel Öl und 100 bis 150 ml Wasser (Quirl)
d) 1 Esslöffel gepulverte Kreide und 100 bis 150 ml Wasser

Anmerkungen und Interpretation:
a) Die Salzlösung ist bei Verwendung von käuflichem Kochsalz wegen der beigemengten Begleitstoffe unter Umständen leicht trüb. Die Begleitstoffe verhindern ein Zusammenklumpen des Salzes.
b) Haushaltsessig ist meist eine 5 %ige Essiglösung. Ein Gefahrenpotenzial bei sorgfältiger Handhabung ist nicht auszumachen.
c) Es handelt sich um eine Emulsion, die sich nach Beendigung des Quirlens (Rührens) bald wieder entmischt. Die Ölphase schwimmt oben.
d) Es handelt sich um eine Suspension, die sich nach Beendigung des Rührens wieder entmischt. Nach der Phasentrennung setzt sich die Kreide unten ab.

	Gemisch	Beobachtung	Ergebnis
Ergebnis:	Salz-Wasser	farblose (u. U. schwach milchige) Lösung	gleichartiger Aufbau
	Essig-Wasser	farblose Lösung	gleichartiger Aufbau
	Öl-Wasser	milchig-trüb, schwimmende Öltröpfchen	verschiedenartiger Aufbau
	Kreide-Wasser	milchig-weiß, kleine Feststoffteilchen im Wasser	verschiedenartiger Aufbau

20 min SV

Versuch 6

Trennverfahren: Chromatografie

Material: Rundfilter (110 mm Nr. 595 der Fa. Schleicher und Schüll), Lochzange o. ä., 2 Messpipetten (10 ml), Petrischalen (Einmachdeckel), Reißzwecken, Schere, Bechergläser (100 ml), Kreide, verschiedenfarbige Tinten(patronen), schwarze Tinte, Filzstifte (permanent, schwarz), Wasser, Brennspiritus (vergällter Alkohol)

Durchführung: Wir trennen Farbstoffe mit Kreide. Zunächst wird aus den verschiedenen Tinten(patronen) eine möglichst schwarze Tinte hergestellt. Die Schüler können mit eignen Augen sehen, wie sich die Farben zu einem „schwarz" vermischen. Die Frage, wie man dieses Farbgemisch wieder trennen kann, können die Schüler auf Grund ihres Erfahrungshorizontes nicht beantworten. Die Lehrkraft gibt den Hinweis, dass dies mit einem trivialen Stück Kreide gelingt und dass das Verfahren Chromatografie heißt.

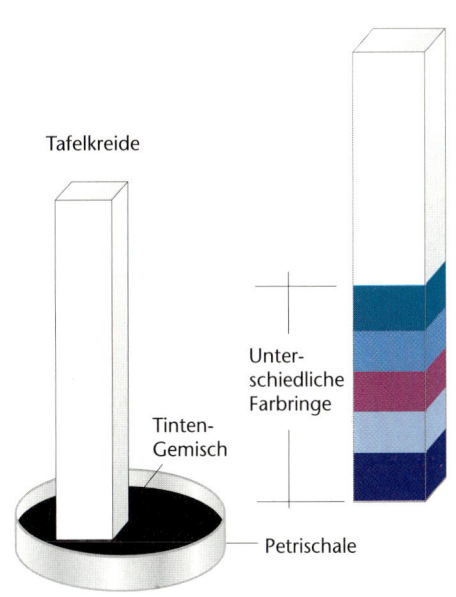

Tafelkreide

Unterschiedliche Farbringe

Tinten-Gemisch

Petrischale

20 min SV

Versuch 7

Trennverfahren: Radialchromatogramm

Material: Schwarzer Permanent-Filzstift, Laufmittel (Wasser-Alkohol-Gemisch), Rundfilter, Docht, Petrischale

Durchführung: Ein Filterpapier mit „Innenloch" wird von innen her etwa 5 mm mit einem schwarzen Filzstift ausgemalt. Dann wird der Docht eingesetzt. Der weitere Versuchsablauf ergibt sich aus der Grafik.
Die Lehrkraft muss vor dem Unterricht unbedingt passende Filzstifte erproben.
Folgende Laufmittel (Wasser-Alkohol-Gemische) werden vorbereitet.
1. 20 ml Wasser
2. 18 ml Wasser + 2 ml Brennspiritus (Alkohol)
3. 15 ml Wasser + 15 ml Brennspiritus (Alkohol)
4. 10 ml Wasser + 10 ml Brennspiritus (Alkohol)
5. 20 ml Brennspiritus (Alkohol)
Je nach Auftrennung der einzelnen Farbkomponenten der Filzstifte können auch andere Lösungsmittelgemische erforderlich sein.

Ergebnis: Unterschiedliche Lösungsmittelgemische geben trotz gleicher Filzstifte verschiedene Chromatogramme. Die einzelnen Farbstoffe verhalten sich durch das Konkurrieren von Adsorption und Lösungsvermögen völlig unterschiedlich.

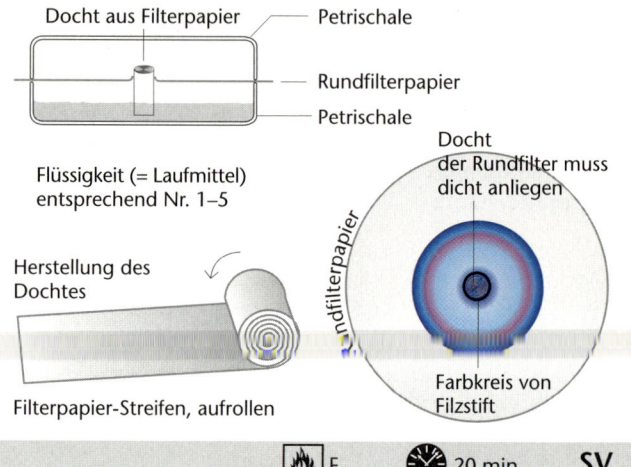

Docht aus Filterpapier — Petrischale

— Rundfilterpapier

— Petrischale

Flüssigkeit (= Laufmittel) entsprechend Nr. 1–5

Herstellung des Dochtes

Filterpapier-Streifen, aufrollen

Docht der Rundfilter muss dicht anliegen

Rundfilterpapier

Farbkreis von Filzstift

F | 20 min | **SV**

Versuch 8

Trennverfahren: Filtration

Kochsalz aus einem Sand-Salz-Gemisch
Auf welche Art unser Kochsalz auch gewonnen wird, immer geschieht das über eine Reinigungsstufe. Erst dann kommt es als Speisesalz, als Gewerbesalz oder als Industriesalz zum Einsatz. Bei der Reinigung handelt es sich häufig um ein Abtrennen fester Verunreinigungen durch Extrahieren (Herauslösen). Aus dem Gemisch von Salz und Sand z. B. wird das Salz mittels Wasser herausgelöst, wobei die unlöslichen Bestandteile zurückbleiben. Man filtriert ab und die so erhaltene saubere Sole wird eingeengt. Das Salz kristallisiert schließlich in hochreiner Form aus.

Material: Becherglas (400 ml), Erlenmeyerkolben (250 ml), Glasstab, Stativmaterial, Trichter, Filterpapier, Wasser, Salz-Sand-Gemisch (hergestellt aus Kochsalz und grobem Sand)

Durchführung: In das Becherglas werden etwa 2 Esslöffel Salz-Sand-Gemisch gegeben und etwa 150 ml Wasser zugesetzt. Unter innigem Rühren wird das Salz gelöst. Man filtriert den Sand ab.

Ergebnis: Während das wasserklare Filtrat durch den Filter fließt, verbleibt der Sand als Rückstand im Filter. Um das ursprüngliche feste Salz zu gewinnen, müsste das Wasser verdampft werden. Wegen der zeitaufwändigen Operation wird darauf verzichtet.

Anmerkung: Auch wenn ein Filtrat völlig klar ist, kann das Wasser stark belastet sein, da man manche Inhaltsstoffe nicht sehen kann.

15 min | **SV**

Versuch 9

Trennverfahren: Extraktion

Material: Filterpapier, Filtriergestell, Trichter, Uhrglas, Reagenzglas (16 x 160 mm), Reagenzglas-Stopfen, Pasteur-Pipette; Kokosraspeln, Wasser, Petrolether (Siedebereich 40–60 °C) (F, Xn R 11–52/53–65, S 9–16–23–24–33–62)

Durchführung: Das Reagenzglas wird etwa 2 cm hoch mit Kokosraspeln gefüllt und mit 5 ml Petrolether versetzt. Die Aufschlämmung wird etwa 5 min ständig mit aufgesetztem Stopfen geschüttelt. Dann filtriert man in das Uhrglas und wartet einige Minuten. Der Geruch nach Benzin sollte verschwunden sein. Das Filtrat riecht jetzt nach Kokosfett und fühlt sich angenehm ölig an.

Ergebnis: Aus den Kokosflocken wird das Kokosfett mittels Petrolether (Benzin) herausgelöst. Das Lösungsmittel verdunstet in kurzer Zeit vollständig. Im Prinzip werden auf diese Art Pflanzenöle aus Ölsamen gewonnen. Bei kalt gepressten Ölen erfolgt keine Extraktion, sondern lediglich eine schonende Pressung.

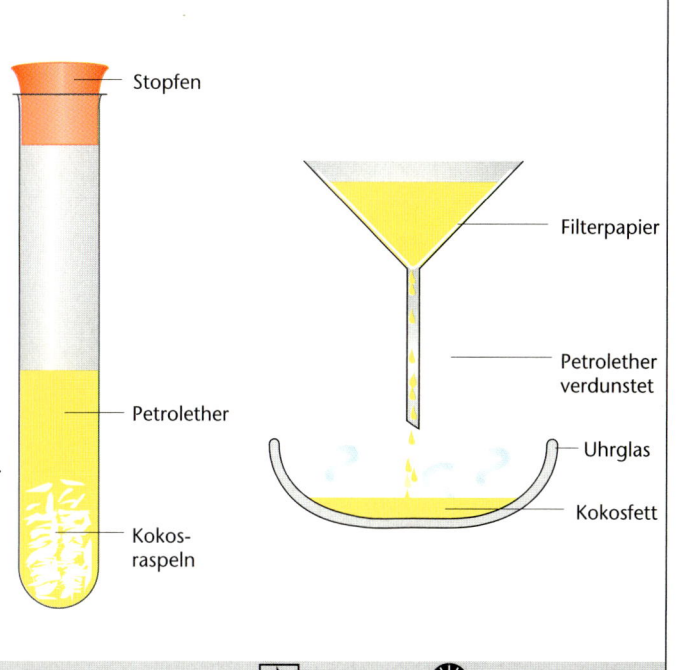

Stopfen

Filterpapier

Petrolether verdunstet

Petrolether

Uhrglas

Kokosfett

Kokos-raspeln

F, X, Xn   20 min   **SV**

Versuch 10

Trennverfahren: Destillation

Material: Destillationsappatur, Brenner, Ceranplatte, Vierfuß (oder elektrischer Heizpilz, Stativ), Stativmaterial, Siedesteine, Salzwasser

Durchführung: Der Rundkolben wird mit etwa 200 ml Salzwasser und einigen Siedesteinen gefüllt. Der Kühlwasserfluss wird vorsichtig angestellt. Man erhitzt zunächst zügig, bis das Wasser im Rundkolben zu sieden beginnt. Dann wird die Energiezufuhr soweit gedrosselt, dass pro Sekunde etwa 2 Tropfen Flüssigkeit in das Becherglas fallen. Hat man etwa 20 ml Destillat gesammelt, kann man die Destillation abbrechen. Erst wird die Energiezufuhr abgestellt, dann der Kolben mit dem Destillat abgetrennt.

Ergebnis: Das Destillat sollte salzfrei sein. Eine Möglichkeit zu überprüfen, ob das Wasser noch Kochsalz enthält, ist die Probe mit Silbernitratlösung. Dazu gibt man 3 ml Destillat in ein Reagenzglas und fügt

10 Tropfen verdünnte Salpetersäure hinzu. Jetzt wird 1 ml Sibernitratlösung zugesetzt. Bei Anwesenheit von Kochsalz bildet sich ein weißer, käsiger Niederschlag.

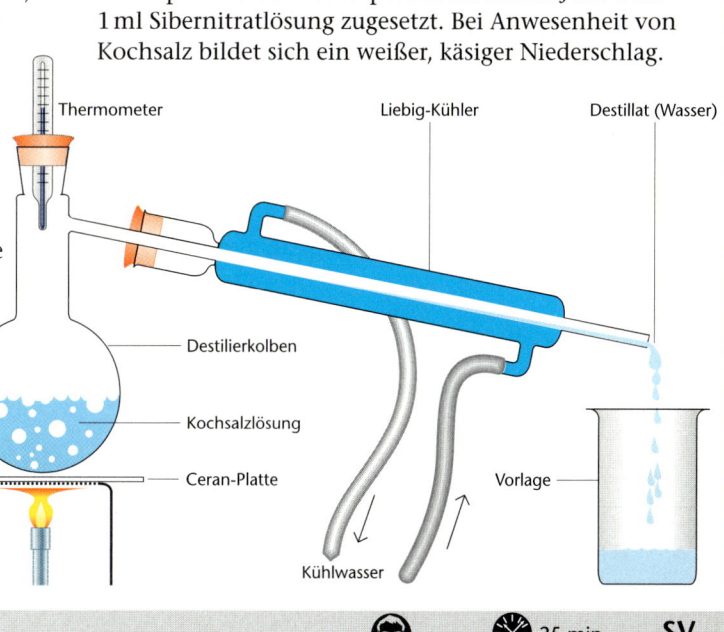

Thermometer

Liebig-Kühler

Destillat (Wasser)

Destilierkolben

Kochsalzlösung

Ceran-Platte

Vorlage

Kühlwasser

25 min   **SV**

Versuch 11

Trennverfahren: Abscheiden

Material: Scheidetrichter, 3 Bechergläser, Stativmaterial, Trichter, Wasser, Speiseöl

Durchführung: Wasser und Öl befinden sich in den beiden Bechergläsern, sie werden gemischt und in den Scheidetrichter eingefüllt. Der Scheidetrichter ist ein kugelförmiges oder zylindrisches Gefäß mit einem Auslaufhahn. In ihm können zwei nicht ineinander lösliche Flüssigkeiten unterschiedlicher Dichte auf einfache Art getrennt werden.
Die Phasengrenze der beiden Flüssigkeiten ist deutlich auszumachen. In der oberen Phase befindet sich das Öl und in der unteren das Wasser. Nun lässt man über den Hahn das Wassers in ein Becherglas abfließen. Die Flüssigkeit an der Grenze der beiden Phasen wird in einem anderen Becherglas aufgefangen und verworfen. Das reine Öl kann nun abfließen und aufgefangen werden.

Ergebnis: Man überzeugt sich, dass die Trennung der beiden Flüssigkeiten problemlos gelingt.

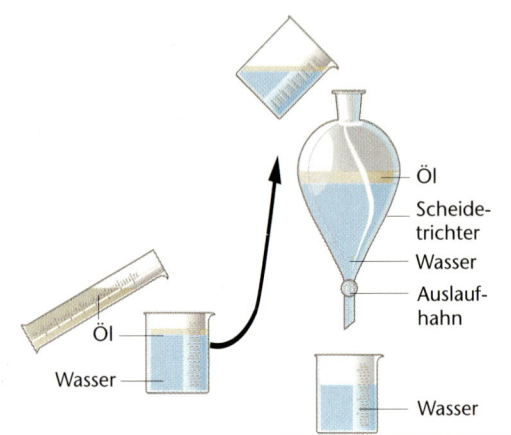

⏱ 15 min **SV**

Versuch 12

Trennverfahren: Austreiben von Luft

Material: Becherglas (weit, 800 ml), passender Plastiktrichter ($h = 10$ cm, $d = 8$ cm), Reagenzglas, Thermometer, Brenner, Ceranplatte, Vierfuß, Stativmaterial, Siedesteine

Durchführung: Man stellt den Trichter in das Becherglas und füllt es bis etwa 1 cm unter den Rand mit Leitungswasser. In das Becherglas gibt man einige Siedesteinchen. Nun wird das Reagenzglas randvoll mit Wasser gefüllt und so auf den Trichterhals gestülpt, dass keine Luft eindringen konnte. Das Wasser wird auf etwa 80 °C erhitzt.

Ergebnis: Im Reagenzglas bildet sich eine etwa 5 cm hohe „Luftblase", da mit wachsender Temperatur die Löslichkeit der Luft in Wasser abnimmt.

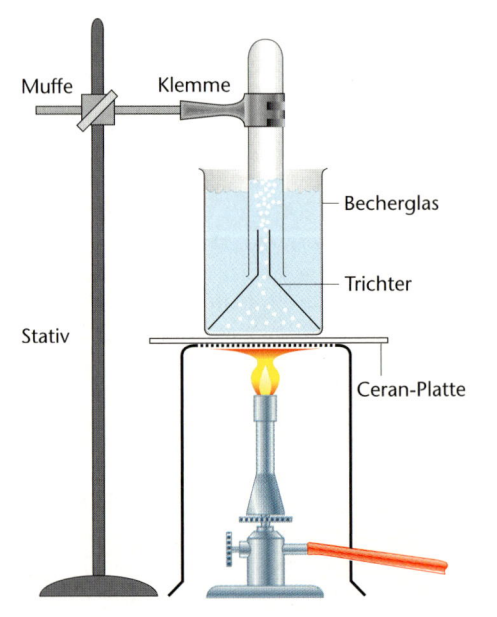

⏱ 15 min **SV**

Müll – ein Gemisch von Wertstoffen und Wertlosem

Müll im alltäglichen Sprachgebrauch und in „neuem Gewand"

Müll ist nach RÖMPPs Chemie-Lexikon definiert als „der feste Anteil der Abfälle".

Heute ist der Terminus Müll durch den Begriff „Abfälle" ersetzt worden. Abfälle sind danach „bewegliche Sachen, deren sich der Besitzer entledigen will oder deren geordnete Entsorgung zur Wahrung des Wohls der Allgemeinheit, insbesondere des Schutzes der Umwelt, geboten ist. Die Abfallvermeidung hat Vorrang vor der Abfallverwertung, diese wiederum vor der Abfallbeseitigung".

Wegen des allgemeinen Sprachgebrauchs werden wir trotzdem noch von Müll nach der o. g. Definition sprechen.

Heute ist uns allen bewusst:
- Müll kann als Altmaterial ein Wertstoff sein.
- Müll kann das wertlose Ende der Kette sein.
- Müll kann ein Endprodukt sein, das wir mit äußerster Vorsicht zu behandeln und zu entsorgen haben (Giftmüll, Sondermüll, Atommüll).

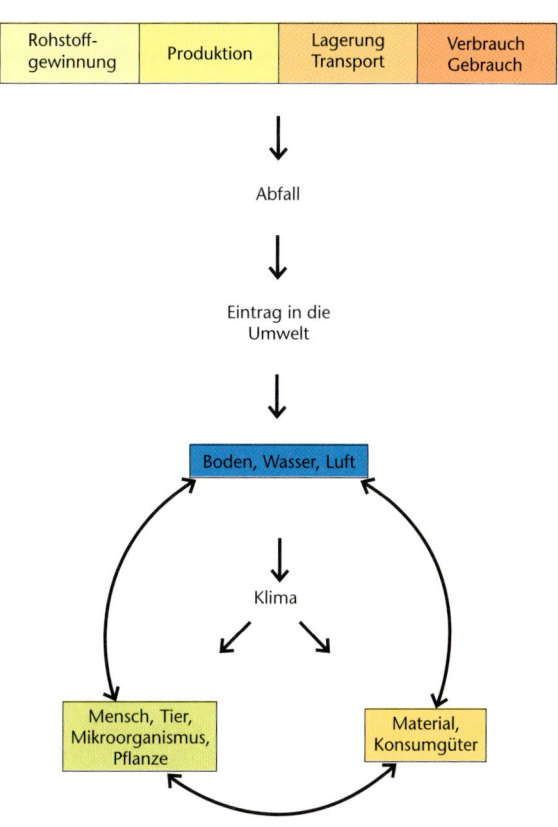

1 Abfall in Wechselwirkung mit der Umwelt

Exkurs

Kleine Müllgeschichte

Historisch gesehen galt Müll lange Zeit als das nicht verwertbare Restgemisch, also als eine Art Abfall, den es zu beseitigen galt. Aber bereits am Ende des 19. Jahrhunderts begann man den Hausmüll zu analysieren und als Wertstoff zu erkennen und zu nutzen; einerseits als Düngemittel und andererseits als Energielieferant bei der Verbrennung. Allerdings stand hier die volumenmäßige Verkleinerung der Müllberge im Vordergrund. „Bei der Verbrennung des Hausmülls wird eine nicht geringe Menge Wärme, die in jede Art Kraft zu übertragen und dann für städtische Zwecke dienstbar zu machen ist, erzielt." [J. H. FISCHER. Die Beseitigung und die Verwertung des Hausmülls. Verlag von Gustav Fischer (1897) S. 65].

Im 20. Jahrhundert wurde Müll dann genauer klassifiziert und unterteilt wie z. B. in Hausmüll, Konsummüll, Industriemüll, Sperrmüll und Atommüll. Auch hier versteckte sich hinter dem Wort nur Wertloses oder gar noch Schlimmeres, zum Beispiel etwas äußerst Gefährliches, das man nicht einfach durch Kippen auf eine Müllhalde bzw. Deponie „loswerden" kann.

Abfall ist nach dem Kreislauf- und Abfallgesetz heute definiert als: „alle beweglichen Sachen, […] denen sich deren Besitzer entledigen will oder entledigen muss". Zu den Abfällen zählt man: Hausmüll, Sperrmüll, Kehricht, Hausmüll ähnliche Abfälle aus Handel und Gewerbe, Bodenaushub, Bauschutt, Abraum, Klärschlämme, produktionsspezifische Abfälle aus Gewerbe und Industrie, Schlacken, Krankenhausabfälle, Abfälle aus der Massentierhaltung, radioaktive Abfälle, andere Sonderabfälle u. a. …

Abfall und Abfallentsorgung

Unsere Wegwerfgesellschaft, mit ihrem Drang nach neuen Produkten, stellt ein ernstes Umweltproblem dar, denn jedes Erzeugnis benötigt zunächst Energie und Rohstoffe. Bei allen Prozessen, bei denen wir etwas erzeugen, es nutzen und schließlich wegwerfen, entstehen zusätzlich aber auch Abfälle. Sie, und die Maßnahmen zu ihrer Entsorgung, belasten notgedrungen nicht nur den Boden, sondern auch Luft und Wasser.

Generell schreibt der Gesetzgeber für nicht vermeidbare Abfälle eine Verwertungspflicht vor, der am ehesten durch *Recycling-Prozesse* begegnet werden kann.

Trotz aller Anstrengungen belasten *Abfälle* unsere Umwelt durch:

- Verschmutzung von Deponiesickerwasser und durch **Eintrag** von Schadstoffen
- Verschmutzung der Abluft durch Einträge von Schadstoffen
- Vergeudung von Rohstoffen (u. U. nicht erneuerbar)
- Vergeudung von Energie
- Vergeudung von Materialien (Halbfertigwaren)
- Vergeudung von Geldern für die Entsorgung (Verbrennung, Deponierung …)

Das oberste Prinzip muss dabei heißen: So wenig Abfälle wie möglich, so viel nutzbringende Weiterverwertung wie möglich.

Unter der Entsorgung von Abfall ist die Verringerung, Verwandlung, Lagerung, Weiter- und Wiederverwertung von den entsprechenden Stoffen – seien sie fest, flüssig oder gasförmig – zu verstehen. Verringern lässt sich das *Abfallvolumen* durch Zerkleinern, Verdichten, Entwässern und Verbrennen. Spricht man vom *Verwandeln* so ist damit Verbrennen, Kompostieren und Recycling gemeint. *Lagern* bedeutet meist, es auf die Deponie zu bringen. *Weiter- und Wiederverwerten* fällt unter Recycling und Kompostieren.

Hausmüll

Unter Hausmüll versteht man Abfälle, die in privaten Haushalten anfallen. Jedes Jahr sind das etwa 300 kg pro Person. Hierbei sind Sperrmüll und hausmüllähnliche Abfälle eingeschlossen.

Die Entsorgung des Mülls kann auf unterschiedlichen Wegen geschehen. Wie mit ihm letztendlich verfahren wird, hängt von seiner Zusammensetzung und den örtlichen Gegebenheiten ab.

Deponien

Das Wort Deponie (lat.: deponere = ablegen, weglegen) macht bereits deutlich, dass die Abfälle auf Dauer gelagert werden sollen. Die Deponien sind entweder abgedichtet gegenüber einem möglichen Eintrag von Schadstoffen ins Grundwasser oder das Sickerwasser wird gesammelt und aufgearbeitet (gereinigt). Auch das Deponiegas ist einer ständigen Kontrolle unterworfen. Eine Deponie wird in einer wannenförmigen Senke angelegt, die nach unten mit Folien und Ton abgedichtet ist. Darüber kommt eine Schutzschicht aus Sand und Kies ▶ 189.1. So ist gewährleistet, dass eine Vermischung von Deponiewasser und Grund- oder Oberflächenwasser vermieden wird. Hat die Deponie eine ausrei-

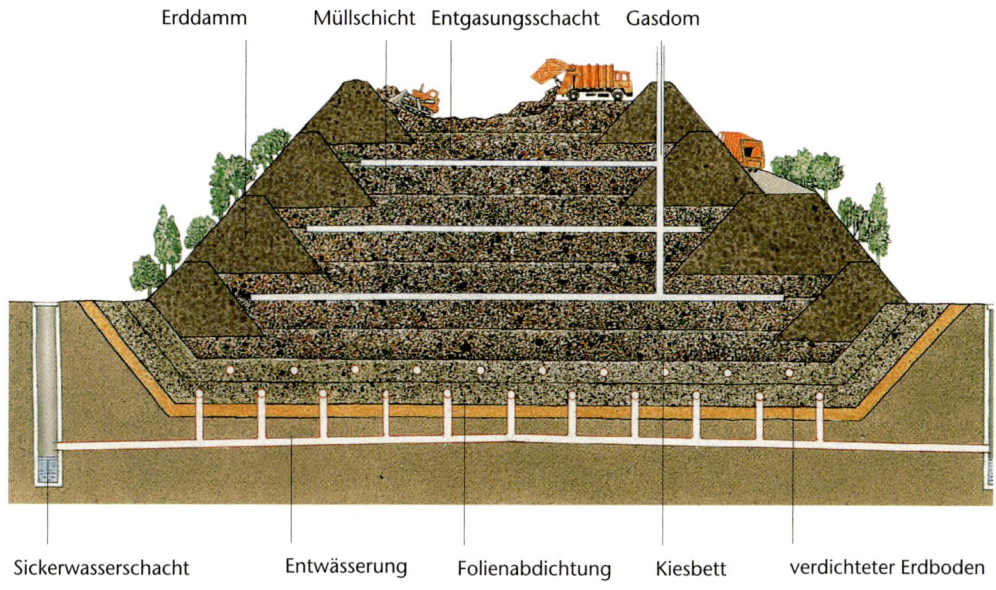

Erddamm   Müllschicht   Entgasungsschacht   Gasdom

Sickerwasserschacht   Entwässerung   Folienabdichtung   Kiesbett   verdichteter Erdboden

1 Mülldeponie

chende Höhe erreicht (50 bis 100 m), wird die Fläche mit Erde bedeckt und rekultiviert.

Durch die Zersetzung der organischen Abfälle entsteht im Endeffekt ein brennbares Gasgemisch (60 % Methan, 40 % Kohlenstoffdioxid). Das Deponiegas der sog. „stabilen Methangärung" kann abgesaugt und in Feuerungsanlagen thermisch genutzt werden. Das gebildete Wasser wird aufgefangen und gefahrlos entsorgt. Die Kosten einer Entsorgung auf gesicherten Deponien sind in den letzten Jahrzehnten ständig gestiegen, aber ein Müllnotstand – wie immer wieder vorausgesagt – besteht bis heute nicht.

Verbrennungsanlagen

In Deutschland werden die Hausabfälle zunehmend in modernen Müllverbrennungsanlagen verbrannt. Die dabei freiwerdende Energie wird meist zu Heizzwecken bzw. zur Erzeugung von Heißwasser genutzt. Die Betreiber von Müllverbrennungsanlagen stehen heute bereits im Wettbewerb miteinander, da das Müllaufkommen geringer ist als die Kapazität der Anlagen. Ursachen dafür sind u. a. das gewachsene Umweltbewusstsein. So entsteht die kuriose Situation, dass mit abnehmendem Müllaufkommen die Entsorgungspreise wegen der zu geringen Auslastung steigen.

Bei der Verbrennung verringert sich das Volumen auf ein Zehntel des ursprünglichen Wertes. Übrig bleiben Schlacke und Asche. Die restlichen Anteile werden durch komplizierte Wasch- und Filteranlagen abgefangen.

Als gasförmige Produkte entstehen Kohlenstoffdioxid, Schwefel- und Stickoxide sowie kleinere Mengen anderer Abgase. Moderne Müllverbrennungsanlagen verfügen über eine Prozessführung, bei der praktisch keine messbaren Mengen an Dioxinen/Furanen freigesetzt werden (Konzentration: < 0,1 ng/m^3).

Kompostieren

Hierzu müssen die organischen Abfälle im Hausmüll getrennt gesammelt werden und frei von giftigen Stoffen sein. Der Abfall wird zerkleinert und durch Mikroorganismen bei günstigen Bedingungen (25 bis 50 °C) zersetzt. Nach mehreren Monaten ist wertvoller Humus entstanden.

Recycling

Recycling (lat.: re = zurück; cyclus = Kreis) bedeutet „in den Kreislauf (zurück-)führen". Die Natur macht uns seit Anbeginn vor, dass ein Überleben auf unserem Erdball nur möglich ist, wenn wir von der Natur lernen und zwar schnell und gründlich. Beim Recycling lassen sich drei Fälle unterscheiden:

Abfallaufkommen
1997 wurden in Deutschland in öffentlichen Anlagen 80,7 t Abfälle angeliefert, die auf Deponien, in thermischen Behandlungszentren, Kompostier- und sonstigen Anlagen (chemisch-physikalische Behandlung, Schredderanlagen usw.) entsorgt wurden.

Nanogramm
1 ng = 10^{-9} g

Thermische Nutzung
Der Anteil der thermischen Nutzung des Hausmülls (Verbrennungsanlagen) betrug 1995 etwa 25 %. In anderen europäischen Ländern wie der Schweiz (80 %), Dänemark (70 %), Frankreich (40 %) und den Niederlanden (40 %) ist der Grad erheblich größer.

Bestandteil	Massenanteil in %	Zuordnung bzw. Kategorie	Weiterverwertung
Lebensmittelreste	29,9	Biotonne	Bodenverbesserung
Fein- und Mittelmüll (z. B. Asche, Schlacke …)	26,1	Normaltonne (Abfallbehälter)	nein, Müllkippe
Papier und Pappe	12,0	Papiercontainer	Recyclingware
Glas	9,2	Glascontainer	Recyclingware
Kunststoffe/Metalle (Verpackungen …)	5,4	Kunststofftonne … (Gelbe Tonne)	z. T. Recycling oder thermisch
Metalle	3,2	s. o.	z. T. Recyclingware
Wegwerfwindeln	2,8	Normaltonne	z. T. Müllkippe
Textilien/Schuhe	2,0	Depotcontainer	ja
Mineralien (Steine, Keramik, Porzellan)	2,0	Normaltonne	nein, Müllkippe
Materialverbund (z. B. Haushaltsgeräte …)	1,1	Normaltonne	nein, Müllkippe
Problemabfälle (Batterien, Lösungsmittel …)	0,4	Sondermüll	Sonderbehandlung

1 Durchschnittliche Zusammensetzung des Hausmülls

- *Produktionsabfall-Recycling* heißt, dass die Produktionsabfälle direkt zurück in den Produktionsprozess gelangen.
- *Produktrecycling* bedeutet, dass gebrauchte Produkte unter Beibehaltung ihrer Gestalt und Funktion aufgearbeitet werden.
- *Altstoffrecycling* ist die Rückführung gebrauchter Produkte bzw. Altstoffe in einen neuen Produktionsprozess.

In diesem Zusammenhang sind noch drei weitere Termini zu definieren:

- *Verwendung und Verwertung*: Bei der Verwendung führt man das Produkt selbst in den Nutzungskreislauf zurück, bei der Verwertung dagegen kommt der Wertstoff erneut in z. T. völlig veränderter Form zum Einsatz. Er kann zur Herstellung neuer Produkte verwendet oder energetisch genutzt werden.

- *Wiederverwendung und Wiederverwertung*: In beiden Fällen erfüllt das Produkt die ursprüngliche Funktion.
- *Weiterverwendung und Weiterverwertung*: In beiden Fällen wird der Altstoff eingesetzt, um ein neues Produkt herzustellen. Lediglich das Material bleibt erhalten, nicht aber die Form.

Recycling soll vor allem dazu beitragen, die Abfallmengen zu verringern, die Nutzungsdauer von Gegenständen zu erhöhen und Materialien wieder- bzw. weiter zu verwerten.

Recycling in einem geschlossenen Kreislauf ist in der Realität nicht möglich. Eine vollkommene „Kreislaufwirtschaft" wird immer eine Idealvorstellung sein. Selbst in der Natur ist es so, dass von außen fortwährend Energie in die „Kreislaufsysteme" gepumpt werden muss. Dabei wird die benötigte Energie allerdings kostenlos von der Sonne geliefert. Bei realen Produktionsprozessen entste-

Art des Abfalls	Abfallmenge in Mio. t		davon verwertet in %	
	1994	1999	1994	1999
Glas	3,50	3,34	70,1	82,5
Weißblech	0,65	0,64	57,5	82,3
Aluminium	0,074	0,071	30,4	79,7
Kunststoffe	0,93	1,00	49,6	64,9
Papier	1,66	1,89	57,0	79,9
Flüssigkeitskarton	0,20	0,22	40,6	61,7
Abfälle insgesamt	7,01	7,15	61,9	78,6

1 Jährlicher Verpackungsverbrauch des privaten Endverbrauchers (Quelle: Gesellschaft für Verpackungsmarkforschung)

hen als Endprodukte immer Abfälle, und es wird immer Energie benötigt um sie zu beseitigen. Als „Produktionsabfall" des Energiebedarfs entsteht überwiegend Kohlenstoffdioxid, das als Treibhausgas die Umwelt belastet. Trotzdem kann Recycling in vielen Fällen die Ressourcen deutlich schonen. Dies gilt sowohl für Materialien als auch für Energie.

Bei vielen industriellen Prozessen hat die Abfallverwertung seit langem Tradition. Auch die Schlacken aus der Roheisen- und Stahlgewinnung werden als Straßenbau- oder als Isolationsmaterial eingesetzt. Auch der Hausmüll dient verstärkt als Rohstoffquelle, wobei vor allem Papier/Pappe und Glasabfälle zu nennen sind ▶ 190.1/191.1.

Sonderabfälle

Sonderabfälle sollen an dieser Stelle nicht näher betrachtet werden, da sie für Schule und Unterricht eine untergeordnete Rolle spielen.

Zu den Sonderabfällen zählen
- giftige und leicht entzündliche Stoffe
- radioaktive Substanzen
- Krankheitserreger u. ä.

Der Gesetzgeber hat für die Entsorgung der Sonderabfälle besonders strenge Auflagen vorgesehen.

Art des Abfalls	in Mio. t	
	1996	1998
Siedlungsabfälle	44,39	44,09
Bergematerial aus dem Bergbau	44,31	56,16
Abfälle aus dem produzierenden Gewerbe	43,01	47,98
Bauschutt, Bodenaushub, Straßenaufbruch, Baustellenabfälle	231,48	230,98
Besonders überwachungsbedürftige Abfälle (Sonderabfälle)	18,28	19,10
Abfälle insgesamt	391,47	398,31

2 Abfallaufkommen in der Bundesrepublik Deutschland (ohne Hamburg) für 1996 und 1998 (Quelle: Statistisches Bundesamt)

Methodische Hinweise

Der jedes Jahr anfallende Müll ist nicht nur ein Problem von heute, sondern auch für die Zukunft. Die Frage ist, wie wir mit diesem Problem umgehen.

Der tägliche Müll

Bevor man auf das Konzept der DSD (Duales System Deutschland) eingeht, sollen mit den Schülerinnen und Schülern folgende Punkte erarbeitet werden:

- woraus besteht der Abfall (Müll)
- kann und soll man ihn besser von vornherein vermeiden
- kann Abfall weiter verarbeitet oder verwendet werden
- kann er – wenn dies nicht der Fall ist – einfach entsorgt werden

Beim Umgang mit Müll gibt es die Möglichkeit ihn zu *vermeiden*, ihn zu *vermindern*, ihn *wiederzuverwenden*, zu *verwerten* oder zu *beseitigen*. Diese Varianten sollten gründlich besprochen werden.

Es gilt:
- Vermeiden geht vor Vermindern
- Vermindern geht vor Wiederverwenden
- Wiederverwenden geht vor Verwerten
- Verwerten geht vor Beseitigen.

Ein gutes Beispiel für diese Strategie bietet das *Verpackungspapier*. Vermeidet man dieses Material oder vermindert es drastisch, ist der Umwelt am meisten gedient. Will man das nicht oder geht es nicht – z. B. bei Geschenkpapier – sollte man es nochmals verwenden. Ist es „verbraucht", lässt es sich als Energielieferant nutzen (z. B. beim Heizen) oder als Humusbildner (einfaches Seidenpapier …). Handelt es sich um Glanzpapiere mit schädlichen Farbstoffen (Farbmittel), muss es schließlich auf die Müllkippe.

Natürlich glückt die oben genannte Abfolge nicht bei allen Gebrauchsgegenständen. Auch das ist an Beispielen hervorzuheben.

Die technologischen Möglichkeiten, Stoffe wie Papier, Metalle und Glas als Sekundärrohstoffe zu verwenden, sind seit langem bekannt und werden schon vielfältig genutzt. Dennoch bedarf es weiterer Anstrengungen und Anreize von Handel und Gewerbe, aber auch seitens der Verbraucher, unsere Umwelt zu schonen. Für Verpackungen hat der Gesetzgeber eine *Verordnung* erlassen („Verordnung über die Vermeidung von Verpackungsabfällen"; VerpackV), wonach Verpackungen möglichst zu minimieren oder zumindest zu verwerten sind.

Die meisten Verpackungsarten unterliegen danach einer Rücknahmepflicht durch Hersteller und Vertreiber. Diese können sich dazu aber Dritter bedienen. Deshalb haben Handel, Konsumgüterindustrie und Verpackungswirtschaft die Firma *Duales System Deutschland* (DSD) ins Leben gerufen. Die DSD ist neben der kommunalen Abfallbeseitigung das zweite Entsorgungssystem. Sie organisiert ein Entsorgungskonzept, in dem gebrauchte Verpackungen (Joghurtbecher, Getränkedosen und -kartons, Tuben etc. …) eingesammelt, sortiert und stofflich verwertet werden. Die DSD „vergibt auf Antrag der Befüller für alle Verkaufsverpackungen, die diesem System angeschlossen sind, den *Grünen Punkt*. Auf einer Einwegverpackung soll er signalisieren, dass diese künftig nicht mehr als Abfall beseitigt werden soll, sondern dass die entsprechende Herstellerfirma Lizenzgebühren an die DSD entrichtet hat, mit denen die Industrie ihrer Verpflichtung nachkommen will, die Verpackungen stofflich zu verwerten".

Beispiele für den Unterricht

Die Schülerinnen und Schüler benennen zunächst alle Gegenstände, Stoffe und Materialien, die sie als Müll bezeichnen. Die genannten Begriffe werden gesammelt und geordnet. Die Schüler schaffen sich hierbei ein eigenes Ordnungsschema bzw. verwenden das, was sie zu Hause kennengelernt haben.

Der Unterschied zwischen einer stofflichen und einer energetischen (thermischen) Verwertung soll deutlich werden ▶ 193.1.

Angestrebte Lernziele
- Die einzelnen Gegenstände, Stoffe und Materialien, aus denen unser Hausmüll besteht, kennen
- die richtige Einordnung in die örtlich verwendeten Sammelbehälter vornehmen können
- zwischen wertlosem und wertvollem Abfall unterscheiden können
- zwischen stofflicher und thermischer Verwertung unterscheiden können

Industrieabfälle

Im Regelfall findet für Hausmüll keine Wiederverwendung oder Wiederverwertung statt.

Für industrielle Produkte sieht das anders aus. Die Stanzabfälle bei Metallen oder auch Kunststoffen mögen ebenso als Beispiel dienen wie die Münzen. Sie sind etwa 30 Jahre in Gebrauch. Dann werden sie aus dem Verkehr gezogen und eingeschmolzen. Die gewonnene Legierung kann nach einer Reinigungsphase wieder zur Prägung verwendet werden. ▶ Versuch 13

Entsorgung von Hausmüll

Der Hausmüll ist nicht nur Abfall, sondern zugleich auch ein Wertstoff, auf den wir heute nicht mehr verzichten wollen und dürfen. Dabei verwenden wir die Abfallstoffe in der Regel nicht wieder, sondern wir verwenden sie weiter. Die Nutzung umfasst Müll sowohl als Energieträger und damit als Brennmaterial als auch als stofflich verwertbares Material. Das Konzept wird mit dem Wort Recycling umschrieben, womit also nicht nur eine direkte Rückführung gemeint ist, sondern ganz allgemein die energetische und stoffliche Verwertung von Stoffen. Damit wir die Wertstoffe aus dem Müll aber nutzen können, müssen sie in einer Vielzahl von Schritten aufgearbeitet werden.

So wertvoll Recyclingverfahren vor allem unter dem Gesichtspunkt des Umweltschutzes auch sind, die Vorteile müssen durch Nachteile (z. B. Abwasserbelastung, Abluftprobleme, Bodenbelastung u. ä.) erkauft werden. Eine genaue Güterabwägung ist also häufig vonnöten.

Die einzelnen Schritte des *Gesamtverfahrens* umfassen:
- Sammlung
- Sortierung
- Lagerung
- Transport
- Reinigung
- Verwendung
- Entsorgung

Die im Folgenden benannten Verfahrensschritte beziehen sich nur auf Hausabfälle.

Sammeln
Abfälle sollten bereits im ersten Stadium nach Wertstoffen getrennt gesammelt werden, da sonst eine noch aufwendigere Abfallsortierung erforderlich wird.

Sortieren
Zum stofflichen Weiterverwerten (Recycling) werden die Mischabfälle, die noch nicht in einer verwertbaren Form vorliegen, sortiert. Dies geschieht in meist aufwendigen Anlagen. Anwendung finden dabei Sieben, Flotieren, magnetische und manuelle Trennung. Dies geht manchmal nur durch eine vorherige Zerkleinerung der Materialien mittels Mühlen, Schredder o. ä. Wird der Wertstoff nur energetisch genutzt, kann die Sortierung meist entfallen.

Flotation
Schwimmtrennverfahren; Trennung beruht auf der unterschiedlichen Benetzbarkeit der Gemengebestandteile

Lagern und Transportieren:
Der Transport und die Lagerung der unbrauchbar gewordenen Produkte ist oft mit einem großem Aufwand verbunden (sperrige Verpackungen usw.) und bringt große Massen- und Volumenströme mit sich.

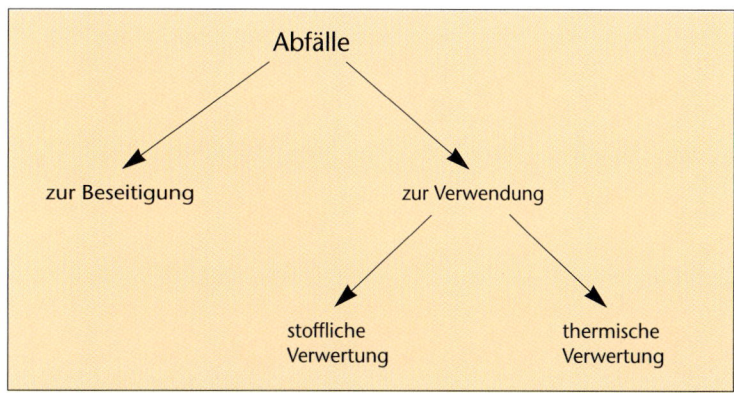

1 **Wege der Abfallbeseitigung**

Stoffe und Körper

Exotherm
Bei der Reaktion wird Wärme frei.

Aerob
Der Abbau erfolgt durch Sauerstoff verbrauchende Organismen.

Reinigen
Die notwendige Reinigung kann u. a. durch Waschen, Erhitzen oder Aussortieren erfolgen.

Verwendung
Für den Einsatz von Recycling-Ware müssen oftmals neue Verfahren entwickelt werden, da die anfallenden Materialien andere Verunreinigungen enthalten als die ursprünglichen Rohstoffe. Zum Beispiel ist Altpapier wegen der beim Recycling auftretenden Verminderung der Faserlänge nur für Papier mit geringen Anforderungen und kurzer Nutzungsdauer geeignet. Altglas ist oftmals nur als Gemisch mit Primär-Rohstoffen zum erneuten Einsatz nutzbar, andererseits ist Glas aber auch beliebig oft recycelbar.

Entsorgung
Alle Recycling-Verfahren haben eines gemein: Sie vermindern die Abfallmenge. Auch ein noch so perfektes Recycling kann jedoch nie zu vollständig geschlossenen Kreisläufen führen. Deponien und Abfallverbrennungsanlagen sind auch für die ferne Zukunft erforderlich.

Für verschiedene Abfälle sind Recycling-Verfahren bereits etabliert:

Dazu zählen
- die Kompostierung organischer Haushalts- und Gartenabfälle
- die Klärschlammaufbereitung als wertvolle Bodenverbesserung, sofern keine Schwermetallbelastung vorliegt
- der Einsatz von Schlacken aus Kraftwerken, Hochöfen und der Stahlgewinnung sowie von Bauschutt und Erdaushub im Straßenbau

Problematisch für die stoffliche Verwertung (Recycling) sind Verbundwerkstücke oder komplex aufgebaute Produkte. Diese Abfälle können nur energetisch verwertet werden.

Dies Gleiche gilt, wenn die stoffliche Verwertung zu aufwendig ist. Die Verbrennung von Abfällen hat gegenüber der Müllkippe immerhin noch zwei Vorteile. Sie macht eine aufwendige Sortierung und langen Transport weitgehend überflüssig und spart den Einsatz fossiler Brennstoffe.

Kompostierung

Angestrebte Lernziele
- „Biomüll" kann zu einem wertvollen Dünger verrotten.
- Für die Verrottung sind Organismen verantwortlich.
- Humus hat gegenüber dem Einsatz von Mineraldünger wesentliche Vorteile.
- Zwischen Komposthaufen (Eigenverarbeitung) und Kompostierung (Fremdverarbeitung) besteht ein Unterschied.

Kompost ist eine dunkle, krümelige Masse, die aus organischen Abfällen nach mehrmonatiger Verrottung entsteht. Der Prozess ist exotherm. Die gebildeten Produkte sind reich an Nährsalzen wie z. B. Phosphaten, Nitraten und Kaliumsalzen sowie Humusstoffen und Bakterien. Sie bilden zusammen einen wertvollen Pflanzennährboden. Bei der Verrottung (Kompostierung) findet ein biologischer Abbau- und Umwandlungsprozess fester organischer Substanzen unter dem Einfluss aerober Mikroorganismen statt ▶ Versuch 14. Der Prozess läuft bei genügender Luftzufuhr praktisch geruchsfrei ab. Bei Luftmangel können übelriechende und gefährliche Faulgase entstehen.

Die Anlage eines Komposthaufens im Garten, auch Schulgarten, kann hier nicht weiter erörtert werden. Sie ist eine praktische Tätigkeit, die handelnd erfolgen muss. Der Versuch 14 ist dagegen für das Arbeiten und Beobachten im Klassenraum konzipiert.

Versuch 13

Umschmelzen einer Medaille aus Zierzinn

Material: Brenner, Vierfuß, Tondreieck, Petrischale ($d = 60$–$90\,mm$) oder geeigneter Plastikdeckel, Porzellanschale o. ä., Gießlöffel oder Porzellantiegel, Tiegelzange, gebrannter Gips, Leitungswasser, Holzspatel, Geldstück oder Medaille, Siliconöl oder Fett, Zierzinn oder Zinn (gekörnt)

Durchführung: Gleiche Massen von Calciumsulfat-Hemihydrat (gebrannter Gips) und Wasser (z. B. $50\,g$) werden sehr zügig und sorgfältig in einer Porzellanschale zu einem glatten Brei verrührt und in die Petrischale überführt. Man drückt dann sofort die vorher eingefettete Medaille bzw. Form in den Gipsbrei, ohne dass Luftblasen eingeschlossen sind oder gebildet werden. Nach einem Tag kann die Metallform problemlos her-

ausgehoben werden. Die Negativform wird jetzt mit flüssigem Zinn vorsichtig ausgegossen. Das Metall erhärtet schnell, muss aber etwa 5 min abkühlen, bevor es herausgenommen werden kann.

Die so gewonnene Medaille kann man durch Verbiegen „alt" machen und die Prozedur wie oben angegeben wiederholen.

Ergebnis: Gebrannter Gips erhärtet durch die Aufnahme von Wasser schnell zu Gips (Calciumsulfat-Dihydrat). Dabei erwärmt sich das Gemisch und dehnt sich so weit aus, dass alle erhabenen Stellen ausgefüllt werden. Durch das Eingießen von flüssigem Zinn erhält man die Positivform.

  2 x 15 min   **SV**

Versuch 14

Kaffeefilterpapier in der Erde

Material: 2 Einmachgläser mit Deckel, 1 Kaffeefilter (ungebleicht), Wasser, Komposterde, Sand

Durchführung: Man füllt ein Glas mit Komposterde und ein zweites mit Sand. Auf die Erde und den Sand legt man jeweils ein Stück Kaffeefilterpapier. Man hält Erde und Sand feucht und deckt die Gefäße ab. Nach einer Woche werden die Beobachtungen notiert.

Ergebnis: Im Glas mit dem Sand hat sich das Filterpapier praktisch nicht verändert. Dagegen wurde das Filterpapier im anderen Glas von den Kleinlebewesen zersetzt. Es wurde kompostiert. Voraussetzung dafür ist aber, dass das Papier feucht gehalten wird.

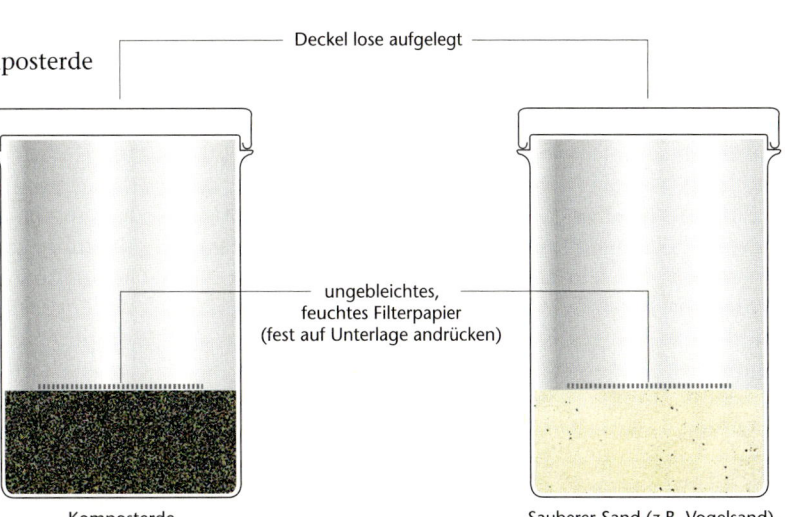

Deckel lose aufgelegt

ungebleichtes, feuchtes Filterpapier (fest auf Unterlage andrücken)

Komposterde

Sauberer Sand (z.B. Vogelsand)

 20 min, 1 Woche   **SV**

Versuch 15

Die Wurmkiste – ein Komposthaufen im Kleinmaßstab

Versuch 15 ist für das Arbeiten im Klassenraum oder im Freiland konzipiert.

Material: Kompostwürmer und andere Kompost-bewohner, Gartenerde, Zeitungen, Geräte und Material zum Herstellen der Wurmkiste

Durchführung: Erde, Zeitungen und Würmer werden zusammen in die Kiste gegeben. Die Kiste wird über einen Zeitraum von 1–2 Wochen beobachtet.

Ergebnis: Regenwürmer und andere Kompostbewohner fressen eine Mischung aus feiner Erde und angefaulten Pflanzenteilen. Die zurückbleibenden Kothäufchen sind ein wichtiger Schritt bei der Humusbildung.

Prinzipiell – vor allem bei guter Durchlüftung – kann die Wurmkiste auch im Klassenraum aufgestellt werden. Im Dunklen halten.

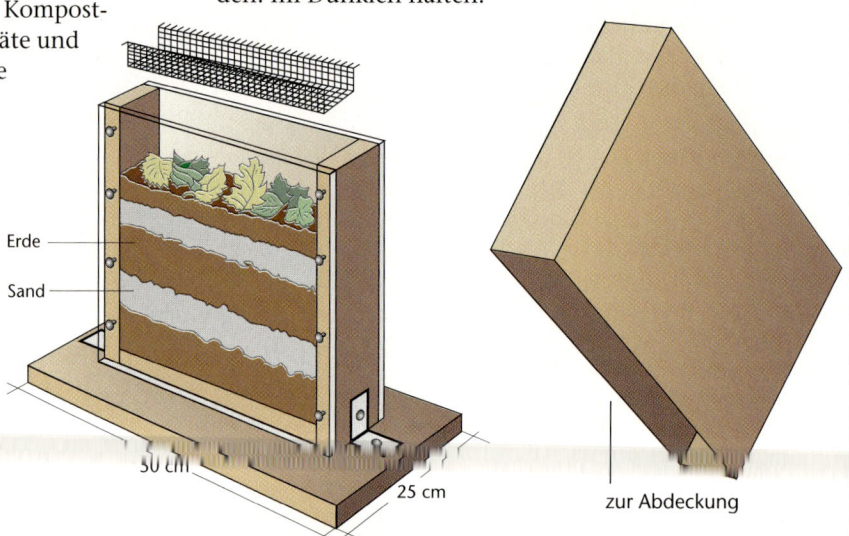

Erde

Sand

50 cm

25 cm

zur Abdeckung

bis 2 Wochen (Langzeitbeobachtung)   **SV**

Versuch 16

Der Komposthaufen

Versuch 16 ist für das Arbeiten im Freiland konzipiert.

Material: Kompostbehälter (1,2 bis 1,5 m Durchmesser und 1,0 bis 1,2 m hoch), dünne Zweige oder Häcksel, organische Abfälle, Stroh oder Jutesäcke, etwas fertiger Kompost

Durchführung: Der Boden des Kompostbehälters wird mit grobem Material wie dünnen Zweigen oder Häcksel ca. 10 cm hoch belegt. Darauf wird der organische Abfall gegeben. Er sollte gut mit etwas fertigem Kompost durchgemischt sein. Der Komposthaufen wird mit Stroh oder Jutesäcken abgedeckt, die Abdeckung muss luftdurchlässig sein. Ebenso soll der Inhalt ständig feucht gehalten werden.
Nach ca. 3 Monaten wird der Komposthaufen umgesetzt und gemischt.

Ergebnis: Kleinlebewesen und Bakterien wandeln die organischen Abfälle um, dabei erwärmt sich der Komposthaufen im Inneren. Günstige Voraussetzungen

sind Feuchtigkeit und Sauerstoff. Nach 9 bis 12 Monaten ist der Kompost fertig und kann im Garten verteilt werden.
Natürlich kann prinzipiell jede Düngung auch mit Mineraldünger vorgenommen werden, aber der Humus vom Komposthaufen ist dem Mineraldünger vorzuziehen: Humus verbessert Lockerung, Durchlüftung und Wasserspeicherung des Bodens besser als Mineraldünger. Die gebildeten Humussäuren machen die Bodenmineralien pflanzenverfügbar.
Grund- und Abflusswasser wird nicht durch Nitrate oder Phosphate belastet.
Kompost ist billiger als Mineraldünger.
Gartenabfälle werden so sinnvoll recycelt.

  mehrere Monate (Langzeitbeobachtung)   **SV**

Wertstoff aus Müll –
Das Beispiel Papier als Paradestück

Angestrebte Lernziele

- Altpapier ist ein Wertstoff, der wieder- und weiterverwendet werden kann
- Altpapier wird zum Herstellen von Recycling-Papier eingesetzt
- Das Sammeln von Papier und der Recycling-Prozess sind sinnvoll
- Vor- und Nachteile von Recycling-Papier kennen und benennen können

Papier gilt einerseits als das geeignetste Schreibmaterial und andererseits als das erfolgreichste Recyclingprodukt. Zwischen den Anfängen der Papierherstellung und der Entwicklung der Recyclingverfahren liegt eine Zeitspanne von rund 2000 Jahren.

Die Papierherstellung verdanken wir den Chinesen. Sie erkannten, dass der Bast des Maulbeerbaumes (und einige andere Zutaten) zusammen mit Wasser einen Faserbrei ergaben. Diesen Brei gossen sie durch ein Sieb, wobei das Wasser ablief und die Fasern sich zu einem Gefüge verbanden. Es kam zu der erwünschten Verfilzung. Im Prinzip ist dieses grundlegende Verfahren noch heute aktuell.

Papier bietet sich für eine nähere Betrachtung an, denn Papier- und Pappeprodukte sind ein relativ einheitliches Massenprodukt, das in gleicher Zusammensetzung fortwährend anfällt.

Die Verwendung von Altpapier zur Weiter- und Wiederverwendung, d. h. zur erneuten Papierherstellung, erfolgt bereits seit

Exkurs

Kleine Geschichte der Papierherstellung

Durch die Mauren kam die Kunst der Papierherstellung nach Spanien (1150) und verbreitete sich von dort aus über ganz Europa. Das Jahr 1390 kann wohl zu recht als die Geburtsstunde der deutschen Papierindustrie gelten.

Zu diesem Zeitpunkt nahm die **Papiermühle** von ULMAN STROMER ihren Betrieb bei Nürnberg auf. Als Ausgangsstoffe dienten ausschließlich Lumpen bzw. Abfälle der Tuchherstellung (Fasern von Hanf, Jute, Leinen, Baumwolle), die mit Hilfe von Siebkästen von Hand aus einer wässrigen Fasersuspension geschöpft und anschließend getrocknet wurden. Erst weitere Erfindungen – vor allem die Herstellung von Zellulose aus Holz nach dem Sulfit- und Sulfat-Verfahren (ab 1854) – schufen die Voraussetzungen zur **industriellen Papierherstellung**, wie sie heute noch gebräuchlich ist. „Heute versteht man unter Papier einen flächigen, im Wesentlichen aus Fasern vorwiegend pflanzlicher Herkunft bestehenden Werkstoff, der durch Entwässerung einer Faserstoffaufschwemmung auf einem Sieb gebildet wird. Dabei entsteht ein Faserfilz, der anschließend verdichtet u. getrocknet wird. Das Flächengewicht beträgt im allgemeinen bis zu 225 g/m². Bei Flächengewichten >225 g/m² spricht man von **Pappe**; der Begriff **Karton** (mit Flächengewichten von 150–600 g/m²) umfasst sowohl Papier- als auch Pappesorten." (Quelle: CD Römpp Chemie Lexikon – Version 1.0, Stuttgart/New York: Georg Thieme Verlag 1995)

Während in den 20er Jahren dieses Jahrhunderts die **Recycling-Quote** in Deutschland bei etwa 20 % lag, wurde sie – vor allem nach dem 2. Weltkrieg – auf über 40 % gesteigert. Seit 1964 stagniert sie zwischen 42–46 %

Neuere Daten kommen zu noch günstigeren Ergebnissen bezüglich der Recycling-Quote von Altpapier; sie liegt bei über 50 %. Bereits seit 1991 wird mehr als die Hälfte des Papieres aus Altpapier hergestellt und 1993 hat das „Umweltschutzpapier" ein Volumen von fast 7 Millionen Tonnen erreicht. Im Bereich der Verpackungsindustrie nähert sich die Quote des Einsatzes von Altpapier der 100 %-Marke. Nachteilig bleibt allerdings, dass die Forstwirtschaft das ständig anfallende Abfallholz nicht mehr unterbringen kann. (CD Römpp Chemie Lexikon – Version 1.0, Stuttgart-NY 1995)

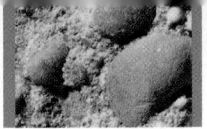
langem. Einem weiteren Anwachsen der Recycling-Quote stehen vor allem Qualitätsanforderungen entgegen, denn viele, von den Käufern gewünschte Papiersorten, lassen den Einsatz von Altpapier nicht zu. Die gestiegene Sammeltätigkeit der Bürger hat aber dazu geführt, dass die Altpapiermengen sehr stark angestiegen sind. Die Papierindustrie sieht sich nicht mehr in der Lage, die qualitativ weniger hochwertigen Papiersorten aufzunehmen. Damit sollte die Zielsetzung neu formuliert werden.

Allerdings ist die verminderte *Abwasserbelastung* beim Einsatz von Altpapier ein Argument für die Beibehaltung des Papier-Recyclings.

Die Verunreinigungen von Wasser und Luft durch die Papierherstellung stellen nämlich ein weiteres Problem dar, das allerdings schon weitgehend gelöst zu sein scheint. Während früher die bei der Papierherstellung verbrauchten großen Wassermengen ungereinigt in die Gewässer eingelassen wurden, reinigt man sie heute. Außerdem konnte durch ausgeklügelte Systeme der Wasserverbrauch bei der Papierherstellung erheblich vermindert werden. Auch die Abluftprobleme (hoher Energiebedarf und damit verbundene Schwefeldioxidemissionen) sind durch Entschwefelungen in den Kraftwerken weitgehend gelöst. Darüber hinaus sind auch die Bleichverfahren verbessert worden: Keine *Chlorbleiche* mehr mit giftigem Chlor, sondern Bleiche mit Sauerstoff oder Wasserstoffperoxid. Häufig wird ganz auf eine Bleichung verzichtet, wie z. B. bei Kaffeefiltern aus ungebleichtem Zellstoff.

Methodische Hinweise

Da die Papierherstellung so einfach zu sein scheint, ist auch der Gedanke des Recyling-Prozesses bei Papier schon sehr früh aufgekommen.

Das Weiterverwerten/Wiederverwerten von Altpapier wird deshalb exemplarisch hervorgehoben und bereits in dieser Schulstufe behandelt, weil es einerseits eine bedeutende Rolle in unserer Umwelt und in unserem Alltag spielt und weil es andererseits leicht durchschaubar ist. Altpapier ist heute mengenmäßig der bedeutendste Rohstoff der

deutschen Papierindustrie. Die Papiergewinnung aus Altpapier kann in einem einfachen Versuch von Schülerinnen und Schülern durchgeführt und nachvollzogen werden.

Auf folgenden Sachverhalt sollten die Lernenden hingewiesen werden: Mit etwa 7 Millionen Tonnen hergestelltem Umweltschutzpapier werden jedes Jahr mehr als die Hälfte des Gesamtbedarfs an Papier aus Altpapier gewonnen.

Wir stellen neues Papier her

Material: Kleiner Eimer oder große Schüssel, Mixgerät, flache Wanne (z. B.: $l = 40\,cm$, $b = 30\,cm$, $h = 25\,cm$, z. B. Fotoschale), zwei Schöpfrahmen, mehrere Stücke Filz oder Filzpappe, saugfähige Tücher, Nudelholz, zwei Holzbretter (27 cm x 17 cm, vier 80 mm Schrauben mit Flügelmuttern), mehrere Blätter Löschpapier, Bügeleisen, viel Wasser und natürlich Altpapier (Zeitungspapier)
Bei Selbstbau des Schöpfrahmens zusätzlich: Außenmaße müssen kleiner sein als die Wanne z. B. 30 cm x 22 cm; 180 cm Fichtenleiste (etwa 2 cm x 4 cm), 8 Holzschrauben, Tacker o. ä., Fliegengitter als Sieb (40 cm x 30 cm), Schraubendreher, Hammer, Säge, Zollstock

Vorbereitung: Um Papier zu machen ist der Schöpfrahmen ein unverzichtbares Werkzeug. Den Schöpfrahmen gibt es im Bastelgeschäft zu kaufen. Er lässt sich aber z. B. im Technikunterricht leicht selbst herstellen. Der Schöpfrahmen besteht aus einem Oberteil (Formenrahmen) und einem Unterteil (Schöpfsieb, Schöpfrahmen). Der Siebrahmen ist mit einem feinen, engmaschigen Gitter (Fliegengitter aus Kunststoff) so bespannt, dass er über die Kanten hinausgeht und dort mit kleinen Leisten befestigt werden kann. Der Formenrahmen passt genau über den Siebrahmen und hat keine Bespannung. Der Einfachheit halber sollten beide Rahmen gleich groß sein. Die Größe des Schöpfrahmens bestimmt die Größe des Papiers ▶ 199.1/2.

Herstellen des Papierbreis
Man zerreißt Altpapier (pro Arbeitsgruppe 2 große Zeitungsseiten) in möglichst kleine Stücke und weicht sie über Nacht in einem Liter Wasser ein. Das Papier lässt sich so

1 Papierherstellung

leichter zerfasern. Der entstandene Papierbrei wird so lange mit den Finger zerdrückt,
bis von den Papierfetzen nichts mehr zu
sehen ist. Jetzt wird der Papierbrei mit einem
Mixgerät total zerkleinert und in die größere
Wanne überführt. Unter ständigem Rühren
gibt man etwa 5 Liter Wasser hinzu. Der Brei
muss nun dünnflüssig sein und die Papier-
fasern sich gleichmäßig im Wasser verteilt
haben.

Papierschöpfen
Nun wird der Formenrahmen auf den Siebrahmen gesetzt und die übereinanderlie-
genden Rahmen werden mit beiden Händen
in den gleichmäßig verteilten Faserbrei getaucht. Man hält den Schöpfrahmen einen
Moment still in die Suspension (Faserbrei)
und hebt ihn vom Boden der Wanne her
kommend langsam nach oben. Der Schöpfrahmen muss dabei waagrecht gehalten werden, damit sich die Fasern gleichmäßig auf
dem Sieb absetzen. So entsteht eine dünne,
aber geschlossene Faserschicht. Abschließend lässt man das Wasser vollständig ab-
tropfen ▶ 199.3.

„Abgautschen"
Jetzt wird der Formenrahmen abgenommen
und die Oberseite des Siebrahmen mit der
Papierseite nach unten auf ein nasses Filz-
stück gelegt. Dabei wird die Rückseite des
Siebes mit einem saugfähigen Tuch vorsichtig von überflüssigem Wasser befreit. Nun
lässt sich die Papiermasse (Papierblatt) von

dem Siebrahmen durch leichtes Gegen-
drücken lösen. Es ist darauf zu achten, dass
die Papiermasse glatt und faltenfrei auf der
Unterlage zurückbleibt. Den gesamten Vorgang nennt der Fachmann „Abgautschen"
▶ 199.4.

Pressen
Nun schließt sich der Pressvorgang an. Dazu bedeckt man das Blatt mit einem saugfähigen Tuch und presst mit einem Nudelholz überflüssiges Wasser aus dem Blatt. Von
einer Ecke her wird das noch nasse Papier
abgehoben und auf ein trockenes Tuch gelegt. Die einzelnen Arbeitsgruppen haben
nun jeder einen geschöpften Papierbogen
erhalten. Zusammen genommen entsteht
eine Art „Sandwich". Man legt das Sandwich zwischen zwei Bretter, die von Schrauben mit Flügelmuttern oder durch Schraub-
zwingen zusammengedrückt werden und
presst so viel Wasser wie möglich heraus
▶ 199.5.

Trocknen und Glätten
Im letzten Schritt werden die Papierbögen
zum Trocknen aufgehängt. Bevor die Papierbögen ganz trocken sind, kann man
sie zum Nachpressen zwischen zwei Lösch-
blätter legen und mit Büchern beschweren.
Sollte das Papier nach dem vollständigen
Trocknen noch etwas gewellt sein, lässt es
sich mit der Sprühflasche wieder anfeuchten und mit dem Bügeleisen glätten
▶ 199.6.

Verwendete und empfohlene Literatur zur Unterrichtsvorbereitung:

Fachorientierte Literatur

- CD Römpp Chemie Lexikon – Version 1.0, Stuttgart – NY 1995
- Römpp Chemie Lexikon; Stuttgart – NY, 10. Auflage, 1966–1999
- Schülerduden: Die Chemie; Mannheim – Leipzig – Wien – Zürich – 1995
- Chemie: Nachschlagewerk für Grundlagenfächer, Leipzig 1986
- BANNWARTH, M.; KREMER, B. P.; MASSING, D.: Stoffe und Stoffwechsel. Grundlagen, Abläufe, Experimente. Biol. Arbeitsbücher, Quelle & Meyer, Wiesbaden 1996

Fachdidaktische Literatur

- Unterricht Chemie: Band 1: Säuren und Basen; HÄUSLER und PAVENZINGER, Aulis-Verlag Köln 1992
- Unterricht Chemie: Band 2: Wasser; P. PFEIFER und G. PFEIFER, Aulis-Verlag Köln 1992
- Unterricht Chemie: Band 3: Metalle; HÄUSLER und PAVENZINGER, Aulis-Verlag Köln 1993
- Unterricht Chemie: Band 4: Salze; BÜTTNER und MASCHERREK, Aulis-Verlag Köln 1994
- Unterricht Chemie: Band 7: Materie/Stoffe-Reinstoffe-Stoffgemische; BADER und RODER, Aulis-Verlag Köln 1996
- D. BÜTTNER: Mischen und Trennen von Farbstoffen – Eine Unterrichtseinheit für das 4. Schuljahr. NiU – Physik/Chemie 34 (1986), S. 20–27

Spezielle Literatur

- CLAUS BLIEFERT: Umweltchemie. Weinheim – NY – Chichester – Brisbane – Singapore – Toronto 1997

Folienbücher

- Klett 027720 Folienbuch Chemie: Stoffe, Teilchen, Reaktion; bearbeitet von B. HOPPE und P. MENZEL. Klett; Stuttgart – Düsseldorf – Berlin – Leipzig (1993)
- Klett 027740 Folienbuch Chemie: Säuren, Laugen, Salze; bearbeitet von B. HOPPE und P. MENZEL. Klett; Stuttgart – Düsseldorf – Berlin – Leipzig (1994)

Gefahrstoffe

von Dietrich Büttner

Schlüsselkonzepte

- Was sind Gefahrstoffe?
- Gefährlichkeitsmerkmale und Gefahrensymbole: Giftklassen, Entzündlichkeit und Gefahrklassen (Flammtemperatur, Zündtemperatur, Mindestzündenergie, Explosionsgrenzen)
- Gefährliche Experimente – Ersatzreaktionen: Lösungsmittel, Anorganische Stoffe und Reaktionen, Organische Stoffe und Reaktionen
- Entsorgung
- Gefahrstoffe – Beispiele für den Unterricht

Gefahrstoffe

Für viele Menschen ist der Gedanke an chemische Substanzen mit Angst besetzt. Der Umgang mit Chemikalien ist auch nicht immer problemlos, insbesondere dann, wenn man sich nicht richtig auskennt. Dennoch: Mit ein wenig Sachkenntnis und dem Beachten der Sicherheitshinweise ist der Umgang weitgehend gefahrlos. Die Angst vor möglichen Gefahren sollte auf keinen Fall dazu führen, auf Experimente im Unterricht zu verzichten. Dieses Kapitel soll helfen, die wichtigsten Vorschriften und Grundsätze beim Umgang mit möglichen Gefahren kennen und beachten zu lernen.

Was sind Gefahrstoffe?

Stoffe sind nach dem Chemikaliengesetz (ChemG) chemische Elemente oder Verbindungen; *Zubereitungen* sind Gemische oder Lösungen aus mindestens zwei Komponenten.

Gefahrstoffe sind auf den Schulunterricht bezogen Stoffe, die bei der Herstellung/Umsetzung, bei der Anwendung, beim Verbrauch, bei der Lagerung oder beim Transport für die Lernenden und für das Lehrpersonal Gesundheitsgefahren mit sich bringen oder eine Gefährung für die Umwelt darstellen.

Zu den *Gefahrstoffen* zählen
- giftige Stoffe und Zubereitungen
- explosionsfähige Stoffe und Zubereitungen
- Erzeugnisse, bei deren Verwendung gefährliche oder explosionsfähige Stoffe oder Zubereitungen entstehen oder freigesetzt werden

Exkurs

Gefahrtstoffverordnung

„Verordnung zum Schutz vor gefährlichen Stoffen (Gefahrstoffverordnung – GefStoffV) vom 26. Oktober 1993 (und einigen Anmerkungen in den folgenden Jahren).

Mit dieser Verordnung werden die nachstehend genannten EG-Richtlinien in deutsches Recht umgesetzt. Hier ein kleiner Auszug:

Erster Abschnitt
Zweck, Anwendungsbereich und Begriffsbestimmungen

§ 1 Grundsatz

Zweck dieser Verordnung ist es, durch Regelungen über die Einstufung, über die Kennzeichnung und Verpackung von gefährlichen Stoffen, Zubereitungen und bestimmten Erzeugnissen sowie über den Umgang mit Gefahrstoffen den Menschen vor arbeitsbedingten und sonstigen Gesundheitsgefahren und die Umwelt vor stoffbedingten Schädigungen zu schützen, insbesondere sie erkennbar zu machen, sie abzuwenden und ihrer Entstehung vorzubeugen, soweit nicht in anderen Rechtsvorschriften besondere Regelungen getroffen sind."

Ausführlich kann man sich u.a. im Internet informieren unter:
http://www.umwelt-online.de/recht/gefstoff/gefahrst.vo/gfv_ges.htm
In der sogenannten „Soester-Liste" sind alle schulrelevanten Chemikalien in einer Gefahrstoffdatenbank zusammengefasst. Man kann die vollständige Version der Liste zur Einstufung von Gefahrstoffen gemäß der Gefahrstoffverordnung downloaden.
(http://www.learn-line.nrw.de/angebote/gefahrstoffdb/)
Die Daten entsprechen der 9. Auflage vom April 2002 (ca. 2.5 MB).

Lexikon

Toxizität und Dosis
LD 50 = Letale Dosis, bei deren Aufnahme 50% der Versuchstiere sterben
oral = Aufnahme über den Mund
dermal = Aufnahme über die Haut
inhalativ = Aufnahme durch Einatmen

- Zu den Gesundheitsrisiken gehören sowohl **akute Toxizitäten** mit den Abstufungen: sehr giftig, giftig, gesundheitsschädlich, ätzend, reizend, sensibilisierend
- als auch **spezielle toxische Eigenarten** mit den Einteilungen; Krebs erzeugend (cancerogen), Fortpflanzungs gefährdend, Erbgut verändernd (mutagen)

Die **gesundheitliche Einstufung** der Gefahrstoffe ist definiert und wird unterteilt in:
- LD 50 oral (Ratte): mittlere tödliche Dosis im Tierversuch mit Ratten bei oraler Applikation; die 50 bedeutet, dass bei der angegebenen Dosis 50% der Versuchstiere sterben
- LD 50 dermal: mittlere tödliche Dosis für Ratten nach Aufbringen auf die Haut
- LD 50 inhalativ: mittlere tödliche Konzentration für Ratten beim Einatmen (Inhalieren)

■ gefährliche biologische Materialien, die ihrer Art nach erfahrungsgemäß Krankheitserreger übertragen können

Der Umgang mit Gefahrstoffen wird durch die *Gefahrstoffverordnung* geregelt. Diese schreibt u. a. auch die Kennzeichnung mit *Gefahrensymbolen* sowie *R- und S-Sätzen* vor. In der durch Ergänzungen auf dem neuesten Stand gehaltenen Stoffliste der Gefahrstoffverordnung sind als gefährlich eingestufte Stoffe und Zubereitungen erfasst und charakterisiert.

Für den Chemieunterricht gilt generell: Man verwende so wenig Gefahrstoffe, wie es aus fachlicher und fachdidaktischer Sicht möglich ist.

Im Prinzip dürfen weder die *„Maximale Arbeitsplatzkonzentration"* (MAK) noch der *„Biologische Arbeitsplatztoleranz-Wert"* bei chemischen Versuchen überschritten werden.

In der Sekundarstufe I sollten aus Sicherheitsgründen die Stoffe und Stoffmengen so gewählt werden, dass ein Gefährdungspotenzial ausgeschlossen werden kann. Diese Vorgehensweise gilt selbstverständlich für alle chemischen Experimente, die im Lehrbuch beschrieben sind. Hier sind die R- und S-Sätze – so weit es welche gibt – prinzipiell angegeben.

Beim Umgang mit Gefahrstoffen sind weiterhin die *Technischen Regeln für Gefahrstoffe*, die *Unfallverhütungsvorschriften* sowie *Richtlinien und Merkblätter der gewerblichen Berufsgenossenschaften* (siehe auch Arbeitssicherheit, Arbeitsschutz, Erste Hilfe, Gewerbehygiene, Gefahrensymbole u.a. Textstichwörter) zu beachten. (CD Römpp Chemie Lexikon – Version 1.0, Stuttgart/New York: Georg Thieme Verlag 1995)

Die R- und S-Sätze sowie Anmerkungen zu Sicherheit und Entsorgung stehen im Anhang zu diesem Kapitel. ▶ Vgl. S. 217–219

Symbol	Gefahren-bezeich-nung	Kenn-buch-stabe	Gefährlichkeitsmerkmale
	Sehr giftig	T+	Dieser Stoff verursacht äußerst schwere Gesundheitsschäden, schon weniger als 25 mg pro kg Körpergewicht können bei Einnahme zum Tod führen.
	Giftig	T	Dieser Stoff kann erhebliche Gesundheitsschäden verursachen, 25–200 mg pro kg Körpergewicht können zum Tod führen.
	Gesundheitsschädlich	Xn	Dieser Stoff ist gesundheitsschädlich, 200–2000 mg pro kg Körpergewicht können tödlich sein.
	Reizend	Xi	Dieser Stoff hat Reizwirkung auf Haut und Schleimhäute, er kann Entzündungen auslösen.
	Ätzend	C	Dieser Stoff kann lebendes Gewebe zerstören.
	Explosionsgefährlich	E	Dieser Stoff kann unter bestimmten Bedingungen explodieren.
	Brandfördernd	O	Dieser Stoff ist Brand fördernd, er reagiert mit brennbaren Stoffen.
	Hoch entzündlich	F+	Dieser Stoff ist selbstentzündlich, er kann bereits bei Temperaturen unter 0 °C entflammen.
	Leicht entzündlich	F	Dieser Stoff ist leicht entzündlich, er kann bei Temperaturen unter 21 °C entflammen. *Oder:* Dieser Stoff bildet explosionsfähige Gemische mit Luft. *Oder:* Dieser Stoff bildet, mit Wasser zusammengebracht, brennbare Gase.
	Umweltgefährlich	N	Dieser Stoff kann längerfristig schädliche Wirkungen auf die Umwelt haben. Er ist schädlich in Gewässern, Boden oder Luft und (sehr) giftig für Organismen.

1 Gefahrensymbole mit Erklärungen

Besonders zu beachten ist:

■ Arbeiten nur mit Genehmigung und nach den Anweisungen der Fachlehrkraft
■ Keine offenen Gashähne
■ keine beschädigten elektrischen Geräte oder Steckdosen
■ Notwendige Schutzausrüstung (Handschuhe, Kittel, Schutzbrille) benutzen
■ Geschmacks- und Geruchsproben nur auf Anweisung der Lehrkraft
■ Niemals mit dem Mund pipettieren
■ Lange Haare vor Flammen schützen
■ Weder essen noch trinken in Labors

R-Sätze
Kennzeichnung für besondere Gefahren (R, engl. risk, Gefahr)

S-Sätze
Sicherheits- und Schutzmaßnahmen für den Umgang mit Gefahrstoffen (S, engl. security, Sicherheit) Wichtige R- u. S-Sätze finden sich im Anschluss an das Kapitel.

Gefährlichkeitsmerkmale

Stoffe können auf unterschiedlichste Art und Weise für den Menschen gefährlich sein.

Zu den großen *Gesundheitsrisiken* zählen:
- Einatmen von Gasen, Stäuben, Dämpfen, Aerosolen
- Hautresorption von Flüssigkeiten, Dämpfen, Stäuben
- Ungewolltes Schlucken von Flüssigkeiten, Stäuben

Brand- und Explosionsgefahren von
- in Wasser unlöslichen brennbaren Flüssigkeiten
- in Wasser löslichen brennbaren Flüssigkeiten

Risiken für die *Umwelt*:
- Hydrosphäre (Wasser)
- Atmosphäre (Luft)
- Pedosphäre (Boden)
- Biosphäre (lebende Organismen)

Giftklassen	Gefahrensymbol	Beispiele	Tödliche Dosis in mg/kg Körpergewicht
Sehr giftig (< 25 mg/kg Körpergewicht)	T+	Botulinustoxin Blausäure Arsenik E 605 (Parathion)	0,000 000 03 0,7–1,0 1,4–4,3 4,3–14,3
Giftig (25–200 mg/kg Körpergewicht)	T	Natriumnitrit Barbiturate	57–86 37–143
Gesundheitsschädlich (200–2000 mg/kg Körpergewicht)	Xn	DDT Methanol	143–430 357–1 140
Nicht giftig (> 2000 mg/kg Körpergewicht)	kein Symbol	Kochsalz	7 150–14 300

1 Giftigkeit einiger Substanzen

Entzündlichkeit	Gefahrensymbol	Flammtemperatur	Siedetemperatur
hochentzündlich	F+	unter 0 °C	20–35 °C
leichtentzündlich	F	< 21 °C	
entzündlich	Kein Symbol	21 - 55 °C	

2 Chemische Stoffe unterscheiden sich durch ihre Entzündlichkeit

Gefahrklasse	Flammtemperatur-bereiche in °C	Beispiel	Flammtemperatur in °C	Löschbar mit Wasser
A I	< 21	Ottokraftstoff	< –20	nein
A II	21–55	p-Xylol	27	nein
A III	> 55–100	Dieselkraftstoff	> 55	nein
B	< 21	Ethanol	12	ja

Gefahrklasse A: bei 15 °C in Wasser unlösliche brennbare Flüssigkeiten,
Gefahrklasse B: bei 15 °C in Wasser lösliche brennbare Flüssigkeiten.
Zur Gefahrklasse A zählen z. B. Ottokraftstoff, Dieselkraftstoff, Heizöle u. a.; zu B zählt Ethanol.

3 Brennbare Flüssigkeiten sind in die Gefahrklassen A und B unterteilt

Stoff	Flamm-temperatur °C	Zünd-temperatur °C	Mindest-zündenergie mJ	untere Explosionsgrenze Volumenanteil in %	obere
Ottobenzin	< –20	260	0,03	0,6	8
Dieselbenzin	> 55	220			
Wasserstoff	(< –100)	560	0,01	4	75,6
Methan	(< –100)	595	0,02	4	15

1 Verhalten von leicht flüchtigen Flüssigkeiten und Gasen

Die *Flammtemperaturen* von Wasserstoff und Methan wurden willkürlich auf < – 100 °C gesetzt, da es sich um Gase handelt und sie bereits bei diesen Temperaturen längst gezündet werden können.

Warum sind die *Zündtemperaturen* von Wasserstoff und Methan so hoch und die von Dieselkraftstoff und Speiseöl so niedrig? Damit Stoffe sich entzünden können, müssen sie reaktiv sein. Das sind sie besonders dann, wenn sie als Radikale vorliegen. Sie reagieren dann besonders leicht. Kleine Moleküle wie Wasserstoff und Methan sind auch bei hoher Energiezufuhr stabil und bilden nur bei sehr hoher Temperatur Radikale. Große Moleküle, wie die genannten Öle, bilden wegen ihrer langen Ketten leichter Radikale, die äußerst reaktionsfähig sind. Die langen Moleküle zerbrechen dabei meist in der Mitte.

Beispiel:

CH_3-CH_2-CH_2-CH_2-CH_2-CH_2-CH_2-CH_2-CH_2-CH_2-CH_2-CH_2-CH_2-CH_2-CH_2-CH_3

CH_3-CH_2-CH_2-CH_2-CH_2-CH_2-CH_2-CH_2 • + CH_3-CH_2-CH_2-CH_2-CH_2-CH_2-CH_2-CH_2 •

mJ = Milli-Joule, das ist der tausendste Teil der Wärmemenge 1 Joule

Radikale sind durch ein einzelnes Elektron als Punkt (•) gekennzeichnet.

Lexikon

Brand- und Explosionsgefahr

Die **Flammtemperatur** einer brennbaren Flüssigkeit ist die Temperatur, bei der sich über ihrer Oberfläche Dämpfe in solchen Mengen entwickeln, dass diese mit einer Zündquelle (Flamme, Funken) gerade gezündet werden können (Beispiel: Flambieren von Früchten).

Brennbare Gemische benötigen nicht unbedingt eine Flamme, um sich zu entzünden. Das Zünden kann auch durch eine heiße Oberfläche ausgelöst werden. Als **Zündtemperatur** bezeichnet man die Temperatur einer heißen Oberfläche, bei der sich ein explosionsfähiges Gemisch optimaler Zusammensetzung gerade noch entzündet (Beispiel: Herunter laufendes Fett auf einer heißen Herdplatte).

Die **Mindestzündenergie** ist die Energie, die notwendig ist, um ein brennbares Gas-Dampf-Staub-Luft-Gemisch gerade zu entzünden. Für Gase und Dämpfe beträgt sie nur 0,01 bis 2 mJ, für Stäube etwa 1 bis 1 000 mJ. Die Zündenergie von einem elektrisch aufgeladenen Menschen beträgt etwa 1 mJ (Entladung beim Aussteigen aus dem Auto am Türgriff), von einer Garbe von Trennschleiferfunken etwa 100 mJ.

Nicht jedes Gemisch brennbarer Gase/Dämpfe lässt sich entzünden bzw. zur Explosion bringen. Es gibt stets eine untere und eine obere Grenze.

Die **Explosionsgrenze** ist derjenige Bereich, bei dem gerade noch eine Explosion möglich ist. (Mischt man z. B. Benzindampf mit Luft, so ist das Gemisch unterhalb von 0,6 Vol% Benzindampf nicht brennbar (das Gemisch ist zu mager), oberhalb von 8 Vol% Benzindampf kann das Gemisch nicht mehr gezündet werden, es ist zu fett.)

Der **Maximale Explosionsdruck** eines zündfähigen Gas-Staub-Luft-Gemisches beträgt „nur" 7 bis 12 bar. Das scheint auf den ersten Blick nicht besonders viel zu sein. Bedenkt man aber, dass die Reaktionen explosionsartig, also mit sehr großer Geschwindigkeit ablaufen, wird die verheerende Wirkung verständlich. Man muß bedenken, dass sich das Volumen in einem sehr kleinen Zeitraum bis auf das 12-fache vergrößert (Beispiel: Mehlstaub- oder Kohlestaubexplosionen).

Gefährliche Experimente – Ersatzreaktionen

Cancerogen = *Krebs erregend*
Thermolyse = *Spaltung durch Wärme*
Katalyse = *Änderung der Reaktionsgeschwindigkeit durch einen Stoff (Katalysator)*
Thermochromie = *Farbänderung bei Über- oder Unterschreiten der Umwandlungstemperatur eines Festkörpers*
Thermit-Versuch = *Verfahren zum Schweißen von Eisenteilen (z. B. Schienen)*

Die in diesem Band vorgestellten Experimente sind – unabhängig, ob sie als Lehrer-Demonstrationsexperiment oder als Schülerversuch konzipiert sind – weitgehend gefahrenfrei.

Einige Versuche im Teil B enthalten allerdings ein geringes Gefahrenpotenzial. Wir halten das deshalb für gerechtfertigt, weil die Schüler heute vor allem in ihrem eigenen Umfeld verstärkt Gefahren ausgesetzt sind und lernen sollen, wie man darauf reagiert. Bei diesen Schulversuchen handelt es sich vor allem um Experimente, bei denen sich ein Brand entwickeln könnte, der im Ernstfall gelöscht werden muss.

Um unnötige Gefahren zu vermeiden sind einige Ersatzstoffe und Ersatzreaktionen als Alternativen für den Unterricht zusammengestellt. Sie bilden nur eine kleine Auswahl und beziehen sich prinzipiell auf Lehrinhalte für die Sekundarstufe I.

Die nachfolgenden Tabellen können zunächst übersprungen werden. Auf sie braucht nur im Bedarfsfall zurückgegriffen werden.

Gefahrstoff	Symbol	Ersatz	Symbol	R-Sätze S-Sätze	Einsatz bei
CCl_4 Tetrachlorkohlenstoff (cancerogen)	T/N	n-Heptan	F, Xn, N	R11–38–50/53–65–67 S9–16–29–33–60–61–62	Lösungsmittel
		Cyclohexan	F, Xn, N	R11–38–50/53–65–67 S9–16–33–60–61–62	
CS_2 Kohlenstoffdisulfid „Schwefelkohlenstoff"	T+/ F+	Toluol	F, Xn	R11–20 S16–25–29–33 (fruchtschädigend 3 bzw. C, Beeinträchtigung der Fortpflanzungsfähigkeit 3)	Lösungsmittel für Schwefel
Benzol (cancerogen)	T/F	n-Hexan	F, Xn, N	R11–38–48/20–51/53–62–65–67 S9–16–29–33–36/37–61–62	Lösungsmittel usw.
		Cyclohexan	F, Xn, N	R11–38–50/53–65–67 S9–16–33–60–61–62	
Diethylether	F+/Xn	Diisopropylether	F	R11–19–66–67 S9–16–29–33	Extraktion

1 Ersatzstoffe für gefährliche Lösungsmittel

Stoffe/Reaktionen	Symbol	Ersatz	Symbol	R-Sätze S-Sätze
Katalyse mit Raney-Ni oder Platin-Asbest	T/F (cancerogen)	Platin- γ-Aluminiumoxid		
Bestimmung des Luftsauerstoffs mit Phosphor	F	Bestimmung des Luftsauer- stoffs mit Kupfer		
Thermit-Versuche mit Ba- Peroxid und Mg	Xn/F/O	Zündkirsche verwenden		R 10-15 S 7/8-43.6
Thermolyse von HgO	T+/N	Thermolyse von Ag_2O Thermolyse von Kupferacetat	Xi, O Xn/N	R 8–41–44 S 1/2–26–39 R 22–41/50/53 S 26–39–61
Thermochromie mit Tetraiodomercuraten	T*/F	Bismutoxid		

1 Ersatzstoffe bei anorganisch-chemischen Reaktionen

Stoffe/Reaktionen	Symbol	Ersatz	Symbol	R-Sätze S-Sätze
Formaldehyd-Kunststoffe	T	DL-Weinsäure	Xi	R 36/37/38 S 26-36
		L(+)-Weinsäure	Xi	R 36 S 24/25
		DL-Äpfelsäure	Xi	R 36
		1,4-Butandiol	Xn	R 22
Reduktion von „Fehling" mit Formaldehyd	T	Reduktion von „Fehling" mit Propionaldehyd Fehlingsche Lösung Fehlingsche Lösung IIC	Xi/F	R 11–36/37/38 S 9–16–29 R 34 S 1/2–26–36/37/ 39–45
Nachweis der C=C-Bindung mit Bromwasser (kleine Mengen erlaubt)	T+/C/N (cancerogen)	Nachweis mit Bayers Reagenz ($KMnO_4$-Lsg.)	Xn/F/O	R 13–22 S 2–9–16–33
Azofarbstoff: p-Amino- azobenzol aus Anilin	T (cancerogen)	Azofarbstoff: Orange II aus p-Sulfanilsäure 4-Aminobenzolsulfonsäure	Xi	R 36/38–43 S 24–37

2 Ersatzstoffe bei organisch-chemischen Reaktionen

Komplette Demonstrationsapparaturen zur Durchführung der aluminothermischen Reaktion (Thermit-Versuch) werden von Lehrmittelfirmen (z. B. Aug. Hedinger, Stuttgart, Klüver & Schultz) angeboten. Dort sind auch fertige Aluminium/Eisenoxid-(„Thermit-") Gemische erhältlich. Mit diesen Gemischen kann der Thermitversuch bei Einhaltung der Sicherheitsmaßnahmen sicher und immer erfolgreich demonstriert werden.

Entsorgung

Dieses Kapitel befasst sich mit der Behandlung und Entsorgung auftretender Abfälle. Vorausgesetzt wird dabei, dass bei dem Umgang mit gefährlichen Substanzen stets kleine Mengen verwendet werden.

Stoff	Entsorgung	Stoff	Entsorgung
Aceton und andere wasserlösliche Ketone	Entsorgung in Gefäß für organische Lösungsmittel	Halogenierte organische Verbindungen	In Sammelbehälter geben
Alkalimetalle (Li, Na)	Kleine Mengen in Ethanol eintragen; nach vollständiger Reaktion mit wenig verdünnter Schwefelsäure neutralisieren und ins Abwasser geben (Kalium muss mit Butanol umgesetzt werden)	Kaliumpermanganat	Mit Schwefelsäure ansäuern und $NaHSO_3$-Lösung reduzieren, nach der Neutralisation ins Abwasser geben
		Kohlenstoffdisulfid	Nicht in der Schule einsetzen
Alkanale (kleine Mengen Formaldehyd, Acetaldehyd)	Mit überschüssiger Natriumhydrogensulfit-Lösung ($NaHSO_3$) versetzen und ins Abwasser geben	Kupfersulfat	Reine Lösungen auskristallisieren und wiederverwenden, verschmutzte Lösungen in Sammelbehälter „Schwermetall-Abfälle"
		Methanol	Verdünnen und ins Abwasser geben
Alkane	Im Abzug verdunsten lassen oder unter dem Abzug bzw. im Freien verbrennen	Natriumthiosulfat	Oxidation mit verdünnter Wasserstoffperoxid-Lösung und ins Abwasser geben
Alkohole (Alkanole)	Im Abzug verdunsten lassen oder unter dem Abzug bzw. im Freien verbrennen	Phosphate	Ins Abwasser geben
		Phosphor (weiß, gelb)	Nicht in der Schule einsetzen
Ammoniumchlorid und Ammoniumnitrat	Ins Abwasser geben	Phosphor (rot)	In kleinen Mengen verbrennen
		Quecksilber/ Quecksilbersalze	Nicht in der Schule einsetzen
Basenlösungen/ Laugen (Ammoniak, Natron- und Kalilauge …)	Ins Abwasser geben	(Anorganische) Säuren, (HCl, HNO_3, H_3PO_4 …), außer konzentrierter Schwefelsäure	Mit $NaHCO_3$-Lösung neutralisieren und ins Abwasser geben
Wasserlösliche Carbonsäuren (Ameisensäure, Essigsäure)	Mit verdünnter Natronlauge neutralisieren und ins Abwasser geben	Schwefelsäure (konz.)	Vorsichtig in viel Wasser einbringen, mit $NaHCO_3$-Lösung neutralisieren und ins Abwasser geben
Benzol	Nicht in der Schule einsetzen	Schwermetallsalze (Cadmium, Chrom, Cobalt, Nickel, Quecksilber …)	Lösen, ausfällen als Sulfid und in Sammerbehälter geben
Chlorate	Nicht im Anfangsunterricht Chemie einsetzen		
Chromate	Nicht im Anfangsunterricht Chemie einsetzen		
Ethanol	Verdünnen und ins Abwasser geben		

Es ist ratsam, im anfänglichen Unterricht auf das Arbeiten mit Schwermetallsalzen zu verzichten.

1 Entsorgung und Behandlung chemischer Abfälle

Didaktische und methodische Hinweise

Entsorgung
in Schule und Labor

Gefährlichkeitsmerkmale
Gesundheitsschädigung, Toxizität

Brand- und Explosionsgefahr

Risiken für die Umwelt

Ersatzstoffe und Ersatzreaktionen

Gefahrstoffe

Jeder Schüler weiß – nicht zuletzt aus Presse, Funk und Fernsehen – dass viele chemische Substanzen, die uns im Alltag begegnen, oder in Industrie und Gewerbe anfallen, bei unsachgemäßer Handhabung gefährlich sein können. Davon betroffen sind nicht nur die Menschen, sondern auch die Tier- und Pflanzenwelt, ja sogar der gesamte Erdball mit seiner Atmosphäre. Nun kann man die Gefahrstoffe nicht völlig verbannen (man denke nur an giftige Pflanzen oder schädliche Bakterien und Viren), aber man kann den Umgang mit ihnen so sachgemäß gestalten, dass das Gefahrenpotenzial minimiert wird.

Für den Chemieunterricht der Sekundarstufe I bedeutet das, dass der Umgang mit gefährlichen Stoffen weitgehend vermieden werden sollte, der Umgang mit sehr gefährlichen Stoffen, ist zu vermeiden. Das muss jedem Schüler klar sein, denn diese Vermeidungsstrategie betrifft nicht nur den Chemieunterricht, sondern findet seine Fortsetzung in allen Lebensbereichen. Die Gefahrstoff-Verordnung bietet die Grundlage für den korrekten Umgang mit Gefahrstoffen.

Unterrichtsziel für die Lernenden ist es, wichtige Merkmale chemischer Stoffe und Reaktionen zu kennen. Dazu zählen auch Kenntnisse über Gefahrstoffe und Gefahrensymbole ▶ 241.1.

Gefahrensymbole

Die Schüler sollen die Aufschrift auf Etiketten verstehen ▶ 242.1. Sie enthalten *Angaben* über:
- Brennbarkeit (einschließlich des Löschens)
- Brand fördernde und explosive Stoffe
- schwer-, leicht- und hochentzündliche Stoffe

1 Gefahrensymbole
▶ S. 203

gesundheitsschädliche, giftige und sehr giftige Substanzen
reizende und ätzende Stoffe

Umgang mit Gefahrstoffen

Mit den nachfolgenden einfachen Versuchen kann im Lehrerexperiment und im Schülerversuch der Umgang mit Chemikalien geübt und das Verständnis für das chemische Verhalten von Stoffen und ihre Reaktionsweise vertieft werden.

Angestrebte Lernziele
Die Schüler sollen wissen, dass es für Mensch, Tier und Pflanze, ja für die gesamte Umwelt Gefahrstoffe gibt und dass diese nicht nur in der Chemie zu finden sind.
Sie sollen Giftigkeit und Brennbarkeit als Stoffeigenschaft erkennen und solche Stoffe benennen können.
Sie sollen Gefahrensymbole verstehen und zuordnen können.
Sie sollen einschätzen können, welches Gefahrenpotenzial ein Experiment besitzt.
Sie sollen Beispiele gefährlicher Stoffe aus Alltag und Umwelt nennen und anhand der Kennzeichnung sagen können, welche Vorsichtsmaßnahmen beim Umgang mit diesen Stoffen getroffen werden müssen.
Sie sollen Versuche zur Brennbarkeit verstehen oder selbst durchführen können.
Sie sollen einige Regeln zum Unfallschutz und zur Ersten Hilfe kennen.
Sie sollen die Gefahren von offenem Feuer, Rauchen, Funken, Batterien, elektrischen Geräten usw. beim Umgang mit Stoffen einschätzen können und danach verantwortungsbewusst handeln.

Regeln zum Unfallschutz
Um das Unfallrisiko zu minimieren, sind einige Grundregeln zu beachten.
Jeder Schüler muss *bei gefährlichen Versuchen* einen Schutzkittel und eine Schutzbrille tragen.
Bei der *Arbeit mit Säuren und Alkalien* ist besondere Vorsicht geboten, ein Verschütten ist zu vermeiden.
Bei der *Entwicklung giftiger und übelriechender Gase* ist unter dem Abzug zu arbeiten.
Besteht bei *Arbeiten mit Glas* die Gefahr, dass es bricht, sind die Hände mit einem Lappen oder Papier zu schützen.
Zerbrochene Glasgeräte und *mit Chemikalien getränktes Papier* sind in den dafür vorgesehenen Behälter zu werfen.
Pipettieren mit dem Mund ist verboten.
Anweisungen des Lehrers sind unbedingt zu befolgen.

Erste Hilfe bei Unfällen
Sollte es trotz aller Vorsichtsmaßnahmen zu einem Unfall kommen, muss nach folgenden Punkten vorgegangen werden:
Jeder *Unfall* ist sofort der Lehrkraft anzuzeigen.
Verätzungen der Haut mit Säuren oder Alkalien sind sofort mit viel Wasser zu spülen.
Bei *Verätzungen der Augen* ist die Augendusche zu benutzen.
Brandwunden sind sofort unter fließendes Wasser zu halten.
Kleiderbrände sind zu ersticken oder mit viel Wasser zu löschen.
Andere Brände sind mit dem Feuerlöscher oder der Löschdecke zu ersticken.
Schnittwunden dürfen nicht mit Wasser gespült werden, Splitter dürfen nicht entfernt werden. Bei Schlagader-Verletzungen muss ein Druckverband angelegt werden, dann ist der Arzt/Rettungswagen zu rufen.
Bei *Verletzungen* jeder Art ist sofort ein Arzt aufzusuchen.

Die nachfolgenden Versuche sind unterteilt in
Lehrerversuche LV
Schülerversuche SV
Bei gefährlichen Versuchen sind Schutzkleidung und Schutzbrille zu tragen ▶ S. 180.

1 Richtige Kennzeichnung eines Gefahrenstoffs

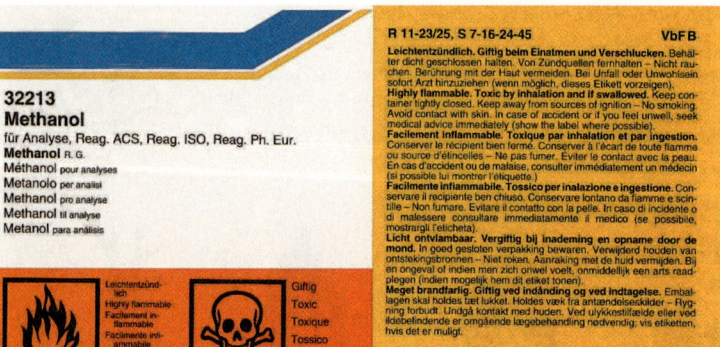

Versuch 1

Explosion eines Luftballons

Der Versuch setzt voraus, dass man den Umgang mit einer Wasserstoffflasche beherrscht.

Material: zwei Luftballons, dünne Bindfäden, Wasserstoff (F+, R 12, S 2–9–16–33) aus der Flasche, langer Stock mit Kerze, Streichhölzer

Durchführung: Den einen Luftballon füllt man mit Atemluft, den anderen mit Wasserstoff (ohne Beimengung von Luftsauerstoff, das Volumen sollte einen Liter nicht überschreiten) und verschließt beide mit Bindfäden. Man entzündet die Kerze, die an einem langen Stock sicher befestigt ist. Nun werden die Schüler aufgefordert, den Mund zu öffnen und sich die Ohren zuzuhalten. In ausreichender Entfernung bringt man zunächst die brennende Kerze an den Luftballon, dann an den Wasserstoffballon.

Ergebnis: Der mit Luft gefüllte Ballon platzt auf Grund des Überdrucks, der beim Aufblasen entstanden ist. Der Knall ist nicht sehr laut. Der mit Wasserstoff gefüllte Ballon zerplatzt explosionsartig. Bei der Reaktion wird sehr viel Wärme gebildet und die Reaktion verläuft sehr schnell, wodurch der Knall sehr laut ist.

   10 min **LV**

Versuch 2

Metalle können auf dem Wasser brennen

Material: Petrischale, Petroleumbenzin (F/Xn/N, R 11–52/53–65, S 9–16–23–24–33–61–62), Natrium (F/C, R 14/15-34, S (1/2)–5–8–43–45), Wasser, Phenolphthalein, Handspülmittel, kleines Becherglas mit Ethanol (F, R 11, S 2–7–16) (Brennspiritus), Filterpapier, Messer, große Kristallisierschale, Pinzette, Tiegelzange, Schutzbrille

Durchführung: Die große Kristallisierschale wird halb mit Wasser gefüllt. Man setzt etwas neutrales Spülmittel und den Indikator Phenolphthalein zu. Man entnimmt der Flasche mit dem Natrium ein erbsengroßes Stück, entrindet es in einer Petrischale unter Petroleumbenzin und trocknet es mit Filterpapier ab. Reststücke vernichtet man in dem Becherglas mit Ethanol. Man führt zwei Versuche durch:
a) Das Natriumstück wird mittels der Tiegelzange (oder Pinzette) auf die Wasseroberfläche gesetzt.
b) Ein weiteres Stück Natrium setzt man auf ein Filterpapier, das auf der Wasseroberfläche schwimmt.

Ergebnis: a) Das Natrium bewegt sich – eine violette Spur nach sich ziehend – ziellos auf der Wasseroberfläche, bis es verschwunden ist.
b) Nach kurzer Zeit beginnt das Natrium zu brennen. Da das Natrium durch das Filterpapier „festgehalten" wird und sich bei der Reaktion Wärme bildet, wird der frei werdende Wasserstoff entzündet.

Vorsicht: Am vermeintlichen Ende der Reaktion bei a) kann noch eine heftige Reaktion mit hochspritzendem Natriumhydroxid einsetzen. Bei der Reaktion bilden sich Wasserstoff und Natronlauge, die durch Phenolphthalein violett gefärbt wird.

    15 min **LV**

Versuch 3

Metalle können in der Luft brennen

Material: Aluminiumpulver (phlegmatisiert) (R 10–15, S 2–7/8–43), Eisenpulver (F, R 11), Brenner, Spatel, Glasrohr (Innen-Ø = 6–8 mm)

Durchführung: Mit einem kleinen Spatel wird etwas Eisenpulver waagerecht in das saubere, trockene Glasrohr gebracht. Man bläst erst langsam, dann heftiger das Pulver in die nicht leuchtende Brennerflamme. Mit dem Alu-Pulver verfährt man analog, wobei man allerdings die Augen etwas zukneifen sollte, da die Reaktion sehr helles Licht abstrahlt.

Ergebnis: Die Metalle verbrennen unter heller Lichterscheinung zu ihren Oxiden. Bei Eisen kann es einen „Sternenregen" geben, Aluminium strahlt dagegen ein gleißendes Licht ab.

Bemerkung: Bei geradestehendem Brenner kann evtl. Aluminiumpulver in den Brenner fallen.

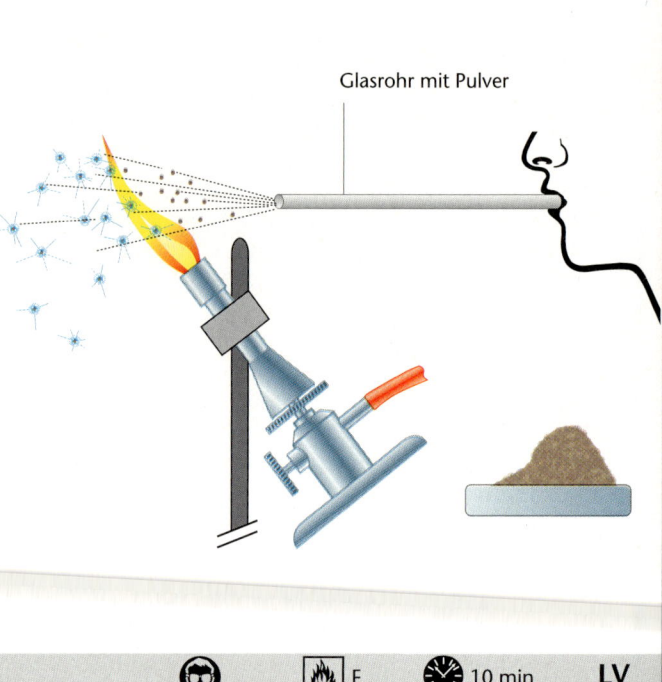

Glasrohr mit Pulver

F   10 min   **LV**

Versuch 4

Die Benzinkanone

Material: Papprohr mit 2 passenden Deckeln (wie z. B. zum Versand von Bildern, Plakaten, Postern …), Messer, 2 Flaschenkorken, Pipette, Holzspan, Petroleumbenzin (Siedebereich 60–80 °C) (F/Xn/N, R 11–52/53–65, S 9–16–23–24–33–61–62)

Durchführung: In ein Papprohr wird 5 cm vom geschlossenen Rohrende entfernt ein etwa 5 bis 10 mm weites Loch geschnitten. In das Rohr werden 2 Flaschenkorken und dann einige Tropfen Benzin (das Benzinvolumen soll ca. 1/10000 des Papprohrvolumens $[V = \pi \cdot r^2 \cdot h]$ betragen) gegeben. Das Rohr wird mit dem 2. Deckel verschlossen und etwa zehn Mal gewendet. Dann stellt man das Papprohr senkrecht mit dem Loch nach unten auf den Labortisch und lockert den oberen Deckel so weit (Vorversuche machen, u. U. Deckel nur auflegen), dass er leicht herausgedrückt werden kann. Anschließend wird ein brennender Holzspan an das sich unten befindende Loch gehalten. Der lockere Deckel wird aus dem Papprohr geschleudert.

Ergebnis: Das Benzin-Luft-Gemisch idealer Zusammensetzung reagiert heftig, da bei der Reaktion viel Wärme freigesetzt wird.

Achtung: Auf Flugbahn des herausgeschleuderten Deckels achten!

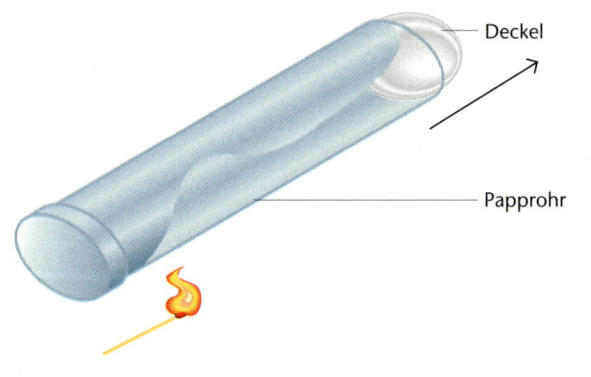

Deckel

Papprohr

10 min   **LV**

Versuch 5

Der Schaum-Feuerlöscher

Material: Trockene Spritzflasche, feuerfeste Deckplatte, Porzellanschale, Natriumhydrogencarbonat, Weinsäure oder Brausepulver, Spülmittel, Petroleumbenzin (Siedebereich 60–80 °C) (F/Xn/N, R 11–52/53–65, S 9–16–23–24–33–61–62)

Durchführung: Benzinbrände in einer Porzellanschale können mit einem selbst gebauten Feuerlöscher bekämpft werden. Dazu gibt man in eine trockene Spritzflasche ca. 10 g Natriumhydrogencarbonat und 3 g Weinsäure und vermischt die beiden Pulver. Dann wird ca. 5 ml Spülmittel zugefügt. Währenddessen entzündet man 1 ml Benzin in einer Porzellanschale. Anschließend füllt man die Flasche mit ca. 100 ml Wasser (ca. 20 °C) und verschließt diese mit dem Spritzaufsatz. Schließlich richtet man die Düse unter leichtem Schwenken auf das brennende Benzin, bis das Feuer gelöscht ist.

Achtung: Schnelle Reaktion! Bei wärmerem Wasser ist die Reaktion noch heftiger.

Ergebnis: Der sich bildende Kohlenstoffdioxid-Schaum löscht das Feuer, da die zur Verbrennung notwendige Sauerstoffzufuhr unterbrochen ist.

Anmerkung: Das Feuer kann auch durch Abdecken gelöscht werden.

feuerfeste Deckplatte

Porzellanschale

Spritzflasche mit Löschmittel

F 15 min **SV**

Versuch 6

Der Trocken-Feuerlöscher

Material: Kleines Haushalts-Metallsieb, feuerfeste Deckplatte, Holzspan, Becherglas, Natriumhydrogencarbonat, Petroleumbenzin (Siedebereich 60–80 °C) (F/Xn/N, R 11–52/53–65, S 9–16–23–24–33–61–62)

Durchführung: Etwa 10 g gepulvertes Natriumhydrogencarbonat werden in das Sieb gegeben, ohne dass das Pulver herausgelangen kann (z. B. mit der Hand von unten abdecken). Dann entzündet man in einem Becherglas 1 ml Benzin mit einem brennenden Holzspan. Die Hand zieht man vom Sieb weg und streut unter leichtem Klopfen das Löschpulver über den Brandherd, bis das Feuer gelöscht ist.

Ergebnis: Das Natriumhydrogencarbonat-Pulver löscht das Feuer, da auch hier die zur Verbrennung notwendige Sauerstoffzufuhr unterbrochen ist; außerdem entsteht in der Hitze Kohlenstoffdioxid aus dem Natriumhydrogencarbonat.

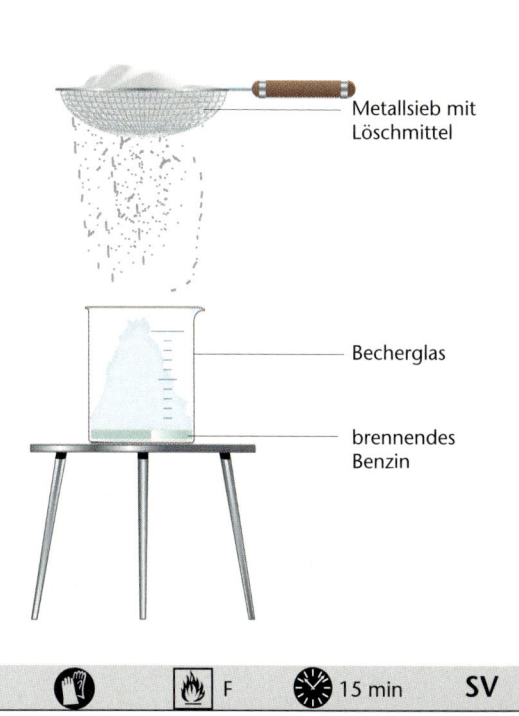

Metallsieb mit Löschmittel

Becherglas

brennendes Benzin

F 15 min **SV**

Versuch 7

Löschen von brennbaren Metallen

Material: Feuerfeste Unterlage, Magnesiumpulver (F, R 15–17, S 2–7/8–43.6), Sand oder Kochsalz, Wunderkerze, Streichholz

Durchführung: Auf einer feuerfesten Unterlage wird wenig Magnesiumpulver (1,5 bis 2 g) mit einer brennenden Wunderkerze entzündet. Der Brandherd wird mit dem trockenen Sand oder Salz gelöscht.

Achtung: Nicht direkt in die Magnesiumflamme schauen.

Ergebnis: Durch die Abdeckung mit Sand oder Salz wird die zur Verbrennung nötige Sauerstoffzufuhr unterbrochen und dadurch das Feuer gelöscht. Magnesiumbrände können weder mit Wasser noch mit Kohlenstoffdioxidschaum gelöscht werden.

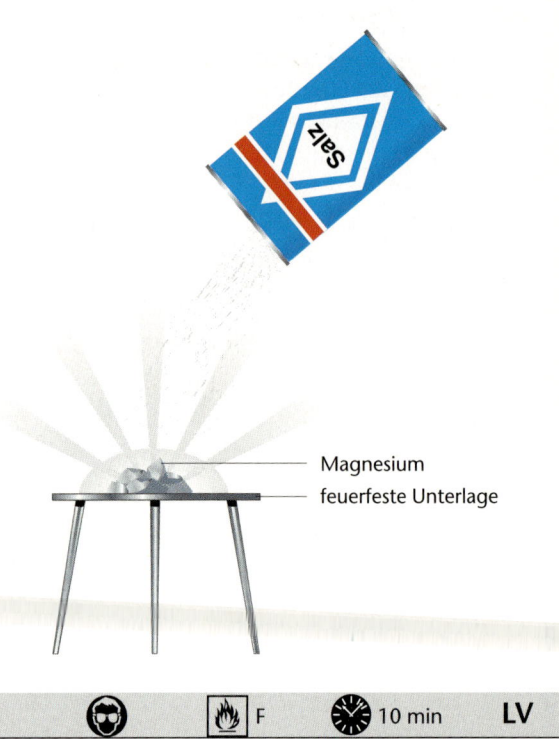

Magnesium

feuerfeste Unterlage

F　🕐 10 min　**LV**

Versuch 8

Flammenraserei

Material: Petroleumbenzin (Siedebereich 60–80 °C) (F/Xn/N, R 11–52/53–65, S 9–16–23–24–33–61–62), Watte, 3 Meter PVC-Schlauch (20 x 3), passender Pulvertrichter (Glas), passendes Glasrohr, Teelicht, Stativmaterial, Bierdeckel

Durchführung: Die Apparatur wird wie untenstehend sorgfältig aufgebaut.
Jetzt entzündet man das Teelicht, tränkt einen Wattebausch mit wenig Benzin und legt ihn seitlich an den Rand des Pulvertrichters, wobei der Schlauch völlig frei für Gasströme bleibt. Nach etwa 2 bis 5 min tritt die Reaktion ein.

Ergebnis: Das Benzin-Luft-Gemisch entzündet sich am Teelicht. Dann „rast" die Flammenfront durch den Plastikschlauch nach oben. Dabei entflammt in der Regel der Wattebausch, der durch Abdecken des Trichters mit einem Deckel (z. B. Bierdeckel) gelöscht wird.

Erklärung: Benzindämpfe haben eine größere Dichte als Luft und fließen deshalb nach unten. Dort werden sie von der Kerzenflamme gezündet. Die Flammen können dann mit immer wachsender Geschwindigkeit nach oben „rasen" (zurückschlagen) und weiteres brennbares Material in Brand setzen.

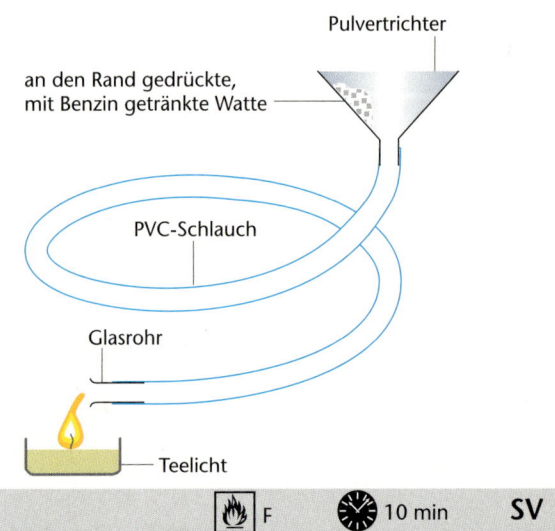

Pulvertrichter

an den Rand gedrückte, mit Benzin getränkte Watte

PVC-Schlauch

Glasrohr

Teelicht

F　🕐 10 min　**SV**

Versuch 9

Gase fließen wie Flüssigkeiten oder Rauchverbot an Tankstellen

Material: Petroleumbenzin (Siedebereich 60–80 °C) (F/Xn/N, R 11–52/53–65, S 9–16–23–24–33–61–62), Schnelllauftrichter, Becherglas (1 000 ml; hohe Form), Becherglas (800 ml), Stativmaterial, Watte, Holzspan, Tiegelzange

Durchführung: a) Man tränkt einen kleinen Wattebausch mit etwas Benzin (ohne dass aus ihm Benzin tropft) und legt ihn in den Trichter, der in einem Stativ senkrecht eingespannt ist. Darunter befindet sich das Becherglas. Das Trichterende muss ca. 10 cm über dem Boden enden. Nach ca. 3 min. stellt man das Becherglas zur Seite und führt einen langen brennenden Holzspan in das Becherglas.
b) Ein mit Benzin getränkter Wattebausch wird für ca. 3 Minuten in das kleinere Becherglas gelegt. Dann wird die Watte mit der Tiegelzange herausgenommen und zur Seite gelegt. Nun „gießt" man den Inhalt des ersten Becherglases in das zweite (Dauer ca. 1 min). Ein brennender Holzspan wird zunächst in das erste und dann in das zweite, größere Becherglas gehalten.

Achtung: Abstand halten (evtl. unter dem nicht laufenden Abzug arbeiten). Wattebausch unter dem Abzug entsorgen evtl. verbrennen.

Ergebnis: a) Da Benzindämpfe eine größere Dichte als Luft haben, „fallen" sie nach unten und verdrängen einen Teil der Luft. Die Benzindämpfe sind brennbar.
b) Im ersten Becherglas entzündet sich der Inhalt nicht, im zweiten dagegen verbrennt das Benzin mit großer Flamme. Gase fließen also ähnlich wie Flüssigkeiten.

 F 15 min **SV**

Versuch 10

Batterien als „Brandstifter"

Material: Stahlwolle Nr. 000 (F), 9-Volt-Batterie, Tiegelzange, feuerfeste Unterlage

Durchführung: Etwa 0,2 g Stahlwolle werden auseinander gezupft und auf eine feuerfeste Unterlage gelegt. Nun berührt man die Stahlwolle (an mehreren Stellen) mit der Batterie. Die Reaktion setzt sofort ein.

Ergebnis: Die Stahlwolle beginnt augenblicklich zu glühen. Stahlwolle ist sehr reaktionsfähig. Bei Zufuhr von (elektrischer) Energie reagiert sie an der Luft spontan zu Eisenoxid. Dazu muss die Batterie nicht voll geladen sein.

Achtung: Auch eine achtlose herumliegende Batterie kann ein „Brandstifter" sein. Auch durch Funken, wie man sie von Gasanzündern kennt, lassen sich Eisen und andere leicht entzündliche Stoffe in Brand setzen.

F 10 min **SV**

Versuch 11

Löschen durch Abdecken oder Erniedrigen des Flammpunktes

Material: Ethanol (F, R11, S2–7–16), Wasser (Spritz-flasche), Holzspan, Becherglas (50 ml), Becherglas (250 ml), feuerfeste Unterlage

Durchführung: a) Das kleine Becherglas wird mit 20 ml Ethanol gefüllt und der brennende Holzspan langsam der Oberfläche genähert. Mit einer schwachen Verpuffung beginnt der Alkohol (fast unsichtbar) zu brennen. Durch Überstülpen des größeren Becherglases (über das kleine) wird die Flamme gelöscht.
b) Man entzündet den Alkohol erneut und fügt so viel Wasser aus der Spritzflasche zu, bis die Flamme erloschen ist.

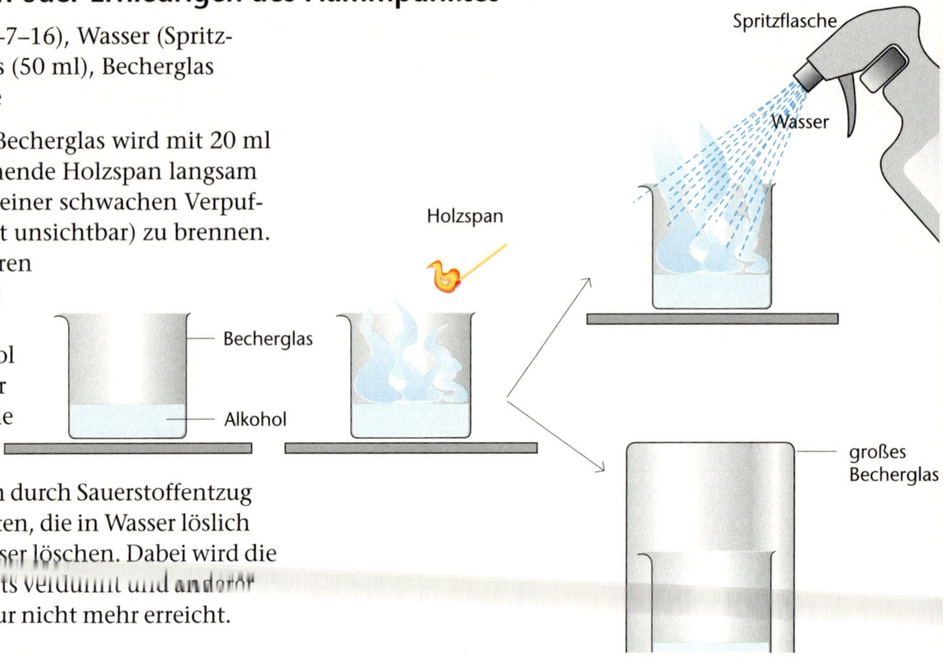

Ergebnis: Flammen lassen sich durch Sauerstoffentzug löschen. Brennbare Flüssigkeiten, die in Wasser löslich sind, lassen sich auch mit Wasser löschen. Dabei wird die brennende Flüssigkeit einerseits verdünnt und anderer-seits wird die Flammtemperatur nicht mehr erreicht.

Spritzflasche

Wasser

Holzspan

Becherglas

Alkohol

großes Becherglas

15 min SV

Literaturhinweise

- Sicherheit im Chemieunterricht. NiU Physik/Chemie Heft 7; Friedrich-Verlag Seelze 1989;
- Gefahrstoffe. GUVV (Gemeindeunfall-versichrungsverbände) Beispiel: Vor-schläge zur Anfertigung von Betriebsan-weisungen zum Umgang mit Gefahr-stoffen im naturwissenschaftlich-techni-schen Unterricht GUVV Westfalen-Lippe 1992;
- Folienserie 16 des Fonds der Chemi-schen Industrie: Sicherheit in der Che-mischen Industrie. Frankfurt am Main, 1994;
- Wettbewerb „Abfallfreier Chemieunter-richt". Chemie in der Schule, Beiheft 1993; TRGS 450.
- Umgang mit Gefahrstoffen im Schulbe-reich. Ausgabe Mai 1989.
- Richtlinien zur Sicherheit im naturwis-senschaftlichen Unterricht. Empfehlung der Kultusministerkonferenz. Hrsg.: BA-GUV 1/95;
- Lehrerfortbildung in NRW. Sicherheits- und Umwelterziehung im Chemieunter-richt. Schwermetalle und Schwermetall-verbindungen. Landesinstitut für Schule und Weiterbildung, Soest 1993.

Hinweise auf besondere Gefahren

R-Sätze

Satz-Ziffer	Bedeutung
R 1	In trockenem Zustand explosionsgefährlich.
R 2	Durch Schlag, Reibung, Feuer oder andere Zündquellen explosionsgefährlich.
R 3	Durch Schlag, Reibung, Feuer oder andere Zündquellen besonders explosionsgefährlich.
R 4	Bildet hoch empfindliche explosionsgefährliche Metallverbindungen.
R 5	Beim Erwärmen explosionsfähig.
R 6	Mit und ohne Luft explosionsfähig.
R 7	Kann Brand verursachen.
R 8	Feuergefahr bei Berührung mit brennbaren Stoffen.
R 9	Explosionsgefahr bei Mischung mit brennbaren Stoffen.
R 10	Entzündlich.
R 11	Leicht entzündlich.
R 12	Hoch entzündlich.
R 14	Reagiert heftig mit Wasser.
R 15	Reagiert mit Wasser unter Bildung hochentzündlicher Gase.
R 16	Explosionsgefährlich in Mischung mit brandfördernden Stoffen.
R 17	Selbstentzündlich an der Luft.
R 18	Bei Gebrauch Bildung explosiver/leicht entzündlicher Dampf-Luftgemische möglich.
R 19	Kann explosionsfähige Peroxide bilden.
R 20	Gesundheitsschädlich beim Einatmen.
R 21	Gesundheitsschädlich bei Berührung mit der Haut.
R 22	Gesundheitsschädlich beim Verschlucken.
R 23	Giftig beim Einatmen.
R 24	Giftig bei Berührung mit der Haut.
R 25	Giftig beim Verschlucken.
R 26	Sehr giftig beim Einatmen.
R 27	Sehr giftig bei Berührung mit der Haut.
R 28	Sehr giftig beim Verschlucken.
R 29	Entwickelt bei Berührung mit Wasser giftige Gase.
R 30	Kann bei Gebrauch leicht entzündlich werden.
R 31	Entwickelt bei Berührung mit Säure giftige Gase.
R 31.1	Entwickelt bei Berührung mit Alkalien giftige Gase.
R 32	Entwickelt bei Berührung mit Säure sehr giftige Gase.
R 33	Gefahr kumulativer Wirkungen.
R 34	Verursacht Verätzungen.
R 35	Verursacht schwere Verätzungen.
R 36	Reizt die Augen.
R 37	Reizt die Atmungsorgane.

Satz-Ziffer	Bedeutung
R 38	Reizt die Haut.
R 39	Ernste Gefahr irreversiblen Schadens.
R 40	Verdacht auf krebserzeugende Wirkung
R 41	Gefahr ernster Augenschäden.
R 42	Sensibilisierung durch Einatmen möglich.
R 43	Sensibilisierung durch Hautkontakt möglich.
R 44	Explosionsgefahr bei Erhitzen unter Einschluss.
R 45	Kann Krebs erzeugen.
R 46	Kann vererbbare Schäden verursachen.
R 48	Gefahr ernster Gesundheitsschäden bei längerer Exposition.
R 49	Kann Krebs erzeugen beim Einatmen.
R 50	Sehr giftig für Wasserorganismen.
R 51	Giftig für Wasserorganismen.
R 52	Schädlich für Wasserorganismen.
R 53	Kann in Gewässern längerfristig schädliche Wirkung haben.
R 54	Giftig für Pflanzen.
R 55	Giftig für Tiere.
R 56	Giftig für Bodenorganismen.
R 57	Giftig für Bienen.
R 58	Kann längerfristig schädliche Wirkungen auf die Umwelt haben.
R 59	Gefährlich für die Ozonschicht.
R 60	Kann die Fortpflanzungsfähigkeit beeinträchtigen.
R 61	Kann das Kind im Mutterleib schädigen.
R 62	Kann möglicherweise die Fortpflanzungsfähigkeit beeinträchtigen.
R 63	Kann das Kind im Mutterleib möglicherweise schädigen.
R 64	Kann Säuglinge über die Muttermilch schädigen.
R 65	Gesundheitsschädlich: Kann beim Verschlucken Lungenschäden verursachen.
R 66	Wiederholter Kontakt kann zu spröder und rissiger Haut führen.
R 67	Dämpfe können Schläfrigkeit und Benommenheit verursachen.
R 68	Irreversibler Schaden möglich

Beispielhafte Kombinationen der R-Sätze (Auszug)

R 14/15	Reagiert heftig mit Wasser unter Bildung hoch entzündlicher Gase.
R15/29	Reagiert mit Wasser unter Bildung giftiger und hoch entzündlicher Gase.

Gefahrstoffe

Beispielhafte Kombinationen der R-Sätze (Auszug)	
R 20/21	Gesundheitsschädlich beim Einatmen und bei Berührung mit der Haut.
R 20/22	Gesundheitsschädlich beim Einatmen und Verschlucken.
R 20/21/22	Gesundheitsschädlich beim Einatmen, Verschlucken und Berührung mit der Haut.
R 21/22	Gesundheitsschädlich bei Berührung mit der Haut und beim Verschlucken.
R 23/24/25	Giftig beim Einatmen, Verschlucken und bei Berührung mit der Haut.
R 26/27/28	Sehr giftig beim Einatmen, Verschlucken und bei Berührung mit der Haut.
R 36/37/38	Reizt die Augen, Atmungsorgane u. die Haut.
R 39/23	Giftig: ernste Gefahr irreversiblen Schadens durch Einatmen.
R 39/24	Giftig: ernste Gefahr irreversiblen Schadens bei Berührung mit der Haut.
R 39/25	Giftig: ernste Gefahr irreversiblen Schadens durch Verschlucken.
R 39/23/24	Giftig: ernste Gefahr irreversiblen Schadens durch Eintamen und bei Berührung mit der Haut.

Beispielhafte Kombinationen der R-Sätze (Auszug)	
R 39/23/25	Giftig: ernste Gefahr irreversiblen Schadens durch Einatmen und durch Verschlucken.
R 39/24/25	Giftig: ernste Gefahr irreversiblen Schadens bei Berührung mit der Haut und durch Verschlucken.
R 39/23/24/25	Giftig: ernste Gefahr irreversiblen Schadens durch Einatmen, bei Berührung mit der Haut und durch Verschlucken.
R 39/26/27	Sehr giftig: ernste Gefahr irreversiblen Schadens durch Einatmen und bei Berührung mit der Haut.
R 39/27/28	Sehr giftig: ernste Gefahr irreversiblen Schadens bei Berührung mit der Haut und durch Verschlucken.
R 39/26/27/28	Sehr giftig: ernste Gefahr irreversiblen Schadens durch Einatmen, bei Berührung mit der Haut und durch Verschlucken.
R 40/22	Gesundheitsschädlich: Möglichkeit irreversiblen Schadens durch Verschlucken.
R 40/20/21	Gesundheitsschädlich: Möglichkeit irreversiblen Schadens durch Einatmen und bei Berührung mit der Haut.

S-Sätze

Satz-Ziffer	Bedeutung
S 1	Unter Verschluss aufbewahren.
S 2	Darf nicht in die Hände von Kindern gelangen.
S 3	Kühl aufbewahren.
S 4	Von Wohnplätzen fernhalten.
S 5	Unter … aufbewahren (geeignete Flüssigkeit vom Hersteller anzugeben).
S 6	Unter … aufbewahren (inertes Gas vom Hersteller anzugeben).
S 7	Behälter dicht geschlossen halten.
S 8	Behälter trocken halten.
S 9	Behälter an einem gut gelüfteten Ort aufbewahren.
S 12	Behälter nicht gasdicht verschließen.
S 13	Von Nahrungsmitteln, Getränken und Futtermitteln fern halten.
S 14	Von … fern halten (inkompatible Substanzen vom Hersteller anzugeben).
S 15	Vor Hitze schützen.
S 16	Von Zündquellen fern halten – nicht rauchen.
S 17	Von brennbaren Stoffen fern halten.
S 18	Behälter mit Vorsicht öffnen und handhaben.
S 20	Bei der Arbeit nicht essen und trinken.
S 21	Bei der Arbeit nicht rauchen.
S 22	Staub nicht einatmen.

Satz-Ziffer	Bedeutung
S 23	Gas/Rauch/Dampf/Aerosol nicht einatmen (geeignete Bezeichnung[en] vom Hersteller anzugeben).
S 24	Berührung mit der Haut vermeiden.
S 25	Berührung mit den Augen vermeiden.
S 26	Bei Berührung mit den Augen sofort gründlich mit Wasser abspülen und Arzt konsultieren.
S 27	Beschmutzte, getränkte Kleidung sofort ausziehen.
S 28	Bei Berührung mit der Haut sofort abwaschen mit viel … (vom Hersteller anzugeben).
S 29	Nicht in die Kanalisation gelangen lassen.
S 30	Niemals Wasser hinzugießen.
S 33	Maßnahmen gegen elektrostatische Aufladung treffen.
S 35	Abfälle und Behälter müssen in gesicherter Weise beseitigt werden.
S 36	Bei der Arbeit geeignete Schutzkleidung tragen.
S 37	Geeignete Schutzhandschuhe tragen.
S 38	Bei unzureichender Belüftung Atemschutzgerät anlegen.
S 39	Schutzbrille/Gesichtsschutz tragen.
S 40	Fußboden und verunreinigte Gegenstände mit … reinigen (vom Hersteller anzugeben).
S 41	Explosions- und Brandgase nicht einatmen.
S 42	Beim Räuchern/Versprühen geeignetes Atemschutzgerät anlegen (geeignete Bezeichnung[en] vom Hersteller anzugeben).

Satz-Ziffer	Bedeutung
S 43	Zum Löschen … verwenden (vom Hersteller anzugeben).
S 45	Bei Unfall oder Unwohlsein sofort Arzt hinzuzuziehen (wenn möglich, dieses Etikett vorzeigen).
S 46	Bei Verschlucken sofort ärztlichen Rat einholen und Verpackung oder Etikett vorzeigen.
S 47	Nicht bei Temperaturen über … °C aufbewahren (vom Hersteller anzugeben).
S 48	Feucht halten mit … (vom Hersteller anzugeben).
S 49	Nur im Originalbehälter aufbewahren.
S 50	Nicht mischen mit … (vom Hersteller anzugeben).
S 51	Nur in gut belüfteten Bereichen verwenden.
S 52	Nicht großflächig für Wohn- und Aufenthaltsräume zu verwenden.
S 53	Exposition vermeiden – vor Gebrauch besondere Anweisung einholen – nur für den berufsmäßigen Verwender.
S 56	Diesen Stoff und seinen Behälter der Problemabfallentsorgung zuführen.
S 57	Zur Vermeidung einer Kontamination der Umwelt geeigneten Behälter verwenden.
S 59	Informationen zur Wiederverwendung/Wiederverwertung beim Hersteller/Lieferanten erfragen.
S 60	Dieser Stoff und/oder sein Behälter sind als gefährlicher Abfall zu entsorgen.
S 61	Freisetzung in die Umwelt vermeiden. Besondere Anweisungen einholen/Sicherheitsdatenblatt zu Rate ziehen.
S 62	Bei Verschlucken kein Erbrechen herbeiführen. Sofort ärztlichen Rat einholen und Verpackung oder Etikett vorzeigen.
S 63	Bei Unfall durch Einatmen: Verunfallten an die frische Luft bringen und ruhig stellen.
S 64	Bei Verschlucken Mund mit Wasser ausspülen (nur wenn Verunfallter bei Bewusstsein ist).

Beispielhafte Kombinationen der S-Sätze (Auszug)

S 1/2	Unter Verschluss und für Kinder unzugänglich aufbewahren.
S 3/14	An einem kühlen, von … entfernten Ort aufbewahren (inkompatible Substanzen sind vom Hersteller anzugeben).
S 3/9/14	An einem kühlen, gut gelüfteten Ort, entfernt von … aufbewahren (die Stoffe, mit denen Kontakt vermieden werden muss, sind vom Hersteller anzugeben).
S 3/9/49	Nur im Originalbehälter an einem kühlen, gut gelüfteten Ort aufbewahren.
S 3/9/14/49	Nur im Originalbehälter an einem kühlen, gut gelüfteten Ort, entfernt von … aufbewahren (die Stoffe, mit denen Kontakt vermieden werden muss, sind vom Hersteller anzugeben).
S 7/8	Behälter trocken und dicht geschlossen halten.
S 7/9	Behälter dicht geschlossen an einem gut gelüfteten Ort aufbewahren.
S 20/21	Bei der Arbeit nicht essen, trinken, rauchen.
S 24/25	Berührung mit den Augen und der Haut vermeiden.
S 36/37	Bei der Arbeit geeignete Schutzhandschuhe und Schutzkleidung tragen.
S 37/39	Bei der Arbeit geeignete Schutzhandschuhe und Schutzbrille/Gesichtsschutz tragen.
S 36/37/39	Bei der Arbeit geeignete Schutzkleidung, Schutzhandschuhe und Schutzbrille/Gesichtsschutz tragen.

Häufig verwendete Einheiten und Symbole

SI (Système International d'Unités) Basiseinheiten und Symbole

Größe	Einheit	Symbol
Elektrischer Strom (I)	Ampere	A
Länge (l)	Meter	m
Lichtstärke (I_v)	Candela	cd
Masse (m)	Kilogramm	kg
Stoffmenge (n)	Mol	mol
Temperatur (T)	Kelvin*	K
Zeit (t)	Sekunde	s

* Bei der Angabe von Celsius-Temperaturen wird der besondere Name Grad Celsius (Einheitenzeichen °C) anstelle von Kelvin benutzt.

Wichtige abgeleitete SI-Einheiten

Größe	Einheit	Symbol	Äquivalent in SI-Einheiten
Kraft (F)	Newton	N	$1\ \text{N} = 1\ \text{kg} \cdot \text{m} \cdot \text{s}^{-2}$
Druck (p)	Pascal	Pa	$1\ \text{Pa} = 1\ \text{N} \cdot \text{m}^{-2} = 1\ \text{kg} \cdot \text{m}^{-1} \cdot \text{s}^{-2}$
Energie, Arbeit (E, W)	Joule	J	$1\ \text{J} = 1\ \text{N} \cdot \text{m} = 1\ \text{W} \cdot \text{s} = 1\ \text{kg} \cdot \text{m}^2 \cdot \text{s}^{-2}$
Leistung (P)	Watt	W	$1\ \text{W} = 1\ \text{kg} \cdot \text{m}^2 \cdot \text{s}^{-3}$
Elektrische Ladung (Q)	Coulomb	C	$1\ \text{C} = 1\ \text{A} \cdot \text{s}$
Elektrische Spannung (U)	Volt	V	$1\ \text{V} = 1\ \text{J} \cdot \text{C}^{-1} = 1\ \text{W} \cdot \text{A}^{-1}$ $= 1\ \text{kg} \cdot \text{m}^2 \cdot \text{s}^{-3} \cdot \text{A}^{-1}$
Elektrischer Widerstand (R)	Ohm	Ω	$1\ \Omega = 1\ \text{V} \cdot \text{A}^{-1} = 1\ \text{kg} \cdot \text{m}^2 \cdot \text{s}^{-3} \cdot \text{A}^{-2}$
Kapazität (C)	Farad	F	$1\ \text{F} = 1\ \text{C} \cdot \text{V}^{-1} = 1\ \text{kg}^{-1} \cdot \text{m}^{-2} \cdot \text{s}^4 \cdot \text{A}^2$
Frequenz (f, ν)	Hertz	Hz	$1\ \text{Hz} = 1\ \text{s}^{-1}$
Lichtstrom (Φ)	Lumen	lm	$1\ \text{lm} = 1\ \text{cd} \cdot \text{sr}$
Lichtstromdichte (E)	Lux	lx	$1\ \text{lx} = 1\ \text{lm} \cdot \text{m}^{-2} = 1\ \text{cd} \cdot \text{sr} \cdot \text{m}^{-2}$

Zusammengesetzte SI-Einheiten

Geschwindigkeit (v)	$1\ \text{m} \cdot \text{s}^{-1}$
Beschleunigung (a)	$1\ \text{m} \cdot \text{s}^{-2}$
Impuls (p)	$1\ \text{kg} \cdot \text{m} \cdot \text{s}^{-1}$
Drehmoment (M)	$1\ \text{N} \cdot \text{m} = 1\ \text{kg} \cdot \text{m}^2 \cdot \text{s}^{-2}$
Dichte (ρ)	$1\ \text{kg} \cdot \text{m}^{-3} = 10^{-3}\ \text{g} \cdot \text{cm}^{-3}$

Häufig verwendete Einheiten (nicht im SI enthalten, aber erlaubt)

Größe	Einheit	Symbol	Äquivalent in SI-Einheiten
Molarität	Mol pro Liter Lösung	M	$1\ mol \cdot l^{-1} = 10^3\ mol \cdot m^{-3}$
Molalität	Mol pro kg Lösungsmittel		$1\ mol \cdot kg^{-1}$
Osmolalität	Mol osmotisch wirksamer Teilchen pro kg Lösungsmittel (Wasser)		$1\ osmol \cdot kg^{-1}$
Druck *(p)*	Bar	bar	$1\ bar = 10^5\ Pa = 10^5\ N \cdot m^{-2}$
Molmasse *(M)* („Molekulargewicht")	Gramm pro Mol	$g \cdot mol^{-1}$	$1\ g \cdot mol^{-1} = 10^{-3}\ kg \cdot mol^{-1}$
Celsius-Temperatur *(t, ϑ)*	Grad Celsius	°C	$0\ °C \mathrel{\widehat{=}} 273{,}15\ K$
Volumen *(V)*	Liter	l	$1\ l = 10^{-3}\ m^3$
Zeit *(t)*	Minute	min	$1\ min = 60\ s$
	Stunde	h	$1\ h = 3600\ s$
	Tag	d	$1\ d = 86400\ s$
Energie, Arbeit *(E, W)*	Elektronenvolt	eV	$1\ eV = 1{,}60217733 \cdot 10^{-19}\ J$
	Kilowattstunde	kWh	$1\ kWh = 3600\ kJ$

Umrechnungsfaktoren für nicht mehr zugelassene Einheiten

Einheit	Symbol	Umrechnung in SI-Einheiten
Ångström	Å	$1\ \text{Å} = 10^{-1}\ nm = 10^{-10}\ m$
dyn	dyn	$1\ dyn = 1\ g \cdot cm \cdot s^{-2} = 10^{-5}\ N$
Kilopond	kp	$1\ kp = 9{,}80665\ N$
Torr (mm Hg)	Torr	$1\ Torr = (1/760)\ atm = 133{,}322\ Pa$
Physikalische Atmosphäre	atm	$1\ atm\ (760\ mm\ Hg) = 1{,}01325\ bar = 1{,}01325 \cdot 10^5\ Pa$
Technische Atmosphäre	at	$1\ at = 1\ kp \cdot cm^{-2} = 0{,}980665 \cdot 10^5\ Pa$
Kalorie	cal	$1\ cal = 4{,}1868\ J$
erg	erg	$1\ erg = 1\ g \cdot cm^2 \cdot s^{-2} = 10^{-7}\ J$
Pferdestärke	PS	$1\ PS = 735{,}5\ W$

Vielfache und dezimale Teile von Einheiten (Vorsilben oder Vorsätze)**

Exa- (E)	10^{18}	Dezi- (d)	10^{-1}
Peta- (P)	10^{15}	Zenti- (c)	10^{-2}
Tera- (T)	10^{12}	Milli- (m)	10^{-3}
Giga- (G)	10^{9}	Mikro- (µ)	10^{-6}
Mega- (M)	10^{6}	Nano- (n)	10^{-9}
Kilo (k)	10^{3}	Pico- (p)	10^{-12}
Hekto- (h)	10^{2}	Femto- (f)	10^{-15}
Deka- (da)	10^{1}	Atto- (a)	10^{-18}

** Zur Vermeidung von Verwechslungen empfiehlt sich bei Berechnungen der Gebrauch von Potenzen.

Pflanzen- und Tierliste

Vorbemerkung

Diese Aufstellung enthält die wissenschaftlichen Namen (kursiv) der im Text erwähnten Pflanzen- und Tierarten. Der erste Begriff benennt die Gattung, der zweite steht für die Art innerhalb dieser Gattung. Häufig wird nur die Gattung erwähnt, ohne auf eine konkrete Art (lat. species) einzugehen. In diesen Fällen wird der wissenschaftliche Name mit einem „spec." für die nicht näher bestimmte Art angegeben. Die Liste enthält auch die wissenschaftlichen Namen der im Band erwähnten Familien (kursiv) und höheren systematischen Kategorien [in eckigen Klammern].

Pflanzenliste

Acker-Senf	*Sinapis arvensis*
Ackerwinde	*Convolvulus arvensis*
Ahorn	*Acer spec.*
Alpenveilchen (Wildes A.)	*Cyclamen purpurescens*
Ampfer	*Rumex spec.*
Ananas	*Ananas sativus*
Anis	*Pimpinella anisum*
Apfel(baum) (Kultur-Apfel)	*Malus domestica*
Aronstab (Gefleckter A.)	*Arum maculatum*
Artischocke	*Cynara scolymus*
Augentrost	*Euphrasia spec.*
Banane	*Musa paradisica*
Bärlappe [Klasse]	Lycopodiales
Bedecktsamer [Unterabteilung]	Angiospermae
Beifuß	*Artemisia spec.*
Beinwell (Gemeiner B.)	*Symphytum officinale*
Berg-Holunder	*Sambucus racemosa*
Birke	*Betula spec.*
Bocksbart (Wiesen-B.)	*Tragopogon pratensis*
Bohne (Garten-B.)	*Phasaeolus vulgaris*
Breitblättriger Wegerich (Breit-W.)	*Plantago major*
Buche (= Rot-Buche)	*Fagus sylvatica*
Buchweizen (Echter B.)	*Fagopyrum esculentum*
Buntnessel	*Coleus spec.*
Busch-Windröschen	*Anemone nemorosa*
Dill	*Anethum graveolens*
Distel	*Carduus spec.*
Doldenblütengewächse [Familie]	*Apiaceae*

Efeu	*Hedera helix*
Eiche	*Quercus spec.*
Erbse	*Pisum sativum*
Erdbeere (Wald-E.)	*Fragaria vesca*
Erdnuss	*Arachis hypogaea*
Esche (Gemeine E.)	*Fraxinus excelsior*
Esche-Ahorn	*Acer negundo*
Eselsdistel	*Onopordum acanthium*
Estragon	*Artemisia dracunculus*
Färberdistel (Färber-Scharte)	*Serratula tinctoria*
Farne [Klasse]	*Pteridophyta*
Feld-Rittersporn	*Consolida regalis*
Fenchel	*Foeniculum vulgare*
Fichte (Gemeine F.)	*Picea abies*
Fichtenspargel (Echter F.)	*Monotropa hypopitys*
Fleißiges Lieschen	*Impatiens spec.*
Garten-Zwiebel	*Allium cepa*
Geranie	*Pelargonium spec.*
Gerste (Saat-G.)	*Hordeum vulgare*
Ginkgo	*Ginkgo biloba*
Große Brennnessel	*Urtica dioica*
Grünalgen [Klasse]	Chlorophyta
Grünlilie	*Chlorophytum spec.*
Hafer (Saat-H.)	*Avena sativa*
Hahnenfussgewächse [Familie]	*Ranunculaceae*
Haselnuss (Hasel)	*Corylus avella*
Heidelbeere	*Vaccinium myrtillus*
Herbst-Zeitlose	*Colchicum autumnale*
Herkules-Staude (Riesen-Bärenklau)	*Heracleum mantegazzianum*
Himbeere	*Rubus ideaeus*
Hornmoose [Ordnung der Lebermoose]	Anthocerotae
Hyazinthe (Garten-H.)	*Hyacinthus orientalis*
Johannisbeere (Rote J.)	*Ribes rubrum*
Kamille	*Chamomilla spec.*
Kartoffel	*Solanum tuberosum*
Kiefer (Wald-K., Föhre)	*Pinus sylvestris*
Kirsche (Süß-K.)	*Cerasus avium*
Klappertopf	*Rhinanthus spec.*
Klatsch-Mohn	*Papaver rhoeas*
Klebkraut (Kletten-Labkraut)	*Galium aparine*
Kleine Sommerwurz	*Orobanche minor*
Knäuel-Gras (Gemeines K.)	*Dactylis glomerata*
Kohlrabi (Gemüse-Kohl)	*Brassica oleracea*
Kokosnuss	*Cocos nucifera*
Königskerze	*Verbascum spec.*

Korn-Rade — *Agrostema githago*
Kompass-Lattich — *Lactuca serriola*
Kopfsalat — *Lactuca sativa capitata*
Korallenwurz — *Corallorrhiza trifida*
Korbblütengewächse [Familie] — *Asteraceae*
Koriander — *Coriandrum sativum*
Kornelkirsche — *Cornus mas*
Kreuzblütengewächse [Familie] — *Brassicaceae*
Kriechender Hahnenfuß — *Ranunculus repens*
Krokus — *Crocus albiflorus*
Kronblume — *Centaurea cyanus*
Küchenschelle (Gemeine K.) — *Pulsatilla vulgaris*
Kugeldistel — *Echinops sphaerocephalus*
Kümmel (Wiesen-K.) — *Carum carvi*
Kürbis (Garten-K.) — *Cucurbita pepo*
Lärche (Europäische L.) — *Larix decidua*
Laubmoose [Klasse] — Musci
Lauch (Gemüse-L.) — *Allium oleraceum*
Lavendel — *Lavandula angustifolia*
Leberblümchen — *Hepatica nobilis*
Lebermoose [Klasse] — Hepaticae
Lein (Saat-Lein, Flachs) — *Linum usitatissimum*
Lerchensporn (Hohler L.) — *Corydalis cava*
Liebstöckel (Garten-L.) — *Levisticum officinale*
Lilie — *Lilium spec.*
Linde — *Tilia spec.*
Linse — *Lens culinaris*
Lippenblütengewächse [Familie] — *Lamiaceae*
Löwenzahn (Gemeiner L.) — *Taraxacum officinale*
Lupinie — *Lupinus spec.*
Luzerne (Saat-L.) — *Medicago sativa*
Maiglöckchen — *Convallaria majalis*
Mangrove — *Rhizophora spec.*
Margerite (Wiesen-M.) — *Leucanthemum vulgare*
Mariendistel — *Silybum marianum*
Meerträubel — *Ephedra spec.*
Minze — *Mentha spec.*
Mistel (Laubholz-M.) — *Viscum album*
Mohn — *Papaver spec.*
Mohrrübe (Möhre) — *Daucus carota*
Moosfarn (Dorniger M.) — *Selaginella selaginoides*
Nachtkerze — *Oenothera spec.*
Nacktsamer [Unterabteilung] — Gymnospermae

Narzisse — *Narcissus spec.*
Nelkengewächse [Familie] — *Caryophyllaceae*
Nestwurz (Vogel-Nestwurz) — *Neottia nidus-avis*
Ölbaum — *Olea europaea*
Orange — *Citrus sinensis*
Palmfarn — *Cycas revoluta*
Pappel — *Populus spec.*
Petersilie — *Petroselinum crispum*
Pflaume (Zwetschge) — *Prunus domestica*
Pinie — *Pinus pineae*
Primelgewächse [Familie] — *Primulaceae*
Quecke (Gemeine Qu.) — *Elytrigia repens*
Raps — *Brassica napus*
Reis — *Oryza sativa*
Rhynia — „Urlandpflanze"
Rizinus — *Ricinus communis*
Roggen (Saat-R.) — *Secale cereale*
Rose — *Rosa spec.*
Rosengewächse [Familie] — *Rosaceae*
Rosmarin — *Rosmarinus officinalis*
Rosskastanie Gemeine R.) — *Aesculus hippocastanum*
Rote Lichtnelke — *Silene dioica*
Roter Wiesenklee (Rot-Klee) — *Trifolium pratense*
Rote Taubnessel — *Lamium purpureum*
Salbei — *Salvia spec.*
Samenpflanzen [Abteilung] — Speramtophyta
Sanddorn — *Hippophae rhamnoides*
Schachtelhalmgewächse [Klasse] — Equisetatae
Schierling (Gefleckter Sch.) — *Conium maculatum*
Schilf (Gemeines Sch.) — *Phragmites australis*
Schlehe (Schwarzdorn) — *Prunus spinosa*
Schmetterlingsblütengewächse [Familie] — Fabaceae
Schneeball — *Viburnum spec.*
Schneeglöckchen — *Galanthus nivalis*
Schuppenwurz — *Lathraea squamaria*
Schwarzer Holunder — *Sambucus nigra*
Schwertlilie — *Iris spec.*
Sellerie — *Apium graveolens*
Silberdistel — *Carlina acaulis*
Sommerwurz — *Orobanche spec.*
Sonnenblume — *Helianthus annuus*
Spargel — *Asparagus officinalis*

Spitz-Ahorn	*Acer platanoides*	Weide	*Salix spec.*
Springkraut	*Impatiens spec.*	Weihnachtsstern	*Euphorbia*
Stachelbeere	*Ribes uva-crispa*		*pulcherrrima*
Strahlenlose Kamille	*Matricaria discoidea*	Wein (Echter W.)	*Vitis vinifera*
Sumpf-Kratzdistel	*Cirsium palustre*	Weiße Taubnessel	*Lamium album*
Teufelsseide	*Cuscuta spec.*	Weiß-Tanne	*Abies alba*
Thymian (Gemeiner T.)	*Thymus pulegioides*	Weizen (Saat-W.)	*Triticum aestivum*
Tomate	*Lycopersicon*	Wermut	*Artemisia absinthium*
	esculentum	Wilde Möhre	*Daucus carota*
Tulpe (Garten-T.)	*Tulipa gesneriana*	Wolfsmilchgewächse	*Euphorbiaceae*
Ulme	*Ulmus spec.*	[Familie]	
Veilchen	*Violoa spec.*	Wurmfarn	*Dryopteris filix-mas*
Vogelbeere	*Sorbus aucuparia*	(Gemeiner W.)	
(= Eberesche)		Zirbel-Kiefer (= Arve)	*Pinus cembra*
Vogel-Knöterich	*Polygonum aviculare*	Zitter-Pappel (= Espe)	*Populus tremula*
Wasserlinse	*Lemna minor*	Zwiebel	*Allium cepa*

Tierliste

Anders als bei Pflanzen, reicht bei Tieren ~~wegen der großen Artenzahl~~ häufig eine Angabe der Familie, Ordnung oder gar noch höherer systematischer Kategorie zur Charakterisierung aus.

		Esel-Hase	*Lepus allenis*
		Etrusker-Spitzmaus	*Suncus etruscus*
		Eustenopteron	fossiler Quastenflosser
		Feldhase	*Lepus europaeus*
		Feldmaus	*Microtus arvalis*
		Feuersalamander	*Salamandra*
			salamandra
		Finkenvögel [Familie]	*Fringillidae*
Ackerhummel	*Bombus pascuorum*	Flussneunauge	*Petromyzon fluviatilis*
Admiral	*Vanessa atalanta*	Fuchs	*Vulpes vulpes*
Afrikanischer Elefant	*Loxodonta africana*	Gelbbauch-Unke	*Bombina variegata*
Alpensalamander	*Salamandra atra*	Gepard	*Acinonyx jubatus*
Amsel	*Turdus merula*	Girlitz	*Serinus serinus*
Archaeopteryx	Urvogel	Gliederfüßer [Stamm]	Arthropoda
Bachneunauge	*Petromyzon planeri*	Goldfisch	*Carassius auratus*
Biene (=Honigbiene)	*Apis mellifica*	Goldhamster	*Mesocricetus auratus*
Bilche [Familie]	*Gliridae*	Grasfrosch	*Rana temporaria*
Blasenfüße (= Fransenflügler) [Ordnung]	*Thysanoptera*	Großes Wiesel (=Hermelin)	*Mustela erminea*
Blattläuse [Ordnung]	*Aphidina*	Großlibellen [Unterordnung]	Anisoptera
Blattkäfer [Familie]	*Chrysomelidae*		
Blauwal	*Balaenoptera musculus*	Grottenolm	*Proteus anguineus*
Braunbrust-Igel (= West-Igel)	*Echinaceus europaeus*	Habicht	*Accipiter gentilis*
		Haie [Ordnung]	Selachii
Brontosaurus	Dinosaurier	Hamster (Feld-H.)	*Cricetus cricetus*
Dachs	*Meles meles*	Hauskatze	*Felis sivestris lybica*
Delfine [Familie]	*Delphinidae*	Hausmaus	*Mus musculus*
Distelfalter	*Cynthia cardui*	Hausschwein	*Sus scrofa domesticus*
Dompfaff	*Pyrrhula pyrrhula*	Haussperling	*Passer domesticus*
Drosseln	*Turdidae*	Hautflügler [Ordnung]	Hymenoptera
Eichelhäher	*Garrulus glandarius*	Hornissen-Schwärmer	*Sesia apiformis*
Eichhörnchen	*Sciurus vulgaris*	Hummel	*Bombus spec.*
Eisbär	*Ursus maritimus*	Igel (West- od. Braunbrustigel)	*Erinaceus europaeus*
Elch	*Alces alces*		
Erdkröte	*Bufo bufo*	Igel-Floh	*Archaeopsylla erinacei*

Insekten [Klasse]	Insecta	Schleimaal (= Inger)	*Myxine glutinosa*
Kanarienvogel	*Serinus canaria*	Schnabeltier	*Ornithorhynchus anatinus*
Kängurus [Familie]	Macropodidae		
Kaninchen (Wild-K.)	*Oryctolagus cuniculuc*	Schnee-Hase	*Lepus timidus*
Karpfen	*Cyprinus carpio*	Schwämme [Stamm]	Porifera
Kieferlose [Klasse]	Agnatha	Schwebfliegen [Familie]	*Syrphidae*
Klapperschlange	*Crotalus spec.*	Schwein (Wildsch.)	*Sus scrofa*
Kleiner Fuchs	*Aglais urticae*	Seehund	*Phoca vitulina*
Koala-Bär	*Phascolarctos cinereus*	Seepocken [Familie]	*Balanidae*
Kojote	*Canis latrans*	Seidenspinner	*Bombyx mori*
Kolibris	*Trochilidae*	Spinnentiere [Klasse]	Arachnida
Königspinguin	*Aptenodytes patagonica*	Spinnmilbe („Rote Spinne")	*Tetranychus urticae*
Korallen (Blumentiere) [Klasse]	Anthozoa	Stockente	*Anas platyrhynchos*
Krebse [Klasse]	Crustacea	Storch (Weißstorch)	*Ciconia ciconia*
Laborratte (= Wanderratte)	*Rattus norvegicus domestica*	Tagpfauenauge	*Inachis io*
		Tannenhäher	*Nucifraga caryocatactes*
Lachmöwe	*Larus ridibunds*	Uhu	*Bubo bubo*
Lanzettfischchen	*Branchiostoma lanceolata*	Unke	*Bombina spec.*
		Waldkauz	*Strix aluco*
Libellen [Ordnung]	Odonata	Wale [Ordnung]	Cetacea
Lungenfische [Unterklasse]	Dipnoi	Walhai	*Rhinocodon typus*
		Weichkäfer [Familie]	*Cantharidae*
Mauersegler	*Apus apus*	Weißbrust-Igel (= Ost-Igel)	*Echinaceus concolor*
Maulwurf	*Talpa europaea*		
Meerneunauge	*Petromyzon marinus*	Weiße Fliegen (= Mottenschildläuse) [Unterordnung]	Aleyrodina
Meerschweinchen	*Cavia aperea porcellus*		
Milben [Ordnung]	Acari		
Mongolische Rennmaus	*Meriones ungulatus*	Weiße Maus (Labormaus)	*Mus musculus domestica*
Mosaikjungfer	*Aeshna spec.*		
Murmeltier	*Marmota marmota*	Weißer Hai	*Carcharodon carcharias*
Nektarvögel [Familie]	*Nectariniidae*		
Primaten [Ordnung]	Herrentiere	Weißlinge [Familie]	*Pieridae*
Quastenflosser	*Latimeria chalumnae*	Wellensittich	*Melopsittacus undulatus*
Regenwurm	*Lumbricus terrestris*	Wespen (Falten-W.) [Familie]	*Vespidae*
Riesenhai	*Cetorhinus maximus*		
Rochen [Ordnung]	Rajiformes	Widderchen [Familie]	*Zygaenidae*
Schildläuse [Unterordnung]	Coccina	Wühlmäuse [Unterfamilie]	*Microtinae*
Schimpanse	*Pan troglodytes*	Zaunkönig	*Troglodytes troglodytes*

Register

A

Abfall, chemischer 208
abiotisch 99, 132
abiotische Faktoren 36, 99, 132
Abschlussgewebe 60, 88
Abschlussschicht 82
Abscisinsäure 90
Absorption 19, 20, 22, 36, 98
Abwärme 43, 52
Aceton 28, 208
Achsenskelett 132
Achsenveränderung 87
Acker-Distel 101
Acker-Hummel 56
Ackersenf 81
Admiral 101
Adventivwurzel 84
Aerosole 204
Ahorn 103
Akne 68, 69, 72
Albinismus 63
Albino 63
Albino-Amsel 63
Alge 80, 82
Alkalimetall 208
Alkanale 208
Alkane 208
Alkohol 26, 28, 208
Allen'sche Regel 53
Allergie 68
Allesfresser 149, 155
Alpensalamander 63
Alpenveilchen 88
Alpha-Tier 153
Altersfleck 68
Alterungsprozess 68
Aluminium 12, 28, 31
Ameisen 40
Ameisenhaufen 41
Aminosäure 90
Ammoniak 98
Ammonium 100
Ammoniumchlorid 208
Ammoniumnitrat 208
Ampère 28
Ampfer 84

Amphibien 62, 130, 150
Amyloplast 80
Ananas 94
Anergie 29
Angepasstheit 62, 107
Angiosperme 95, 106
Anion 10
Anis 107
anorganisch 207, 208
anorganische Säure 208
Anpassung 61
Anthocyan 113
Anti-Frost-Proteine 38
Anziehungskraft 17
Aortenbogen 136
Aortenwurzel 136
Apfel 84, 94
Aphel 14
Apsidenlinie 14
Äquinoktium 14
Arbeit 23, 29, 30
Arbeit, mechanische 30
Arbeit, technische 30
Archaeopteryx 130
Argon 12
Aromapflanze 108
Aronstab 88
Art 131, 151
Art, heliotherme 40
Arterie 49
Artischocke 100
Arzneipflanze 108
Asbest 31
Asphalt 31
Assimilat 77, 83, 85, 86, 98
Assimilation 85, 96, 97, 98
Assimilationsprozess 96
Asteroid 11, 16
Atmosphäre 12, 16, 19, 24, 25, 69, 99
Atmung 52, 98, 129, 135
Atmungsorgan 62, 135

Atmungssystem 132
Atom 10
Atombau 8
Atomhülle 8
Atomkern 8
ATP 40
Atrium 135
Aufbau der Erde 12
Auflösungsvermögen 141
Auge 63
Augentrost 99
Ausbreitungsgeschwindigkeit 18
Ausdehnung 27
Ausdehnungskoeffizient 27
Ausläufer 84
Auslesezüchtung 151
Außenkiemen 135
Außen-Parasit 144
Außenskelett 61
autotroph 43, 79, 96, 97

B

Bache 155, 156
Bachneunauge 130
Backenzahn 137, 138
Bakterien 38, 60, 79, 68, 98, 100, 107
Banane 92
Bandscheibe 126, 132, 133
Bar 24
Bärlappe 81, 88
Barr-Körperchen 66
Bart 133, 138
Bartenwal 138
Basalleiste 65, 73
Basenlösung 208
Bast 86
Bastfaser 84
Bastrübe 84
Bastteil 84
Baum 100, 106
Baumfrosch 61
Baumsteigerfrosch 62
Bauplan 132
Baustoffwechsel 96, 98
Becken 133

Beckengürtel 132
Beckenknochen 139
Bedecktsamer 81, 82, 85, 90, 93, 95, 105, 106
Beere 92, 93
Beerenfrucht 92, 104, 106
Befruchtung 101, 118
Begleitart 104
Beifuß 108
Beinwell 102
Belastung, mechanische 65
Benzin 28
Benzol 208
Berg-Holunder 104
Bergmann'sche Regel 54
Besamung, äußere 129
Beschleunigung elektrischer Ladung 18
Bestäuber 101
Bestäubung 82, 91, 101, 110, 117
Bestimmungsschlüssel 89
Beton 28
Betriebsstoffwechsel 96
Beutegreifer 61
Beutelsäuger 143
Beuteltier 131
Bewegungsenergie 31
Bewegungssehen 141, 148, 153
Bewegungssystem 132
Bewurzelungstyp 84
Biber 132, 143
Biene 42, 101, 102
Bilche 143
Bindegewebe 65, 66, 70, 73, 133
Biogenetische Grundregel 136
biologischer Arbeitsplatztoleranz-Wert 203
Biomasse 100, 133
Biosphäre 78, 99
biotisch 99, 132

biotische Faktoren 36, 99, 132
Biotop 99
Biozönose 99
Birke 103
Birkensamen 113
Blasenfuß (Thripse) 118
Blatt 77, 81, 88, 86, 90, 107, 114
Blattabwurf 90
Blattachsel 108
Blattader 82
Blattaderung 89
Blättchen 82
Blatt, panaschiertes 111
Blattfall 90
Blattfläche 89
Blattform 89
Blattgestalt 89
Blattgewebe 88
Blattgrün 112
Blattgrün 79, 88
Blatthäutchen 88
Blattkäfer 101
Blattknospe 90
Blattknoten 88, 89
Blattlaus 118
Blattnarbe 90
Blattnerv 82
Blattnervatur 89
Blattrand 89
Blattscheide 88
Blattspreite 89
Blattspreitengrund 89
Blattspur 90
Blattstiel 89, 90
Blattwanze 101
Blauwal 133
Blume 92
Blutdruck 24
Blüte 77, 82, 90–92, 101, 102, 107
Blüte, zwittrige 92, 106
Blütenachse 91
Blütenanlage 88
Blütenbau 101, 106, 110, 116
Blütenbildung 99
Blütenblatt 90, 108
Blütenboden 90, 91, 93

Blütendiagramm 91
Blütengrundriss 91
Blütenhüllblatt 106
Blütenhülle 90, 107
Blütenkrone 102
Blütennarbe 90
Blütenpflanze 80, 81, 92, 95, 99, 104, 106
Blütenpollen 101
Blütenstand 92, 94, 108
Blütenstaub 91, 102
Blütenstempel 117
Blutfarbstoff 127
Blutgefäß 44, 51, 52, 54, 64
Blutgefäßsystem 127
Blutkreislauf, einfacher 135
Blutserum 69
Blutzelle, rote 49
Blutzelle, weiße 52
Boden 99, 100
Bogen 65, 73
Bohne 84, 93, 95, 106, 107
Bohnen-Keimling 82
Borke 86
Botanik 78, 89
Braunalgen 79
Braunkohle 18
Breit-Wegerich 104
Brennbarkeit 210
Brennnessel, Große 92
Brennstoffzelle 32
Brombeere 93, 104
Bronchialschleimhaut 127
Brückenechse 130
Brückentier 127, 128, 130, 131
Brunftzeit 156
Brunnenlebermoos 82
Brustbein 133
Brustkorb 132, 133
Brustteil 61
Brustwirbelsäule 134
Brutzwiebel 88
Buche 84, 92, 104, 106
Buchenkeimling 90
Buchweizen 95

Buntnessel 112
Busch-Windröschen 87

C
Calcium 70, 96
Calciumcarbonat 130
cancerogen 206
Candela 28
Carbonsäure 208
Carotinoide 80
C-autotroph 96, 98
Celsius 25, 26
CELSIUS, ANDERS 26
Celsius-Skala 26
CHATTON, EDOUARD 78
Chemikaliengesetz 202
chemische Reaktion, anorganische 207
Chemosynthese 98
C-heterotroph 96, 98, 99
Chirologe 72
Chitin 60, 61, 80
Chitinborsten 57
Chlor 28, 208
Chlor-Akne 68
Chlorophyll 37, 79, 80, 88, 113
Chloroplast 60, 78, 80, 88, 97, 112
Chorda dorsalis 126, 133
Chordatier 126
Chrom 208
Chromoplast 80
Chromosom 92
Chromosomensatz 92
Chromosphäre 9
Chromstahl 31
Cilien 127
CO (Kohlenstoffmonooxid) 97
CO-Reduktion 97
Coevolution 141
Cölom 127
Cyanobakterium 79

D
Darmrohr 127
Dauergebiss 137
Daumenfurche 73
Daunenfeder 45
denaturieren 63

Denaturierung 39
Dendrochronologie 87
Devon 127, 130
Diaspore 103, 104
Dichte 25, 28
Dickenwachstum 84, 86
Dickenwachstum, sekundäres 84
Diffusstrahlung 21
Dikotyle 106
Dill 107
Dissimilation 40, 98
Disstress 38
Distel 100
Distelfalter 101
Döldchen 107
Dolde, einfache 107
Dolde, zusammengesetzte 107
Doldengewächs 90, 92, 107
Domestikation 150, 151, 153–157
Dompfaff 54
Doppelrohr-Wärmeüberträger 30, 31
Doppelschleife 65
Dorn 82, 101
Dornfortsatz 132
Dreifingerfurche 65, 73
Dritter Hauptsatz der Thermodynamik 26, 27
Drossel 103
Druck 24, 25, 28, 29, 64
Druckeinheiten 24
Druckpolster 65
Druckrezeptor 63
Drucksinnesorgan 66
Drucksinneszelle 142
Drüse 62, 67, 102
Drüsenzelle 61, 62
Duftdrüse 67, 108, 153
Duftstoff 46, 62
Dünger, mineralischer 100
Dunkelreaktion 97
Durchmesser der Erde 12

Register

E

Eber 155
Eckzahn 137, 138
Efeu 84, 112
Effekt, kooperativer
  99
Eiche 84, 87, 92, 103,
  104
Eichel 95
Eichelhäher 104
Eichhörnchen 104
Eidechse 40, 42, 62,
  130
Eier legende Säuge-
  tiere 143
Eigenrotation 12
Eigenschaft, isotrope
  27
Eihülle 135
einkeimblättrig 81,
  91, 95, 106
Einzelblüte 92, 103,
  107, 108
Einzelfrucht 92, 93,
  103
Einzeller 79
Eisbär 47
Eisen 12, 28
Eiweiß 60, 61, 63, 80,
  91, 94
Ekliptik 13
Ektoderm 126
ektothermisch 40
Ekzem 68
Elefant 46, 48, 137,
  140, 142
Elefant, Afrikanischer
  133
Elektron 8, 10
Elektronenakzeptor
  97
Elektronendonator
  97
Element 202
Elle 139
Embryo 80–82, 89,
  95
Embryonalbildung
  95
Embryonalentwick-
  lung 77, 79
Embryonalhülle 130
Embryosack 91
Emission, thermische
  19, 20

Endknospe 116
Endodermis 82
Endosperm 95
Endwirt 145
Energie 18, 23,
  29–32, 40, 43, 47,
  53, 55, 56, 98
Energie 8
Energie, chemische
  29, 32
Energie, elektrische
  22, 29, 32
Energie, innere 28,
  29
Energie, kinetische
  32
Energie, mechanische
  32
Energie, potenzielle
  32
Energie, thermische
  32
Energieerhaltungssatz
  30
Energieerzeugung 18
Energiefluss 96
Energieform 23, 28,
  29, 32
Energiequelle 18, 96,
  98
Energiespeicherung
  8, 32
Energiestoffwechsel
  40, 43, 136
Energieträger, fossile
  22
Energietransport 8,
  32
Energieumwandler
  30
Energieumwandlung
  8, 23
Enthalpie 28
Entoderm 126
Entropie 23, 30
Entsorgung 208,
Enzyme 39
Ephedra-Arten 105
Epidermis 46, 88, 60,
  62, 66–68, 72, 88,
  136
Epidermiszelle 63, 88
epigäisch 115
Epikotyl 90
Epithel 70

Epithelzelle 67
Erbguttypen 103
Erbse 93, 95, 106
Erbsubstanz 19, 21,
  78, 80, 96
Erdanziehung 16
Erdatmosphäre 13,
  18, 22, 24
Erdbeere 84, 92, 93
Erdbeschleunigung
  12, 13, 25
Erdbewegung 33
Erde 10–12
Erdgas 18, 23
Erdkern 12
Erdkröte 61, 135
Erdkruste 12
Erdmantel 12
Erdnuss 95
Erdöl 18, 23
Erdrotation 34
Erdspross 87, 88
Erdumlaufbahn 34
Erhaltungsgröße 23
Erle 103
Ernährung 96
Erneuerungsknospe
  106
Ersatzzwiebel 88
Erstarrungstempera-
  tur 26
Erste Hilfe 210
Erster Hauptsatz 27
Esche 103
Esel-Hase 53, 54
Eselsdistel 100
Essigsäure 28
Estragon 108
Ethanol 208
Etiolement 37
Eucyt 78, 79
Eukaryot 77, 78, 79
Eustress 38
Evolution 19, 37–40,
  43, 100, 126, 127,
  130–133
Exkretion 135
Exkretionssystem
  132
Exodermis 82
Exoskelett 61
Explosionsdruck 205
Explosionsgrenze
  205
Extraktion 206,

extraterrestrisches
  Solarspektrum 20
Extremität 133, 138
Exuvie 61

F

Fadenwurm 144
Fähe 149
Fahne 107
Fahrenheit 26
FAHRENHEIT, DANIEL G.
  26
Familie 105, 131
Fang 138, 140
Fangzahn 138
Farbensehen 141
Färberdistel 100
Farbstoff 63
Farbstoffzelle 61
Färbungsregel 54
Farn 79–82, 85, 94
Farnpflanze 81, 92,
  94, 95
Faulschlammschichten 80
Feder 44, 45, 61–63,
  66, 72
Federkleid 57
Felderhaut 66, 72, 73
Feld-Hase 53, 54,
  141, 147, 148
Feld-Maus 54
Feld-Rittersporn 104
Fell 47, 57, 103
Fenchel 107
Ferkel 155,
Fersenbein 134, 139
Fett 43, 53, 95
Fettgewebe 48, 64, 65
Fettgewebe, braunes
  52
Feuchtlufttier 61, 62,
  129
Feuerbohne 95
Feuersalamander 61,
  135
Fichte 84
Fichtenholz 31
Fichtenspargel 79, 99
Fieber 52
Fieberthermometer
  57
Fiederblatt 106
Filtrierer 127
Fingerbeere 66
Fingerfurche 65, 73

Fingerglied 140
Fingerknochen 139, 140
Fingernagel 68
Fink 103
Fisch 128, 135
Fisch, kieferloser 128
Fischotter 132
Flachwurzler 84
Flammtemperatur 204, 205
Fledermäuse 142
Fledertier 143
Fleischflosser 127
Fleischfresser 138
Fliege 101
Fliege, Weiße 118
Fliehkraft 12, 17
Flügel 107
Flugsaum 103
Fluid 24, 25, 31
Fluorchlorkohlen-wasserstoff 22
Fluoreszenz 19
Flüssigkeit 205
Flüssigkeitsmano-meter 34
Flüssigkeitsthermo-meter 26
Flussneunauge 130
Fortbewegung 128
Fortpflanzung 77, 95, 129
Fossil 18, 127, 130
fotoautotroph 99
Fotosynthese 8, 18, 36, 40, 41, 43, 77–79, 90, 95–99, 110, 112
Fotosynthese, Bilanz-gleichung 97
Frischling 155
Frosch 62, 130, 135
Froschlurch 130
Frosthärte 39
Frostschutzmittel 38
Frucht 82, 92, 94, 102–104, 112–114
Frucht, zusammenge-setzte 94
Fruchtanlage 105
Fruchtblatt 90, 91, 94, 95
Fruchtblattgehäuse 95

Fruchtentwicklung 110
Fruchtfleisch 92, 93
Fruchthülle 103
Fruchtknoten 91–94, 106, 108
Fruchtknotenwand 92
Fruchtkörper 80
Fruchtsamen 103
Fruchtschale 93
Fruchtstand 92, 103
Fruchttyp 92, 93
Frühblüher 87, 98, 110
Frühholz 86, 87
Fuchs 61, 148, 149
Fuchsbandwurm 149
Führungsglied 51
Fünffingerfurche 73
Funktionsenergie 98
Furche 65
Fusionsreaktor 8
Fußpilz 69
Fußskelett 134
Fußwurzel 140
Fußwurzelknochen 134, 139

G
gabelnervig 89
Galaxie 8
Gallertkern 132, 133
Gamet 94
Gametophyt 94, 95
Gammastrahlung 19
Gänsehaut 67
Gartentulpe 106
Gas 204, 205
Gasaustausch 41, 88, 135, 136
Gasdruck 25
Gasgleichung idealer Gase 28
Gaskonstante 28
Gattung 105, 131
Gebärmutter 131
Gebiss 137
Gebisstyp 138
Gefahrensymbol 203, 204
Gefahrklasse 204
Gefahrstoff 201, 203, 206, 209, 210

Gefahrstoffverord-nung 202, 203, 209
Gefahrsymbol 209, 210
Gefäßpflanze 81, 82, 105
Gefäßteil 85
Gefieder 103
Gefriertemperatur 38
Gegenstromschal-tung 31
Gehäuseschnecke 62, 145
Gehirn 46
Gehölz 78, 99
Gehör 155
Gehörknöchelchen 137
Gehörsinn 140, 141, 148
Geißeln 127
Geißeltierchen 127
Gelbbauchunke 63
Gelbpigmente 80
Gelenkfortsatz 132
Gemisch 202, 205
Generation, Sporen erzeugende 94
Generationswechsel 94, 95
Geoid 12
Geotropismus 84
Gerontoplast 80
Gerste 95
Geruchsprobe 203
Geruchssinn 140, 141, 148
Gesamtdichte 16
Geschlechtsbestim-mung 66
Geschmacksknospe 140
Geschmacksprobe 203
Geschmackssinn 140
Gesichtssinn 140
Gesundheitserzie-hung 71
Getreide 95
Getreidekorn 95
getrenntgeschlecht-lich 92
Gewässer 99

Gewebe 48, 67, 80, 82, 83, 86, 90, 95, 96
Gewebshormon 73
Gewürz 108
Gewürzpflanze 108
Gezeit 17, 33, 34
Gibbon 143
Gift 101
Giftigkeit 210
Giftklasse 204
Ginkgo 81, 92
Ginkgobaum 89
Ginkgoblatt 105
Glashaut 67
Gleichgewicht, ther-modynamisches 24
Gleichgewichtszu-stand 30
Gleichstromschal-tung 31
gleichwarm 53, 57, 62, 136
Gleichwarme 40, 42, 43, 47
Gleitflieger 103
Gliederfüßer 61, 62
Globalstrahlung 21
Gloger'sche Regel 54
Glucose 40, 43, 97
Glycerin 28, 38
Gold 28, 31
Goldhamster 159
Golfstrom 38
Grannenhaare 45, 47
Gras 78, 106
Grasfrosch 135
Graviperzeption 84
Gravitation 8, 11
Gravitationsgesetz 11
Gravitationskraft 12
Gravitätszentrum 11
Griffel 91, 107
Großhirn 50
Großlibelle 56
Grottenolm 63
Grubenorgan 37
Grünalge 79–81
Grundbauplan 126, 132
Grundgewebe 89
Grundplasma 78
Grundumsatz 48, 53
Gymnosperme 95, 105

Register

H

Haar 44, 45, 61–64, 66–68, 72, 83
Haarbalg 66, 67
Haarfarbe 67
Haarfollikel 68
Haarmark 67
Haarnerv 64
Haarschaft 67
Haarwechsel 47, 63, 67
Haarwurzel 66, 67
Haarwurzelscheide 67
Haarzwiebel 67
Habitat 99
HAECKEL, ERNST 78, 136
Hafer 95
Haftwurzel 84
Hagebutte 93
Hahnenfuß 90, 91
Hahnenfuß, Kriechender 84
Hai, Weißer 127
Halbparasit 99
Halbwüstenpflanze 41
Halm 88
halogenierte organische Verbindung 208
Halsbogen 132
Halswirbelsäule 132, 134
Hämoglobin 127
Handlinie 73
Handwurzelknochen 139
Haselnuss 92, 102
Hasenartige 147
Hauer 155
Hauptsatz der Thermodynamik 23, 27, 30
Hauptwurzel 84
Haushund 153, 154
Haus-Meerschweinchen 157
Hausschwein 155
Haussperling 54
Haustier 150, 151, 152
Haut 40, 48, 50–52, 54, 57, 59–66, 70–72, 129, 132, 136

Hautatmung 62, 135
Hautdrüse 46, 52, 67, 68
Häuten 62
Hautfarbe 66
Hautflügler 101
Hautknochen 127
Hautkrankheit 68
Hautkrebs 21, 69
Hautkrebs, schwarzer 69
Hautlichtsinn 63
Hautpflege 70
Hautpigment 66
Hautpilz 69
Hautreizung 62
Hauttalg 67
Häutung 61
Hautverbrennung 69
Hecheln 45, 46
Heidelbeere 92, 104
Heilpflanze 100
Hummel 170, 151, 157–159
Heizbedarf, thermostatischer 48
Heizöl 28
heliotherm 40, 42
Helium 8, 9, 11
Heliumkern 9
Herbarium 111, 112
Herbstäquinoktium 14
Herbstzeitlose 88
Herkulesstaude 84
Hermelin 63
Herpes 68
Herpes-Symplex-Virus 68
Herrentier 46, 141, 143
Herzinfarkt 52
Herzkammer 136
Herzkammerflimmern 49
Herz-Kreislaufsystem 132, 135, 136
Herzscheidewand 136
Herzwurzel 84
heterotroph 79, 96, 100
Hetzjäger 140
Hetzräuber 153
Himbeere 93, 94
Hinterleib 57

Hirnstamm 50
Hirsch 143
Histamin 73
Hitzetod 51
Hochblatt 90
Hochdruckgebiet 24
Holunder, Schwarzer 104
Holz 86
Holzgewächs 106, 107
Holzpflanze 108
Holzrübe 84
Holzteil 84
Holzzylinder 86
Homologe 61
homologe Organe 130
homöotherm 40, 62
Homöothermie 42
homorhiz 85
Honigbiene 43, 151
Hörfeld 148,
Hormon 50
Hörnchen 143
Hornhaut 62, 65
Hornmoos 81
Hornpanzer 129
Hornschicht 61, 64, 65, 68
Hornschilder 61
Hornschuppe 61, 62, 129
Hornträger 143
Hörvermögen 157
Huf 140
Hüllblatt 90, 103
Hülle 88
Hülse 92, 93, 107
Hülsenfrucht 89, 93, 95
Hummel 56, 57, 101, 102
Hund 153, 155, 158
hundeartig 148, 153
Hundeartige 143
Hunderasse 154
Hundsrobbe 143
Hybridzüchtung 156
Hydrosphäre 99
hydrostatisches Organ 135
hypogäisch 115
Hypokotyl 89, 90, 116

Hypophyse 50
Hypothalamus 50, 51, 52

I

Igel 46, 144–147
Indikatorpapier 72
Individualentwicklung 89
Infektion 68
Infektionskrankheit 52, 68
Infrarotauge 37
Infrarotbereich 19
Infrarotstrahlung 18, 19, 36, 37, 56
Infraschallbereich 142
Inkohlung 18
Innenkieme 135
Innen-Parasit 144
innerartlich 72
Insekt 60, 61, 92, 101, 102
Insektenfresser 137, 143, 144
Insektenlarve 101
Integumente 91
Interzellularraum 88, 89
Iod-Iod-Kalium-Lösung 117
Ion 10, 98
Ionenhaushalt 135
Ionosphäre 12
Isolation 45, 48
Isolator 44
Istwert 51

J

Jahreszeit 34
Jahreszeitenzyklus 13
Jahrring 86, 87
Jakobson'sches Organ 140
Johannisbeere 92
Joule 29, 205
Jugendblatt 89
Jupiter 10
Jura 130, 131

K

Käfer 101, 102
kalibrieren 26
Kalium 96

Kaliumpermanganat 208
Kalorien 29
Kälte 64
Kältekörperchen 64, 66
Kälteresistenz 38, 39
Kälterezeptoren 51, 63
Kältestarre 42
Kältetod 39, 42
Kältezentrum 51
Kältezittern 52
Kambium 84, 86
Kamille 104
Kamille, Strahllose 108
Kampfhund 153
Känguru 131, 143
Kapselfrucht 106
Karbon 130
Kardinalvene 136
Kartoffel 88
Kastanie 110, 113
Katalysator 206
Katalyse 206
Kation 10
Katze 143
Katzenkralle 140
Kaulquappe 135
Keiler 155, 156
Keimblatt 89, 90, 95, 106, 115
Keimen 94
Keimfähigkeit 104
Keimkasten 115
Keimknospe 95
Keimling 95
Keimpflanze 98, 106
Keimschicht 64, 65, 67, 69
Keimstängel 95
Keimung 94, 95, 110, 115
Keimung, epigäische 95
Keimung, hypo-gäische 95
Keimung, oberirdi-sche 95
Keimwurzel 84, 95
Keimzelle 91, 92
Kelch 92, 103

Kelchblatt 90–92, 107
Kelvin 25–28, 31
KELVIN, WILLIAM LORD OF LARGS 26
Kennübung 109
Keppler'sche Gesetze 10
Kern 93
Kernfusion 8, 9
Kerngehäuse 93
Kernhausfrucht 93, 94
Kernholz 86, 87
Kerntemperatur 51
Kiefer 81
Kieferknochen 133
Kieferlose 127, 130
Kiemen 129, 135
Kilogramm 28
Kilowattstunde 22
Kirschblüte 91
Kirsche 92, 93
Klappertopf 99
Klasse 82, 131
Klatschmohn 102–104, 106
Klausen 108
Klebfrucht 104
Klebkraut 104
Klee 107
Kleinbär 143,
Kleiner Fuchs 101
Kleinklima 56
Klettenfrüchte 103
Klettenkerbel 103
Kloakentier 131
Knallgasreaktion 32
Knäuelgras 88
Kniescheibe 139
Knochenaufbau 40
Knochenfisch 127
Knochenplättchen 62
Knöllchen 107
Knöllchenbakterium 100
Knolle 106
Knorpel 133
Knorpelfisch 127, 128
Knospe 90, 116
Knospenschuppe 90
Knospung 110
Koala-Bär 131
Kohäsion 85

Kohäsionszug 85
Kohl 107
Kohle 23
Kohlekraftwerk 23
Kohlenhydrat 40, 43, 95, 98
Kohlenstoff 28, 96
Kohlenstoffassimila-tion 96
Kohlenstoffassimila-tion, autotrophe 97
Kohlenstoffdioxid 12, 22, 40, 79, 96–98, 135, 136
Kohlenstoffdisulfid 208
Kohlenstoff-Isotop 28
Kohlenstoff-Kreislauf 96
Kohlenstoffmono-oxid 96
Kohlenstoffverbin-dung 96
Kohlenwasserstoff 22
Kohlrabi 88
Kokosnuss 95
Kolibri 53, 102
Kollagen 70
Kollektor 22
Koma 10
Komet 10, 11
Kommunikation 63, 72, 141
Kompass-Lattich 57
Kompasspflanze 57
Kondensator 32
Königskerze 102
Konsument 100, 101
Konvektion 30, 31, 46–48, 50
Konvektion, erzwun-gene 31
Konvektion, freie 31, 32
Konvektionsstrom 12
Konvektionszone 9
Kopfarterie 136
Kopf-Rumpf-Länge 144
Koralle 79
Korallenwurz 79
Korbblütengewächs 92, 108
Koriander 107

Kork 31
Korkkambium 86
Kormophyt 81
kormophytisch 82
Kormus 81, 82
Kornblume 104
Kornelkirsche 104
Kornrade 104
Korona 9
Körperbehaarung 57
Körperkern 50–52, 54
Körperkerntempera-tur 52
Körperkreislauf 136
Körperschale 51
Körpertemperatur 38, 44, 48, 52, 53, 56
Körpertemperatur 42, 45
Korpuskularstrahlung 18
Kotyledonen 89
Kraft 24
Kraftwerk 30
Kralle 140
Krallenband, elasti-sches 140
Kratz-Distel 101
Kraut 78, 106, 107
Kreatin 67
Krebs 61, 79
Krebstier 135
Kreide-Zeit 130, 131
Kreislaufsystem 136
Kreuzbein 134
Kreuzblütengewächs 91, 93, 107
Kriechspross 87
Krokodil 130, 131
Krokus 88
Kronblatt 90–92, 108
Krone 92
Kröten 130
Küchenschelle 44
Kugeldistel 100
Kühlung 46, 52
Kulturflüchter 153
Kulturfolger 147, 148
Kulturlandschaft 147
Kulturpflanze 107
Kultur-Rasse 154
Kümmel 107
Kupfer 28, 31
Kupfersulfat 208

Kürbis 92
Kurzwelle 19
Kutikula 41, 60, 61, 88

L
Lachmöve 63
Lactuca serriola 57
Ladeenergie 29
Lager 82
Lagerpflanze 82
Landpflanze 102
Landwirbeltier 40
Längenausdehnungs-koeffizient 27
Längenwachstum 37
Längsgewölbe 134
Längsmuskelschicht 127
Langwelle 19
Lanzettfischchen 126
Larvenhaut 61
Latimeria 127
Laubblatt 88–90, 108
Laubfall 90
Laubfärbung 90
Laubfrosch 62
Laubmoos 81, 82
Laubwechsel 90
Lauterzeugung 142
Lavendel 102
lebende Fossilien 131
Lebensbereich, vitaler 39
Lebensformtyp 133
Lebensgemeinschaft 99
Lebensraum 61, 99
Leber 40, 43, 45, 51
Leberblümchen 87
Lebermoos 81,82
Leberzirrhose 100
Lederhaut 44, 61–64, 66–70, 73, 136
Leibeshöhle 127
Lein 95
Leistenhaut 65, 66, 72
Leitbahn 82, 99
Leitbündel 82, 84–86, 89
Leitbündelnest 90
Leitgewebe 82, 83, 89
Leitung 47, 57
Leitungsbahn 83

Lendenwirbel 132
Lendenwirbelsäule 134
Lerchensporn 88
Lern-Parcours 114
Lernstation 114
Leuchtschicht 141
Libelle 56, 61
Libration 15
Licht 18, 23, 55, 96
Licht, sichtbares 7
Licht, weißes 19
Lichtbrechung 19
Lichtenergie 98
Lichtgeschwindigkeit 18
Lichtjahr 10
Lichtnelke, Rote 92
Lichtreaktion 97
Lichtreiz 63
Lichtschutzfaktor 70
Lichtstrahlung 7
Liebig von, Justus Freiherr 30
Liebig-Kühler 30
Liebstöckel 107
Lilie 100
Liliengewächs 106
Linde 103
linearer Ausdehnungs-koeffizient 28
Linse 95, 107
Liposom 70
Lippenblütengewächs 92, 108
Lithosphäre 99
Lösung 208
Lösungsmittel 206
Löwenzahn 84, 103, 104, 108, 113
Löwenzahn-Schirm-flieger 113
Luft 18, 31
Luftfeuchtigkeit 52
Luftsack 135
Lufttemperatur 52
Luftwurzel 84
Lugol'sche Lösung 117
Lumineszenz 10
Lunge 50, 127, 129, 135, 136
Lungenatmung 62, 135
Lungenfisch 127, 130

Lungenkreislauf 136
Lungenwurm 144, 145
Lupinen-Arten 100
Lurch 61, 128, 130, 135
Luzerne 107

M
Magnesium 12, 96
Magnesiumcarbonat 130
Magnetfeld 12, 18
Mahagoni 87
Mahlbaum 156
Mahlzahn 137, 138
Maiglöckchen 87
Mais 95
Maisstängel 85
Mammalia 143
Mangrove 84
Manometer 25
Manteltier 126
Marder 143
Margarite 108
Mariendistel 100
Marmor 28
Mars 10, 11
Masern 68
Masse 8, 9, 12, 28
Masse der Erde 12
Masse, molare 28
Massefluss 96
Massendefekt 9
Massestrom 96
Materialfluss 96
Materialien, isolie-rende 50
Maulwurf 137
Maus 143
Mauser 47, 63
maximale Arbeits-platzkonzentration 203
Meeresschnecke 135
Meerneunauge 130
Meerschweinchen 147, 153, 157 159
Mehlkörper 95
Melanin 54, 66–68
Melanom, malignes 69
Mensch 46, 47, 48, 54, 134, 143

Menschenaffe 134, 143
Merkur 10
Mesoderm 126
Mesophyllgewebe 89
Mesosphäre 12
Messfühler 51, 64
Messing 28
Metabolismus 96
Meteorit 11, 16
Methan 11, 22, 98
Methanol 208
Mikroklima 56
Mikrowellen 19
Milbe 61
Milchgebiss 137
Milchstraße 8
Mimese 72
Mimikry 72
Mindestzündenergie 205
Mineralsalzaufnahme 83, 84
Mineralwolle 31
Minze 105, 108
Mistel 99
Mistelsenker 99
Mitesser 68
Mitochondrien 78
Mittelfuß 140
Mittelfußknochen 134
Mittelohr 137
Mittelwelle 19
Mohn 91, 95
Möhre, Wilde 103
Mohrrübe 84, 107
Mol 28
Molch 130, 135
Molekül 205
Molekularbewegung 25, 26
Mond 15, 16, 17
Mondfinsterniss 15, 16
Mondphasen 15
Monokotyle 106
Moos 79, 80, 81, 82
Moosfarn 81
Moospflanze 92
Morphologie 72
Mosaikjungfer 56
Mund 140
Mundhöhle 46

Mundschleimhaut 46
Mundwerkzeuge 102
Muschel 135
Muskel 49
Muskelarbeit 52
Muskelfaserbündel 49
Muskelkappe 144
Muskeltätigkeit 43
Muskeltonus 52
Muskeltrichin 155
Muskelzelle, glatte 67
Muskelzittern 40, 45
Muskulatur 65, 127
Mutterkuchen 131
Mutterzwiebel 88
Mykhorrhiza 100

N
Nachtkerze 106
Nachtrhythmus 37
Nackenband 132
Nacktsamer 81, 82, 85, 88, 95, 105
Nacktsamer, fieder-blättrige 105
Nacktsamer, gabel-blättrige 105
Nacktsamer, nadel-blättrige 106
Nacktschnecke 62
Nadelbaum 92
Nadelblätter 88, 89
Nadelhölzer 81, 88, 106
Nagel 67, 68
Nagelbett 68
Nagelfalz 68
Nageltasche 68
Nager 138, 157
Nagetier 138, 143
Nagezahn 138, 157
Nährgewebe 95
Nährsalz 99
Nährstoff 67, 95, 99
Nahrungskette 18, 100
Nahrungsnetz 100
Narbe 91, 92, 102
Narzisse 87
Nase 46
Nasenhöhle 140, 141
Nasenscheibe 155
Nasenschleimhaut 46

Nasentier 153
Natriumthiosulfat 208
Natürliches System der Wirbeltiere 128
Nebenblatt 106
Nektar 101, 102
Nektardrüse 101, 102, 107
Nektarvogel 102
Nelkengewächs 91
Nelkenwurz 103
Neophyt 104
Nerven 63, 64, 66
Nervenbahn 64
Nervenfaser 67, 141
Nestflüchter 47, 148
Nesthocker 47, 145, 149, 153
Netzhaut 141
Netznervatur 89
Neubürger 84, 104
Neumond 16
Neunauge 130
Neuralrohr 126
Neurodermitis 68
Neutron 8, 9
Newton 24
Nickel 12
Niederblatt 90
Niederwild 147
Niedrigwasser 17
Nieren 135
Nipptide 17
Nitrat 100
Normaldruck 25
Nullpunkt, absoluter 26
Nuss 93
Nussfrucht 92, 103
Nutzpflanze 100, 107
Nutztier 126, 151

O
Oberarmknochen 139
Oberflächenthermo-meter 57
Oberhaut 61, 64, 68
Oberhäutchen 67
Oberlippe 108
Oberschenkelkno-chen 139
Obersilur 127

Ohrmuschel 141
Ökofaktor 36, 37, 43
Ökologie 72, 99
Ökosystem 36, 99, 100, 104
Ökosysteme, marine 96
Ökosysteme, terres-trische 96
Öl 95, 102
Öl, etherisches 102, 107, 108
Ölbaum 87
Ontogenese 126, 130, 136
Orange 92
Orchidee 99, 106
Ordnung 46, 131
Ordnung des Pflan-zenreiches 81
Organ 89, 95
Organellen 79
Organismus, endo-thermer 40
Organismus, gleich-warmer 55
Organismus, hetero-tropher 43, 80
Organismus, wechsel-warme 55
Organismus 40, 62
Orientierung 141
Ost-Igel 144
Oxidation 97, 98
Oxidation, biologi-sche 40
Oxidationsmittel 97
Oxidationsvorgang 97
Ozon 21
Ozonschicht 13, 21

P
Paarhufer 140, 143
Paarungszeit 149
Palisadengewebe 60, 88
Palisander 87
Palmenfarne 105
Panzerfisch 128
Papillarleiste 73
Papillarmuster 65
Papille 67, 73
Pappel 84, 103
Parallelnervatur 89

Parasit 79, 80, 99, 158
Parenchym 89
Pascal 24
Pedosphäre 99
Pentan 26
Perihel 14
Perizykel 84
Perm 130
Petersilie 107
Pfahlwurzel 84
Pfeilgiftfrosch 62
Pferd 46, 159
Pflanze 57, 80
Pflanze, bedeckt-samige 106
Pflanze, einkeimblät-trige 84, 87, 89
Pflanze, fotoautotro-phe 100
Pflanze, höhere 80, 81, 88
Pflanze, niedere 80
Pflanzenfresser 62, 100, 101, 137, 138, 156
Pflanzengesellschaft 99
Pflanzenöl 102
Pflanzenreich 78, 105
Pflanzensystematik 105
Pflanzenzelle 80
Pflaume 92
Phaemelanin 67
Pheromon 67, 141
Phloem 85, 86, 90
Phloem, sekundäres 86
Phosphat 208
Phosphor 96, 208
Phosphoreszenz 19
Photosphäre 9
Photovoltaik 22
Phylogenese 126, 130, 136
Pickel 68
Pigment 63, 66, 67
Pigmentschicht 64
Pilz 80
Pilzwurzel 100
Pinienkern 95
Planet 10, 11
Planetensystem 33

Planktonorganismus 138
Plasma 8
Plasmamembran 78
Plastiden 77, 80
Platten-Wärmeüberträger 31
Plazenta 131
Plazentatier 131, 143
Pleistozän 131
Plumpsfrucht 104
poikilotherm 40, 62
Poikilothermie 42
Polarlichter 10
Pollenschlauch 91
Polle 91, 92, 94, 101–103
Pollenkorn 91, 102
Pollensack 91
Pore 83
Primärblatt 89, 90
Primärenergieentwertung 23
Primärproduktion 78, 100
Primärstoffwechsel 96
Primärstoffwechsel, pflanzlicher 96
Primat 46, 141
Primelgewächs 91
Prisma 19
Produzent 100
Prokaryoten 77–79
Propellerfrucht 103
Proplastid 80
Proteine 39, 95, 96
Protist 78
Protocyt 78, 79
Proton 8, 9
Provitamin D 40
Prozessgröße 29
Prozesswärme 42, 43
Psoriasis 68
Pumpspeicherkraftwerk 32
Pustel 68

Q
Quastenflosser 127, 128, 130
Quecke 84
Quecksilber 25, 26, 28, 208
Quecksilbersalz 208

Quellung 95
Querfortsatz 132
Quergewölbe 134

R
Rachenblütengewächs 99
Rachitis 70
rachitisch 40
Radiärsymmetrie 117
radiärsymmetrisch 92
Radieschen 106, 107
Radikal 205
Rammler 148
Rangordnung 151, 153
Rangstufe, taxonomische 105
Ranke 106
Ranzzeit 149
Raps 93, 95, 102, 107
Rasse 155
Rassehund 154
Rassenbildung 151
Raubtier 143, 148
Rauschzeit 156
Rayleigh-Streuung 20
Reaktion, pilomotorische 45
Reaktion, vasomotorische 45
Reaktionsgeschwindigkeit 206
Redox-Reaktion 97
Reduktion 97
Reduktionsmittel 97
Reduktionsvorgang 97
Reflexion 19, 20, 21, 36, 141
Regelgröße 51
Regelkreis 51, 56
Regelung 51
Regeneration 66, 70
regenerative Formen 18
Regenwurm 60–62
Regulation des Wärmehaushalts 45, 47, 48, 62
Reibung 29
Reich 131
Reis 95
Reißzahn 138

Reproduktion 99
Reptil 42, 61, 62, 129, 130, 135, 150
Reptilienschuppen 61
Reservestoff 83, 87, 95
Rettich 82, 84
Revier 155
rezent 127
Rezeptor 63, 140
R-G-T-Regel 39
Rhizom 87, 88
Rhizordermis 82
Rhynia 81
Riechepithel 140
Riechschleimhaut 141
Riechzelle 140, 141
Riesenhai 127
Riesenknöterich 84
Rinde 83
Rindengewebe 60
Rindenschicht 83
Ringelwurm 126
Ringmuskelschicht 127
Rivalenkampf 149
Rizinus 95
Rizinussamen 95
Robinie 107
Roggen 95
Röhrenblüte 108
Röntgenstrahlung 19
Rose 102
Rosengewächs 91
Rosmarin 108
Rosskastanie 95, 104, 113, 116
Rotalge 79
Rotationsenergie 25, 28
Rote Liste 149
Röteln 68
Rotfuchs 148
Rotte 156
R-Satz 203, 206, 207, 218
Rückenmark 51, 126
Rückenmarkskanal 132
Rückkoppelung, negative 51
Rüde 149
Rudel 153

Rumpf-Wirbelsäule 132
Rüsselkäfer 101
Rute 148

S
Saftfrucht 92
Salamander 130
Salbei 102, 105, 108
Salbei-Blüte 110
Salze 85
Samen 82, 92, 93, 95, 98, 101 - 104, 106, 112
Samenanlage 91, 92, 105
Samenbildung 82
Samenpflanze 79 - 82, 84, 92, 94, 100, 105, 106
Samenschale 82, 95
Samenverbreitung 103
Sämling 93
Sammelfrucht 93
Sammel-Nussfrucht 93, 94
Sammel-Steinfrucht 93, 94
Sanddorn 84, 92, 104
Saprobiont 99
Saprophyt 79, 99
Sasse 148
Satellit 11, 15
Saturn 10
Sau 155
Sauerstoff 12, 13, 28, 32, 79, 96, 98, 135
Säugetier 125–160
Sauggewebe 83
Säugling 51
Saugrüssel 102
Säulenkaktus 41
Säuremantel 70
Saurier 128, 130, 133
Schachtelhalm 81, 88
Schädel 132
Schädellose 126
Schädling 118
Schale 88
Schallkollektor 141
Schallwellen 18
Scheinfrucht 93, 94
Scherbenfisch 127

Schienbein 134, 139
Schierling 107
Schiffchen 107
Schildchen 95
Schilddrüsenüber-
funktion 52
Schildkröte 130
Schildlaus 118
Schilf 88
Schlafnest 145
Schlange 130
Schlehe 84
Schleichjäger 140
Schleichräuber 148
SCHLEIDEN, MATTHIAS
78
Schleife 65, 73
Schleimaal 130
Schleimhaut 66, 68,
130, 140
Schleimschicht 62
Schleimstoff 62
Schleimüberzug 62
Schließzelle 41, 88
Schlüsselbein 139
Schmarotzer 99
Schmelztemperatur
26
Schmerz 64
Schmerzreiz 63
Schmerzrezeptor 63
Schmetterling 56,
101, 102
Schmetterlingsblü-
tengewächs 92,
100, 106
Schnabeligel 131
Schnabeltier 131, 143
Schnecke 145
Schneeball 104
Schneeglöckchen 87
Schnee-Hase 53, 54
Schneidezahn 137,
138, 157
Schnurrhaar 142
Schössling 84
Schote 93, 108
Schotenfrucht 93
Schraubengefäß 83,
85, 86
Schultergürtel 132
Schuppe 72
Schuppenflechte 68
Schuppenkarpfen
151

Schuppenwurz 79,
99
Schüttelfrost 45, 52
Schutzausrüstung
203
Schutzbrille 203
Schutzimpfung 148
Schwalbenschwanz
56
Schwamm 79
Schwammgewebe 88
Schwammparenchym
89
SCHWANN, THEODOR
78
Schwanzlurch 130,
135
Schwebfliege 72,
101
Schwefel 28, 96
Schwefelbakterien 97
Schwefelsäure 28,
208
Schwefelwasserstoff
97, 98
Schwein 143, 153
Schweinepest 155
Schweiß 45, 46, 50
Schweißdrüse 46, 49,
51, 52, 64–68, 73
Schweißpore 49, 64
Schweißsekretion 45
Schwerkraft 11, 12,
16, 24, 25, 84
Schwermetallsalz 208
Schwertlilie 87
Schwimmblase 127,
135
Schwingung 18
Schwingungsenergie
25, 28
Schwüle 52
Schwülefaktor 52
Seebeck-Effekt 26
Seehund 132
Seekuh 132
Seepocke 79
Sehfeld 148
Sehne 132
Sehnenscheide 140
Sehsinn 141, 148
Sehzelle 141
Seidenspinner 151
Seitenknospe 116
Seitenlinienorgan 63

Seitenwurzel 84
Sekret 46, 61, 62, 66
Sekunde 28
Selektionsdruck 132
Sellerie 107
Senf 107
Senkfuß 134
Senk-Spreizfuß 134
Serotonin 73
Sex-Chromatin 66
Sexualhormon 68
Sexualität 91
Sexuallockstoff 67,
141, 148
sichtbares Spektrum
19
Siebgefäß 85
Siebplatte 83, 86
Siebröhre 83, 86
Siebteil 85
Siebzelle 85
SI-Einheiten 28
Silber 28, 31
Silicium 12
Singvogel 103
Sinn, chemischer 63
Sinneshaar 142
Sinnesorgan 63, 72
Sinnesschutzmantel
148
Sinneszelle 63, 66
SITTE, PETER 78
Skelett 70, 127, 132,
133, 134
Skelettmuskel 132
Skelettmuskulatur
52, 134
Sohlengänger 139,
144
Solarenergie 18, 22
Solarkonstante 20,
21
Solarspektrum 20
Solarstrahlung 18, 20
Solarthermie 22
Solarturmkraftwerk
22
Solarzellen 22
Sollwert 51
Solstitium 14
Sommerfell 46, 47,
63
Sommergefieder 46
Sommerkleid 63
Sommersolstitium 14

Sommerwurz 99
Sommerwurz, Kleine
79
Sonne 8, 10, 18, 23,
33, 56
Sonnenblume 102,
108
Sonnenbrand 21, 69,
70
Sonnenenergie 22,
56
Sonneneruption 9
Sonnenfinsterniss
15, 16
Sonnenfleck 9
Sonnenkern 9
Sonnenkollektor 40
Sonnenstrahlung 18
Sonnensystem 8, 11
Sonnentag 13
Sonnenwind 10
soziale Gruppe 151
Spaltöffnung 85, 88
Spannung, mechani-
sche 25
Spargel 88
Spätholz 86, 87
Speiche 139
Speichel 46
Speicheldrüse 62
Speichergewebe 83,
90
Speicherorgan 84,
87, 88
Speicherstoff 98, 102
Spektralbereich 36
Spektralfarben 19
Spektrum 18, 19, 20
Spektrum, elektro-
magnetisches 18, 20
Sperma 127
Spiegelkarpfen 151
Spiegelungsebene 92
Spinnmilbe 118
Spinnentier 61
Splintholz 86, 87
Spore 94
Sporenbehälter 94
Sporenkapsel 94
Sporenkapselhäus-
chen 94
Sporn 102
Sporophyll 94
Sporophyt 94
Spreitengrund 89

Register

Spreizfuß 134
Springkraut 104
Springtide 17
Spross 37, 60, 61, 81,
    82, 87, 90
Sprossachse 77, 81,
    82, 84–90, 99, 116
Sprossgeneration 84
Sprossknolle 88
Sprosspflanze 81
Sprungbein 134
S-Satz 203, 206, 207,
    218
ß-Carotin 66
Stäbchen 141
Stachel 62, 101, 144
Stachelbeere 93
Stachelkappe 144
Stahl 28
Stahlblech 31
Stamm 106, 131
Stammsukkulenz 41
Standort 90, 107
Stängel 81, 82, 88,
    104, 108
Stärke 80, 83, 96
Stärkebildung 112
Stärkekorn 80, 84
Staub 204
Staubbeutel 91, 94
Staubblatt 90, 91,
    102, 106, 108
Staubfaden 91
Staude 78, 106
Stecklingsvermeh-
    rung 84
Steighöhe 25
Steinfrucht 92, 93,
    104
Steinkern 92
Steinkohle 18
Stellglied 51
Stellgröße 51
Stellwert 51
Stempel 91
Sterntag 13
Stickstoff 12, 28, 96,
    100
Stigma 91
Stoff 97, 202
Stoff, mineralischer
    100
Stoff, organischer 100
Stoffabbau, aerober
    98

Stoffabgabe 96
Stoffaufnahme 96
Stoffkreislauf 36
Stoffspeicherung 89
Stofftransport 86, 110
Stoffumbau 96
Stoffwechsel 39, 40,
    42, 43, 48, 52, 70,
    78, 79, 88, 90,
    95–100
Stoffwechselleistung,
    antagonistische 98
Stoffwechseltyp 96,
    98
Störgröße 51, 52
Stoßzahn 137, 138
Strahlung 18, 21, 23,
    31, 47, 49
Strahlung, elektro-
    magnetische 9, 18,
    19, 31
Strahlung, extrater-
    restrische 31
Strahlung, ultravio-
    lette 36
Strahlungsart 18
Strahlungsenergie 50
Strahlungsquelle 56
Strahlungsspektrum
    26
Strahlungsthermo-
    meter 26
Strahlungszone 9
Stratosphäre 12, 13,
    37
Strauch 106
Streckungszone 82
Streubemuskel 44, 67
Streuung 20, 21
Strömungssinnes-
    organ 63
Struktur, isolierende
    47
Suhlen 155
Sukkulent 41
Sumpf-Kratzdistel 100
Symbiose 80, 100, 107
Symbiose, bakterielle
    100
Symmetrieebenen 92
Symmetrieform 92
System 23, 24,
    28–30
System der Lebewe-
    sen 131

Systematik 91, 93
Systematik im Orga-
    nismenreich 80
Système Internatio-
    nal d´Unites 8

T

Tagesrhythmus 37
Tagesschlaf 45, 53
Tageszeiten 34
Tagpfauenauge 101
Tagschmetterling 57
Tagundnachtgleiche
    14
Talg 68, 70
Talgdrüse 64, 67, 68
Talk 66
Tannenhäher 104
Tarnfärbung 72
Tastempfindung 72
Tasthaar 142,
Tastkörperchen 64
Tastsinn 73, 140,
    142
Taubnessel, weiße
    105
Taxonomie 105
taxonomische Ein-
    heit 105, 106
Teak 87
Technische Regel für
    Gefahrstoff 203
Teilchenstrahlung 18
Teilfrucht 103, 108
Temperatur 25, 26,
    28, 29, 38, 39, 98
Temperatureinheiten
    26
Temperaturregulation
    67
Temperaturrezeptor
    51
Temperatursinn 140
Temperatursinnes-
    organ 66
Temperaturskala 26
Temperaturverhältnis
    90
Teststäbchen 72
Tetrapode 133
Teufelsseide 99, 100
Thallophyt 82
Thallus 82
Thermit-Versuch
    206, 207

Thermochromie 206
Thermodynamik 23
Thermoelement 26
Thermolyse 206
Thermometer 56
Thermoregulation
    47, 51, 65, 72, 145
Thermosphäre 12
Thermostrom 26
Thylakoid 80
Thymian 108
Tide 17
Tiefdruckgebiet 24
Tier gleichwarmes 43,
    44, 53
Tier, homöothermes
    44, 47
Tier, wechselwarmes
    41–43, 53, 56
Tier, wirbelloses 61,
    62, 63, 126
Tierhaltung 159
Tierreich 78
Tierzucht 114
Tintenfisch 135
Tollwut 148
Tomate 92, 93
Torf 18
Torpor 45, 53
Torr 24
Torricelli, Evangelista
    24
Toxin 52
Toxizität 202
Trachee 85, 86
Tracheide 85
Translationsenergie
    25, 28
Transmission 19, 20
Transpiration 62
Transporteinrichtung
    104
Traubenzucker 43,
    45, 96–98
Treibhauseffekt 18, 22
Treibhausgas 36
Trias 127, 130, 131
Trieb 106
Triebspitze 90
Tripelpunkt 25
Trockenfrucht 92
Tropismus 84
Troposphäre 12, 13
Tulpe 87, 90, 107,
    117

Tüpfel 83
Tüpfelgefäß 83, 85, 86
Turgordruck 126

U
Überdauerungsorgan 106
Überläufer 155, 156
Überschusswärme 46, 52
Überwärmung 52
Überwinterung 145, 146, 147
Überwinterungsstrategie 55, 56
Ulme 103, 104
Ultrakurzwelle 19
Ultraschall 141, 142, 157
Ultraschallbereich 144
Ultraschallorientierung 142
Ultraviolettstrahlung 19
Umgebungstemperatur 38
Umwelt 99
Unfallschutz 210
Unfallverhütungsvorschrift 203
Unpaarhufer 143
Unterhaut 47, 63–65, 69, 73
Unterhautfettgewebe 44, 45, 50, 65
Unterhautfettschicht 50
Unterlippe 108
Unterstamm 131
Uranus 11
Urknall 8
U-Rohr-Manometer 25
Urvogel 130
UV-B Strahlung 21
UV-Bereich 104
UV-Schutz 63
UV-Strahlung 21, 40, 69, 70

V
Vakuole 80, 126
Vakuum 18

vegetatives Nervensystem 67
Veilchen 104
Vene 49, 66, 135
Ventrikel 136
Venus 10, 11, 34
Verbindung 202
Verbindung, anorganische 98
Verbindung, organische 96
Verbrennen 96
Verdampfung 18
Verdauungsenzym 104
Verdunstung 50
Verdunstungskälte 39, 42, 45, 46, 49, 50, 52
vergeilen 37
Verhaltensweise, thermoregulatorische 39–42, 45–47
Verkernung 87
Vermehrung 81, 101
Vermeidestrategie 39, 42
Verschiebearbeit 30
Vibrationssinn 144
Vierfingerfurche 73
Viren 60, 79
Viskosität 49
Vitamin A 65
Vitamin D 40, 69, 70
Vogel 40, 42–44, 46, 47, 50, 52,53, 57, 61, 92, 129, 135, 150
Vogelbeere 104
Vogelknöterich 104
Vogelnestwurz 79, 99
Vogelzug 44
Vollparasit 99
Volumen 28
Volumen der Erde 12
Volumenarbeit 29
Volumenausdehnung 28
Volumenausdehnungskoeffizient 28
Vorbackenzahn 137, 138
Vorgang, irreversibler 29
Vorgang, reversibler 29

Vorhof 135, 136
Vorkeim 94

W
Wachs 61
Wachstum 84, 86
Wachstumsbewegung 84
Wachstumsgewebe 82
Wachstumszone 82
Wadenbein 139
Wal 132, 133, 137
Wald 99
Waldmeister 103
Walhai 127
Walnuss 95
Waltier 143
Warmblütigkeit 62
Wärme 8, 23, 29, 30, 36, 42, 48, 52, 55, 64
Wärme, soziale 44
Wärmeabgabe 48, 54, 57
Wärmeabstrahlung 46, 50, 57
Wärmeaufnahme 57
Wärmeausdehnung 26, 27
Wärmeaustausch 57
Wärmebelastung 52
Wärmebilanz 50
Wärmebildung 45
Wärmebildung, zitterfreie 45
Wärmedämmung 48
Wärmedurchgang 31
Wärmedurchgangswiderstand 48
Wärmeenergie 29, 37, 42, 45, 46, 48, 49, 54, 56
Wärmefähigkeit 50
Wärmehaushalt 40, 43, 47, 58, 59, 55–57, 61, 62, 72, 135
Wärmehaushalt des Menschen 48
Wärmeisolation 65
Wärmekollaps 51
Wärmekörperchen 64, 66
Wärmeleitkoeffizient 31

Wärmeleitung 30–32
Wärmemenge 50
Wärmenutzungsstrategie 41
Wärmeproduktion 40, 42, 57
Wärmeproduktion, chemische 45, 47
Wärmeproduktion, körpereigene 42, 43
Wärmeproduktion, zitterfreie 40
Wärmequelle 40
Wärmeregulation 55, 56, 71
Wärmeregulation, physikalische 45, 47
Wärmeregulierung 44
Wärmerezeptoren 51, 63
Wärmestau 51, 52
Wärmestrahlung 19, 30, 36, 40, 48
Wärmetauscher 30, 43, 52
Wärmetod 39
Wärmetransport 48
Wärmeüberträger 30, 31
Wärmeübertragung 30, 31
Wärmeverlust 48, 49
Wärmevermeidungsstragie 41
Wärmezentrum 51
Warntracht 61
Wasser 28, 40, 41, 79, 83, 92, 96–98, 100
Wasseraufnahme 77, 82, 84, 95
Wasserdampf 12, 22, 32, 36
Wasserfrosch 62
Wassergehalt 112
Wasserhaushalt 36, 72, 135
Wasserinsekt 135
Wasserkraft 18, 23, 32
Wasserleitung 83, 86

Wasserleitungsgefäß 85
Wasserlinse 79
Wasserspeicher-gewebe 41
Wasserspeicherung 65
Wasserstoff 8, 9, 11, 28, 32, 96, 205
Wasserstoffkern 7
Wassertransport 85, 110
Wasserverhältnis 90
Watt 31
Wechselfeld 18
Wechselwarme 36, 40, 47, 62
Wedelblatt 94
Wege-Distel 101
Weichkäfer 101
Weide 87, 92, 103
Weihnachtsstern 90
Weißwippe 95
Weißlinge 101
Weizen 95
Wellenlänge 18, 19
Wellensittich 150, 159
Wellenstrahlung 18
Welle-Teilchen-Dualismus 18
Welpe 149
Wendekreis 14
Wermut 108
Wespe 72
West-Igel 144
Wetter 24
Widderchen 101
Widerstand, elektrischer 65
Widerstandsthermometer 26
Wiederkäuer 138
Wiesel, Großes 63
Wiesenklee, Roter 92
Wildkaninchen 147

Wildpflanze 105
Wildschwein 155
Wildtier 150, 151
Wimpern 127
Wimperntierchen 127
Wind 18, 92
Windgeschwindigkeit 52
Windpocken 68
winteraktiv 153, 155
Winterfell 47
Winterkleid 63
Winterruhe 55
Winterschlaf 44, 45, 53, 55, 145, 146
Winterschläfer 52
Winterstarre 39, 55
Wirbel 65, 73
Wirbelbogen 132
Wirbelkörper 132
Wirbellose 131
wirbellose Tiere 126, 127, 135, 151
Wirbelsäule 126, 132–134
Wirbeltier 55, 61, 103, 126–128, 131, 132
Wirbeltierklasse 128, 132
Wirtspflanze 99
Witterungsfeld 148
Wolf 153, 154
Wolfsmilch, kaktus-förmiger 41
Wolfsrudel 154
Wollhaar 45, 47, 147
Wühler 143
Wühlmaus 54
Wurzel 77, 81–84, 88, 90, 95, 99, 106, 115
Wurzelbast 84
Wurzelhaar 82, 85
Wurzelhaube 82

Wurzelhaut 82, 83
Wurzelholz 84
Wurzelknöllchen 100
Wurzelpol 82
Wurzelrinde 82
Wurzelscheide 67
Wurzelspitze 82, 84
Wurzelspross 84
Wurzelsprossbildung 84
Wurzelstock 106
Wurzelwachstum 84
Wurzelzelle 85
Wüstenpflanze 41

X
Xylem 85, 86, 99
Xylem, sekundäres 86

Z
Zähflüssigkeit 49
Zahn 137
Zahnbein 137
Zahnhöhle 137
Zahnschmelz 137
Zahnschmelz 137
Zahnzement 137
Zapfen 141
Zehengänger 139, 140
Zehenglied 134, 140
Zehenknochen 134, 139
Zehennagel 68
Zehenspitzengänger 139, 140
Zellatmung 40, 98
Zelle 78–80, 82, 84–86, 95, 96, 98, 126
Zellkern 79, 80, 92
Zellkernmembran 66
Zellmembran 38, 80, 98
Zellplasma 39, 63, 80, 85

Zellsaft 85
Zellteilung 63
Zelltyp 81, 83
Zellwand 77, 78, 80, 85
Zellwasser 38
Zellzwischenraum 89
Zentralzylinder 82, 83, 84
Zersetzer 100
Zierpflanze 100, 107
Zimmerpflanze 105, 118
Zitterpappel 103
Zone, thermoneutrale 47
Zoonosen 159
Zuchtrasse 151,
Züchtung 154
Zucker 85, 90, 102
Zündenergie 205
Zündtemperatur 205
Zungenblüte 108
Zustand, thermodynamischer 25
Zustandsgröße 29
Zweikeimblättrige 81, 94, 89, 91, 105, 106
Zwei-Reiche-Einteilung 78
Zweiter Hauptsatz 27
Zwerchfell 137
Zwetschge 93
Zwiebel 87, 88, 106
Zwiebelpflanze 116
Zwiebelscheibe 88
zwischenartlich 72
Zwischenhirn 50
Zwischenrippenmuskulatur 135
Zwischenwirbelscheibe 132, 133
Zwischenwirt 149
Zwitterblüte 90
Zygote 80

Übersicht über die Versuche

Kapitel Haut

Versuch 1   Lokalisation des Tastsinns   Seite 74
Versuch 2   Herstellung von
            Fingerabdrücken   Seite 74
Versuch 3   Reaktion der Haut auf Disstress   Seite 75
Versuch 4   Lokalisation der
            Temperatursinnesorgane   Seite 75
Versuch 5   Relatives Wärmeempfinden   Seite 76

Kapitel Grüne Pflanzen

Versuch 1   Ohne Chlorophyll keine
            Fotosynthese   Seite 119
Versuch 2   Ohne Licht keine Stärke   Seite 119
Versuch 3   Blätter verdunsten Wasser   Seite 120
Versuch 4   Wasser wird im Stängel
            geleitet   Seite 120
Versuch 5   Wasser und Salztransport in
            der Pflanze   Seite 121
Versuch 6   Bunt sind schon die Blätter   Seite 121
Versuch 7   Bakterieller Abbau des Falllaubs
            im Boden   Seite 122
Versuch 8   Explosive Erbsenkeimung   Seite 122

Kapitel Stoffe und Körper

Versuch 1   Bestimmung der Schmelz-
            temperatur von Kerzenwachs   Seite 181
Versuch 2   Bestimmung der Schmelz-
            temperatur von Zierzinn   Seite 181
Versuch 3   Die Bestimmung der Siede-
            temperatur von Ethanol   Seite 182
Versuch 4   Feststoffe unter der Lupe   Seite 182
Versuch 5   Stoffgemische   Seite 183

Versuch 6   Trennverfahren: Chromato-
            grafie   Seite 183
Versuch 7   Trennverfahren: Radial-
            chromatogramm   Seite 184
Versuch 8   Trennverfahren: Filtration   Seite 184
Versuch 9   Trennverfahren: Extraktion   Seite 185
Versuch 10 Trennverfahren: Destillation   Seite 185
Versuch 11 Trennverfahren: Abscheiden   Seite 186
Versuch 12 Trennverfahren: Austreiben
            von Luft   Seite 186
Versuch 13 Umschmelzen einer Medaille
            aus Zierzinn   Seite 195
Versuch 14 Kaffefilterpapier in der Erde   Seite 195
Versuch 15 Die Wurmkiste – ein Kompost-
            haufen im Kleinmaßstab   Seite 196
Versuch 16 Der Komposthaufen   Seite 196

Kapitel Gefahrstoffe

Versuch 1   Explosion eines Luftballons   Seite 211
Versuch 2   Metalle können auf dem
            Wasser brennen   Seite 211
Versuch 3   Metalle können in der Luft
            brennen   Seite 212
Versuch 4   Die Benzinkanone   Seite 212
Versuch 5   Der Schaum-Feuerlöscher   Seite 213
Versuch 6   Der Trocken-Feuerlöscher   Seite 213
Versuch 7   Löschen von brennbaren
            Metallen   Seite 214
Versuch 8   Flammenraserei   Seite 214
Versuch 9   Gase fließen wie Flüssigkeiten oder
            Rauchverbot an Tankstellen   Seite 215
Versuch 10 Batterien als „Brandstifter"   Seite 215
Versuch 11 Löschen durch Abdecken oder
            Erniedrigen des Flammpunktes   Seite 216

Bildnachweis

7 Getty Images (John Turner), München – 8.1 Astrofoto (Shigemi Numazawa), Sörth – 13.1 Astrofoto Bildagentur, Sörth – 16.2 Klammet, Ohlstadt – 26.2–3 Klett-Archiv, Stuttgart – 35 Getty Images (Stone/Mickey Sexton) – 37.2 Klett-Archiv (Silberzahn), Stuttgart – 38.1 Focus (B+C Alexander), Hamburg – 38.2 Mauritius (Superstock), Mittenwald – 39.2 Angermayer, Holzkirchen – 40.1 Angermayer (Hans Pfletschinger), Holzkirchen – 41.1 Prof. Dr. Wilfried Probst, Flensburg – 41.2–3 Dr. Eckart Pott, Stuttgart – 44.2 Okapia (Roland Günter), Frankfurt – 45.1 Angermayer, Holzkirchen – 45.2, 8 Superbild, Unterhaching/München – 45.3 Silvestris (Walter Rohdich), Kastl – 45.4 Okapia (Bernard Castelein), Frankfurt – 45.5 Silvestris (Kerscher), Kastl – 45.6 Michael Ludwig, Heimsheim – 45.7 Okapia (Hans Reinhard), Frankfurt – 45.9 Okapia (Lothar Lenz), Frankfurt – 45.10 Okapia (Stephen Dalton), Frankfurt – 46.1 Angermayer, Holzkirchen – 46.2a Getty Images (Stone Images/Art Wolfe), München – 46.2b W. Schlosser, Fluterschen – 47.1 Getty Images (Stone/Mickey Sexton), München – 48.1 Okapia (Dan Mc Coy), Frankfurt – 49.1 Image Bank (Terje Rakke), Mün- chen – 50.2 Mauritius (S. Pearce), Mittenwald – 50.3 Klett-Archiv (Michael Steinle), Stuttgart – 53.1 Okapia, Frankfurt – 53.2 Okapia (NAS, Tim Davies), Frankfurt – 54.1 Reinhard-Tierfoto, Heiligkreuz- steinach – 54.1 Okapia (Danegger), Frankfurt – 54.2 Corel Corpora-tion – 56.1 Reinhard-Tierfoto, Heilig- kreuzsteinach – 56.2 Werner Zepf, Bregenz – 56.3 Prof. Dr. Wilfried Probst, Flensburg – 57.1 Prof. Dr. Wilfried Probst, Flensburg – 59 Mauritius, Mitten- wald – 61.1 Okapia (Hans Lutz), Frankfurt – 62.1 Dr. Bruno P. Kremer, Wachtberg – 62.2 Angermayer, Holzkirchen – 63.1 Dr. Rudolf König, Kiel – 63.2 Reinhard-Tierfoto, Heiligkreuzsteinach – 65.1–2 Dr. Bruno P. Kremer, Wachtberg – 65.3 Klett-Archiv (Silberzahn), Stuttgart – 66.1 Mauritius (D. Weber), Mittenwald – 67.2 Silvestris (Otto Werner), Kastl – 69.1 Rudolf Assmann, Gladenbach – 70.2 Helga Lade (E. Röhrich), Frankfurt – 72.1 Jacana Janjac (Thoiton), Paris – 76 Klett-Archiv (Werkstattfotografie Neumann +Zörlein), Stuttgart – 77 Michael Ludwig, Heims- heim – 79.1 Bruce Coleman Collection (K. Taylor), Uxbridge – 79.2 Jacana Janjac (Lieutier), Paris – 86.1 Okapia (C. Brown/Science Source), Frankfurt – 87.1 Okapia (Dietrich Rose), Frankfurt – 87.2a Zeitungs- verlag GmbH&Co (Rainer Bernhardt), Waiblingen – 87.2b–d Mathias Woszczyna, Rheinbreitbach – 94.1a Reinhard-Tierfoto, Heiligkreuzsteinach – 94.1b Dr. Helmut Länge, Stuttgart – 100.1 Prof. Dr. Manfred Keil, Neckargemünd – 100.2–3 Dr. Bruno P. Kremer, Wachtberg – 102.1 Prof. Dr. Horst Müller, Dortmund – 103.1 Zefa (Klaussner), Düsseldorf – 105.3 Dr. Bruno P. Kremer, Wachtberg – 107.1 Dr. Helmut Länge, Stuttgart – 112.1 Lichtbild-Archiv Dr. Keil, Neckarge-münd – 115.2 Claus Kaiser, Stuttgart – 116.2 Dr. H. Fahrenhorst, Unna – 119 Hans-Dieter Frey, Rottenburg – 125 Juniors Bildarchiv, Ruhpolding – 128.1–2 Reinhard-Tierfoto, Heiligkreuzsteinach – 129.1 Angermayer, Holzkirchen – 129.2 Zefa (Poel- king), Düsseldorf – 129.3 Reinhard-Tierfoto, Heilig- kreuzsteinach – 130.1 Angermayer, Holzkirchen – 130.2 Klaus Paysan, Stuttgart – 131 Harald Lange NaturBild, Bad Lausick – 143.1–2 Reinhard-Tierfoto, Heiligkreuzsteinach – 144.1 Manfred Danegger, Owingen – 147.1 Dr. Eckart Pott, Stuttgart – 148.2 Picture Press (M. Danegger), Hamburg – 149.1 Rein- hard-Tierfoto, Heiligkreuzsteinach – 150.1 Okapia (J. Dürk), Frankfurt – 150.2 Angermayer (Hans Reinhard), Holzkirchen – 151.1 Okapia (H. Reinhard), Frankfurt – 151.2 Reinhard-Tierfoto, Heiligkreuz- steinach – 151.2 Angermayer, Holzkirchen – 153.1 Getty Images Stone (Tim Davis), München – 153.2 Reinhard-Tierfoto, Heiligkreuzsteinach – 154.1 Dr. Erik Zimen, Haarbach – 155.1 Angermayer, Holzkir- chen – 155.2 Okapia, Frankfurt – 157 Reinhard-Tier- foto (Hans Reinhard), Heiligkreuzsteinach – 161 Klett-Archiv, Stuttgart – 162.1 Gert Elsner, Stuttgart – 163.2 Klett-Archiv (Werkstattfotografie Neumann+ Zörlein), Stuttgart – 168.1 Ernst Klett Verlag, Stutt- gart – 169.1 Conrad Höllerer (Elsner), Stuttgart – 172.1 Klett-Archiv (Steinle), Stuttgart – 201 Klett- Archiv (Neumann+Zörlein), Stuttgart – 210.1 Riedelde Haen AG, Seelze – 211.1–2 Klett-Archiv, Stuttgart – 215 Klett-Archiv (Werkstattfotografie Neumann+ Zörlein), Stuttgart

Grafik 68.2: Wort- und Bildverlag (Jörg Kühn), Baier- brunn